中等职业教育国家规划教材
全国中等职业教育教材审定委员会审定
中等职业教育农业农村部“十三五”规划教材

畜禽生产

第四版

董 暾 主编

中国农业出版社
北 京

内 容 简 介

畜禽生产是中等农业职业学校畜牧兽医专业的核心课程。本教材共分 4 个单元，分别以猪、家禽、牛、羊的生产技术为主线，介绍了畜禽的生物学特性、品种与引种、畜禽繁殖、饲养管理、后勤保障及畜禽场规划与建设等方面的内容。按照畜禽生产的生产流程和工作过程，将生产的相关知识和技能融于一体，突出理论知识的应用和实践技能的培养，强调以职业岗位能力的培养为核心，培养学生分析与解决畜禽生产实际问题的能力。既具有先进性，又具有实用性。

本教材以畜禽生产项目为导向，以生产中的各个任务为驱动，渗透了畜禽生产的行业标准和技术规范。教材结构新颖，图文并茂，内容丰富，注重实践操作。本教材既适用于中等农业职业学校畜牧兽医类专业学生学习，也可作为基层畜牧兽医人员、专业化畜禽生产技术人员的岗位技能培训教材与参考书。

第四版编审人员

主　　编　董　暾

副 主 编　冯会中　杨　敏　王桂英

编　　者　（按姓氏笔画排序）

王桂英　冯会中　杨　敏

杨述远　杨晓静　张玉宏

张兴国　张晋玮　赵书平

董　暾

企业指导　（按姓氏笔画排序）

朱文海　赖石生

审　　稿　张登辉

第一版编审人员

主　　编　丁洪涛（辽宁省锦州畜牧兽医学校）

编写人员　徐远鸿（广东省梅州农业学校）

　　　　　李立山（辽宁省锦州畜牧兽医学校）

　　　　　董　暾（福建省龙岩农业学校）

　　　　　姜礼武（辽宁省大洼县职业技术教育中心）

　　　　　邸怀忠（山西省原平农业学校）

　　　　　吴存莲（青海省湟源畜牧学校）

审　　定　李宝林（辽宁省锦州畜牧兽医学校）

责任主审　汤生玲

审　　稿　吴建华　李蕴玉　汤生玲

第四版前言

《畜禽生产》自2001年出版以来，由于其密切联系实际，简明、实用，深受广大读者的欢迎。为适应近年来畜禽生产技术的快速发展和中等职业学校教学改革的需要，我们在保留前三版主要内容的基础上，根据当前中职教育特点和本课程的教学定位，围绕培养目标，对前一版的内容进行了修订。

本教材以就业为导向，以职业岗位能力培养为目标。内容编排根据畜禽生产的生产流程和工作过程进行，增加了近年在畜禽生产中采用的新技术、新工艺和新规范，突出实训操作，力求将真实的生产环境搬上课堂，使教学更符合畜禽生产的实际。同时，尽量避免与家畜解剖、畜禽营养与饲料、畜禽环境卫生和畜产品加工等课程的内容重复。

为了高质量完成修订任务，我们组织编者认真学习领会本次教材修订的精神，解放思想，更新观念，并根据每位编者的教学、生产经验及专长，分配编写任务。完成初稿后，通过初审、终审、定稿这几个过程，反复修改和润饰，避免了内容上的遗漏和重复，使之更趋完善。整个书稿的完成，凝聚着编审者集体的智慧和力量。甘肃畜牧工程职业技术学院的张登辉教授为本书的审定做了大量的工作，在此深表谢意。

本教材在编写过程中，福建禾田生态农业有限公司赖石生董事长、贵州柳江畜禽有限公司朱文海副总经理提供了许多宝贵意见、建议和资料，使本教材更贴近生产实际，在此表示衷心感谢。同时，本教材也引用了全国许多同行的一些资料，在此一并表示感谢。

本教材的编写分工：福建省龙岩市农业学校董瞰编写绪论、第一单元的项目四和第二单元项目一、二、三、四；辽宁省朝阳工程技术学校冯会中编写第一单元项目一、二、三，福建省龙岩市农业学校张玉宏编写第一单元项目五、六、七；辽宁省朝阳工程技术学校杨晓静编写第一单元项目八、九；贵州农业职业学院杨敏编写第二单元项目五、六、七、八；内蒙古赤峰农牧学校王桂英编写第三单元项目一、二，山东畜牧兽医职业学院张兴国编写第三单元项目四、五、六；内蒙古赤峰农牧学校张晋玮编写第三单元项目三、项目七、八；山西省畜牧兽医学校赵书平编写第四单元项目一、二和项目五；山西省忻州市原平农业学校杨述远编写第四单元项目三、四和项目六、七。

教材中的缺点和不足之处恳请广大读者批评指正。

编　者

2020年3月

第一版前言

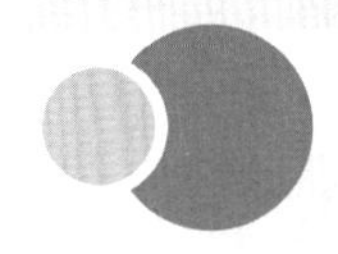

本教材是根据教育部2001年颁发的《中等职业学校畜牧兽医专业〈畜禽生产〉教学大纲》编写的，可供中等职业学校畜牧兽医专业使用。

教材中，本着改革创新的精神，以能力教育体系为目标，以职业岗位能力培养为核心，弱化了学科教育体系，压缩了理论知识，增加了应用科技的信息量。

在内容的编排上也做了大胆的尝试，按生产环节将实验实习与理论知识融为一体，改变了原有教材将二者分解的编写方式，使理论与实践紧密结合，便于操作，利于教学。

为了高质量完成编写任务，我们组织编者认真学习领会本次教材的改革精神，解放思想，更新观念。并根据每个编者的教学、生产经验及专长，分配编写任务。完成初稿后，通过初审、终审、定稿这几个过程，反复修改和润饰，避免了内容上的遗漏和重复，使之更趋完善。整个书稿的完成，凝聚着编审者集体的智慧和力量，尤其辽宁省锦州畜牧兽医学校高级讲师李宝林老师为本书的审定做了大量工作，在此深表谢意。

本教材在编写过程中，得到了全国许多同行的支持和帮助，提出了极为宝贵的意见，并引用了他们的许多资料，在此一并表示感谢。

本教材的编写分工：徐远鸿编写第1单元第一、二、三、五、六、七、八分单元；李立山编写第1单元第四分单元；姜礼武编写第2单元第一、三分单元；董瞰编写第2单元第二、四、五、六分单元；邸怀忠编写第3单元第一、四、五分单元；丁洪涛编写序言，第3单元第二、三分单元；吴存莲编写第4单元。

由于编者对能力教育体系的领会欠深，加之业务水平有限，教材中定有许多缺点和不足，恳请批评指教，以便修订。

编　者

2001年8月

目　录

绪　论

一、畜禽生产在我国国民经济中的地位

我国是一个农业大国，农业经济在国民经济中有着重要的地位。以养猪、养禽、养牛、养羊为主体的畜牧业，又是农业生产的重要组成部分。近年来，随着农业产业结构的调整，畜禽生产越来越受到人们重视，已成为农村经济的支柱产业，为改善人民生活水平，增强全民体质做出了较大的贡献。

1. 提供畜产品及其加工制品　畜禽的乳、肉、蛋是高蛋白质类食物，其营养丰富、容易消化、美味可口，是人类理想的食品，经常食用可以增强体质，延年益寿。羊毛、皮革、羽绒及肉、蛋、乳等是轻纺、制革、食品等工业的主要原料。各种毛纺品、绒线等，具有保温力强、不易皱缩、穿着舒适等优点；皮革制品美观大方，结实耐用；羽绒服、羽绒被是上等防寒佳品；肉制罐头、香肠、火腿、板鸭、禽蛋粉、奶粉、奶油、奶酪等均是人们喜食的美味。

2. 为农业提供优质肥料资源　畜禽的粪、尿是我国农业有机肥料的主要来源。它们含丰富的氮、磷、钾，不仅肥效高，还具有疏松土壤、吸收盐碱等改良土质的作用，为我国农业生产的发展及粮食的高产、稳产创造了条件。近年来，随着我国生态文明建设的推进、养殖粪污的治理以及畜牧业的绿色发展，畜禽粪便无害化和资源化利用已成为畜禽生产的重要组成部分。以畜禽粪便为主要原料，经无害化处理后生产优质有机肥，对设施农业发展和无公害蔬菜生产具有重大意义。

3. 扩大对外贸易，促进经济繁荣　加入世界贸易组织（WTO）前，我国畜产品主要靠内销，加入世界贸易组织（WTO）为我国畜产品出口创造了更多机会。2017 年我国出口猪肉 51 289t、冻鸡 128 674t、猪肉罐头 43 095t、山羊绒 3 072 t，价值分别达 17.56 亿元、16.35 亿元、8.95 亿元和 12.76 亿元。

二、我国畜牧业生产概况

我国畜牧业生产在“十二五”期间发展迅速，畜产品产量持续增长，2015 年畜牧业总产值达 28 649.3 亿元，肉类产量 8 749.5 万 t、乳类 3 295.5 万 t、禽蛋 3 046.1 万 t，分别比 2010 年增加 40.01%、9.46%、2.62%和 9.69%，生猪存栏量、出栏量和猪肉产量稳居世界第一，见表 0-1。生产技术水平明显提高，2015 年全国泌乳牛平均单产达 6t，肉牛和肉羊平均胴体重分别达 140kg、15kg，比 2010 年分别提高了 15.4%、0.6%和 1.7% 。2014 年全国每头能繁母猪年提供商品猪提高到 14.8 头，出栏率达 155%，比 2010 年的 13.7 头、142%分别提高 1.1 头和 13%。标准化规模化养殖稳步提升，2014 年年出栏 500 头育肥猪的规模养殖比重达 41.8%。物联网、互联网等信息技术在养殖业逐渐推广应用，

生态养殖迈出坚实步伐。但是在养殖生产成本和生产效率上，我国与发达国家仍存在一定差距。与发达国家相比，牛乳、牛肉、羊肉生产成本均高于国际平均水平一倍以上，生猪养殖成本比美国高40%；我国母猪年提供商品猪比国外先进水平少8～10头，泌乳牛年单产水平要低2～3t，肉牛和肉羊屠宰胴体重分别低约100kg和10kg。“十三五”期间，为推动我国畜牧业又好又快发展，保障优质安全畜产品有效供给，农业农村部制定发布了《全国生猪生产发展规划（2016—2020年）》和《全国草食畜牧业发展规划（2016—2020年）》，规划明确了我国“十三五”期间畜牧业的发展目标、区域布局、主要任务和保障措施，对促进我国畜牧业产业结构调整和转型升级，促进畜牧业持续健康发展，加快现代畜牧业建设，起到极其重要的作用。

表0-1 我国畜牧业总产值和畜产品产量

年份	畜牧业总产值（亿元）	育肥猪出栏头数（万头）	猪年底存栏数（万头）	肉类（万t）	其中			乳类（万t）	其中	禽蛋（万t）
					猪肉	牛肉	羊肉		牛乳	
2010	20 461.1	67 332.7	46 765.2	7 993.6	5 138.4	629.1	406.0	3 211.3	3 038.9	2 776.9
2015	28 649.3	72 415.6	45 802.9	8 749.5	5 645.4	616.9	439.9	3 295.5	3 179.8	3 046.1
2017	29 361.2	70 202.1	44 158.9	8 654.4	5 451.8	634.6	471.1	3 148.6	3 038.6	3 096.3

数据来源：中国统计年鉴。

三、畜禽生产的教学任务、目标及要求

畜禽生产课程包括养猪、养禽、养牛、养羊4部分，涉及面较广，学好这门课程非常重要。

1. 教学任务 使学生具备基层畜禽生产饲养管理人员所必需的基本知识和基本技能，培养学生适应职业变化和继续学习的能力，能更好地为农业增效、农民增收及畜牧业生产的发展服务。

2. 教学目标 能识别各种畜禽的主要品种；了解各种畜禽的生物学特性、能进行各种畜禽的选种与杂交利用；掌握各种畜禽的繁殖规律及配种技术，学会猪、牛、羊的发情鉴定、早期妊娠诊断、接产技术及家禽的孵化技术；能科学地进行各种畜禽的饲养管理；能解决生产中的一般性技术问题，初步具备组织畜禽生产的能力。

3. 教学要求 本教材以畜禽解剖生理、畜禽营养与饲料、畜禽环境卫生等课程的相关知识与技能为基础，在教学中，根据各地具体情况和畜禽生产的实际需要，在内容上可做适当取舍，或有所侧重，并需留有10%的机动时间，以补充因产业结构调整所需要增加的新知识、新技术；要紧扣教学目标，结合课堂讲授，强化现场教学及技能训练，使学生能真正学到就业、执业所需的知识与技能。

第一单元

猪生产

猪的生物学特性与生产认知

【学习目标】

1. 熟悉猪的生物学特性及其行为特征。
2. 掌握猪饲养管理的一般原则。
3. 了解猪场的整体概况及各阶段猪的规范饲养要点。

【学习任务】

任务1　猪的生物学特性与行为特征

猪的生物学特性和行为特征为养猪者饲养管理好猪群提供了科学依据。在养猪生产过程中，可充分利用这些特性和行为特征精心合理地安排各类猪群的生活环境，使猪群处于最佳生长状态，发挥猪的生产潜力，达到繁殖力高、产肉多、消耗少，经济效益好的目的。

一、猪的生物学特性

1. 繁殖力强

（1）公猪的射精量大。公猪一次射精量一般为200～400mL，多者达500mL，精子密度为2亿/mL。

（2）母猪性成熟早。母猪一般4～5月龄达到性成熟，6～8月龄即可初次配种。

（3）母猪妊娠期短。猪是常年发情动物，不受季节的限制。母猪妊娠期一般为110～118d，平均114d。由于妊娠期短，所以其繁殖周期短，经产母猪1年产2胎，若实行早期断乳等措施，可以达到2年5胎。

（4）母猪排卵多。猪为多胎动物，母猪一个发情期可排卵20～30个，而产仔一般为8～12头。如果采用特殊的处理方法，母猪的排卵数还可增加。因此，猪还有很大的繁殖潜力。

（5）猪的世代间隔短。正常情况下猪的世代间隔为1.5年，如果从第1胎留种，则世代间隔可缩短到1年，即1年1个世代。

2. 生长速度快，沉积脂肪能力强 猪初生重较小，平均 1～1.5kg，仅占成年猪体重的 1%左右。因此，仔猪出生后为了补偿妊娠期内发育不足，生长速度很快。30 日龄时体重达初生重的 5～6 倍，60 日龄时体重达 18～20kg，160～170 日龄时体重可达 90～110kg。

猪的体组织的变化也呈现明显的规律性。一般情况下，小猪（1～2 月龄）阶段骨骼生长较快，进入中猪（3～4 月龄）阶段肌肉生长加快，到大猪（5～6 月龄）阶段，脂肪沉积速度显著加快。

3. 食性广，饲料转化率高 猪是杂食动物，有发达的门齿、犬齿、臼齿，而且唾液腺发达；猪胃容量较大，为 7～8L；肠管也很长，其中小肠为 16～20m，大肠为4～5m。这样的消化道结构，使猪能够广泛采食植物性饲料和矿物质饲料，并且采食量大、消化能力强、利用率高。

猪对精料的消化利用率高，但有一定的择食性。若饲粮中粗纤维的含量过多，适口性和消化率会降低。因此，猪的饲粮应以精料为主，并控制粗纤维在日粮中的适当比例。

4. 嗅觉和听觉灵敏，视觉较差 猪的嗅觉非常灵敏。猪对气味的识别能力比犬高 1 倍，比人高 7～8 倍。仔猪在生后几小时便能依靠嗅觉辨别气味，寻找乳头，3d 内即可固定乳头；猪还能依靠灵敏的嗅觉有效地寻找埋在地下的食物，识别同群内的个体，辨别自己的圈舍，并对外来的仔猪迅速识别，加以驱逐；猪灵敏的嗅觉在性活动中也很重要，发情母猪闻到公猪特有的气味，即使公猪不在场，也会表现“呆立”反应。

猪听觉相当发达，即便很微弱的声音都能敏锐地觉察到。猪头转动灵活，能迅速判断声源的方向、强度和节律，对各种口令、呼名等声音的刺激容易建立条件反射。这种特点有利于管理猪群，但也容易使猪群产生应激反应。猪的视觉较差，视野范围小，不能辨别颜色。

养猪生产中，应根据猪的这些特性对猪群进行合理的调教、分群、合群、发情鉴定和采精训练等，方便管理，提高养猪生产效益。

5. 对温、湿度敏感，喜欢清洁，容易调教 小猪怕冷，大猪怕热。大猪怕热是由于皮下脂肪层较厚、汗腺不发达以及皮薄毛稀对阳光的反射能力差等因素所致；小猪怕冷，尤其是初生仔猪，是因为其皮薄毛稀、皮下脂肪少以及体温调节中枢不发达等因素所致。

猪是爱清洁的动物，采食、趴卧和排泄粪尿往往都有固定的地点。通过调教训练可培养猪群采食、趴卧和排粪尿“三点定位”的良好习性。

6. 定居漫游，群体位次明显 猪在开放式饲养或散养情况下，在外自由活动或放牧运动，能顺利地回到固定的圈舍，表现出定居漫游的习性。但在圈养时又表现出一定的群居性和明显的位次秩序。

二、猪的行为特征

猪和其他动物一样，对其生活环境、气候条件和饲养管理等反应，在行为上都有其特殊的表现，而且有一定的规律性。

1. 冷热调节行为 当遇到寒冷环境时，不论是初生仔猪还是成年猪，均挤作一团，互相取暖御寒，这样可以有效地防止体热散失。低温时，猪的被毛竖立，以增强被毛的隔热作用；或寻找避风、向阳处，侧身安静站立，活动减少，行动迟缓，在窝内排粪尿的次数明显增加。猪的散热性很差，所以，猪对热的表现也很敏感，环境高温可以使猪的呼吸频率和体温增加。在高温时，猪喜好在泥水中打滚，并不时转身把潮湿的一面暴露于空气中，以通过泥水的蒸发散热来降温。若猪养在混凝土地面的舍内，则猪会在粪尿中打滚，或把身体挤在饮水槽内；若养在土地栏内，猪会用鼻拱开地面，躺在较凉的下层泥土上，四肢张开，并表现热性喘息。

2. 采食行为 猪的采食行为包括摄食与饮水，并具有年龄特征。

猪生下来就有拱土的遗传特性，拱土觅食是猪采食行为的一个突出特征。猪采食具有选择性，特别喜爱甜食，如蔗糖、低浓度的糖精等。颗粒饲料与粉料相比，猪更爱吃颗粒料；干料与湿料相比，猪爱吃湿料。

猪的采食是有竞争性的，群饲的猪比单饲的猪吃的多、吃得快，增重也快。

在多数情况下，猪饮水与采食同时进行。吃干料的猪每次采食之后需要立即饮水，自由采食的猪通常采食与饮水交替进行直到吃饱为止，限饲时，猪则在吃完所有饲料后饮水。猪的饮水量为干料量的2～3倍。成年猪的饮水量除饲料组成外，很大程度取决于环境温度。仔猪出生后就需要饮水，并且饮水的模仿能力强，1月龄左右的小猪即可学会使用自动饮水器饮水。

3. 猪的排泄行为 猪不在吃睡的地方排粪尿，这是遗传下来的本性，野猪不在窝边排粪尿，以避免被敌兽发现。一般认为，猪在习惯上是“最脏的”，但实际上，在良好的条件下，猪也是爱清洁的动物。

猪通常会保持其躺卧床面的清洁、干燥，并避免粪便污染。猪的排粪和排尿都有一定的时间、地点。一般多在食后饮水时或起卧时，选择阴暗潮湿或污浊的角落排粪尿，且易受邻近猪的影响。据观察，生长猪在采食过程中不排粪，饱食后约5min开始排粪1～2次，多为先排粪再排尿，在饲喂前也有排泄的，但多为先排尿后排粪。猪夜间一般排粪2～3次，早晨的排泄量最大。但是，如果圈栏过小或圈栏内饲养猪的头数过多，则无法表现其好洁性。

4. 群居行为 在无猪舍的情况下，猪能自我固定地方居住，表现出定居漫游的习性。猪有合群性也有竞争习性，存在大欺小、强欺弱的好斗特性，猪群越大，这种现象越明显。

稳定的猪群，是按优势序列的原则，组成有等级制的社群结构，个体之间保持熟悉，和睦相处；当重新组群时，稳定的社群结构发生变化，发生激烈的争斗，直至重新组成新的社群结构。

猪群中具有明显的社群等级，这种等级刚出生不久即形成。仔猪出生后几个小时内，为争夺母猪乳头会出现争斗行为，常出现最先出生或体重较大的仔猪获得最优乳头位置。猪群中等级最初形成期间，以攻击行为最为多见。等级顺序的建立，受构成这个群体的品种、体重、性别和年龄等因素的影响，一般体重大的、体质强的猪占优势地位，年龄大的比年龄小的占优势，公猪比母猪占优势，未去势猪比去势猪占优势。体格较小的猪及新加入原有猪群中的猪往往列于次等。每一猪群都按一定的群体位次生活，并不断根据自己的争斗能力来调整位次。同窝仔猪之间群体优势序列的确定，常取决于断乳时体重的大小，不同窝仔猪并圈喂养时，开始会激烈争斗，并按不同的来源分小群躺卧，经1～2d，位次即可形成。在组群时往往以嗅觉判断彼此关系，并以争斗确定位次。

5. 争斗行为 争斗行为包括进攻、防御、躲避和守势的活动。

在生产实践中能见到的争斗行为一般是因争夺饲料和争夺地盘所引起。新合并的猪群内的相互打斗，除争夺地盘外，还有调整猪群结构的作用。

当一头陌生的猪进入一个陌生的猪群中，这头猪就成为全群猪攻击的对象，攻击往往是相当严重的，轻者伤及皮肉，重者会造成死亡。

猪的争斗行为多受饲养密度的影响。当猪群饲养密度过大，每头猪所占的空间减少时，群内的咬斗频率和强度增加，也会造成猪群抢料攻击行为增加，采食量和增重降低。争斗形式有两种，一是咬对方的头部（尤其是耳朵），二是在舍饲猪群中咬尾，对猪造成不利的影响。

6. 性行为 性行为包括发情、求偶和交配行为。母猪在发情期，可以见到特殊的求偶表现。公、母猪都会表现出一些交配前行为。

母猪在发情期有明显的发情表现：精神不安、食欲减退、接受爬跨、频频排尿等。公猪一旦接触发情母猪，会去追逐母猪，强行嗅闻其体侧、肋部和外阴部，用吻突拱掘母猪后躯，口流大量白沫，有时拱动母猪头部，发出连续的、柔和而有节律的“嗯嗯”声，当公猪性兴奋时，还出现有节奏的排尿。

7. 母性行为 母性行为是对后代生存和成长有利的本能反应。猪的母性行为包括分娩前后母猪的一系列行为，如产前的叼草做窝，产后对仔猪的识别、哺乳、养育和保护等。

（1）产前做窝。母猪在临近分娩时，通常以叼草、铺垫猪床絮窝等形式表现出来，如果栏内是混凝土地面而无垫草，则以用蹄刨地来表示。

（2）分娩。母猪通常在乳房第1次挤出浓稠乳汁后24h内分娩。分娩前24h母猪表现精神不安，频频排尿、磨牙、摇尾、拱地、时起时卧，不断改变姿势；分娩时多采用侧卧，选择最安静时间分娩。

（3）哺乳。母猪在分娩过程中，乳房饱满，自始至终都处在放乳状态。分娩后侧卧以便于仔猪吸吮乳头，每40～60min哺乳1次。母仔双方均能主动引起哺乳行为。母猪通常以有节奏的哼声呼唤仔猪吃乳，仔猪则以发出尖叫声和持续地拱揉乳房来引发母猪放乳。一头母猪排乳时母仔发出的声音，常会引起相邻母猪排乳。

母仔之间是通过嗅觉、听觉和视觉来相互识别和联系的，猪的叫声是一种联络信号。通过哺乳母猪和仔猪的叫声，从而使母仔相互传递信息。

母猪非常注意保护自己的仔猪，在行走、躺卧时十分谨慎，以防压到仔猪。若压到仔猪，听到仔猪叫声，便马上站起，重新躺卧，直到不压到仔猪为止。带仔母猪对外来的侵犯敏感，特别是有人抓捉仔猪时，母猪会威吓，甚至攻击侵犯者。这些母性行为，地方猪种表现尤为明显，而现代培育品种，尤其是高度选育的瘦肉型猪种，母性行为有所减弱。

8. 活动与睡眠 猪的行为有明显的昼夜节律，活动大部分在白昼，夜间也有活动和采食。猪休息高峰期在半夜，早上8：00左右休息的猪最少。

哺乳母猪随哺乳天数的增加睡卧时间逐渐减少，走动次数由少到多，时间由短到长，这是哺乳母猪特有的行为表现。母猪的睡眠有静卧和熟睡两种状态，静卧休息姿势多为侧卧，少数为伏卧，呼吸轻而均匀，虽闭眼但易惊醒；熟睡为侧卧，呼吸深长，有鼾声且常有皮毛抖动，不轻易惊醒。

仔猪出生后3d内，除吮乳和排泄外，几乎酣睡不动，随日龄增长和体质的增强，活动量逐渐增多，睡眠相对减少。仔猪活动与睡眠一般都尾随效仿母猪。出生后10d左右同窝仔猪便开始群体活动，单独活动很少；睡眠休息主要表现为群体睡卧。

9. 探究行为 探究行为包括探查活动和体验行为。猪的一般活动大部分来自探究行为，探究行为促进了猪的学习，使学习容易化。大多数是对地面上的物体，通过看、听、闻、尝、啃、拱等感官进行探究。

探究行为在仔猪中表现明显，仔猪出生后2min左右即能站立，开始搜寻母猪的乳头，用鼻子拱掘是探查的主要方法。仔猪的探究行为的另一个明显特点是，用鼻拱、口咬周围环境中所有新的东西。猪在觅食时，首先是拱掘动作，用鼻闻、拱、舔、啃等，当诱食料合乎口味时，便开始采食。同样，仔猪固定吸吮乳头，母仔之间能准确识别也是通过嗅觉、味觉探查而建立的。

猪在猪栏内能将区域划分为睡觉、采食、排泄等不同功能的地带，也是用鼻子的嗅觉区分不同气味探究形成的。

10. 后效行为 猪的行为有的生来就有，如觅食、哺乳和性行为等，有的则是后天形成的，如识别某些事物和听从人们的指挥的行为等。后天获得的行为称为条件反射行为，或称为后效行为。后效行为是猪出生后随着对新鲜事物的熟悉而逐渐建立起来的。猪对吃、喝的记忆力强，对饲喂的有关工具、食槽、饮水槽及其方位等最易建立条件反射。仔猪在人工哺乳时，每天定时饲喂，只要按时给以笛声或铃声或饲喂用具的敲打声，训练几次，即可听从信号指挥，到指定地点吃食。

猪以上各方面的行为特性，为养猪生产者饲养管理好猪群提供了科学依据。在整个养猪生产工艺流程中，充分利用这些行为特性，精心安排各类猪群的生活环境，使猪群处于最优生长状态，充分发挥猪的生产潜力，以获得最佳经济效益。

任务 2 一般饲养管理

一、猪群类别划分

在养猪生产中，对年龄、体重、性别和用途不同的猪群进行类别划分，有利于养猪生产的饲养管理和统计汇报等工作。

1. 哺乳仔猪 指出生后至断乳前的仔猪。仔猪断乳一般为 28～42 日龄。

2. 断乳仔猪（保育猪） 指断乳至 25kg 左右或者 70 日龄的仔猪。

3. 育成猪 指 25kg 左右或 70 日龄仔猪至 4 月龄留作种用的幼猪。

4. 后备猪 从 5 月龄到开始配种前留作种用的猪，包括后备公猪和后备母猪。

5. 种公猪 凡已参加配种的公猪均称为种公猪，分为检定公猪和基础公猪。检定公猪是指 12 月龄左右，初配开始至第 1 批与配母猪产仔断乳阶段的公猪。基础公猪是指 16 月龄以上经检定合格的公猪。

6. 种母猪 分为初产母猪和经产母猪。初产母猪是指生产第 1 胎仔猪的青年母猪；经产母猪是指生产两胎和两胎以上的母猪；检定母猪是指从初配开始至第 1 胎仔猪断乳的母猪；基础母猪是指一胎产仔经鉴定合格，留作种用的母猪。根据母猪生产阶段的不同，种母猪又可分为空怀母猪、妊娠母猪和泌乳母猪。

7. 育肥猪 用来生产猪肉的猪统称育肥猪。可分为生长猪和育肥猪两个阶段。生长猪指体重 25～60kg 的猪；育肥猪指体重 60kg 以上的猪。

二、猪的一般饲养管理原则

（一）合理地调制饲料，科学地配制日粮

饲料是猪生长发育的基础，必须予以满足。俗话说“同样的草，同样的料，不同的方法，不同的膘”，这说明饲料调制的重要性。通过饲料的合理加工、调制，采取适宜的加工

工艺，能够增加饲料的适口性，从而提高猪的食欲，增加猪的采食量，达到让猪多吃快长的目的。常用的饲料加工调制方法有：将青绿多汁饲料切碎、打浆，将高淀粉类饲料煮熟，将高能量的籽实饲料粉碎等方法。

使用不同类型的饲料，要有不同的方法，但最主要的是保持饲料的营养价值不降低和饲料的适口性好。猪喜欢吃带有甜味的饲料，喜欢吃有乳香味的东西。

猪体需要各种营养物质，各种饲料中所含营养物质的成分与含量不同，而单一饲料中，往往营养物质不全面，不能满足猪的生长发育与繁殖等方面的需要。为此，必须选择多种饲料合理搭配，这样可以发挥蛋白质的互补作用，从而提高蛋白质的消化吸收率。

（二）选择适宜的饲养方案，采取不同的饲喂方法

应按照饲养标准，根据猪的不同生理阶段及体况的具体表现，结合对产品的不同要求，拟订一个较为科学的饲养方案。如对配种母猪的饲养管理，就应该区别对待。后备母猪自身在生长，又要为妊娠、哺乳做准备，所以应加强饲养管理，采取“步步高”的饲养方式；对于体况较好的经产空怀母猪应该适时减少精料的给量，防止体况过肥，以便其及早发情；对体况瘦弱、经产的空怀母猪则应该适时增加精料的给量，及早达到种用体况，完成配种任务。对于育肥猪的饲养管理，则应根据对胴体的不同要求选择饲养方案，一般采取前期自由采食，后期限制饲养的饲养方式，以达到高日增重、高产肉量的目的。

1. 定时、定量、定质饲喂（“三定”饲喂）

（1）定时。每天喂猪的时间，次数要固定。定时饲喂，可使猪的生活有规律，建立良好的条件反射，有利于消化液的分泌，从而提高猪的食欲和饲料转化率。

（2）定量。喂食一定要掌握好数量，不可忽多忽少，以免影响食欲，造成消化不良，降低饲料转化率。定量不是绝对的，要根据气候、饲料种类、猪的食欲、生理状态、食量等情况随时调整。每次喂量以猪吃到八九成饱为宜，这样才能使猪在每顿喂食时保证旺盛的食欲。

（3）定质。对于不同种类的猪，在配合日粮时，首先要符合饲养标准，其次要科学地安排精、粗、青饲料的比例，而饲料的种类与比例要保持相对稳定，不可变动太大，这样才有利于提高猪的食欲和饲料转化率。禁止饲喂发霉、变质、腐烂及冰冻的饲料。

2. 合理的饲喂方法

（1）饲喂方式。根据所用饲料的性质不同，猪的饲喂方式可分为生喂和熟喂两种。

生喂：用生的饲料来喂猪。好处是可提高饲料中的蛋白质转化率，提高饲料中维生素的利用率，节省燃料，预防饲料中毒。缺点是对淀粉类饲料的消化率低，易感染寄生虫病。

熟喂：将饲料加工成熟料来饲喂。好处是可以用高温杀灭饲料中的寄生虫卵，软化饲料中的纤维素，提高淀粉饲料的消化率。缺点是降低饲料中蛋白质的转化率，降低饲料中纤维素的含量，增加燃料成本。

（2）饲喂的料型。常用的有干粉料、颗粒料、湿拌料、稀粥料。

（三）保障充足的饮水

水是猪体重要的组成成分之一，对饲料的消化吸收、营养运输、体温调节、猪体新陈代谢以及生理机能的保持都起着重要作用。猪的饮水量随季节和饲料种类的变化而变化。一般夏季饮水量大于冬季的饮水量，用于粉料饲喂时的饮水量大于用湿拌料、稠料、稀料喂猪的饮水量。

供水方法，一般是在圈内或运动场设置水槽，要勤换、勤刷、勤消毒。规模化养猪场都安装自动饮水器。

(四) 科学的管理

根据猪的生物学特性，有针对性地加强猪的饲养管理工作，是养好猪的关键之一。猪的生长发育是有一定规律的，也需要一定的条件。所以，建立稳定的饲养管理制度是保证猪正常发育、快速生长不可缺少的步骤。

要提高猪的生产水平，必须实行科学的饲养管理制度，最大限度地提高猪的生产潜力；要以科学的态度，认真对待每一个生产环节；根据猪的生物学特性和不同阶段的生理特性有针对性地采取有效饲养管理措施，才能获得较高的收益。

1. 精心管理猪群

(1) 合理分群。猪有合群性，群养猪可以有效地提高圈舍的利用率，同时，由于"群居效应"的影响，也间接地提高饲料的利用率。一般掌握"留弱不留强""拆多不拆少""夜合昼不合"的原则。针对猪的视觉较差而嗅觉灵敏的特性，对并圈合群的猪可喷洒药液，消除气味差异，便于合群成功。

(2) 加强调教，搞好卫生。猪有好清洁的习性，训练猪定点、定时排泄，有利于猪的饲养管理工作（特别是地面平养）促其养成吃食、睡觉和排粪尿地点固定的"三点定位"习惯，猪圈应每天打扫，猪体要经常刷拭。

(3) 适当运动。运动可以增强猪的新陈代谢，促进肌肉生长，促进食欲，增强体质。运动方式有：运动场内自由运动，驱赶运动，放牧运动，运动跑道运动，游泳（洗澡）等。

2. 合理地调控猪的生活环境 猪的生活环境主要是猪舍内环境，保持猪舍内适宜温度、湿度、光照与空气新鲜度，是提高猪生产性能的重要措施。

(1) 温度。猪的生理特点是小猪怕冷、大猪怕热，且猪对过冷、过热的环境很敏感。猪舍温度过低，会增加饲料的消耗，猪的增重减慢，甚至发生发病或死亡。在低温季节，猪舍应注意加热保温。猪在高温条件下会出现食欲下降采食量减少等现象，甚至中暑或死亡。因此，在高温条件下，应采取防暑降温措施。气温过高或过低，都会影响猪的增重与饲料转化率。一般猪对温度的要求是：哺乳仔猪 25～30℃，50kg 左右的猪为 20～23℃，成年猪（100kg 以上）为 15～18℃。

(2) 湿度。如果猪舍内气温适宜，空气相对湿度的高低对猪的增重和饲料利用影响不大，但高温高湿或低温高湿对育肥猪的健康、增重与饲料转化率有不良影响，特别是低温高湿的影响更为严重，空气相对湿度过低会增加猪的呼吸道疾病与皮肤病的发病率。一般相对湿度为 65%～75%。

(3) 光照。猪舍的光照因光源不同可分为自然光照与人工光照。一般情况下，光照对育肥猪的生产性能影响不大，但强烈光照会影响猪的休息与睡眠，所以育肥猪一般采取暗光照管理。

(4) 空气新鲜度。猪舍要求设计合理，注意通风换气，特别是封闭式猪舍更应如此，要每天清扫猪舍粪尿，以保持猪舍空气新鲜。

3. 合理地安排饲养密度 猪虽然是群居性动物，可以群养，但如果一个群体中的数量过多或者是饲养密度过大，每一头猪在群体中的位置就不稳定，致使猪群争咬不断，直接影响猪的生长发育。因此，确定一个较为合理的饲养密度是养好猪的关键之一。一般适宜的猪群数量是：在仔猪阶段 20～30 头/群，育肥猪阶段 10～12 头/群；每头仔猪应该占有 0.5m^2 的有效面积，每头大猪应该占有 1m^2 的有效面积。

4. 建立可靠的防疫程序 猪生长发育好坏的另一个关键是猪的健康状况，猪患病时，原有的生产力、自身的生产潜力更不能发挥。因此，应做好猪病预防工作，特别是猪传染性疾病的防控，应结合猪场实际制订可靠的防疫程序。

5. 稳定的饲养管理制度 猪的饲养管理制度是猪场饲养管理工作的指南，一旦确定，不得随意更改和变动，饲养员必须认真遵守，严格执行（表1-1-1）。

表1-1-1 一般的饲养管理制度程序

夏季（5—9月）		冬季（10月—次年4月）	
时间	工作内容	时间	工作内容
5：30—7：00	起床、清理圈舍，早饲配种	6：00—7：00	起床、清理圈舍，早饲配种
7：30—8：00	早饭，喂断乳仔猪	7：30—8：30	早饭，喂断乳仔猪
8：00—9：00	饮水，公猪运动	8：30—9：30	公猪运动
9：00—10：00	喂青饲料，清粪便，刷拭公猪	9：30—10：30	喂青饲料，清粪便，刷拭公猪
10：00—11：00	喂哺乳母猪和断乳仔猪	10：30—11：30	喂哺乳母猪和断乳仔猪
11：00—12：00	午饲母猪（除哺乳母猪）、公猪、肥猪、后备猪	11：30—12：30	午饲母猪（除哺乳母猪）、公猪、肥猪、后备猪
12：00—14：30	午饭，午休	12：30—14：00	午饭，午休
14：30—15：00	饮水，喂哺乳母猪和断乳仔猪	14：00—15：00	喂青饲料
15：00—16：00	喂青饲料	15：00—16：30	清理圈舍，喂哺乳母猪和断乳仔猪
16：00—17：00	清理圈舍	16：30—17：00	配种
17：00—18：00	喂断乳仔猪，配种	17：00—18：00	晚饲母猪（除哺乳母猪）、公猪、肥猪、后备猪
18：00—19：00	晚饲母猪（除哺乳母猪）、公猪、肥猪、后备猪	18：00—19：30	晚饭
19：00—20：00	晚饭	19：30—20：30	喂哺乳母猪和断乳仔猪
20：30—21：00	喂断乳仔猪和哺乳母猪		

任务3 对猪生产的认知

实训1-1 参观猪场

【实训目的】 通过参观规模较大、管理规范的养猪场，让学生了解养猪生产的环节，体验生产和理论的差异。

【材料用具】 选择一个规模较大、管理规范的养猪场。

【方法步骤】

1. 组织学生前往猪场

2. 参观猪场

（1）猪场整体概况（包括场址的选择、规划布局、常用养猪设备等）。

（2）猪场的消毒防疫情况。

（3）猪场的工作日程。
（4）种公猪的规范饲养。
（5）种母猪的规范饲养。
（6）产房内猪的规范饲养。
（7）保育猪的规范饲养。
（8）育成猪的规范饲养。
（9）育肥猪的规范饲养。
（10）饲料加工和调制。

【实训报告】每人写一份参观猪场的实习体会。

复习思考题

一、名词解释

1. 哺乳仔猪　2. 断乳仔猪　3. 育成猪　4. 后备猪
5. 育肥猪　6. 初产母猪　7. 经产母猪　8. 检定母猪
9. 基础母猪　10. 检定公猪　11. 基础公猪

二、填空题

1. 公猪的产精量大，一次射精量为________，精子密度为________。
2. 猪的妊娠期平均为________ d，范围是________ d；正常情况下猪的世代间隔为________年。
3. 猪的________和________灵敏，________较差。
4. 猪群管理的“三点定位”分别是________、________、________。
5. 猪的性行为包括________、________和________。
6. 猪的母性行为表现在________、________和________。
7. 种猪饲养管理中“三定”饲喂是________、________、________。
8. 猪饲喂的料型常用的有________、________、________、________。
9. 哺乳仔猪适宜的温度是________，成年猪适宜的温度为________。

三、选择题

1. 水是猪体重要的组成成分，因此，每天必须供给充足而清洁的饮水。猪夏季需（　　），冬季需（　　）；喂干粉料需（　　），喂稠料需（　　）。
A. 水少　水多　水多　水少　B. 水少　水多　水少　水多
C. 水多　水少　水少　水多　D. 水多　水少　水多　水少
2. 猪的生物学特性中叙述错误的是（　　）。
A. 多胎高产　B. 多相睡眠性能　C. 杂食性强　D. 产精量少
3. 仔猪辨认母猪、寻找乳源，母猪辨认仔猪、寻找食物主要靠（　　）。
A. 嗅觉　B. 听觉　C. 视觉　D. 触觉

四、判断题

（　　）1. 由于猪的生长强度大，猪的代谢旺盛。

（　　）2. 猪的听觉和嗅觉发达，视觉不发达。

（　　）3. 猪有发达的盲肠，对粗纤维的消化能力较强。

（　　）4. 仔猪对环境温度要求比较低，大猪对环境温度要求高，这就是猪对环境要求的两重性。

（　　）5. 猪的采食量和采食频率随体重的上升而减少。

（　　）6. 在颗粒料和粉料之间，猪往往选择颗粒料；在干料和湿料之间，猪往往选择湿料。

五、简答题

1. 根据饲料的形态不同，常用的饲喂方式有哪几种？
2. 简述猪的生物学特性。
3. 叙述猪的行为特征。
4. 简述猪的一般饲养管理原则。

【参考答案】

一、名词解释

1. 出生后至断乳前的仔猪，仔猪断乳一般为28～42日龄。
2. 指断乳至25kg左右或者70日龄的仔猪，也称保育猪。
3. 70日龄仔猪或25kg左右仔猪至4月龄留作种用的幼猪。
4. 从5月龄到开始配种前留作种用的猪，包括后备公猪和后备母猪。
5. 用来生产猪肉的猪统称育肥猪或肉猪，可分为生长猪和育肥猪两个阶段。
6. 生产第一胎仔猪的青年母猪。
7. 生产两胎和两胎以上的母猪。
8. 从初配开始至第一胎仔猪断乳的母猪。
9. 一胎产仔经鉴定合格，留作种用的母猪。
10. 12月龄左右初配开始至第一批与配母猪产仔断乳阶段的公猪。
11. 16月龄以上经检定合格的公猪。

二、填空题

1. 200～400mL、2亿/mL　2. 114、110～118、1.5　3. 嗅觉、听觉、视觉　4. 采食、趴卧、排粪尿　5. 发情、求偶、交配行为　6. 产前做窝、分娩、哺乳　7. 定时、定量、定质　8. 干粉料、颗粒料、湿拌料、稀粥料　9. 25～30℃、15～18℃

三、选择题

1～3. DDA

四、判断题

1～6. √√×××√

猪的品种与引种

【学习目标】

1. 熟悉猪主要经济类型划分的要点及各经济类型猪的特点。
2. 掌握我国地方猪种的优良种质特点，能够识别我国的主要猪种。
3. 了解引入我国的主要猪种的外貌特征、生产性能及杂交利用。
4. 了解猪的生产力性状（繁殖性状、育肥性状、胴体品质性状）的主要指标，掌握基本概念及部分指标的计算方法。
5. 能识别猪的外貌。基本掌握不同阶段猪的选择方法，了解猪的选配方法及选配原则。
6. 掌握猪引种应注意的事项。

【学习任务】

任务1　猪的经济类型

根据生产肉脂性能和体型结构特点，将猪分为以下三种经济类型。

1. 瘦肉型　胴体瘦肉率高，一般在55%以上；背膘薄，厚度1.5～3.0cm；头部较小；体躯长，体长大于胸围15cm以上，呈流线型；背平直或略弓；腹平直；腿臀丰满；生长速度快，一般6月龄体重达90kg以上；饲料转化率高，每千克增重耗料3.0kg左右。从国外引入的长白猪、大约克夏猪、杜洛克猪、汉普夏猪、皮特兰猪等，都属于瘦肉型猪。

2. 脂肪型　胴体脂肪多、瘦肉少，胴体瘦肉率一般在45%以下，背膘厚4～6cm。体型特点：短、宽、圆、矮、肥。中躯呈正方形，体长和胸围大致相等；体躯宽深而短，头颈较重，垂肉多，腹大下垂。体质细致，性成熟早，耐粗饲，适应性强，早期沉积脂肪能力强，饲料转化率低。我国地方品种大都属于此类型，如太湖猪、两广小花猪等。

3. 肉脂兼用型　体型及胴体瘦肉率均介于脂肪型和瘦肉型之间，我国早期培育的猪品种或品系大多属这种类型，如北京黑猪、哈白猪等。

任务 2　猪的品种

我国幅员辽阔，地形复杂，气候多样，有着悠久的养猪历史，经自然或人为的选育形成了许多优良猪种。

一、我国地方优良猪种

（一）我国地方品种猪的优良种质特点

与国外猪种相比，中国地方猪种具有许多独特的种质特点。

1. 繁殖力强　中国地方猪种普遍具有较高的繁殖性能，主要表现在母猪的初情期和性成熟早，排卵数和产仔数多，乳头数多，泌乳力强，性情温驯，母性好，发情明显，可利用年限长；公猪睾丸发育快，性欲强，射精量大，初情期、性成熟和配种日龄早。

2. 适应性（耐粗饲能力）强　中国地方猪种大都能耐青粗饲料，消化粗纤维的能力强，能大量利用青粗饲料，能在较低的营养水平及低蛋白的情况下增重。

3. 抗寒与抗热能力强　长期生活在北方地区的地方猪种，由于皮厚、被毛密而长、冬季密生绒毛，且代谢率低，所以具有较强的抗寒能力；南方的一些品种猪能耐受潮湿和高温环境。

4. 肉质好　我国的地方品种猪，肉色鲜红，无 PSE 肉（PSE 肉是指猪宰后肌肉呈现灰白颜色、柔软、汁液渗出的肌肉），肉内含水量少，脂肪熔点高，肌纤维间大理石样花纹明显，肉质细嫩多汁，口感嫩滑，肉味香浓。

5. 性情温驯，母性强　我国地方猪种性情温驯，便于管理，同时母性强，有较好的护仔能力，断乳育成率较高。

（二）我国的主要地方猪种

1. 民猪

（1）产地及分布。主要分布于东北三省及河北、内蒙古的部分地区，分为大民猪、二民猪和荷包猪三个类型，目前，民猪数量居多。

（2）外貌特征。全身被毛黑色，冬季密生绒毛，猪鬃发达，面部直长，耳大下垂。体躯扁平，背腰狭窄，臀部倾斜，四肢粗壮，体质强健。乳头 7～8 对（图 1－2－1）。

图 1－2－1　东北民猪

（郑丕留，1986. 中国猪品种志）

(3) 生产性能。平均窝产仔数为13.5头，初生重0.98kg左右，60d断乳重12kg，10月龄育肥猪体重136kg左右，屠宰率72%，胴体重90kg，屠宰瘦肉率46%左右，成年公猪体重200kg，成年母猪体重148kg左右。

(4) 特点及杂交利用。该猪抗寒力强，耐粗放饲养，产仔多，护仔能力强。民猪是很好的杂交母本，与大约克夏、长白、杜洛克、汉普夏等猪杂交，杂种优势都很显著。

2. 太湖猪

(1) 产地分布。主要分布于长江下游的江苏、浙江和上海交界的太湖流域，是梅山猪、枫泾猪、嘉兴黑猪、二花脸猪、焦溪猪等的统称。

(2) 外貌特征。被毛黑色或青灰色，个别猪鼻突部、腹底、四肢下部有白毛。体型较大，头大额宽，面微凹，额有皱纹，耳特大下垂，四肢粗，卧系（图1-2-2）。

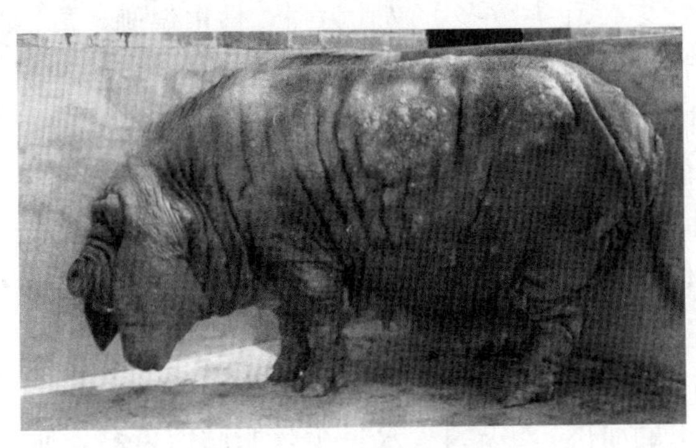

图1-2-2 太湖猪

（郑丕留，1986. 中国猪品种志）

(3) 生产性能。窝产仔数多，尤以二花脸猪、梅山猪最高，是世界猪种中产仔数最高的品种之一。经产母猪平均窝产仔数15头以上，最高单胎产仔记录为42头。母猪乳头9对，泌乳量高，性情温驯，哺育能力强。成年公猪体重130～200kg，母猪100～180kg，屠宰率65%～70%，胴体瘦肉率40%左右。

(4) 特点及杂交利用。主要特点是产仔力高，品种内部结构丰富，肉质好。太湖猪最宜作杂交母本，与长白猪、大约克夏猪、杜洛克猪等杂交效果好。在杂交过程中，杜长太或约长太等三元杂交组合类型保持了亲本产仔多、瘦肉率高、生长速度快等特点。

3. 两广小花猪

(1) 产地分布。分布于广东和广西相邻的浔江、西江流域的南部，包括广东的湛江、肇庆、江门、茂名和广西的玉林、梧州等地区。由陆川猪、福绵猪、公馆猪和广东小耳花猪（包括黄塘猪、塘缀猪、中垌猪、桂墟猪）归并，1982年起统称两广小花猪。

(2) 外貌特征。被毛稀疏，毛色为黑白色，除头、耳、背、腰、臀为黑色外，其余为白色，黑白交界处有4～5cm的黑皮白毛的灰色带。该品种猪体型较小，具有头短、颈短、耳短、身短、脚短和尾短的特点，故有“六短猪”之称。背腰宽且下凹，腹大拖地，体长几乎与胸围相等（图1-2-3）。

(3) 生产性能。成年公猪体重平均为131kg，成年母猪体重平均为112kg，经产母猪产仔数11～12头，体重75kg的育肥猪屠宰率67.7%，胴体瘦肉率37.2%。

(4) 特点及杂交利用。具有早熟、母性强、皮薄、肉质嫩美等优点，但存在凹背、腹大拖地、生长发育较慢等不足。以两广小花猪为母本与长白猪、大约克夏猪杂交，效果较好。

图 1-2-3　两广小花猪
（郑丕留，1986. 中国猪品种志）

图 1-2-4　金华猪
（郑丕留，1986. 中国猪品种志）

4. 金华猪

（1）产地分布。金华猪是著名的地方良种。主产于浙江省金华地区的义乌、东阳和金华等地，已推广到浙江全省 20 多个市、县和省外部分地区。

（2）外貌特征。体型中等偏小，具有“两头乌”的毛色特征，即头颈和臀尾为黑色，其余部位为白色，少数背部有黑斑。耳中等大、下垂，额上有皱纹，颈粗短，背微凹，腹大微下垂，臀较倾斜，四肢较短，蹄坚实，皮薄毛稀。乳头多为 7～8 对（图 1-2-4）。

（3）生产性能。成年公猪体重 100～110kg，成年母猪体重 90～100kg，经产母猪产仔数 13～14 头，屠宰率 71%～72%，胴体瘦肉率 43.36%。

（4）特点及杂交利用。繁殖率较高，肉质优良，皮薄骨细，肉嫩，肥瘦比例恰当，适宜腌制火腿。金华猪作母本与长白猪、大约克夏猪、杜洛克猪、汉普夏猪等品种杂交效果较好。

5. 其他地方优良品种　我国还有很多优良地方品种猪，这些品种也都具有良好的生产性能，是我国宝贵的基因库，应给予保护。其各自的产地及分布、外貌特征、生产性能见表 1-2-1。

表 1-2-1　其他地方优良品种猪

品种名	产地及分布	外貌特征	生产性能
八眉猪	中心产区为陕西泾河流域、甘肃陇东和宁夏的固原地区，主要分布于陕西、甘肃、宁夏、青海等地	头较狭长，耳大下垂，额有纵行“八”字皱纹，故名八眉。被毛黑色，按体型外貌和生产特点可分为大八眉、二八眉和小伙猪三大类型。大八眉体型较大，现已为数不多，仅占八眉猪总数的 1%左右	公猪 8 月龄体重 33.17kg，母猪为 47.46kg；在较好的饲养条件下，公猪于 10 月龄、体重达到 40kg 左右时开始配种。母猪于 3～4 月龄（平均 116d）开始发情。经产母猪平均产仔数 12.65 头，45 日龄成活仔数 8.79 头，平均窝重 45.01kg。8 月龄、体重 75kg 时，料肉比 3.85∶1，日增重最高达 458g，胴体瘦肉率 43.17%

（续）

品种名	产地及分布	外貌特征	生产性能
内江猪	产于四川省内江市，分布于资中、简阳、资阳、安岳、威远、隆昌和乐至等地	被毛全黑，鬃毛粗长；体型大，体质疏松。头大，嘴筒短，额面横纹深陷成沟，额中部皮隆起成块，耳中等大、下垂；体躯宽深，背腰微凹，腹大不拖地，臀宽稍后倾，四肢较粗短	成年公猪体重170kg，成年母猪体重155kg。母猪一般6月龄初次配种，经产母猪窝产仔数10.40头左右，断乳窝重117.43kg左右；在较好的饲料条件下饲养，179日龄体重可达90.2kg。在106d的育肥期中，日增重662g，每千克增重耗料3.5kg
荣昌猪	产于重庆市荣昌和四川省隆昌，主要分布在重庆市永川、大足、铜梁、江津及四川省泸州、合江、宜宾等地	被毛除两眼周围或头部有大小不等的黑斑外，均为白色，也有少数在尾根及体躯出现黑斑或全白的；体型较大；头大小适中，面微凹，耳中等大、下垂；额面皱纹横行、有漩毛；体躯较长，发育匀称，背腰微凹，腹大而深，臀部稍倾斜，四肢细致、结实。鬃毛刚韧，一般长11～15cm	成年公猪体重158kg，成年母猪体重144kg；4月龄达性成熟期，5～6月龄时可用于配种；3胎及3胎以上母猪产仔数10.21头，断乳窝重102.2kg左右；7～8月龄体重80kg左右屠宰，屠宰率为69%，瘦肉率42%～46%。荣昌猪适应性强，配合力好，鬃质优良，肌肉呈鲜红或深红色，大理石纹清晰
宁乡猪	原产于湖南宁乡市的草冲和流沙河一带，原称草冲猪或流沙河猪，分布于与宁乡市毗邻的益阳、安化、湘乡等市县以及怀化、邵阳两市	毛色为黑白花，毛色有“银项圈”“大黑花”“小散花”等；体型中等；头中等大小，额部有形状和大小不一的横行皱纹，耳较小、下垂，颈短粗，有垂肉；背腰宽，背多凹陷，肋骨拱曲，腹大下垂，臀部微倾斜；四肢较短，大腿欠丰满，多卧系，散蹄，群众称之为“猴子脚板”；多数猪后脚较弱而弯曲，飞节内靠；尾尖、尾帚扁平；毛粗短而稀	成年公猪体重80～90kg，母猪90～100kg；母猪生后129.5d初次发情，一般在164～177日龄、体重35kg，即第3次发情时初次配种；平均产仔数10头左右。3胎及3胎以上断乳窝重平均101.49kg；体重从10.48kg增至80.54kg，饲养190.5d，日增重368g，胴体瘦肉率34.7%
香猪	产于贵州省从江县、三都县和广西环江县等地	体躯短小、头较直，耳小，背腰宽而微凹，腹大触地，后躯较丰满，四肢细短，后肢多卧系，毛色多全黑，少数具有“六白”、不完全“六白”或两头乌的特征，乳头5～6对	成年香猪体重因品种而异，巴马香猪其成年母猪体重可达40kg，经产母猪平均产仔数5～8头。体重38.8kg屠宰测定，其胴体瘦肉率46.7%。香猪具有早熟易肥、皮薄骨细、肉质细嫩的优点，可用作烤乳猪的原料

二、我国培育的主要猪品种

新中国成立以来，我国培育了20多个猪的新品种，如三江白猪、上海白猪、哈尔滨白猪、湖北白猪、北京黑猪、关中黑猪、甘肃白猪、东北花猪、新金猪、新淮猪、赣州白猪、苏太猪等。这些品种与地方猪种相比较，具有较高的生产能力，这里仅介绍其中的3个品种。

1. 三江白猪 三江白猪产于黑龙江省三江地区，是用长白猪作父本，东北民猪作母本，经杂交选育而育成的我国第1个瘦肉型品种猪。

（1）体型外貌。头轻嘴直，两耳下垂或稍前倾，背腰宽平，腿臀丰满，被毛全白，毛丛稍密，体型近似长白，具有瘦肉型猪的典型体躯结构。四肢健壮，蹄质坚实，乳头 7 对，排列整齐（图 1－2－5）。

图 1－2－5　三江白猪
（郑丕留，1986. 中国猪品种志）

（2）生产性能。后备公猪 6 月龄体重 80～85kg，后备母猪 6 月龄体重 75～80kg。育肥猪 20～90kg 阶段平均日增重 600g，胴体瘦肉率 59％。初产母猪产仔数 9～10 头，经产母猪平均 12 头。

（3）杂交利用。三江白猪与杜洛克、汉普夏、长白猪杂交都有较好的配合力，与杜洛克猪杂交效果显著。

2. 上海白猪　上海白猪产于上海市近郊各区县，是当地条件下育成的肉脂兼用型品种。主要是在本地猪（太湖猪）和大约克夏、苏白猪等猪种进行杂交的基础上，通过多年选育而成。主要特点是生长发育快，产仔数较多，适应性强和胴体瘦肉率较高。

图 1－2－6　上海白猪
（郑丕留，1986. 中国猪品种志）

（1）体型外貌。全身被毛白色，体质坚实，体型中等偏大，头面平直或微凹，耳中等大略向前倾。背宽，腹稍大，腿臀较丰满，有效乳头 7 对（图 1－2－6）。

（2）生产性能。成年公猪体重 250kg 左右，成年母猪 180kg 左右。在良好的饲养条件下，170 日龄体重可达 90kg，体重 20～90kg 阶段的日增重 615g 左右，料肉比 3.62∶1。体重 90kg 屠宰，屠宰率 70.55％，胴体瘦肉率 52.5％。公猪一般在 8～9 月龄，体重 100kg 以上开始配种。母猪多在 8～9 月龄配种。初产母猪产仔数 9 头左右，经产母猪（3 胎及 3 胎以上）产仔数11～13头。

（3）杂交利用。用杜洛克猪或大约克夏猪作父本与上海白猪杂交，效果明显。一代杂种猪在良好的饲养条件下自由采食干粉料，体重20～90kg阶段时日增重为700～750g，料肉比（3.1～3.5）：1。杂种猪体重90kg屠宰，胴体瘦肉率60%以上。

3. 北京黑猪 产于北京，分布于北京郊区及河北、河南和山西等省，是用北京地区饲养的华北型黑母猪与巴克夏公猪、约克夏公猪、苏白公猪等杂交培育而成。

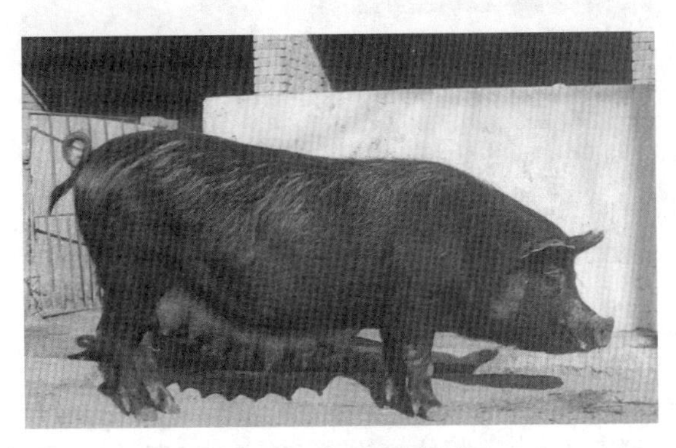

图1-2-7 北京黑猪
（郑丕留，1986. 中国猪品种志）

（1）体型外貌。全身被毛黑色。头大小适中，两耳向前上方直立或平伸，面微凹，额较宽。颈肩结合良好，背腰平直且宽。四肢健壮，腿臀较丰满，体质结实，结构匀称（图1-2-7）。成年公猪体重260kg左右，成年母猪体重220kg左右，乳头多为7对。

（2）生产性能。北京黑猪在每千克配合饲料含消化能12.56～13.4MJ、粗蛋白质14%～17%的条件下饲养，体重20～90kg阶段，日增重达600g以上，每千克增重消耗配合饲料3.5～3.7kg。体重90kg屠宰，屠宰率72%～73%，胴体瘦肉率49%～54%。小公猪3月龄出现性行为，6～7月龄、体重70～75kg时可用于配种。初产母猪每胎产仔9～10头，经产母猪平均每胎产仔11.5头，平均产活仔数10头。

（3）杂交利用。用长白猪作父本与北京黑猪杂交，一代杂种猪体重20～90kg阶段，日增重650～700g，每千克增重消耗配合饲料3.2～3.6kg。体重90kg屠宰，胴体瘦肉率54%～56%。用杜洛克猪或大约克夏猪作父本，长北（长白公猪配北京黑母猪）杂种母猪作母本，杂种猪体重20～90kg阶段，日增重600～700g，每千克增重消耗配合饲料3.2～3.5kg。体重90kg屠宰，胴体瘦肉率58%以上。

三、国外培育品种

1. 大约克夏猪 又称为大白猪，原产于英国北部的约克郡及其临近的地区。大约克夏猪是世界著名的瘦肉型猪种。该猪种具有生长速度快、饲料转化率高、胴体瘦肉率高、产仔多等特点。现在许多品种都与其有亲缘关系。

（1）体型外貌。大约克夏猪体格大，体型匀称。全身被毛白色，少数猪只的额部有很小的青斑。耳直立，鼻直，背腰微弓；四肢较长，头颈较长，颜面微凹，体躯长（图1-2-8）。乳头7对左右。

图 1-2-8 大白猪
（李和国，2001. 猪的生产与经营）

图 1-2-9 长白猪
（李和国，2001. 猪的生产与经营）

（2）生产性能。成年公猪体重 250～300kg，成年母猪体重 230～250kg。大约克夏猪增重速度快，饲料转化率高，6 月龄体重可达 100kg 左右。育肥猪在良好的条件下，日增重可达 850g 以上，胴体瘦肉率 60%～65%。初产母猪产仔数 9～10 头，经产母猪产仔数 11～12 头，产活仔 10 头左右。

（3）杂交利用。根据我国各地的报道，利用大约克夏猪作父本与我国本地猪品种杂交，都能取得良好的效果。其一代杂种日增重比其母本提高 20%以上。大约克夏猪通常利用的杂交方式是杜×长×大或杜×大×长，即用长白公（母）猪与大约克夏母（公）猪交配产生的杂一代母猪与杜洛克公猪（终端父本）杂交生产商品猪，这是目前世界上比较好的组合。我国用大约克夏猪作父本与本地猪进行二元杂交或三元杂交，效果也很好。

2. 长白猪 长白猪原名为兰德瑞斯猪，原产于丹麦，是世界上著名的瘦肉型猪种。因性能优异，被引入许多国家，并经选育形成体型、性能略有差异、适合当地条件的不同品系，如比利时长白、法系长白等。我国目前饲养的长白猪来自许多国家，如瑞典、英国、法国、丹麦、荷兰等，也是目前我国引入数量最多的国外猪种。

（1）体型外貌。长白猪全身被毛白色。头小清秀，颜面平直，耳大下垂、前倾向下并覆盖颜面。背腰长而平直，腹开张良好但不下垂，腹线平直。腿臀丰满，蹄质坚实，体躯前窄后宽呈流线型（图 1-2-9）。乳头 6～7 对。

（2）生产性能。长白猪成年公猪体重约 246kg，成年母猪约 218kg。长白猪具有产仔多，泌乳性能好，生长发育快，省饲料，胴体瘦肉率高，但抗逆性差，四肢比较软弱，多发四肢病，对营养要求高等特点。母猪初产仔数 10～11 头，经产仔数 11～12 头。育肥猪在良好的条件下，日增重 800g 以上，有的可达 950g，胴体瘦肉率为 60%～63%。各地依来源不同，饲养水平不同，生产性能差异较大。

（3）杂交利用。长白猪是我国养猪生产杂交育种的基础品种。在商品猪生产中，可根据各地实际情况，开展二元或三元杂交工作。利用长白猪作第一父本或母本生产三元杂交猪，其杂交方式为杜×长×大或杜×大×长。或用长白猪作父本，杂交改良我国地方品种，以提高地方品种猪的胴体瘦肉率和生长速度。

3. 杜洛克猪 杜洛克猪原产于美国东部的新泽西州和纽约州等地。是美国目前分布最广的品种。国内先后从美国、加拿大、匈牙利、日本及中国台湾等国家和地区引入该猪，现已遍及全国。

（1）体型外貌。全身被毛呈棕红色，深浅不一。杜洛克猪体躯高大，粗壮结实，肌肉丰满，后躯肌肉特别发达，头较小，颜面微凹，鼻长直，耳中等大小，向前倾，耳尖稍弯曲。背腰略呈弓形，腹线平直，四肢强健，蹄黑色（图1-2-10）。乳头数6对左右。

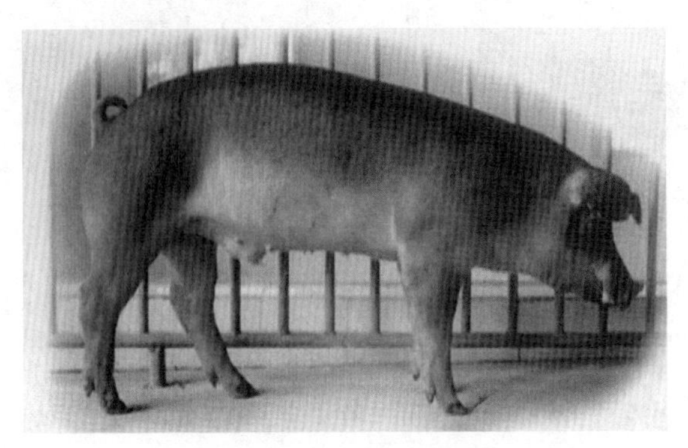

图1-2-10 杜洛克猪

（李和国，2001. 猪的生产与经营）

（2）生产性能。杜洛克猪的最大特点是，身体健壮、强悍，耐粗性能强，生长快，饲料转化率高。育肥猪20～90kg阶段，日增重可达850g以上，胴体瘦肉率62%～63%。初产母猪产仔数9头左右，经产母猪产仔数10头左右。

（3）杂交利用。由于杜洛克猪具有增重快、饲料转化率高的特点，所以利用杜洛克猪作父本，进行杂交生产商品育肥猪，能大幅度提高商品代育肥猪的增重速度和饲料转化率。杜洛克猪在杂交利用中通常用作父本，普遍作为三元杂交的终端父本。

4. 汉普夏猪 汉普夏猪原产于美国。由于该猪具有独特的毛色特征，在其肩部及其前肢有一白色的被毛环所覆盖，其他部位为黑色，故称之为“白带猪”。

（1）体型外貌。汉普夏猪毛黑色，前肢白色，后肢黑色。最大特点是在肩部和颈部接合处有一条白带围绕，包括肩胛部、前胸部和前肢，呈一白带环，在白色与黑色边缘，由黑皮白毛形成一灰色带，故又称“银带猪”。头中等大小，耳中等大小而直立，嘴较长而直，体躯较长，背腰微弓，腿臀丰满（图1-2-11）。乳头6对以上，排列整齐。

图1-2-11 汉普夏猪

（李和国，2001. 猪的生产与经营）

（2）生产性能。成年公猪体重315～410kg，母猪为250～340kg。产仔数9～10头。育肥猪20～90kg阶段，日增重可达725～845g，胴体瘦肉率64%左右。各地因饲养水平不同有所差异。

（3）杂交利用。汉普夏猪具有生长快、瘦肉率高和肉质好的特点，在杂交中一般作父本。汉普夏公猪与长×太（长白公猪配太湖母猪）杂种母猪杂交，其三品种杂交猪体重

20～90kg阶段，饲养期需 110～116d，日增重 600g 以上，每千克增重消耗配合饲料 3.5～3.7kg，胴体瘦肉率 50%以上。

5. 皮特兰猪 皮特兰猪原产于比利时的布拉帮特地区，是欧洲近些年来比较流行的瘦肉型品种猪。其主要特点是瘦肉率高，全身肌肉丰满，但饲养过程中会较容易产生应激。

(1) 外貌特征。皮特兰猪毛色灰白，或是大块黑白花色并带有深黑色的斑点，偶尔出现少量棕色毛。耳中等大小而略向前倾。体躯呈圆筒形，腹部平行于背部，背平直而宽大。腿臀丰满，方臀，肌肉特别发达（图 1-2-12）。

图 1-2-12 皮特兰猪

（李和国，2001. 猪的生产与经营）

(2) 生产性能。皮特兰猪以胴体瘦肉率高而著称。在较好的饲养条件下，皮特兰猪生长迅速，6 月龄体重可达 90～100kg。瘦肉率可达 70%左右。产仔数平均为 10～11 头。国内一些育种场常将其与杜洛克杂交生产皮杜二元杂交公猪，瘦肉率达 72%，是良好的终端父本。皮特兰初产母猪较易发生难产（经产母猪很少发生），原因是后躯肌肉丰满，产道开张不全。

(3) 杂交利用。皮特兰猪胴体瘦肉率高，背膘薄，后腿发达，用其作父本与其他品种猪进行杂交，胴体瘦肉率得到明显提高。皮特兰猪属于应激敏感性较强的品种，肉质较差，PSE 肉发生率几乎达到 100%。在育肥猪配套系生产中常作为父本，与杜洛克猪杂交，生产皮×杜公猪，用于杂交，生产商品猪。近年选育出的应激抵抗系皮特兰猪，在适应性和肉质上都有很大程度的改进。

任务 3 猪的选择

一、猪的生产力性状

（一）猪的繁殖性状

1. 产仔数 出生时同窝的仔猪总数，包括死胎、“木乃伊”胎和畸形胎等在内。产活仔数则指出生时存活的仔猪数，包括衰弱即将死亡的仔猪在内。

2. 初生重 仔猪初生时的个体重，在出生后 12h 以内测定，只测出生时存活仔猪的体重。全窝初生仔猪总重量为初生窝重。

3. 泌乳力 以仔猪 20 日龄的全窝重量来表示，包括寄养进来的仔猪在内，但寄出仔猪的体重不得计入。

4. 断乳仔猪数 指断乳时全窝仔猪头数，包括寄养的仔猪。

5. 断乳窝重 断乳时全窝仔猪的重量，包括寄养来的仔猪，并注明断乳日龄。

在现代养猪生产中，为了评定猪的繁殖效率，还需测定情期受胎率、哺乳期成活率、每头母猪年产仔胎数等指标。

$$情期受胎率=\frac{受胎母猪数}{配种母猪总数}\times100\%$$

$$哺乳期仔猪成活率=\frac{育成仔猪数}{产活仔猪数-寄出仔猪数+寄入仔猪数}\times100\%$$

$$每头母猪年产仔胎数=\frac{365}{妊娠期+哺乳期+空怀期}$$

(二) 猪的育肥性状

猪的育肥性状主要包括平均日增重和饲料转化率。

1. 平均日增重 指整个育肥期间猪（种猪指断乳到180日龄）平均每天体重的增长量，用g/d为单位。多用20～90kg或25～90kg期间平均每天的增重来表示。其计算公式为：

$$平均日增重=\frac{育肥期总增重\times(终重-始重)}{饲养天数}$$

2. 饲料转化率 指育肥期内育肥猪每增加1kg活重的饲料消耗量。计算公式为：

$$饲料转化率=\frac{育肥期内饲料消耗总量}{育肥期总增重\times(终重-始重)}$$

体重的测定以直接称重最为准确。称重应在早晨饲喂前进行。

二、种猪的选择与选配

(一) 猪的外貌识别

猪的体表部位一般可划分为4部分：即头颈部、前躯部、中躯部和后躯部（图1-2-13）。

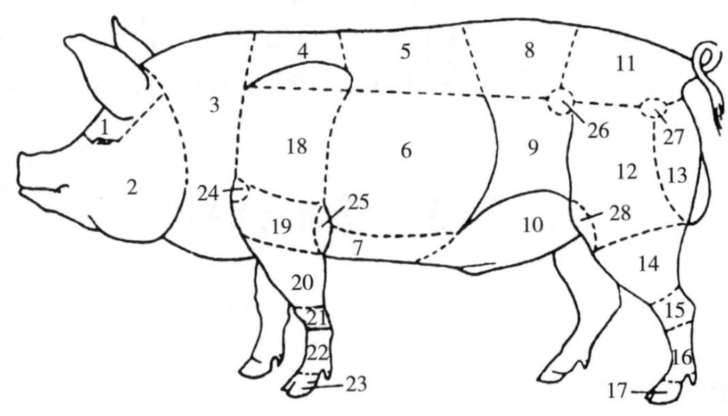

图1-2-13 猪体表各部位名称

1. 颅部 2. 面部 3. 颈部 4. 鬐甲 5. 背部 6. 胸侧部（肋部） 7. 胸骨部 8. 腰部 9. 腹侧部 10. 腹底部 11. 荐臀部 12. 股部 13. 股后部 14. 小腿部 15. 跗部 16. 跖部 17. 趾部 18. 肩部 19. 臂部 20. 前臂部 21. 腕部 22. 掌部 23. 指部 24. 肩关节 25. 肘突 26. 髋结节 27. 髋关节 28. 膝关节

（李和国，2001. 猪的生产与经营）

（二）不同阶段猪的选择

1. 断乳仔猪的选择 由于本身的生产性能还未表现出来，这时系谱资料应是选种的主要依据，并结合生长发育和体型外貌来选择。

（1）根据亲代资料选择。将不同窝仔猪的系谱资料进行比较，从祖先到双亲尤其是双亲性能优异的窝中，进行选留。同时要求同窝仔猪表现突出，即在产仔数多、哺乳期成活率高、断乳窝重大、发育整齐、无遗传疾患或畸形的窝中进行选择。

（2）根据本身表型选择。仔猪断乳时，根据本身的生长发育和外貌进行选择。规定月龄时达到本品种体重和体长指标，头型、耳型、毛色和体躯结构符合品种特征。在同窝仔猪中，将断乳重大、身腰较长、体格健壮、发育良好、生殖器官正常、有效乳头 7 对以上且排列均匀的仔猪选留下来。这时的选留数要大，小母猪最好按“选一留二”的比例选留，小公猪按“选一留四”的比例选留。

2. 后备猪的选择 选择好后备猪，是养猪场保持较高生产水平的关键，后备猪在 6～8 月龄配种前进行选择，主要根据本身的生长发育，兼顾体型外貌和父母成绩进行选择。后备猪的选留要达到以下标准：

（1）后备公猪和母猪都要符合本品种特征，即毛色、体型、头型、耳型要一致。

（2）生长发育正常，精神活泼，健康无病，膘情适中。

（3）不能有遗传疾病。如疝气、隐睾、偏睾、乳头排列不整齐、瞎乳头等。

（4）挑选后备公猪的条件。同窝仔猪数在 10 头以上，乳头在 6 对以上，且排列均匀，四肢和蹄部良好，行走自如，体长，臀部丰满，睾丸大小适中且左右对称。

（5）挑选后备母猪的条件。具有健壮的体质和四肢，发情周期正常，发情征兆明显，外生殖器官发育正常。乳头至少在 6 对以上，两排乳头左右对称，间距适中。

3. 成年种公猪、母猪的选择 母猪在 3 胎以上，公猪在 2～3 岁时进行选择。此时应以本身表现为主，主要以育肥性能、繁殖性能为依据，兼顾胴体品质性状进行选择。

（1）初产母猪（14～16 月龄）选择。母猪经过前两次的选择，对系谱、生长发育和外形等各方面，已有了比较全面的评定。此时选择淘汰的对象是产仔数少，成活率低，所产仔猪中有畸形、隐睾及毛色和耳型等不符合育种要求的个体。

（2）初配公猪的选择。经过前两次选择，已有了比较全面的评价。此时对公猪选择的依据是同胞姐妹的繁殖成绩和自身的性能及配种成绩。选择时，将其同胞姐妹繁殖成绩突出、自身性机能旺盛、配种成绩优良的公猪留作种用。

（3）种公、母猪的选择。对于 2 胎以上的母猪和正式参加配种的公猪，不仅本身有了 2 胎以上的成绩表现，而且也有用作育肥或种用的后裔。此时信息多，资料全，应根据本身生产力表现和后裔成绩进行选择。

（三）猪的选配

1. 猪的选配原则

（1）有明确的目的。根据预期目标，确定选配的方法和配偶，可稳定和巩固猪群优点，克服缺点。

（2）尽量选择配合力好的公母猪交配。配合力指交配双方的交配结果，即能否产生优良的后代。在制订选配计划时，须对猪群过去交配的结果进行分析，在此基础上找出能产生优良后代的组合。

(3) 公猪的品质（等级）要高于母猪。选配组合中，种公猪的等级和品质应高于种母猪，起码公母猪等级相同，不能用低于种母猪等级的种公猪与之交配。对猪群中鉴定出的特级、一级种公猪应充分使用，对二级、三级种公猪应控制使用。

(4) 具有相同缺点或相反缺点的公母猪不能选配。例如，用凹背猪和凸背猪交配，不但改变不了缺点，反而会使缺点加深，须用背腰平直的个体与之交配，才能纠正缺点。

(5) 正确使用近交。近交具有纯化遗传结构（基因型），稳定优良性状的作用。但是，随意近交，易导致近交衰退现象的发生。因此，近交应根据选育的情况仔细确定。一般繁殖猪场不宜采用近交。

(6) 合适的年龄选配。选配的公母猪体质健壮，年龄配对合适。一般壮龄公猪配壮龄母猪最好，其他配偶组合，效果均差。至少交配双方中，有一方是壮龄猪。

2. 选配方法及应用 选配的方法可以分为品质选配和亲缘选配两种。

(1) 品质选配。根据公、母猪双方的品质安排交配组合，可分为同质选配和异质选配两种。

①同质选配。就是选用性状相同或性能表现一致的优秀的公母猪来配种，以期获得相似的优秀后代。其作用是使所选种猪具有的优秀品质能在后代中得到保持和巩固，增加猪群中优秀个体的数量，使猪群逐渐趋于同质化。例如，选用体长、薄膘的公猪配体长、薄膘的母猪，期望双亲的优良性状在群体中得到稳定和巩固。

②异质选配。就是选择不同性状或不同性能表现的公母猪进行交配的方法。异质选配可以分为两种情况。一种是选择具有不同优良性状的公母猪交配，以使两个性状结合在一起，从而获得兼有双亲不同优点的后代。如体长与薄膘的公母猪交配，是为了获得体长、薄膘兼有的后代。另一种是选择同一性状，但该性状优劣程度不同的公母猪来交配，即改良交配，以使后代取得较大的改进和提高。例如，某品种猪各方面性能都好，就是胴体瘦肉率不够理想，即可选一头瘦肉率高的公猪与之交配，从而提高后代的瘦肉率。

异质选配是希望打破畜群的停滞状态，矫正畜群的不良品质，或综合双亲的优点时使用。其优点在于能丰富遗传性，增加新类型，并能提高后代的生活力和适应性。

(2) 亲缘选配。是根据公、母猪血缘关系的远近安排交配组合。如交配双方有较近的亲缘关系（指 6 代以内有血缘关系），称为亲缘交配，或近亲交配，简称近交；反之称为非亲缘交配，或远亲交配，简称远交。亲缘选配的目的，主要是为了避免不必要的近亲繁殖，或者在某些特定的情况下有意识地开展近交。

3. 选配计划 选配计划应根据猪场的具体情况、任务和要求而编制，必须了解和掌握猪群现有的生产水平、需要改进的性状、参加选配的每头种猪的个体品质等基本情况，本着“好的维持，差的重组”的原则，安排配偶组合，要尽量扩大优秀种公猪的利用范围，为其多择配偶。

任务 4 猪的引种

一、引种时间、体重、数量

1. 引种的时间 引种最好在春季或秋季进行，避免天气过冷或过热造成的应激。

2. 引进种猪的体重 引进的种猪一般要求在50kg以上，不宜过大，留有充分的驯化时间，且不影响引种后的免疫计划。

3. 引种的数量 一般猪场采用本交繁殖，公、母猪的比例为1∶（20～30），采用人工授精的公、母比例为1∶（100～500），但在引进公猪时要多于此比例，以防止个别公猪不能作为种用。在体重上要大、中、小搭配，各占一定比例。

二、种猪到场前的准备

引种前要根据本场的实际情况制订出科学合理的引种计划，计划应包括引种猪的品种、级别（原种、祖代、父母代）、数量等。同时，要积极做好引种的前期准备工作。

1. 人员配备 种猪到场以前，首先根据引种数量配备饲养和管理人员。确定的人员要提前1周到场，实行封闭管理，并进行相关技术培训。

2. 消毒

（1）新建场引种前的消毒。种猪在引进前一定要加强场内的消毒，消毒范围包括生活区、生产区及场外周边环境，生产区又分为猪舍、料库、展览厅等，都应本着“清洗—甲醛熏蒸—3%的氢氧化钠喷雾消毒”的消毒规程进行，猪舍的每一个空间一定要彻底消毒，做到认真负责、不留死角；对于生活区与场外周边也要用3%～4%氢氧化钠溶液进行喷雾消毒。

（2）旧场改造后在引种前的消毒。对于发生过疫病的猪场，在种猪引进之前一定要加强消毒与疫病检测。首先把进入场区的通道全部用生石灰覆盖，猪栏也要用白灰刷一遍，粪沟内的粪便要清理干净，彻底用氢氧化钠溶液冲洗干净，猪舍和场区与新场一样消毒后方可引种。

3. 隔离舍的准备 猪场应设隔离舍，要求距离生产区300m以上，在种猪到场10d前（至少7d）对隔离栏舍及用具进行严格消毒，可选择质量好的消毒剂进行多次严格消毒。

4. 必要物品、药品及饲料的准备 因种猪在引进之后，猪场要进行封闭管理，禁止外界人员与物品进入场内，种猪在引进之前场内要把一些物品、药品、饲料准备齐全，以免造成不必要的防疫漏洞。需准备的物品：饲喂用具、粪污清理用具、医疗器械等；需要准备的药品：常规药品如青霉素、痢菌净等；抗应激药品如地塞米松等，驱虫药品如伊维菌素、阿维菌素等；疫苗类需要准备猪瘟、口蹄疫疫苗等；消毒药品如氢氧化钠、消毒威及其他刺激性小的消毒液等。同时饲料要准备好，备料量要保证满足1周的饲喂量。

5. 办齐与引种相关凭证和手续 种猪起运前，要向输入地的县级以上动物防疫监督部门申报产地检疫合格证、非疫区证明、运载工具消毒证明等，凭“动物运输检疫证”“动物及其产品运载工具消毒证明”和购买种猪的发票或种畜生产许可证和种畜合格证进行种猪的运输。

三、种猪运输

种猪的运输方式一般有汽车运输、铁路运输和航空运输，其中，铁路运输和航空运输则用于长途运输，汽车运输一般用于中、短途运输，是国内引种最常用的运输方式。

1. 车辆准备 运输种猪的车辆应尽量避免使用经常运输商品猪的车辆，且应备有帆布，以供车厢遮雨和在寒冷天气车厢保暖。运载种猪前，应对车辆进行2次以上的严格消毒，空置1d后再装猪。在装猪前再用刺激性较小的消毒剂对车辆进行1次彻底消毒。为提高车厢的舒适性，减少车厢对猪只的损伤，车厢内可以铺上垫料（如稻草、稻壳、锯末等）。

2. 必备物品的准备 在种猪起运前，应随车准备一些必要的工具和药品，如绳子、铁丝、钳子、注射器、抗生素、镇痛退热药以及镇静剂等。若是长途运输，还可先配制一些电解质溶液，以供运输途中种猪饮用。

3. 种猪装车 种猪装车前2h，应停止投喂饲料。如果是在冬季或夏季运猪，应该正确掌握装车的时间，冬季宜在11:00—14:00装车，并注意盖好篷布，防寒保温，以防感冒；夏季则宜在早、晚气候凉爽的时候装车。赶猪上车时，不能赶得太急，以防肢蹄损伤。为防止猪只拥挤、损伤，装猪的密度不宜过大，寒冷的冬季可适当大些，炎热的夏季则可适当小一些。对于已达到性成熟的种猪，公、母不宜混装。装车完毕后，应关好车门。长途运输的种猪，可按每千克体重0.1mg的剂量注射长效抗生素，以防运输途中感染细菌性疾病。对于特别兴奋的种猪，可以注射适量的镇静剂。

4. 运输过程 为缩短种猪运输时间，减少运输应激，长途运输时，每辆运猪车应配备两名驾驶员交替开车，行驶过程中应尽量保持车辆平稳，避免紧急刹车、急转弯。在运输途中要适时停歇查看猪群（一般每隔3～4h查看1次），供给猪清洁的饮水，并检查猪只有无发病情况，如出现异常情况（如呼吸急促、体温升高等），应及时采取有效措施。途中停车时，应避免靠近运载有其他相关动物的车辆，切不可与其他运猪的车辆停放在一起。

运输途中遇暴风雨时，应用篷布遮挡车厢（但要注意通风透气），防止暴风雨侵袭猪体，冬季运猪时，应注意防寒保暖。夏季运猪时，应注意防暑降温，必要时在运输过程中可给车上的猪只喷水降温（一般日淋水3～6次）。

在种猪运输过程中，一旦发现传染病或可疑传染病，应立即向就近的动物防疫监督机构报告，并采取紧急预防措施。途中发现的病猪、死猪不得随意抛弃或出售，应在指定地方卸下，连同被污染的设备、垫料和污物等一道，在动物防疫监督下按规定进行处理。

四、入场隔离及驯养

1. 消毒 种猪到达目的地后，立即对卸猪台、车辆、猪体及卸车周围地面进行消毒，然后将种猪卸下，用刺激性小的消毒药对猪的体表及运输用具进行彻底消毒，用清水冲洗干净后进入隔离舍，如有损伤、脱肛等情况的种猪应立即隔离单栏饲养，并及时治疗处理。偶蹄动物的肉及其制品一律不准带入生产区内。猪体、圈舍及生产用具等每周消毒2次，疫病流行季节要增加消毒次数，并适当加大消毒液浓度；猪群采取全进全出制，批次化管理，每次转群后要本着一清、二洗、三消、四洗、五熏（清扫、冲洗、消毒、冲洗、甲醛熏蒸）的原则进行消毒，空舍1周后才能转入饲养。消毒药物可选用3%氢氧化钠溶液、百毒杀、消毒威等。

2. 饮水 种猪到场后先稍休息，然后给猪提供饮水，在水中加一些维生素和口服补液盐，休息6～12h后方可供给少量饲料，第2天开始可逐渐增加饲喂量，5d后才能恢复正常饲喂量。种猪到场后的前2周，由于环境、饲料等的变化，机体对疫病的抵抗力会降低，饲养管理上应注意尽量减少应激，可在饲料中添加抗生素（可用泰妙菌素500mg/kg、金霉素150mg/kg）和多种维生素，使种猪尽快恢复正常状态。

3. 隔离、观察 种猪到场后必须在隔离舍隔离饲养45d以上，严格检疫。特别是对布鲁氏菌病、伪狂犬病等疫病要特别重视，需采血经有关兽医检疫部门检测，确认没有细菌感染和病毒感染，并检测猪瘟、口蹄疫等抗体水平。

观察猪群状况：种猪经过长途运输往往会出现轻度腹泻、便秘、咳嗽、发热等症状，饲养员要勤观察，如发现以上症状，一般属于正常的应激反应，可在饲料中加入药物预防，例如支原净和金霉素，连喂2周，即可恢复。

观察舍内温、湿度：要对隔离舍勤通风、勤观察温湿度，保持舍内空气清新、温度适宜。隔离舍的温度要保持在15～22℃，湿度要保持在50%～70%。

4. 登记 种猪在引进后要按照卖方提供的系谱，逐头核对耳号。核查清楚后，要打上耳号牌，逐个登记在册或录入计算机。

5. 免疫与驱虫 免疫接种是防止疫病流行的最佳措施，但疫苗的保存及使用不当等都有可能造成免疫失败，因此规模化猪场要严格按照疫苗的保存条件要求和使用方法进行保存、使用，以确保疫苗的效价。免疫接种可根据猪群的健康状况、猪场周围疫病流行情况确定。猪场要定期进行免疫抗体水平监测工作，如发现抗体水平下降，应及时分析原因，进行补免。种猪到场1周后，应该根据当地的疫病流行情况、本场内的疫苗接种情况和抽血检测情况进行必要的免疫注射（猪瘟、口蹄疫、伪狂犬病、细小病毒病等），免疫要有一定的间隔，以免造成免疫失败。7月龄的后备母猪在此期间可做一些引起繁殖障碍疾病的防疫注射，如猪细小病毒病、蓝耳病、流行性乙型脑炎疫苗等。

猪场为了防止寄生虫感染，制订驱虫计划，每批猪群都要按驱虫计划进行，防止寄生虫感染。猪在隔离期内，接种完各种疫苗后，进行一次全面驱虫，可使用长效伊维菌素等广谱驱虫剂。

6. 合理分群 新引进母猪一般为群养，每栏4～6头，饲养密度适当。小群饲养有两种方式，一是小群合槽饲喂，这种方法的优点是操作方便，缺点是易造成强压弱，特别是后期限饲阶段。二是单槽饲喂，这种方法的优点是采食均匀，生长发育整齐，但需要一定的设备。公猪要单栏饲喂。

7. 训练 猪生长到一定年龄后，要进行人畜亲和训练，使猪不惧怕人对它们的管理，为以后的采精、配种、接产打下良好的基础。管理人员要经常接触猪只，抚摸猪只敏感的部位，如耳根、腹侧、乳房等处，促使人猪亲和。

8. 淘汰 引进种猪生长至85kg，应测量活体膘厚，按月龄测定体尺和体重。要求后备猪在不同日龄阶段应有相应的体尺和体重。对发育不良的猪，应分析原因，及时淘汰。

五、引入品种的利用

1. 纯繁 首先要观察该品种在引进地区两年内的生长速度、生产力、繁殖力、抗病力等是否能达到在原产地的各种指标。如果某些指标下降而又不能恢复，则不宜扩大纯繁。

2. 杂交 利用引入品种与当地品种进行杂交改良或采用杂交育种的方法培育适应特殊气候的新品种，仍是目前常用的方法之一。

六、引种时注意事项

1. 要从具有相同或更高的健康水平的猪群引种。
2. 尽可能减少应激，因为应激会使猪只对病原的抵抗力下降。

3. 隔离所有新引进的种猪，减少未知病原侵入的危险。

4. 隔离与适应阶段，注意观察所有猪只的临床表现。一旦发病，必须立即给予适当治疗，疗程不少于3d。如果怀疑是严重新发的疾病（在原有猪群中未曾发现过），需做进一步诊断。

复习思考题

一、名词解释

1. 产仔数　2. 初生重　3. 泌乳力　4. 断乳窝重
5. 平均日增重　6. 饲料转化率　7. PSE肉　8. 同质选配
9. 异质选配　10. 亲缘选配

二、填空题

1. 根据生产肉脂性能和体型结构特点，将猪分为________型、________型、________型等3种经济类型。

2. 我国地方猪种的种质特性是生长速度慢、饲料转化率低、________、________和________。

3. 东北民猪属于________型品种猪，长白猪与杜洛克猪则为________型品种猪。

4. 太湖猪是世界猪种中________最高的品种之一，太湖猪最宜作杂交________本。

5. 我国培育的第1个瘦肉型品种猪是________。

6. 长白猪和大约克夏猪虽然都是外来的白色品种，但它们的耳型不同，其中长白猪为________。

7. 皮特兰猪原产于________，是欧洲近些年来比较流行的瘦肉型品种猪。其主要特点是________，________，但有明显的________。

8. 后备猪在________月龄配种前进行选择，主要根据________，兼顾________和________进行选择。

三、选择题

1. 国外引进猪种的种质特点有（　　）。
A. 繁殖率较地方品种高　B. 增重速度较地方猪种快
C. 肌内脂肪含量较地方猪高　D. 肉质较地方猪种好

2. 下列关于猪的生活习性不正确的是（　　）。
A. 合群性强，并形成群居位次　B. 爱清洁
C. 视觉发达　D. 喜香甜食物

3. 我国地方猪种的种质特点有（　　）。
A. 繁殖率高　B. 增重速度快
C. 胴体瘦肉率高　D. 肉质不好

4. 以下猪种中，毛色主要为棕黄色的是（　　）。

A. 汉普夏猪　　B. 杜洛克猪
C. 金华猪　　D. 大约克夏猪

5. 下列猪种中抗寒能力最强的是（　　）。
A. 太湖猪　　B. 荣昌猪
C. 东北民猪　　D. 大约克夏猪

6. 瘦肉型猪的瘦肉率一般在（　　）。
A. 45%以上　　B. 50% 以上
C. 55%以上　　D. 无法估计

7. 种母猪选择时可以不考虑（或少考虑）以下哪个性状（　　）。
A. 产仔数　　B. 泌乳性能
C. 体型外貌　　D. 日增重

8. 原产于美国，有“白带猪”之称的是（　　）。
A. 皮特兰猪　　B. 大约克夏猪
C. 汉普夏猪　　D. 长白猪

9. 有“两头乌”之称的是（　　）。
A. 金华猪　　B. 新金猪
C. 香猪　　D. 都不是

10. 原产于丹麦的瘦肉型猪是（　　）。
A. 兰德瑞斯猪　　B. 约克夏猪
C. 杜洛克猪　　D. 汉普夏猪

四、判断题

（　　）1. 大约克夏猪与长白猪的毛色都一样，但耳型不同。
（　　）2. 杜洛克猪生长快，瘦肉率高，饲料转化率好，适宜做杂交组合的母本。
（　　）3. 产仔数不包括死胎、木乃伊胎等。
（　　）4. 板油和肾不属于胴体。
（　　）5. 背膘厚和饲料转化率呈强的正相关。
（　　）6. 优秀的公母猪交配，所生后代一定是优秀的。
（　　）7. 凹背公猪与凸背母猪交配或凸背公猪与凹背母猪交配属于异质选配。
（　　）8. 我国地方品种猪一般做杂交母本。
（　　）9. 只要是杂种，一定有杂种优势。
（　　）10. 一般情况下，断乳重大的猪，将来增重也快。

五、简答题

1. 简述瘦肉型猪的特点。
2. 我国地方品种猪有哪些特点？
3. 猪选配时应掌握什么原则？
4. 引种应注意哪些问题？
5. 种猪到场前应做好哪些准备？

（参考答案见 37 页）

公猪的饲养与管理

【学习目标】

1. 熟悉公猪饲养管理的岗位职责。
2. 掌握公猪的营养需要特点。
3. 掌握公猪的管理要点。
4. 掌握公猪配种年龄、体重及利用频率。

【学习任务】

任务1　岗位工作职责

（1）严格按猪场制订的《种公猪饲养管理技术操作规程》和每周工作日程安排进行生产。

（2）做好公猪的刷拭和卫生管理及喂料观察和监督。

（3）加强运动，限制饲喂，预防种公猪过肥。

（4）每天观察种公猪，评估其健康及表现，发现问题及时解决，或及时向上级反映。

（5）合理安排种公猪使用次数，做好采精和精液品质检查。

（6）按时完成对种公猪的免疫程序。

（7）做好种公猪的淘汰鉴定与申报。

（8）填写饲料配置单并报饲料加工车间。

（9）设备的维护、保养和防止猪场财物的损失和丢失。

（10）填写数据统计报表。

（11）分析生产上存在的问题，并向上级提出工作建议。

（12）完成上级交给的其他工作。

任务2　公猪的饲养

俗话说“母猪好好一窝，公猪好好一坡”，这充分说明了种公猪在猪群中的作用。1头种公猪可承担20～30头母猪的配种任务，如果采用人工授精，可负担500头乃至更多母猪的配种任务。因此，养好种公猪是提高生猪生产水平的重要环节。

营养是维持公猪生命活动、产生精子和保持旺盛配种能力的物质基础。生产上，种公猪应保持中上等膘情和健壮的体质。为了提高公猪精液品质和配种能力，应保持营养、运动、配种利用三者之间的平衡，若失去平衡，就会产生不良的后果。

种公猪必须进行科学的饲养，才能充分发挥公猪的种用价值，否则会影响其繁殖性能。公猪必须保持良好的种用体况，使其身体健康，精力充沛，性欲旺盛，能够产生数量多、品质好的精液。

1. 饲粮供应 种公猪的饲粮除按饲养标准配合外，还应根据品种类型、体重大小、配种利用强度、舍内温度等合理配置，灵活掌握喂量，以达到种用体况。首先应供给足够的能量，根据不同体重，每头瘦肉型公猪每天需消化能23.8～28.8MJ。对于实行季节配种的公猪，配种季节日粮中应含粗蛋白质15%～16%。实行常年配种的公猪，日粮粗蛋白质可适量减少为14%左右，但要做到常年均衡供应。除此之外，还要特别注意维生素和矿物质的补充。

对于青年公猪，为了满足自身生长发育需要，可增加日粮给量10%～20%。此外，在圈舍温度低时，日粮给量也应适度增加。

2. 饲喂技术

（1）种公猪的饲粮应营养全面，富含蛋白质、矿物质、维生素，适口性好，易消化。注意公猪日粮体积不宜过大，以免形成“草腹”，影响配种。

（2）种公猪的饲喂宜采用限量饲喂方式，饲粮调制成干粉料、生湿料或颗粒料均可。饲喂要定时定量，每日饲喂次数为2～3次，每次不要喂得太饱，以免“过食”和“饱食”后贪睡，造成公猪过肥和体质差，影响配种性能。

（3）可适量喂青绿多汁饲料，但严禁使用营养含量低（如劣质粗料等）、发霉变质和有毒的饲料。

（4）每天供应充足清洁卫生的饮水。

任务3 公猪的管理

种公猪其他猪一样，应该生活在清洁、干燥、空气新鲜、舒适的生活环境条件中，此外，还应做好以下工作。

1. 建立良好的生活制度 饲喂、采精和配种、运动、刷拭等各项工作都应在相对固定的时间内进行，利用条件反射使公猪养成规律性的生活制度，便于管理。

2. 单圈饲养 单圈饲养可以防止种公猪配种返回时带来母猪的气味，引起其他猪只的不安、打斗、食欲下降、异常性行为等。一般情况下，每头猪舍面积为6～7m^2。猪舍要保持清洁、干燥、阳光充足，按时清扫消毒。

小群饲养公猪要从断乳开始，剪掉犬齿。合群喂养的公猪，配种后不能立即回群，待休息1～2h，气味消失后再归群。对小群喂养已参加配种的公猪，也可采用单栏饲养，合群运动。

3. 适量运动 适量运动是保证种公猪性欲旺盛、体质健壮、避免肥胖、提高精液品质和配种能力的重要措施。可在运动场中让其自由活动，最好是在运动跑道中进行驱赶运动，每天1～2次，每次约1h，距离1.5km左右，速度不宜太快。夏季运动应在早上或傍晚凉爽时进行，冬天则在午后进行。配种任务繁重时要酌情减少运动量或暂停运动。有放牧条件的养猪场可以进行放牧运动，公猪既得到了运动又可以采食到一些青绿饲料，有利于提高精液品质，增强公猪的体质。

猪的采精

4. 公猪的采精训练 实行人工授精的猪场，应在公猪使用前进行采精训练。具体做法：使用金属或木制的与母猪体型相似、大小相近的台猪，固定在坚实的混凝土地面上，台猪的猪皮应进行防虫蛀和防腐防霉处理。前几次采精训练前，应在台猪的猪皮上涂上发情母猪的尿液或黏液，便于引诱公猪爬跨。先将公猪包皮内残留尿液挤排出来，并用0.1%高锰酸钾溶液将包皮周围消毒。然后将发情母猪赶到台猪的侧面，让被训练的公猪爬跨，当公猪达到性欲高潮时，立即将母猪赶离采精室，再引导公猪爬跨台猪。当阴茎导出后，进行徒手采精或假阴道采精。采精训练成功后应连续训练5～6d，以巩固其建立条件反射。训练成功的公猪，不再实行本交配种。训练公猪采精要有耐心，操作要规范，采精室要求卫生清洁、安静、温度15～20℃，防止噪声和异味干扰。

5. 检查精液品质和定期称重 公猪在使用前2周应进行精液品质检查，防止因精液品质低劣影响母猪受胎率和产仔数。尤其是实行人工授精的猪场，更应该作为规定项目进行，公猪每次采精后都要检查精液品质；若采用本交，公猪每月也要检查精液品质。只有经检查合格的精液才能用于输精或配种。

精液品质检查

种公猪尤其是青年公猪应定期称重，从而掌握生长发育和体况，以防公猪过肥或过瘦。通过检查精液品质和定期称重，灵活地调整公猪的营养水平。

6. 刷拭和修蹄 每天定时用刷子刷拭猪体，可以清除皮垢，促进皮肤血液循环，既可以保持皮肤健康，减少皮肤疾病，又有利于人猪亲和，便于使用和管理。不良蹄形会影响公猪的活动和配种，要经常修整公猪的蹄甲。同时对公猪的肢蹄要注意保护，以减少四肢疾病的发生。

7. 防寒防暑 种公猪适宜的舍温是18～20℃，冬季要防寒，夏季要防暑。尤其要注意夏季的防暑降温，防止由于高温造成的公猪精液品质降低和性欲减退。炎热季节应避免热应激对精液品质的影响。降温措施有猪舍遮阴、通风、在运动场上设喷淋水装置或人工定时喷淋等，同时在饲料的营养供应上可考虑适当增加饲料中的能量、蛋白质和优质的青绿饲料的供应。

8. 杜绝自淫恶癖 有些公猪性成熟早、性欲旺盛，易形成自淫（非正常射精）恶癖。杜绝这种恶癖的方法主要是采取单圈饲养、远离配种地点和母猪舍。同时对这类公猪进行合理使用和加强运动等。

9. 免疫接种 种公猪应根据本地某些传染病的流行情况，科学地进行免疫接种。

10. 驱虫 公猪每年至少进行2次驱虫，驱除体内外寄生虫。根据寄生虫的种类，选择适合的药物及适宜的剂量，防止发生中毒。

妥善安排公猪的饲喂、饮水、放牧、运动、刷拭、日光浴和休息等，使公猪养成良好的生活习性，以增强体质，提高配种能力。另外，公猪在饲喂前后1h内不应配种，配种结束后，严禁饮冷水或洗澡。

任务 4 公猪的利用

配种是饲养公猪的最终目的，种公猪精液品质和使用年限长短不仅与饲养管理有关，在很大程度上取决于初配年龄和利用强度。

1. 公猪的初配年龄和体重 种公猪开始配种的时间不宜太早，最早也要在 8 月龄、体重 120kg 左右；一般在 10 月龄、体重达 130～135kg 时初配为好。

2. 使用强度和年限 种公猪适宜的配种强度是：青年公猪每周配种 2～3 次；成年公猪每天配 1 次，配种繁忙季节可每天配 2 次，2 次间隔 8h，要供给足够的营养物质，可每天加喂 2 个鸡蛋。连续配种 5～6d，要休息 1～2d，以恢复公猪的体力。如果采用人工授精，青年公猪每周采精 1～2 次；成年公猪每周采精 2～3 次。种公猪的使用年限一般为 3 年左右。

3. 公、母猪的比例 如实行本交，1 头公猪可负担 20～30 头母猪的配种任务；实行人工授精的猪场，1 头公猪可负担 500 头以上母猪的输精。

4. 淘汰更新 公猪更新淘汰率一般为 35%～40%，有以下问题的公猪应予以淘汰更新。

（1）患有生殖器官疾患，经多次治疗不愈者。

（2）患有遗传疾患，性欲低下，配种效果差（如隐睾、脐疝等），不符合品种特征者。

（3）精子活力在 0.7 以下，密度 0.8 亿以下，畸形率超过 18%者。

（4）配种受胎率 50%以下者。

（5）肢蹄疾患，难以治愈者。

任务 5 技术操作规程

技术操作规程是工人日常作业的技术规范，它规定各项工作的时间、程序、操作内容及技术要求。例：某猪场公猪舍日常技术操作规程（表 1-3-1）。

表 1-3-1 某猪场公猪舍日常技术操作规程

时间	工作内容	工作要求
7：00—8：00	1. 检查猪舍环境控制情况和设备运行情况 2. 采精 3. 喂料 4. 运动	1. 舍内温度、湿度、通风等符合规定；设备运行正常，如损坏，须及时报修；做好记录 2. 按场部采精要求规范采精操作 3. 按场部对公猪的喂料标准进行饲喂。喂料时应注意观察，防止浪费 4. 安排专人负责，将公猪赶到运动场运动（夏天早上，冬天中午）
8：00—10：00	5. 除粪、猪舍卫生打扫 6. 健康检查	5. 清理干净，防止进入排水沟，污染环境。要求猪舍干净、清洁，清理剩料，对剩料多的猪应及时查明原因 6. 对公猪的体况、性欲及采精频率，写清情况并报告技术负责人

（续）

时间	工作内容	工作要求
10：00—11：30	7. 检查猪舍设备 8. 夏季通风	7. 设备运行正常，如损坏，必须及时报修；做好记录 8. 做好通风，使舍内温度、湿度等符合规定
11：30—13：30	休息	
13：30—15：00	9. 完成周间工作安排（如配种妊娠舍）	9. 根据周间工作安排，做好猪的免疫等工作
15：00—17：00	10. 准备第2天的饲料 11. 除粪、猪舍卫生打扫 12. 健康检查 13. 做日报表、周报表 14. 检查猪舍环境控制情况和设备运行情况	10. 统计公猪的数量，并按照规定的喂料标准，计算第2天饲料的需要量，报相关饲料供应部门 11. 清理干净，防止进入排水沟，污染环境。要求猪舍干净、清洁，清理剩料，对剩料多的猪应及时查明原因 12. 对公猪的体况、性欲及采精频率，写清情况并报告技术负责人 13. 填写好“公猪站生产情况周报表”和“公猪采精登记表” 14. 舍内温度、湿度、通风等符合规定；设备运行正常，如损坏，须及时报修；做好记录
17：00以后	休息。每周五晚上开生产小结会	

任务6　生产报表

公猪舍的生产报表主要有以下几种：

1. 后备公猪记录表　报表内容：公猪号、接收日期、出生日期、接种疫苗及日期。

2. 公猪调教记录报表　报表内容：日期、公猪月龄（年龄）、公猪品种、调教方法、调教持续时间、调教效果。

3. 公猪采精情况记录表　报表内容：公猪号、采精日期、采精量、精液品质检查（活力、密度、畸形精子等）情况。

4. 死亡及淘汰报表　报表内容：日期、死亡或淘汰日期、原因。

5. 饲料用量报表　报表内容：日期、料号、公猪头数、接受饲料量。

6. 公猪存栏报表　报表内容：日期、公猪品种、公猪年龄（月龄）、存栏数、死淘数。

复习思考题

一、填空题

1. 生产上，种公猪应保持________膘情和________的体质。

2. 种公猪实行单圈饲养的主要原因为____________________。

3. 种公猪的饲养必须保持________、________、________三者之间的平衡。

二、选择题

1. 种公猪一般可利用（　　）年。

A. 1　　B. 2　　C. 3　　D. 5

2. 种公猪开始配种时间不宜太早，一般在（　　）月龄或体重达 130～135kg 时初配为好。

A. 8　　B. 10　　C. 12　　D. 18

3. 公猪最适宜的舍温为（　　）℃，30℃以上就会对公猪产生热应激。

A. 10～15　　B. 18～20　　C. 20～25　　D. 25～30

4. 人工采精时种公猪的采精频率为：1 岁以内青年公猪每周采集________次，成年公猪每周采________次。（　　）

A. 1，2　　B. 1，3　　C. 3，4　　D. 5，6

三、简答题

1. 种公猪的营养需要有何特点？
2. 简述种公猪的管理要点。
3. 如何对种公猪进行淘汰与更新？

【第一单元项目二复习思考题参考答案】

一、名词解释

1. 出生时同窝的仔猪总数，包括死胎、木乃伊胎和畸形胎等在内。　2. 仔猪初生时的个体重，在出生后 12h 以内测定，只测出生时存活仔猪的体重。　3. 以仔猪 20 日龄的全窝重量来表示，包括寄养进来的仔猪在内，但寄出仔猪的体重不得计入。　4. 以断乳时全窝仔猪的重量，包括寄养来的仔猪，并注明断乳日龄。　5. 整个育肥期间猪（种猪指断乳到 180 日龄）平均每天体重的增长量，用 g/d 为单位。　6. 育肥期内育肥猪每增加 1kg 活重的饲料消耗量。　7. 猪宰后肌肉呈现灰白颜色、柔软和汁液渗出的肌肉。8. 选用性状相同或性能表现一致的优秀的公母猪来配种，以期获得相似的优秀后代。　9. 选择不同性状或不同性能表现的公母猪进行交配的方法。　10. 根据公、母猪血缘关系的远近安排交配组合。

二、填空题

1. 瘦肉、脂肪、肉脂兼用　2. 繁殖力强、适应性强、肉质好　3. 脂肪、瘦肉　4. 窝产仔数、母　5. 三江白猪　6. 耳大下垂、前倾向下　7. 比利时、瘦肉率高、全身肌肉丰满、应激现象　8. 6～8、本身的生长发育、体型外貌、父母成绩

三、选择题

1～5. BCABC　6～10. CDCAA.

四、判断题

1～5. √××××　6～10. ××√×√

【本项目复习思考题参考答案】

一、填空题

1. 中上等、结实　2. 防止其他猪只的不安、打斗、食欲下降、异常性行为　3. 营养、运动、配种利用

二、选择题

1～4. CBBB

猪的配种与妊娠

【学习目标】

1. 了解妊娠舍的工作职责。
2. 掌握母猪发情、配种和妊娠的基础知识。
3. 通过实训学会母猪的查情、配种、配种计划的制订、早期妊娠诊断、经产母猪膘情判断。
4. 掌握空怀母猪、妊娠母猪的饲养管理和技术要求。
5. 掌握配种妊娠舍的操作规程、周间管理和生产报表的填写。

【学习任务】

任务1 岗位工作职责

（1）严格按制订的《配种妊娠母猪饲养管理技术操作规程》和每周工作日程进行生产。
（2）按时完成母猪免疫接种。
（3）按目标落实生产任务。
（4）做好卫生管理及喂料观察和监督。
（5）观察了解猪群动态、健康状况，及时向兽医反映。
（6）联络分娩区，转猪进分娩舍和接收断乳母猪，安排转猪工作。
（7）填写饲料配置单并报饲料加工车间。
（8）按标准控制猪舍内环境，使之符合猪只要求。
（9）培训员工，使之工作协调配合，以取得最佳工作效率。
（10）设备的维护、保养和防止猪场财物的损失和丢失。
（11）填写数据统计报表。
（12）共同分析生产中存在的问题，并向上级提出整改建议。
（13）完成上级交给的其他工作。

任务2 母猪的发情

一、母猪的发情排卵规律及初配适龄

1. 母猪的发情排卵规律

（1）性成熟。家畜生长发育到一定年龄和体重后生殖器官已发育完全，具备繁殖能力，称为性成熟。母猪的性成熟年龄一般为5～8月龄。

（2）发情周期。母猪的发情具有一定的周期性，没有季节性。母猪属于常年发情的动物。一个发情周期是指由这次发情开始到下一次发情开始间隔的时间。母猪最初的2～3次发情不太规律，之后规律性比较明显。母猪的发情周期一般为18～23d，平均为21d。

（3）发情持续期。是指从一次发情开始到发情结束所持续的时间。猪的发情持续期为2～5d，平均3d，会因品种、年龄、季节不同而异。瘦肉型品种发情持续时间较短、地方猪种发情持续时间较长；青年母猪比老龄母猪发情持续时间要长；春季比秋冬季节发情持续时间要短。

（4）产后发情。母猪产后可有3次发情，第1次发情是在产后3～6d，此次发情绝大多数母猪有发情表现但多数不排卵，所以不能配种妊娠。第2次发情是在产后27～32d，此次既发情又排卵，但只有少数母猪能够妊娠。第3次发情是仔猪断乳后1周左右，养猪场绝大多数母猪在此次发情期内完成配种。

（5）排卵规律。母猪的排卵时间一般在接受公猪爬跨后的30～36h，母猪的排卵数与品种有密切的关系，一般每个发情期内排卵10～25枚，排卵持续时间为10～15h。

2. 初配适龄 指母猪第1次参加配种的年龄。生产中，主要看两项指标：一是月龄；二是体重。我国的地方品种性成熟早，可在生后6～8月龄，体重50～60kg配种；引入品种可在生后8～10月龄，体重100～120kg配种。

二、母猪的发情

猪的发情鉴定

正常情况下，经产母猪断乳后1周左右发情，有些经产母猪在断乳后3～4d就开始发情，有些则会推迟到断乳以后10d才出现发情（产后发情出现的早晚与哺乳仔猪的数量及哺乳期长短有密切的关系），经产母猪发情后，就进入下一个繁殖周期。

母猪的发情周期可分为发情前期、发情持续期、发情后期和休情期4个阶段。各期母猪发情征状：

1. 发情前期 一般为1～1.5d，发情开始时，母猪表现不安，烦躁，采食量下降或不食，频频排尿，转圈，爬跨其他母猪，咬栏，靠近公猪，东张西望，但不接受公猪爬跨。外阴部硬结，排出较清的黏液但不能拉成丝，阴门开始红肿，阴道黏膜颜色由浅红变为潮红。

2. 发情期 随着时间的延续，母猪食欲显著下降，甚至不食，出现两耳竖立，神情呆滞，翘尾，接受公猪爬跨，外阴肿胀达到高峰，阴道黏膜颜色由潮红变为紫红色，外阴部由硬变软再变硬，有光泽，阴户排出多而浓稠的黏液能拉成丝，阴门黏膜褶皱较多，此时双手用力按压发情母猪的背部，母猪站立不动，呈现“静立反应”的现象。

3. 发情后期 母猪变得安静，喜欢躺卧，阴户肿胀减退，拒绝公猪爬跨，食欲和精神状态逐渐恢复正常。

4. 休情期 母猪本次发情结束到下一次发情的开始的这段时间称为休情期。母猪没有性欲要求，精神状态已完全恢复正常。

实训 1-2 查情训练

国外引进品种、外三元杂交母猪的发情征状不如我国本地猪种明显，常出现轻微发情或隐性发情，所以饲养人员要仔细观察母猪的表现，认真做好查情工作。

【实训目的】通过实际操作训练，使学生学会母猪的发情鉴定方法。

【材料用具】处于不同发情阶段的后备母猪和空怀母猪群。

【方法步骤】

1. 认真观察母猪的食欲和精神变化 每日喂料时，仔细观察母猪是否出现食欲减退、剩料、兴奋、不安，甚至爬跨其他母猪等表现。

2. 认真观察母猪阴户的变化 母猪阴户是否红肿、流出黏液。

3. 试情公猪查情 每日用试情公猪早、晚 2 次寻查发情母猪。将试情公猪赶到定位栏或母猪群，逐头对母猪试情，通过观察公猪在母猪前是否不愿走开、公猪是否嗅拱或爬跨母猪、母猪是否接受试情公猪的爬跨等表现判断。

后备母猪、延期发情母猪应赶进公猪栏查情。

综合上述三个方面进行判断，发现发情母猪做好记号并赶入待配栏等待配种；对初次发情的后备母猪应做好标记和记录，每隔 21d 观察母猪是否正常发情，在第 3 次发情时即可配种。空怀母猪发情后应及时配种。

【实训报告】将鉴定结果填于表 1-4-1。

表 1-4-1 母猪发情鉴定结果

栏号	母猪品种	母猪耳号	征状表现					结果
			食欲、精神	阴门	阴道黏液	试情	呆立反应	

任务 3 母猪的配种

一、配种时间

母猪的发情持续期为 2～5d，平均 3d，配种必须在发情持续期内完成。

后备母猪在 8 月龄左右，体重 120～140kg，在第 2 个或第 3 个发情期实施配种；地方猪种 9 月龄左右，体重 70～80kg 时开始配种。

经产母猪产后第 1 次发情时间与仔猪断乳日龄有关，一般在哺乳期间不发情，通常在断乳后 3～5d 开始发情，断乳后出现发情征状时进行配种。母猪的排卵时间一般在接受公猪爬跨后的 30～36h，母猪在每个发情期内的排卵数为 10～25 枚，排卵持续时间为 10～15h。

精子在母猪生殖道内保持受精能力的时间为 10～20h，卵子保持受精能力的时间为 8～12h。具体的配种时间根据发情鉴定结果而定，一般多在母猪发情开始后第 2～3 天。对于老龄母猪要适当提前做发情鉴定，防止错过配种佳期。对于青年母猪可在发情开始后第 3 天左右做发情鉴定，以便及时配种。

不同品种、不同年龄、不同季节母猪发情持续期不同，国外引进品种发情持续时间较短，我国地方品种发情持续时间较长，老龄母猪发情持续时间较短，青年母猪发情持续时间较长，因此有“老配早、小配晚，不老不小配中间”之说。春季比秋冬季节发情持续时间要短。

二、配种时机

母猪适宜的配种时机是在母猪排卵前 2～3h，即母猪开始发情后的 19～30h，此时母猪阴户水肿开始变浅，黏膜颜色开始变浅，微微皱褶，流出的黏液用手可捏拉成丝，并接受试情公猪的爬跨，此时检查人员用双手按压其背部，猪呆立不动（静立反应），两腿叉开或尾巴甩向一侧，此时配种受胎率高。如果阴户水肿没有消退迹象，阴户黏膜潮红，黏液不能捏拉成丝，猪不愿接受爬跨，则说明配种适期未到，还需耐心观察；反之，如果阴户水肿已消失，阴户黏膜苍白，母猪不愿接受公猪爬跨，则说明配种适期已错过。

三、配种方式

1. 重复配种 指在母猪发情持续期内，用 1 头公猪配种 2 次，其间隔时间为 8～12h，如果母猪上午配种，一般下午再配 1 次，或下午配种，第 2 天上午再配 1 次。采用重复配种母猪的受胎率高，生产中常用。

2. 双重配种 指在母猪发情持续期内，用 2 头公猪分别与母猪配种，2 头公猪配种间隔时间为 5～10min，由于有 2 头公猪的血缘，此法只能用于商品猪的生产。

3. 多次配种 指在母猪发情持续期内，用 1 头或 2 头公猪配种 3 次或 3 次以上。此方式在生产中应用不多。

实训 1－3 配种训练

【实训目的】通过实际操作训练使学生熟练掌握母猪的本交配种和猪的人工授精技术。

【材料用具】发情待配的后备母猪和空怀母猪群、公猪 1～2 头、人工采精设备、精液品质检查设备、人工授精的设备、药品若干。

【方法步骤】

配种方法操作如下：

1. 查对耳号 待配的母猪先查对耳号，以便确定与配种公猪的品种和耳号。

2. 配种前刺激 待配母猪应先转入配种栏，让公猪站在母猪前面或侧边进行刺激。

3. 人工辅助本交 本交时，应采用人工辅助配种。如采用本交的猪场，应建专用的配种室。配种前应先挤掉公猪包皮中的积尿，并用 0.1％高锰酸钾溶液或 0.1％新洁尔灭溶液对公猪包皮、母猪的阴部及四周进行清洁和消毒。然后稳住母猪，当公猪爬到母猪背上时，一手将母猪尾巴轻轻拉向一侧，另一手托住公猪包皮，使包皮口紧贴母猪阴户，帮助公猪阴茎顺利进入阴道，完成配种。当公猪体重显著大于或小于母猪时，都应采取措施给予帮助，应在配种室搭建一块10～20cm高的平台，当公猪体重大时将母猪赶到平台上，再与公猪配种；反之则让公猪站立于平台上与母猪配种。配种完后轻拍母猪腰部，以防止精液倒流。配种时应保持环境安静，避免外界干扰。

4. 人工授精训练 人工授精是指用器械采取公畜的精液，再用器械把精液注入发情母畜生殖道内，以代替公母畜自然交配的一种配种方法。规模化猪场常采用此法，既可充分发挥优秀公猪的作用，又可减少公猪饲养量，降低生产成本。对经过人工采精训练的公猪进行采精，然后检查精液品质并稀释。当母猪发情至最佳配种时间时，用输精管输入公猪精液，输精时应防止精液倒流。

具体操作如下：

(1) 采精。把经过采精训练成功的公猪赶到采精室台猪旁，采精者戴上医用乳胶手套，将公猪包皮及台猪后部用0.1%的高锰酸钾溶液擦洗消毒。待公猪爬上台猪后，根据采精者的操作习惯，蹲在台猪的左后侧或右后侧，当公猪爬跨，阴茎导出后，采精者迅速用右(左)手手心向下将阴茎握住，用拇指顶住阴茎龟头，握得松紧以阴茎不滑脱为宜。然后用拇指轻轻拨动阴茎龟头，其余四指则一紧一松有节奏地握住阴茎前端的螺旋部分，使公猪产生快感，促使公猪射精。

(2) 精液收集。公猪开始射出的精液多为精清，且混有尿液和胶状物，不必收集。待公猪射出较浓稠的乳白色的精液时，立即用另一只手持集精杯（瓶），在距阴茎龟头斜下方3～4cm处将其精液通过纱布过滤收集在集精杯（瓶）内，并随时将纱布上的胶状物去掉，以免影响精液滤过。采精者在采精过程中，精力必须集中，防止公猪滑下踩人。同时注意保护公猪阴茎，以免损伤。

(3) 精液品质检查。将采集的精液拿到室温为20～30℃的室内，并立即进行精液品质检查。其检查项目有：

射精量：把精液倒入经消毒烘干的量杯中，测定精液量。一般公猪射精量为150～300mL。

气味：正常精液略带有腥味，但无臭味。有其他异味不能用于输精。

颜色：正常精液为乳白色或灰白色。如颜色异常，不能用于输精。

活力：将显微镜置于37℃的保温箱内，用玻璃棒蘸取一滴精液，滴于载玻片的中央，盖上盖玻片（尽可能不要出现气泡），置于显微镜下，400～600倍目测评分。评分分10个等级，视野中所有精子均作直线前进运动的精液评为1分，视野中90%精子作直线前进运动的精液评为0.9分，视野中80%精子作直线前进运动的精液评为0.8分，以此类推。输精用精液的精子活力应高于0.5分。

密度：精子密度一般进行估测，分为密、中、稀三级。在显微镜的视野中，精子间的空隙小于1个精子的为密（3亿个/mL以上），空隙为1～2个精子的为中（1亿～3亿个/mL），2～3个精子的为稀（1亿个/mL以下）。

(4) 精液的稀释。稀释精液的目的是为了扩大配种头数，延长精子的存活时间，便于运输和贮存。稀释精液首先要配制稀释液，然后用稀释液进行稀释。

稀释液的配制方法：用天平称取精制葡萄糖粉5g，柠檬酸钠0.5g，量取新鲜蒸馏水100mL，将三者放在200mL烧杯内，用玻璃棒搅拌充分溶解，用滤纸过滤后，蒸汽消毒

30min。待溶液至35～37℃时，将青霉素钾（钠）5万U、链霉素5万U倒入溶液内搅拌均匀备用。

精液稀释方法：根据精子密度、活力、贮存时间确定稀释倍数。密度密级、活力0.8以上的可稀释2倍；密度中级、活力0.8以上的稀释1倍；密度中级、活力0.8～0.7者可稀释0.5倍；活力不足0.6的精液不宜保存和稀释，只能随采随用。稀释倍数确定后，即可进行精液稀释，要求稀释液温度与精液温度保持一致。稀释时，将稀释液沿瓶壁缓慢注入原精液中，边倒边轻轻摇匀。稀释完毕，用玻璃棒蘸取一滴进行活率检查，以检验稀释效果。

（5）精液保存。猪的全份精液常温保存效果较好，保存温度一般为16～18℃，常把精液保存于恒温保存箱中，要求温度变化在（17±0.5）℃范围内。精液保存时间的长短，因稀释液的组成不同而异，某些综合稀释液可保存7～9d。

（6）输精。

①首先用0.1%的新洁尔灭或高锰酸钾溶液擦洗母猪尾巴及外阴周围，再用温开水清洗阴户外部，并用干净的纸巾擦拭阴户内部。

输精

②在输精器海绵头涂上适量润滑剂，然后将输精器轻轻插入阴道，当插入15～20cm时，输精管顶端沿着阴道稍向上插入（上45°方向），逆时针转动插入母猪阴户，直到子宫颈锁住时，回拉会有一定阻力，此时便可输精。

③认准确定使用的精液瓶，将长嘴剪开，接上输精管，然后用手掌托住输精管尾部和精液瓶，高度在母猪阴户以上稍高部位，输精员倒骑在母猪背上或按压母猪腰部。

④配种过程中，配种员一定要用双脚刺激母猪的两腹侧和乳房。

⑤让精液自动流入，不应挤压和反复取、接输精瓶。当输精瓶内精液排空后，放低输精瓶于阴户下，观察精液是否倒流到输精瓶内，若有倒流，再将其输入。为防止精液倒流，不要急于拔出输精管，让输精管在母猪体内停留2～3min后，再顺时针转动抽出输精管。

（7）做好记录。母猪配完种后，将其置于限位栏内饲养，并立即做好配种记录表。

【实训报告】描述猪人工授精的方法和体会。

实训1-4 制订配种计划训练

猪场应根据年初制订的生产计划拟定配种计划，便于对种猪、圈舍、人员、设备等作出统筹安排。

【实训目的】通过实际操作训练使学生学会猪场配种计划的制订。

【材料用具】猪场的种猪、圈舍、人员、设备等生产资料。

【方法步骤】

（1）列出全年计划参加配种的公猪和母猪数量、品种以及候补参加配种的后备公母猪数量、圈舍数量、设备等。

（2）列出公母猪配种的时间、组合，形成全年的配种计划。在制订计划过程中要留有一定机动。

【实训报告】根据猪场提供的生产资料，制订一份全年配种计划。

任务4 母猪的妊娠

一、母猪的妊娠

母猪配种后，卵子在输卵管壶腹部受精，形成受精卵后，并沿输卵管下移，到达子宫角，然后在子宫角不同部位着床，形成胎盘，母猪进入114d的妊娠期。生产上尽早确定母猪是否妊娠直接影响生产效益，是非常重要的一个环节。

猪的妊娠诊断

二、早期妊娠诊断方法

1. 外观检查 母猪配种后，食欲增加，被毛发亮，行为谨慎、贪睡，驱赶时夹尾走路，阴户紧闭，对试情公猪不感兴趣，可初步判定为妊娠。母猪配种后18～24d应认真检查已配母猪是否返情，若未发现母猪返情，证明母猪可能已妊娠。

2. 公猪试情 每天上午、下午定时将试情公猪从已配母猪旁边赶过，观察已配母猪的反应。若出现兴奋不安等发情征状，说明母猪返情；若无反应，则说明可能已妊娠。为了确认是否妊娠，第2个发情期用同样的方法再检查1次。

3. 超声波检查 利用胚胎对超声波的反射来进行早期妊娠诊断，效果很好。用于猪的妊娠诊断的仪器有A型超声诊断仪和B型超声诊断仪（B超）。生产中常用兽用B超仪进行早期妊娠诊断，配种21～28d诊断的准确率可达85%以上，35d以后的准确率为100%。

实训1-5 查孕训练

【实训目的】 通过查孕实际操作训练使学生学会母猪早期妊娠诊断。

【材料用具】 兽用B超仪、B超耦合剂、配种21～28d的母猪、记录表、记号笔。

【方法步骤】

1. 准备B超仪 在使用B超仪器之前检查设备是否完整（主机、探头、电池、充电器），在使用之前确保充足的电量，并试开机检查B超仪的各个功能是否能正常使用。

2. 集中待测母猪 根据周间管理要求及配种记录登记，将待测母猪集中在同一区域，轻拍母猪，使待测母猪站立，尽量让母猪保持安静。

3. 涂抹耦合剂 在B超仪探头均匀涂抹耦合剂，以刚好涂满探头为宜，此时B超仪屏幕显示雪白色图像。

4. B超探查 检查人员蹲于待测母猪侧后方，将涂有耦合剂的探头斜45°角紧贴于母猪下腹部皮肤，距离倒数第2～3个乳头的上方10～20cm处。以接触点为中心，稍做角度的调整，直至看到图像。探查时要注意探查部位是否干净，避免影响成像。

5. 图像显示 待探头接收返回B超声波在显示屏上显示图像（图1-4-1），若图像不清晰或未看到黑色阴影图像，可以重新在探头涂抹耦合剂，稍微调整探查位置重新探查。为确保准确，可换至母猪另一侧相同位置再次探查，确认是否妊娠。

6. 图像分析 B超图像上一般根据器官组织密度的不同而呈现三种颜色：黑色、灰色、

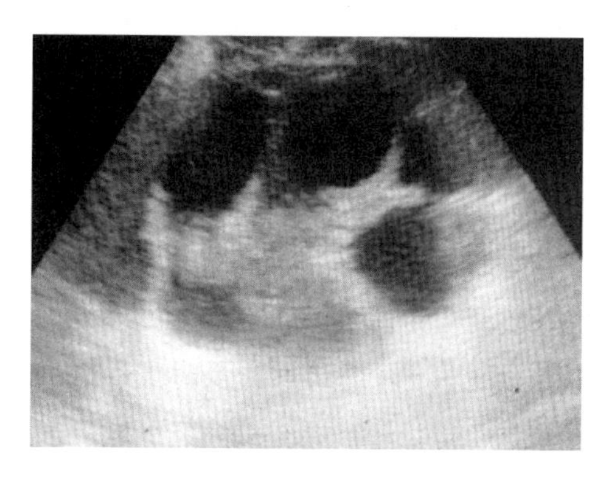

图 1-4-1　B超扫描显示图

白色。

（1）黑色：水液性物质，如羊水、血液、尿液等。

（2）灰色：实质脏器，如肝、肾、卵巢等。

（3）白色：密度较大的物质，如骨骼、牙齿等。

7. 结果记录　将B超检查结果进行登记，并在母猪背上用记号笔做好标记。

8. 分类母猪　将确认未妊娠的母猪转移至待配区，根据周间工作计划重新查情配种或根据母猪配种记录判断是否淘汰。

【实训报告】描述B超的妊娠探查步骤及注意事项。

任务5　母猪的饲养管理

一、空怀母猪的饲养管理

母猪从仔猪断乳到发情配种期间称为空怀期，这时的经产母猪称为空怀母猪。广义上，空怀母猪还包括从初情期到初次配种的后备母猪。饲养空怀母猪的目的是保持正常的种用体况（不肥不瘦），能正常发情排卵，并能及时配种妊娠。

实际生产中，一般要求母猪在配种前应具有良好的繁殖体况。所谓繁殖体况，指母猪膘情不肥不瘦，七八成膘，即用手稍用力触摸背部可以触到脊柱为宜。偏瘦偏肥都不利于繁殖，可能会出现发情排卵异常、不易妊娠或产仔泌乳异常等状况。所以空怀母猪的饲养管理应根据母猪的体况膘情来进行。

（一）空怀母猪的饲养

1. 科学配制日粮　应按饲养标准和母猪的饲养管理实际来配制饲粮，满足其对能量、蛋白质、维生素、矿物质等营养的需要。饲料要尽量多样化，合理搭配，确保饲粮的全价性。必须保证清洁充足的饮水。

2. 短期优饲　对初配前的后备母猪、体况较瘦的经产母猪尤其是高产母猪，由于其哺乳消耗营养物质较多，体况变差，体质变弱，断乳前后不应减料，空怀期更应采取措施予以特殊照顾，使其尽快地增膘复壮，促进其早发情、多排卵、早受胎。具体做法是：在配种前1～2周至配种结束，增加日粮给量至3kg，配种结束后恢复到应有的饲养水平。成年空怀母猪一般每日每头给混合料 2kg 左右，青年空怀母猪每日每头给混合料 2.5kg 左右，圈舍温度达不到 15～20℃的需要增加给量 10%～20%。过胖的母猪易造成卵巢脂肪浸润，影响卵子成熟和正常发情，应适当减料。

3. 适量运动 充足的阳光、适量的运动、新鲜的空气等有利于母猪正常发情、排卵、保持良好的繁殖体况等。

（二）空怀母猪的管理

1. 做好发情鉴定，及时配种 瘦肉型母猪特别是后备母猪初次发情征状不明显，持续时间较短，因此，一定要注意观察并做好记录，为及时配种做准备。

2. 科学规范的管理

（1）每周依据母猪体况及所处不同时期调整饲喂量。每天按标准量给料，若食槽中有剩余料应分给其他猪吃，以减少饲料浪费；调整给料量，做好记录；及时清除料槽中的变质饲料。

（2）做好舍内外卫生。每天清扫，保持食槽、猪舍、过道干净卫生，定期清洗消毒猪舍。

（3）发现病猪及时治疗。多在猪舍内观察母猪，要求详细做好发情、返情、流产、病猪治疗、死淘、舍内外环境卫生（温度、湿度、氨气浓度）等日常工作记录，及时总结汇报。

（4）减少应激。转群时要稳妥进行，严禁急速追赶和打击猪只，避免猪只滑倒等机械性刺激，以防伤残。

3. 做好母猪配种前的防疫 母猪每年至少进行 2 次驱虫，如果环境条件较差或某些寄生虫多发地区，应酌情增加驱虫次数，但应注意驱虫药物的种类、剂量和用法，防止发生药物中毒。根据免疫接种程序，做好母猪配种前的免疫接种。

4. 采取综合措施，促进母猪发情 灵活选用并窝饲养、按摩乳房、加强运动、公猪诱情、药物催情等方法，促使空怀母猪及时发情排卵。

实训 1－6 经产母猪膘情判断训练

【实训目的】 通过实际操作训练学会母猪膘情判断，为正确饲养空怀母猪提供依据。

【材料用具】 各种膘情母猪。

【方法步骤】

（1）根据母猪膘情图了解母猪膘情的判定（图 1－4－2）。

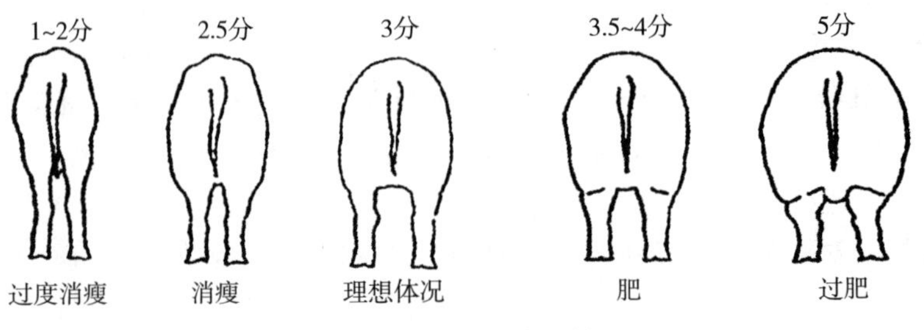

图 1－4－2 母猪膘情

（2）用外观及指压法判断母猪膘情。当母猪外观看不见骨骼轮廓且不会给人肥胖感觉时，用拇指稍用力按压母猪背部可触到脊柱时，说明母猪膘情适当；反之，则偏肥或偏瘦。

（3）母猪膘情评分。母猪的喂料计划应考虑全群母猪膘情的均衡，膘情均衡会使生产效率最高（表 1-4-2）。

表 1-4-2　母猪膘情评分

部位	1分	2分	3分	4分	5分
脊柱	明显看见	能看见	看不见	难摸到	很难摸到
尾巴周围	有深凹	有浅凹	没有凹	没有凹，有脂肪层	看不见尾巴，周围凹区很深，难按到
骨盆	明显看见	可看见	看不见，要用力摸	要使劲按	

妊娠期适宜体况应是 3.0～3.5 分，母猪膘情低于 2.5 分时不能配种，要调整母猪膘情好后才能配种。

【实训报告】根据母猪膘情判断训练情况写一份心得体会。

二、妊娠母猪的饲养管理

饲养妊娠母猪的任务是保证胎儿在母体内得到正常发育，防止流产并确保每窝都能生产出大量健壮的、初生重大的仔猪，保证母猪中上等体况，为哺乳期泌乳贮备所需的营养物质。

1. 胚胎生长发育规律　卵子在输卵管壶腹部受精，形成受精卵后，在进行卵裂的同时，沿输卵管移动，3～4d 后到达子宫角，此时胚胎在子宫内处于浮游状态。12d 后胚胎开始在子宫角不同部位附植（着床），20～30d 形成胎盘，与母体建立起物质联系。在胎盘未形成前，胚胎易受外界不良条件的影响而死亡，生产中此阶段应特别注意。胎盘形成后，胚胎通过胎盘从母体中获得营养物质，供自身的生长发育。在妊娠初期，胚胎体积小，重量轻，妊娠 30d 单个胚胎重量只有 2g，仅占初生体重的 0.15%。随着妊娠时间的增加，胚胎生长速度加快，妊娠 80d，单个胎儿重量达 400g，占初生体重的 29.0%。妊娠 80d 后，胎儿体重增长迅速，到仔猪出生时体重可达 1 300～1 500g，这 30 余天胎儿的增重达初生体重的 70% 左右（表 1-4-3）。

表 1-4-3　猪胎儿的发育变化

胎龄（d）	胎重（g）	占初生重（%）
30	2.0	0.15
40	13.0	0.90
50	40.0	3.00
60	110.0	8.00
70	263.0	19.00
80	400.0	29.00
90	550.0	39.00
100	1 060.0	76.00
110	1 150.0	82.00
出生	1 300～1 500	100.00

由此可见，母猪配种后一个月和临产前一个月是胚胎发育和胎儿生长发育的关键时期，因此必须加强妊娠母猪在这两个时期的饲养管理。

2. 妊娠母猪的饲养

（1）妊娠母猪的营养需要及特点。妊娠母猪摄取的营养物质除用于维持日常活动需要外，主要用于胎儿的生长发育和自身的营养贮备，青年母猪还将营养物质用于自身的生长。母猪在妊娠前 80d，胎儿的绝对增长较少，对营养物质在量上的需求也相对较少，但对质的要求较高，特别是胎盘形成前的时期，任何有毒有害物质、发霉变质饲料或某些营养元素缺乏都有可能造成胚胎死亡或流产。母猪妊娠 80d 后，胎儿增重非常迅速，对营养物质的需要量也显著增加，同时，由于胎儿体积的迅速增大，子宫膨胀，使母猪消化道受到挤压，消化机能受到影响，所以此阶段应供给较多易消化吸收的营养物质。

母猪妊娠后，体内激素水平和生理机能也发生很大变化，对饲料中营养物质的消化吸收能力显著增强。妊娠母猪在饲喂同样饲料的情况下，增重要高于空怀母猪。这种现象被称为孕期合成代谢。生产中可利用母猪孕期合成代谢来提高饲料转化率，妊娠母猪的营养需要见表 1-4-4。

表 1-4-4 瘦肉型妊娠母猪每千克饲粮养分含量（88%干物质）（NY/T 65—2004）

妊娠期	配种体重（kg）	采食量（kg/d）	消化能（MJ/kg）	粗蛋白质（%）	能量蛋白比（kJ/%）	赖氨酸（%）	钙（%）	总磷（%）	有效磷（%）
妊娠前期	120～150	2.10	12.75	13.0	981	0.53			
	150～180	2.10	12.35	12.0	1 029	0.49			
	>180	2.00	12.15	12.0	1 013	0.46	0.68	0.54	0.32
妊娠后期	120～150	2.60	12.75	14.0	911	0.53			
	150～180	2.80	12.55	13.0	965	0.51			
	>180	3.00	12.55	12.0	1 045	0.48			

注：1. 妊娠前期指妊娠期前 12 周，妊娠后期指妊娠期后 4 周。

2. 120～150kg 阶段适用于初产母猪和因泌乳期消耗过度的经产母猪，150～180kg 阶段适用于自身尚有生长潜力的经产母猪，180kg 以上指达到标准成年体重的经产母猪。

（2）妊娠母猪的饲养方式。目前妊娠期母猪的饲养大多采用“低妊娠、高泌乳”的饲养方式，即在妊娠期适量饲喂，哺乳期充分饲喂。在生产中应根据母猪体况，给予不同的饲粮水平，饲养方式主要有：

①“步步高”的饲养方式。对于初产母猪，宜采用“步步高”的饲养方式，即在整个妊娠期，随妊娠时间的增加，逐步提高饲粮营养水平或饲喂量，到产前 1 个月达到最高峰，这样可使母猪本身和胎儿都能得到良好的生长发育。

②“前粗后精”的饲养方式。对于断乳后体况良好的经产母猪，可采用“前粗后精”的饲养方式。即在妊娠前期（前 80d）按一般的营养水平饲喂，可多喂些粗饲料；妊娠后期（80d 后）胎儿生长发育迅速，提高营养水平，增加营养供给，以精料为主，少喂青绿饲料。

③“抓两头带中间”的饲养方式。对于断乳后体况很差的经产母猪，可采用“抓两头带中间”的饲养方式，即将整个妊娠期分为前期（配种至 42d）、中期（43～84d）和后期（84d 以后），在前期和后期提高饲粮营养水平，使母猪在产后迅速恢复体况和满足胎儿生长

发育需要，在中期则给予一般的饲粮。

（3）饲喂技术。

①饲喂量。妊娠母猪在妊娠前84d的饲喂量为2.0～2.5kg/d，妊娠84d后的饲喂量为3.0～3.5kg/d，以母猪妊娠后期膘情达到八成半膘为宜，不可使母猪过肥或过瘦。并应根据母猪的体况、体重、妊娠时间和气温等具体情况作个别调整。规模养猪场可采用母猪自动饲喂系统，该系统能根据每头母猪的具体情况，自动确定每头母猪的饲喂量，并记录在案。

②饲喂次数。妊娠母猪一般日喂2～3次，饲喂的饲料可用湿拌料、颗粒料。喂料时，动作应迅速，用定量料勺，以最快速度让每头母猪吃上料，最好能安装同步喂料器同时喂料。母猪对饲喂用具发出的声响非常敏感，喂料速度太慢，易引起其他栏的母猪爬栏、挤压，增大母猪流产的概率。

③饲粮容积。妊娠前84d胎儿体积较小，饲粮容积可稍大一些，适当增加青、粗饲料比例，后期因胎儿生长，饲粮容积应小些。

④饲粮应有适当轻泻作用。在饲粮中可增大麸皮比例，对预防妊娠母猪特别是妊娠后期母猪便秘有很好效果。

⑤饲料应多样化搭配，品质好，饮水应充足且清洁。严禁饲喂发霉、变质、有毒有害、冰冻和强烈刺激性气味的饲料，不得给妊娠母猪喝冰水，否则会引起流产，造成损失。

⑥酌情减料。妊娠母猪产前3～5d视母猪膘情应酌情减料，以防母猪产后乳腺炎和仔猪腹泻。

3. 妊娠母猪管理 妊娠母猪管理的核心是保证胎儿的正常生长发育，防止母猪流产。

（1）根据实际情况确认管理方式。

①限位栏饲养。规模化猪场母猪的饲养量大，为节省土地资源，一般都将母猪从空怀阶段至妊娠母猪产仔前养于限位栏内。限位栏宽60～70cm，长2.0～2.1m。此法能根据每头母猪具体情况，准确饲喂，母猪之间不会发生争斗咬架，单位面积内饲养量大，但母猪不能自由活动，肢蹄病多。

②小群饲养。有的猪场采用小群饲养的方式，将配种日期相近，体重大小和性情强弱相近的妊娠母猪集中在同一栏圈，每栏4～6头，有些猪场妊娠母猪舍还设有室外小运动场供母猪运动。

③大群饲养。将配种日期相近、体重大小和性情强弱相近的妊娠母猪集中在同一栏圈，每栏50头，采用自动喂料系统，根据每头猪的体重自动识别、自动喂料。其优点是妊娠母猪可自由活动，增强母猪体质，减少肢蹄病的发生。

（2）仔细观察猪群，及时发现返情母猪，对返情母猪及时复配。对返情母猪应认真鉴别是真发情还是假发情，以免造成损失。一般在母猪妊娠后22～32d，有些母猪会出现假发情，假发情母猪发情征状不明显，发情时间短，不愿接近公猪，不接受公猪爬跨。

（3）做好防暑降温。妊娠母猪适宜的舍温是15～18℃。夏季气温高时应做好防暑降温工作，有条件的猪场可采用纵向通风、湿帘降温，简易猪舍要加强通风、遮阳，可给猪舍地面喷水降温，减少热辐射对妊娠母猪的影响。冬季气温低，应做好防寒工作，可用热风炉、锅炉等加温设备提高猪舍内的温度。

（4）细心管理。对妊娠母猪态度要温和，不得打、骂、惊吓，在妊娠后期应经常按摩母猪乳房，促进乳腺的发育。

（5）做好疾病预防。做好日常猪舍的清洁卫生，定期消毒，做好驱虫和疫苗接种。及时发现患病猪，并对患病猪及时进行治疗。

4. 防止母猪流产

（1）流产原因。

①营养性流产。妊娠母猪饲粮中长期严重缺乏某些营养或采食发霉变质饲料、有毒有害物质、冰冷饲料等会引起流产。

②疾病性流产。妊娠母猪患卵巢炎、子宫炎、阴道炎、感冒发热及感染某些传染病和寄生虫病，如流行性乙型脑炎、伪狂犬病、猪繁殖与呼吸综合征、弓形虫病时会引起母猪流产。

③机械性流产。对妊娠母猪管理粗糙，夏季高温中暑，猪舍地面过于光滑，行走摔倒，出入圈门挤撞，突然惊吓，母猪相互爬跨、争斗，饲养员粗暴驱赶等都会造成母猪流产。

（2）防止流产措施。针对上述流产原因，一是应饲喂妊娠母猪全价配合饲料，满足妊娠母猪的营养需要；二是应根据本地区传染病流行情况，及时接种疫苗进行预防，加强驱虫与消毒，对患病猪只及时治疗，确保猪群健康；三是加强猪场内部管理，饲养员应对母猪精心照料，做到人猪亲和，母猪栏内的混凝土地面不要太光滑，保持猪舍安静、防止母猪受惊吓，保证栏内所有母猪都能同时采食。

任务 6　技术操作规程

技术操作规程是工人日常作业的技术规范，包括各项工作的时间、程序、操作内容及技术要求。如某猪场配种妊娠舍日常技术操作规程见表 1－4－5。

表 1－4－5　某猪场配种妊娠舍日常技术操作规程

时间	工作内容	工作要求
7：00—8：00	1. 检查猪舍环境控制情况和设备运行情况 2. 喂料 3. 清粪 4. 检查和记录猪只健康状况	1. 舍内温度、湿度、通风等符合规定；设备运行正常，如损坏，必须及时报修；做好记录 2. 按场部对各阶段猪的喂料标准对不同日龄、不同体况的猪进行饲喂。喂料时应注意观察、防止浪费 3. 清理粪便，防止进入排水沟，污染环境 4. 对有异常表现的猪做好标记、写明情况并报告技术负责人
8：00—10：00	5. 查情（发情、返情） 6. 配种	5. 严格按查情要求进行，对发（返）情母猪做好标记，并记录好发（返）情的日期、时间 6. 严格按配种要求规范进行操作
10：00—11：30	7. 记录及治疗病猪 8. 猪舍卫生打扫	7. 对异常的猪进行检查、治疗，并做好记录 8. 要求猪舍干净、清洁，清理剩料，对剩料多的猪应及时查明原因
11：30—13：30	休息	
13：30—15：00	9. 完成周间工作安排	9. 根据周间工作安排，做好猪的免疫、转群、测孕、选猪等

（续）

时间	工作内容	工作要求
15：00—17：00	10. 准备第 2 天的饲料 11. 查情（发情、返情） 12. 配种 13. 消费 14. 做日报表 15. 检查环境控制设备运行情况	10. 统计各阶段猪的数量，并按照规定的喂料标准，计算第 2 天饲料的需要量，报相关部门 11. 严格按查情要求进行，对发（返）情母猪做好标记，并记录好发（返）情的日期、时间 12. 严格按配种要求规范进行操作 13. 清理粪便，防止进入排水沟，污染环境 14. 填写好各种报表上报 15. 舍内温度、湿度、通风等符合规定；设备运行正常，如损坏，必须及时报修；做好记录
17：00 以后	休息 每周五晚上开生产小结会	

任务 7 周间工作安排

周间工作安排指周一至周日每天的重点工作安排。主要有以下内容：

（1）接收断乳母猪。

（2）整理空怀母猪。

（3）不发情不妊娠猪只集中饲养。

（4）公猪、母猪及后备母猪的驱虫、免疫接种。

（5）将预产期前 1 周的母猪转入产房。

（6）淘汰猪鉴定。

（7）大清洁、大消毒、空栏冲洗消毒、更换消毒池、消毒盆药液。

（8）猪舍的清洁、消毒及设备维护。

（9）档案、周报及总结。

例：某猪场配种妊娠舍周间工作安排见表 1－4－6。

表 1－4－6 某猪场配种妊娠舍周间工作安排

星期一	大清洁、大消毒；淘汰猪鉴定
星期二	更换消毒池盆药液；接收断乳母猪；整理空怀母猪
星期三	不发情、不妊娠猪集中饲养；驱虫、免疫注射
星期四	大清洁、大消毒；调整猪群
星期五	更换消毒池、消毒盆药液；临产母猪转出
星期六	空栏冲洗消毒
星期日	设备检查维修；填写周报表

任务 8 生产报表

配种妊娠舍的生产报表主要有以下几种：

1. 后备母猪记录表 报表内容：母猪耳号、接收日期、出生日期、免疫接种的疫苗及日期、初情期、死淘日期及原因、转入配种妊娠舍日期。

2. 配种记录报表 报表内容：配种人姓名、配种日期、配种时间、母猪耳号、胎次、体况评分、每次配种公猪耳号、测孕日期（首测、复测）、预产期、流产、返情、死亡、淘汰。

3. 返情及流产报表 报表内容：返情或流产日期、母猪耳号、批次、异常情况出现时间、原因。

4. 死亡及淘汰报表 报表内容：日期、耳号、批次或状态、配种到死淘日期、原因。

5. 饲料用量报表 报表内容：日期、料号、栋号、接受饲料日期、接受饲料数量、用料量、猪只头数、平均耗料量。

6. 猪只存栏报表 报表内容：日期、昨日存栏数、今日进猪数、今日出猪数、死淘数、今日存栏数。

复习思考题

一、名词解释

1. 性成熟　2. 发情周期　3. 发情持续期　4. 重复配种
5. 双重配种　6. 空怀母猪　7. “步步高”饲养方式　8. “前粗后精”饲养方式
9. “抓两头带中间”饲养方式　10. 人工授精

二、选择题

1. 生产中母猪的发情持续时间平均为（　　）d。
   A. 1　B. 2　C. 3　D. 4
2. 猪的发情周期为（　　）d。
   A. 21　B. 17　C. 42　D. 114
3. 母猪饲养的基本原则是（　　）。
   A. 低妊娠、低泌乳　B. 高妊娠、低泌乳
   C. 低妊娠、高泌乳　D. 高妊娠、高泌乳
4. 配种前体况良好的经产母猪，妊娠期采取的饲养方式是（　　）。
   A. 抓两头带中间　B. 步步高
   C. 前粗后精　D. 短期优饲
5. 对于初产母猪妊娠期采用的饲养方式是（　　）。
   A. 抓两头带中间　B. 步步高
   C. 前粗后精　D. 短期优饲

三、填空题

1. 母猪性成熟的年龄一般为________。
2. 猪的发情持续期为________ d。
3. 生产中，母猪第 1 次参加配种主要看两项指标：一是________；二是________。

4. 母猪的配种方式主要有________、________和________。

5. 妊娠期母猪适宜体况评分应是________。

6. 妊娠母猪的饲养方式包括________、________和________。

7. 妊娠最后 1 个月胎儿增重占出生重的________%。

四、简述题

1. 简述母猪的产后发情的特点。

2. 养猪生产上常采用“依膘给料”的饲养方法，如何根据妊娠母猪的体况采取相应的饲养方式调整膘情？

3. 简述猪人工授精的操作过程。

4. 简述妊娠母猪的饲养管理要点。

5. 简述母猪流产的原因及其防治措施。

【参考答案】

一、名词解释

1. 家畜生长发育到一定年龄和体重后生殖器官已发育完全，具备繁殖能力，称为性成熟。2. 由这次发情开始到下一次发情开始间隔的时间。

3. 从一次发情开始到发情结束所持续的时间。

4. 在母猪发情持续期内，用 1 头公猪配种 2 次，其间隔时间为 8～12h，如果母猪上午配种，一般下午再配一次，或下午配种，第二天上午再配一次。

5. 在母猪发情持续期内，用 2 头公猪分别与母猪配种，2 头公猪配种间隔时间为5～10min。

6. 母猪从仔猪断乳到发情配种期间称为空怀期，这时的经产母猪称为空怀母猪。

7. 对于初产母猪，在整个妊娠期，随妊娠时间的增加，逐步提高饲粮营养水平或饲喂量，到产前一个月达到最高峰。

8. 对于断乳后体况良好的经产母猪，在妊娠前期（前 80d）按一般的营养水平饲喂，可多喂些粗饲料；妊娠后期（80d 后）胎儿生长发育迅速，提高营养水平，增加营养供给，以精料为主，少喂精绿饲料。

9. 对于断乳后体况很差的经产母猪，将整个妊娠期分为前期（配种至 42d）、中期（43～84d）和后期（84d 以后），在前期和后期提高饲粮营养水平使母猪在产后迅速恢复体况和满足胎儿生长发育需要，在中期则给予一般的饲粮。

10. 用器械采取公畜的精液，再用器械把精液注入发情母畜生殖道内，以代替公母畜自然交配的一种配种方法。

二、选择题

1～5. CACCB

三、填空题

1. 5～8月龄　2. 2～5　3. 年龄、体重　4. 重复配种、双重配种、多次配种　5. 3分　6. “步步高”“前粗后精”“抓两头带中间”　7. 70

猪产房的管理

【学习目标】

1. 了解猪产房的工作职责。
2. 掌握母猪接产技术的理论知识。
3. 通过实训学会猪产前征兆判断、母猪接产、假死仔猪急救、仔猪并窝和过哺、仔猪编号、仔猪开食和补料、仔猪早期断乳方案的制订。
4. 掌握假死仔猪急救方法、仔猪并窝与过哺方法、仔猪编号方法、仔猪开食补料方法等技术要求。
5. 掌握猪产房的操作规程，周间管理和生产报表的填写。

【学习任务】

任务1　岗位工作职责

（1）严格按猪场制订的《产房饲养管理技术操作规程》和每周工作日程安排进行生产。
（2）负责本组空栏猪舍的冲洗消毒工作，清洁卫生工作。
（3）做好临产母猪转入、仔猪转群、调整工作。
（4）做好哺乳母猪、仔猪预防注射工作。
（5）完成哺乳母猪、仔猪的饲养管理工作。
（6）充分了解猪群动态、健康状况，发现问题及时解决，或及时向上级反映。
（7）种猪的淘汰鉴定与申报。
（8）制订饲料、药品、工具的使用计划与领取及盘点工作。
（9）整理和统计本组的生产日报表和周报表。
（10）做好设备维护、保养和防止猪场财物的损失和丢失。
（11）分析生产上存在的问题，并向上级提出工作建议。
（12）完成上级交给的其他工作。

任务2 猪的分娩

一、母猪的预产期推算

母猪的妊娠期一般为108～120d，平均为114d。

1. “三三三”法 配种日期加3月，加3周，加3d为预产期。如2018年3月3日配种，则预产期为2018年6月27日。

2. “月加4，日减6”法 每月按30d计算，则推算公式为配种月份数加4，配种日期数减6。

在计算过程中，如果配种日期数小于或等于6时，应向月份数借1位，规则是借1等于在日期数上加30；如果配种月份数加4后大于12，则应减去12，年度上后延一年。为了精确推算预产期，可进行校正，其方法是，妊娠期所跨过的大月份数应在预产日期上减去；如果妊娠期经过2月份，应根据2月份的平闰，进行加2或加1；如果是平年应在预产日期上加2，如果是闰年应在预产日期上加1。

3. 查表法 在预产期推算表（表1-5-1）的第1行数字中找到配种月份数，在左侧第1列找到配种日期数，垂直相交处为预产日期数，由此向上查找到预产期推算表第2行数字，即为预产期的月份数。如2019年2月23日配种，则预产期为2019年6月17日。

表1-5-1 母猪预产期推算表

配种日	一月 4	二月 5	三月 6	四月 7	五月 8	六月 9	七月 10	八月 11	九月 12	十月 1	十一月 2	十二月 3
1日	25	26	23	24	23	23	23	23	24	23	23	25
2日	26	27	24	25	24	24	24	24	25	24	24	26
3日	27	28	25	26	25	25	25	25	26	25	25	27
4日	28	29	26	27	26	26	26	26	27	26	26	28
5日	29	30	27	28	27	27	27	27	28	27	27	29
6日	30	31	28	29	28	28	28	28	29	28	29	30
7日	1/5	1/6	29	30	29	29	29	29	30	29	1/3	31
8日	2	2	30	31	30	30	30	30	31	30	2	1/4
9日	3	3	1/7	1/8	31	1/10	31	1/12	1/1	31	3	2
10日	4	4	2	2	1/9	2	1/11	2	2	1/2	4	3
11日	5	5	3	3	2	3	2	3	3	2	5	4
12日	6	6	4	4	3	4	3	4	4	3	6	5
13日	7	7	5	5	4	5	4	5	5	4	7	6
14日	8	8	6	6	5	6	5	6	6	5	8	7
15日	9	9	7	7	6	7	6	7	7	6	9	8
16日	10	10	8	8	7	8	7	8	8	7	10	9
17日	11	11	9	9	8	9	8	9	9	8	11	10

（续）

配种日	一月 4	二月 5	三月 6	四月 7	五月 8	六月 9	七月 10	八月 11	九月 12	十月 1	十一月 2	十二月 3
18日	12	12	10	10	9	10	9	10	10	9	12	11
19日	13	13	11	11	10	11	10	11	11	10	13	12
20日	14	14	12	12	11	12	11	12	12	11	14	13
21日	15	15	13	13	12	13	12	13	13	12	15	14
22日	16	16	14	14	13	14	13	14	14	13	16	15
23日	17	17	15	15	14	15	14	15	15	14	17	16
24日	18	18	16	16	15	16	15	16	16	15	18	17
25日	19	19	17	17	16	17	16	17	17	16	19	18
26日	20	20	18	18	17	18	17	18	18	17	20	19
27日	21	21	19	19	18	19	18	19	19	18	21	20
28日	22	22	20	20	19	20	19	20	20	19	22	21
29日	23	—	21	21	20	21	20	21	21	20	23	22
30日	24	—	22	22	21	22	21	22	22	21	24	23
31日	25	—	23	—	22	—	22	23	—	22	—	24

说明：表中1/1……1/12斜线下数字为预产期的月份数，其向下数字为该月的日期数。

二、产前的准备工作

1. 圈舍的准备　作为一个正规的养猪场，应建一些专门用于分娩产仔的分娩圈舍。要求其具有防暑保温的功能和设施，并且经常保持卫生、清洁、干燥，在使用前1周，用3%氢氧化钠溶液或其他消毒液进行彻底的消毒，然后再用清水冲洗备用。

母猪产前准备

2. 备品的准备　根据需要应准备仔猪箱、擦布、剪刀、耳号钳子、耳标器和耳标、记录表格、5%碘酊、0.1%高锰酸钾溶液或0.1%氯己定溶液、注射器、2%来苏儿、催产素、肥皂、毛巾、面盆、应急灯具、活动隔栏、秤等。北方寒冷季节应准备垫料、红外线灯或电热板、液状石蜡。

实训1－7　母猪产前征兆判断训练

【实训目的】通过实际操作训练使学生学会母猪的产前征兆判断。

【材料用具】配种记录、临产母猪。

【方法步骤】认真仔细观察临产母猪的乳房、阴门、采食、排泄行为等。

母猪产前4～5d乳房胀起显著，特别是初产母猪比较明显，两侧乳头外张，乳房红晕丰满，阴门变大松弛，由于骨盆开张，荐坐韧带松弛，尾根两侧下陷。有的母猪产前2～3d可以挤出清乳，多数母猪在产前12～24h可以挤出浓稠的乳汁，泌乳性能较好的母猪乳汁外溢。产仔前6～10h出现衔草做窝现象，即使没有垫草其前肢也会做出搂草动作。与此同时母猪起卧不安，一会卧下，一会站起来行走，当有人在旁边时，母猪会发出“哼哼”叫声。产前2～5h频频排泄粪尿，产前0.5～1h母猪卧下，出现阵缩，阴门开始流出淡红色或淡褐色黏液（羊水）。此时接产人员应将所有接产应用之物搬到分娩栏附近，做好接产准备。

【实训报告】描述母猪产前征兆。

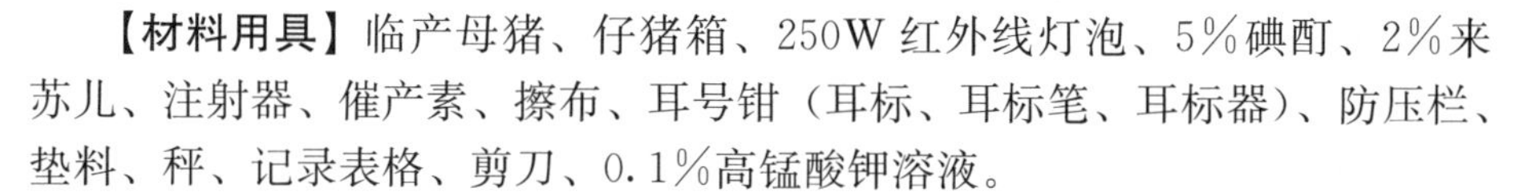

实训1-8 母猪接产训练

接产技术

【实训目的】通过实际操作训练使学生学会母猪的接产。

【材料用具】临产母猪、仔猪箱、250W红外线灯泡、5%碘酊、2%来苏儿、注射器、催产素、擦布、耳号钳（耳标、耳标笔、耳标器）、防压栏、垫料、秤、记录表格、剪刀、0.1%高锰酸钾溶液。

【方法步骤】当母猪卧下稳定后，发现母猪阴道内有羊水流出，母猪阵缩频率加快且持续时间变长，并伴有努责时，接产人员应进入分娩栏内。若在高床或网床上分娩则应打开后门，接产人员应蹲或站立在母猪臀后，将母猪后躯和外阴用0.1%的高锰酸钾溶液擦洗消毒，然后等待接产。母猪经多次阵缩和努责，臀部上下抖动，尾巴竖起，四肢挺直，屏住呼吸时将仔猪娩出。接产人员一只手抓住初生仔猪的肩背部，另一手的拇指和食指用擦布立即将其口腔内黏液抠出，并擦净口鼻周围的黏液，防止仔猪将黏液吸入引起异物性肺炎，上述操作生产上称为“抠膜”；紧接着用布将仔猪周身擦干净，这一过程称为“擦身”。“抠膜”“擦身”后，应进行断脐。接产者一只手抓握住仔猪的肩背部，用另一只手的大拇指将脐带距离脐根部4～5cm处捏压在食指的中间节上，利用大拇指指甲将脐带切断，并用5%碘酊浸泡1～2min，如果脐带内有血液流出，应用手指捏1～2min，然后再涂一次5%碘酊。上述处理完毕，应将初生仔猪送到经0.1%高锰酸钾溶液擦洗消毒，再经清水擦洗后的乳房旁吃初乳，吃初乳前应挤出乳头内的初乳，防止初生仔猪食入乳头管内的脏物。上述所有操作完毕，其他仔猪将陆续产出，接产人员应重复之前操作过程。

待全窝仔猪全部产完，一起称重，编号并做好记录。为了防止初生仔猪的犬齿咬伤母猪乳头，产仔结束后，应使用剪刀将犬齿剪断。具体操作方法：用左（右）手抓握住仔猪的额头部，并用拇指和食指紧捏住仔猪上下颌的嘴角处，将仔猪嘴捏开，然后用右（左）手持剪刀在齿龈处，将上、下左右所有的犬齿全部剪断。

全部仔猪吃过初乳后，将仔猪放回仔猪箱内（箱内温度控制在32～34℃），50～60min后再取出吃初乳，吃饱后再放回保育箱内。放置仔猪保育箱时要用防压栏与母猪隔开，防止母猪拱、啃弄坏。产后2～3d内一直这样重复，有利于母仔休息，保持健康。

接产完毕，将分娩圈栏打扫干净。用温度为35～38℃的0.1%高锰酸钾溶液或0.1%的氯已定溶液，将母猪、地面、圈栏等进行擦洗消毒，如有垫草应重新铺上，一切恢复如产前状态。接产人员用2%来苏儿洗手后，再用清水净手。

【实训报告】描述仔猪接产方法和体会。

三、难产处理

母猪难产处理

1. 正常分娩过程 母猪从产第1头仔猪到胎衣排出，整个分娩过程持续时间为2～4h，多数母猪2～3h，产仔间隔时间为10～15min。

2. 难产症状 母猪产仔间隔时间长并且多次努责，阵缩强烈，仍然产不出仔猪；母猪呼吸急促、心跳加快、烦躁紧张、可视黏膜发绀等。难产时应立即进行难产处理。

3. 难产处理 母猪难产时，肌内注射催产素，剂量为每50kg体重10IU，注射部位为臀部。注射后20～30min，可能有仔猪产出。如果注射催产素助产失败，应实施手掏术。术者将指甲剪短磨光，用2%来苏儿消毒手臂，并涂上液状石蜡或肥皂水，蹲（高床或网上产仔栏）或侧屈卧（平面产仔）在母猪臀后，手握成锥状于母猪努责间隙，慢慢伸入母猪产道（先向斜上，后直入），抓住仔猪后慢慢地将其拉出，速度不要过快以免损伤产道。掏出一头仔猪后，可能转为正常分娩；如果母猪宫缩乏力，可全部掏出。凡是实施过手掏术的母猪，用抗生素治疗5～7d，以免产后感染，影响将来的发情、配种和妊娠。至于剖宫产，除非品种稀有或种猪成本昂贵，否则不予实施，因为母猪术后护理较困难。

假死处理

实训1-9 假死仔猪急救训练

【实训目的】通过实际操作训练使学生学会假死仔猪急救。

【材料用具】假死仔猪或正常仔猪、纱布、擦布、酒精。

【方法步骤】仔猪出生后无呼吸，但心脏仍在跳动的仔猪，称为假死仔猪。出现这种情况应立即抢救。

1. 人工呼吸 抢救者首先用擦布抠出假死仔猪口腔内的黏液，同时将口鼻周围擦干净。然后用一只手抓握住假死仔猪的头颈部，使仔猪口、鼻面对着抢救者，用另一只手将4～5层的纱布捂在假死仔猪的口、鼻上，抢救者可以隔着纱布向假死仔猪的口内或鼻腔内吹气，并用手按摩胸部。当假死仔猪出现呼吸迹象时（“哽”一声），即可停止人工呼吸。

2. 倒提拍背法 抠出假死仔猪口腔内黏液后，立即用左（右）手将仔猪后腿提起，然后用右（左）手拍假死仔猪的胸背部，发现假死仔猪躯体一屈，深吸一口气，说明呼吸中枢启动，假死仔猪抢救成功。

3. 刺激胸肋法 首先将假死仔猪口腔内及口、鼻周围黏液抠出擦净，然后抢救者用两膝盖将假死仔猪后躯固定住，使假死仔猪与抢救者同向，用擦布用力上下快速搓假死仔猪的胸肋部，当发现假死仔猪有哼叫声，说明抢救成功。

经抢救过来的仔猪，同样要求进行擦身、断脐、吃初乳等。

【实训报告】描述假死仔猪的急救方法和体会。

任务3 母猪产前产后的饲养管理

一、母猪产前的饲养管理

母猪产前1周进入产房，便于其熟悉环境，有利于分娩。如果母猪有体外寄生虫，应进行体外驱虫，防止其传播给仔猪。进入产房后应饲喂泌乳期饲粮，并根据膘情和体况决定增减料，绝大多数母猪此时期膘情较好，应在产前5～7d进行逐渐减料，直到临产前1～2d其日粮量为1.2～1.5kg。产仔当天最好不喂或少喂饲料，但要保证饮水。对由于其他原因造成妊娠母猪体况偏瘦，应增加一些富含蛋白质、矿物质、维生素的饲料给量，确保母猪安全分娩和泌乳。

二、母猪产后的饲养管理

1. 母猪产后的饲养 母猪产后饥饿感增强，但此时不宜饲喂大量饲料，因为此时胃肠消化功能尚未完全恢复，一次食入大量饲料会造成消化不良。产后第1次饲喂时间最好是在产后2～3h，并且严格掌握喂量，一般只给0.5kg左右。以后日粮量由产后第1天的1.5kg左右每日增加0.5kg，产后1周带仔10～12头的母猪可以给日粮5.5～6.5kg。要求饲料营养丰富、容易消化、适口性好，同时保证充足的饮水。

2. 母猪产后的管理 母猪产后身体很疲惫，需要休息，在安排好仔猪吃足初乳的前提下，应让母猪尽量多休息，以便迅速恢复体况。母猪产后应将胎衣及被污染垫料清理掉，严禁母猪生吃胎衣和嚼吃垫草，以防母猪消化不良且养成食仔恶癖。母猪产后3～5d内，注意观察母猪的体温、呼吸、心跳、产道分泌物、乳房、采食、粪尿等，一旦发现异常应及时诊治，防止病情加重影响正常的哺乳。一般生产中常出现乳腺炎、产后生殖道感染、产后无乳等病例，应引起充分注意，以免影响整个生产流程。

任务4 哺乳母猪的饲养管理

一、母乳的作用和成分

母乳是仔猪出生后2周内唯一的营养来源，仔猪出生后4周内其生长发育所需的营养物质主要来源于母乳。特别是初乳，至今为止任何代乳品都无法替代。由此可见，哺乳母猪的饲养对于仔猪生长发育的影响很大。

猪乳成分与其他家畜乳比较，干物质含量多，蛋白质、矿物质含量高（表1-5-2）。

表1-5-2 种家畜乳成分（%）

畜别	水分	干物质	干物质中			
			蛋白质	脂肪	乳糖	矿物质
牛	87.50	12.50	3.20	3.90	4.70	0.70
马	89.50	10.50	2.30	1.70	6.10	0.40
山羊	88.00	12.00	3.20	3.90	4.70	0.80
猪	80.95	19.05	6.25	6.50	5.20	1.10

二、泌乳机制及影响因素

1. 泌乳机制 猪的乳腺构造比较特殊，每一个乳房都没有贮存乳汁的乳池，而是由1～3个乳腺体组成的。每个乳腺体是由许多的乳腺泡汇集成一些乳腺管，这些乳腺管最后又汇集成乳头管开口于乳头。猪的所有乳房中乳腺体数量并不是都相等的，其中前面乳房的乳腺体数多于中部，中部又多于后部。乳腺体的数量直接影响着每个乳房的泌乳量，乳腺体数量多，泌乳量就多。因此，前面乳房的泌乳量高于中、后部的乳房。

母猪的泌乳是受神经和内分泌双重调节的，每一次放乳均是由于仔猪用嘴拱揉乳房产生神经刺激，经神经传到大脑，大脑促使垂体释放排乳激素进入血液中，在排乳激素的作用下，乳腺泡开始收缩产生乳汁流到乳腺管内，由乳腺管又流到乳头管。由于无乳池结构，此时仔猪便吃到了乳。排乳激素的活性在血液中很快被破坏，导致母猪排乳时间较短，一般只有15～30s。每次排乳都是由个别仔猪边带头拱揉母猪乳房，边伴随饥饿嘶鸣，母猪在仔猪嘶鸣的叫声下，发出“哼哼”的声音来唤其他仔猪同时来拱揉乳房，母猪这时应声侧卧，经过仔猪一段时间（1～2min）的拱揉，母猪发出急迫的“哼哼”唤仔声并开始排乳，此时可以看到仔猪的吞咽动作。母猪排乳后整个泌乳系统会产生生理上的不应期，必须经一段时间（40～60min）的生理调整方可再度恢复泌乳。母猪产后1～3d内由于母猪体内催产素水平相对较高，无须仔猪拱揉刺激即可排乳。

2. 影响泌乳力的因素

（1）品种。不同的品种或品系其泌乳量各不同，一般瘦肉型品种（系）的泌乳量高于肉脂兼用型或脂肪型（表1-5-3）。

表1-5-3 不同品种猪不同阶段泌乳量（kg）

品种	产后天数							
	10	20	30	40	50	60	平均	全期
金华猪	5.17	6.50	6.70	5.56	4.80	3.50	5.47	328.20
民猪	5.18	6.65	7.74	6.31	4.54	2.72	5.65	339.00
哈白猪	5.79	7.76	7.65	6.19	4.10	2.98	5.74	344.40
枫泾猪	9.29	10.31	10.43	9.52	8.94	6.87	9.23	553.80
约克夏	11.20	11.40	14.30	8.10	5.30	4.10	9.27	557.40
长白猪	9.60	13.33	14.55	12.34	6.55	4.56	10.31	618.60
平均	7.81	9.33	10.23	8.00	6.21	4.12	7.60	456.90

（2）年龄（胎次）。正常情况下，第1胎的泌乳量较低，第2胎开始上升，第3、4、5、6胎维持在一定水平上，第7、8胎开始下降。因此工厂化养猪场母猪产8胎后淘汰。

（3）哺乳仔猪头数。哺乳母猪一窝带仔头数的多少将影响着泌乳量。带仔头数多，则母猪泌乳量就高，但每头仔猪日获得的乳量却减少了（表1-5-4）。

表1-5-4 母猪哺乳头数对泌乳量的影响（kg）

哺乳仔猪头数	母猪的日泌乳量	每头仔猪日获得乳量
6	5～6	1.0
8	6～7	0.9
10	7～8	0.8
12	8～9	0.7

（4）营养。营养水平的高低直接影响着母猪的泌乳量。为了提高母猪泌乳量，提高仔猪生长速度，应充分满足哺乳母猪所需要的各种营养物质。

（5）乳头位置。乳头位置不同，其泌乳量不同。究其原因是由于乳房内的乳腺体数不同而致。一般前3对乳头泌乳量高于中、后部乳头（表1-5-5）。

表 1-5-5 不同乳头位置的泌乳量比例（%）

乳头位置	1	2	3	4	5	6	7
所占泌乳量比例	23	24	20	11	9	9	4

由表可见，前 6 对乳头泌乳量可以满足仔猪的哺乳需要，第 7 对泌乳量较少。母猪产仔数控制在 12 头左右为宜，产仔过多会使仔猪初生重降低和个别仔猪哺乳效果降低。

（6）环境。温湿度适宜，环境安静舒适有利于泌乳，高温、高湿、低温、噪声干扰等环境将使母猪的泌乳量降低。

三、哺乳母猪的饲养管理

1. 哺乳母猪的营养需要 母猪在整个泌乳期分泌大量乳汁。以瘦肉型猪种为例，在产后 6 周内平均每昼夜泌乳 8～10kg，由泌乳排出大量的干物质，一般每昼夜排出的干物质为 1.5～2.7kg，每日用于泌乳的消化能为 67～84MJ。因此，哺乳母猪必须根据其泌乳情况给予科学的饲养，如参照美国 NRC（2012）标准建议（表 1-5-6）。

表 1-5-6 美国 NRC（2012）哺乳母猪日粮营养需要

产后体重/kg	175	175	175	210	210	210
窝产仔数/头	11	11	11	11.5	11.5	11.5
哺乳时间（d）	21	21	21	21	21	21
乳猪平均日增重（g）	190	230	270	190	230	270
净能（kcal/kg）	2 518	2 518	2 518	2 518	2 518	2 518
消化能（kcal /kg）	3 388	3 388	3 388	3 388	3 388	3 388
代谢能（kcal /kg）	3 300	3 300	3 300	3 300	3 300	3 300
代谢能需要（kcal /d）	18.7	18.7	18.7	20.7	20.7	20.7
估算采食量+浪费（g/d）	5.95	5.95	5.95	6.61	6.61	6.61
预计母猪体重改变（kg）	1.5	−7.7	−17.4	3.7	−5.8	−15.9
总钙（%）	0.63	0.71	0.8	0.6	0.68	0.76
STTD 磷[①]（%）	0.31	0.36	0.4	0.3	0.34	0.38
总磷（%）	0.56	0.62	0.67	0.54	0.6	0.65
钙磷比	1.13	1.15	1.19	1.11	1.13	1.17
钙有效磷比	2.03	1.97	2.00	2.00	2.00	2.00
SID[②]-赖氨酸（%）	0.75	0.81	0.87	0.72	0.78	0.84
SID-蛋氨酸（%）	0.2	0.21	0.23	0.19	0.21	0.22
SID-蛋氨酸+胱氨酸（%）	0.39	0.43	0.47	0.38	0.41	0.45
SID-苏氨酸（%）	0.47	0.51	0.55	0.46	0.49	0.53
SID-色氨酸（%）	0.14	0.15	0.17	0.13	0.15	0.16
蛋氨酸/赖氨酸比例	0.27	0.26	0.26	0.26	0.27	0.26
（蛋氨酸+胱氨酸）/赖氨酸比例	0.52	0.53	0.54	0.53	0.53	0.54

（续）

色氨酸/赖氨酸比例	0.19	0.19	0.20	0.18	0.19	0.19
总氮（%）	1.95	2.08	2.22	1.89	2.01	2.15
计算粗蛋白质（%）	12.2	13.0	13.9	11.8	12.6	13.4

注：①STTD，标准全肠道消化率（Standardized Total Tract Digestibility，STTD），STTD磷表示标准全肠可消化磷；②SID（Standardized Ileal Digestible）氨基酸表示，标准回肠可消化氨基酸。

2. 哺乳母猪的饲养

（1）掌握好能量水平。哺乳母猪昼夜泌乳，随乳汁排出大量干物质，这些干物质中含有较多的能量，如果不及时补充，会降低哺乳母猪的泌乳量，也会使得哺乳母猪由于泌乳而过度消瘦，体质受到损害。所以要把哺乳母猪在4～5周的哺乳期内体重损失控制在10～14kg范围内，一般体重175kg左右的哺乳母猪，带仔10～12头的时候，其日粮量为5.5～6.5kg，消化能总量为78～92MJ，每日饲喂4次左右，以生湿料喂饲较好。哺乳母猪日粮给量过少，导致哺乳期体重损失过多，身体过度消瘦，最后造成仔猪断乳后母猪不能如期发情配种，影响全群母猪的年产仔窝数。

（2）保证蛋白质的数量和质量。哺乳母猪日粮中的蛋白质数量和质量直接影响着母猪的泌乳量。若母猪日粮中蛋白质水平低于12%时，母猪的泌乳量显著降低，仔猪也容易患腹泻等疾病。日粮中粗蛋白质水平一般应控制在14%～15%较为适宜。在考虑蛋白质数量的同时，还要注意蛋白质的质量，从而保证哺乳母猪对必需氨基酸的需要，尤其是限制性氨基酸更应满足，否则会导致母猪泌乳量下降或者过度消瘦。生产中多用含必需氨基酸较丰富的动物性蛋白质饲料来提高蛋白质质量，如鱼粉的添加比例一般为5%～8%，日粮中赖氨酸水平应在0.75%左右。如果蛋白质数量较低或质量较差、赖氨酸水平偏低，将会降低泌乳量或造成母猪过度消瘦，甚至影响将来的再利用，使之过早淘汰，增加种猪成本。

（3）满足矿物质和维生素的供给。日粮中矿物质和维生素含量不仅影响着母猪的泌乳量，而且也影响母猪和仔猪的健康。在矿物质中如果钙、磷缺乏或钙、磷比例不当，会使母猪的泌乳量降低。有些高产母猪也会由于日粮中没有充分供给钙、磷，动用体内骨骼中的钙和磷，而引起瘫痪或骨折，使得高产母猪利用年限降低。哺乳母猪日粮中的钙一般为0.75%左右，总磷在0.60%左右，有效磷0.35%左右，食盐0.4%～0.5%，钙、磷一般常使用磷酸氢钙、石粉等补充。

哺乳仔猪生长发育所需要的各种维生素均来源于母乳，母乳中的维生素来源于饲料，因此日粮中维生素将影响着仔猪维生素的供给。饲养标准中的维生素推荐量只是最低需要量，封闭式饲养，哺乳母猪的生产水平又较高，基础日粮中的维生素含量已不能满足泌乳的需要，必须靠添加来满足其需要。实际生产中的添加剂量应高于标准，特别是维生素A、维生素D、维生素E、维生素B_2、维生素B_5、维生素B_6、泛酸、维生素B_{12}等。一些维生素缺乏症有时不一定在泌乳期得以表现，而是影响母猪以后的繁殖性能，在哺乳期必须给予充分的满足。

（4）饮水要充足。猪乳中水分含量为80%左右，哺乳母猪饮水不足，会使其采食量减少，泌乳量下降，严重时会出现体内氮、钠、钾等元素代谢紊乱，诱发其他疾病。1头哺乳母猪每日需饮水20kg左右。在保证充足饮水的同时要注意饮水的质量，必须保证饮水卫生、清洁，夏季更应如此。冬季饮水不亦过凉，防止饮后对胃肠造成刺激。饮水方式以使用自动饮水器为好，这样既保证经常有水，又节水卫生。自动饮水器的高度以高于母猪肩 5cm（距地面 55～60cm）为宜。也可设立饮水槽，但要保证饮水槽内常备清洁饮水。严禁饮用不符合饮用水标准的水。

3. 哺乳母猪的管理 哺乳母猪应饲养在一个温湿度适宜、卫生清洁、无噪声的猪舍内。冬季要有保温取暖设施，夏季要注意通风换气，雨季要注意防潮，床面无潮湿现象。不要在泥土地上养猪，以免增加寄生虫感染机会。经常观察母猪的采食、排泄状况，以及皮肤黏膜颜色，注意乳腺炎的发生及乳头的损伤。发现异常现象应及时采取措施，防止其影响泌乳，从而引起仔猪黄痢或白痢等疾病。

四、防止母猪无乳或泌乳量不足

1. 母猪无乳或泌乳量不足的原因

（1）营养方面。母猪在妊娠期间日粮能量水平过高或过低，使得母猪偏胖或偏瘦，造成母猪产后无乳或泌乳性能不佳。哺乳母猪日粮蛋白质水平偏低或蛋白质品质不良，日粮中严重缺钙、缺磷，或钙磷比例不当、饮水不足等都会导致母猪无乳或泌乳量不足。

（2）疾病方面。母猪患有乳腺炎、链球菌病、感冒、肿瘤等疾病时会出现无乳或泌乳量不足。

（3）其他方面。高温、低温、高湿、环境应激等，都会导致母猪无乳或泌乳量不足。

2. 防止母猪无乳或泌乳量不足的措施 根据饲养标准科学配合日粮，满足母猪所需要的各种营养，特别是舍饲母猪，更应格外注意各种营养的合理供给。在确认母猪无病、无管理过失、饲养管理良好的情况下，可以用下列方法进行催乳。

（1）将胎衣洗净煮熟切碎，连同汤汁一起拌在饲料中饲喂无乳或泌乳量不足母猪。

（2）产后 2～3d 内无乳或泌乳量不足，可给母猪肌内注射催产素，剂量为每 100kg 体重 10IU。

（3）用淡水鱼或猪内脏、猪蹄、白条鸡等煎汤拌在饲料中喂饲。

（4）哺乳母猪适当喂一些青绿多汁饲料，可以避免母猪无乳或泌乳量不足，但要控制喂量，以保证精料的采食量，否则会导致能量、蛋白质、矿物质相对不足，造成母猪过度消瘦，甚至瘫痪、骨折。

（5）中药催乳法。王不留行 36g、漏芦 25g、天花粉 36g、僵蚕 18g、猪蹄 2 对，水煎后分 2 次拌在饲料中喂饲。

任务 5 哺乳仔猪的饲养管理

一、哺乳仔猪的生理特点

1. 无先天免疫力，容易患病 由于母猪的胎盘屏障结构，母体内的抗体（免疫球蛋白）不能通过胎盘进入胎儿体内，因而仔猪出生时无先天免疫力，只有靠吃初乳获得免疫力，仔猪在 10 日龄以后自身才能产生抗体，但直到 4～5 周龄时自身抗体水平仍然很低。仔猪 3 周龄内是母体抗体与自身抗体衔接间断时期，并且胃内又缺乏游离盐酸，对由饲料、饮水过程中进入到胃内的病原微生物无抑杀作用，造成仔猪易患消化道疾病。

2. 调节体温能力差，怕冷 仔猪出生时大脑皮层发育尚不完全，神经系统对体温的调节能力差。仔猪体内用于氧化供热的物质储存较少，单位体重用于维持体温的能量是成年猪的3倍，仔猪的正常体温比成年猪高0.5℃左右，初生仔猪皮薄毛稀、皮下基本无脂肪层，这些因素最终导致初生仔猪怕冷。在温度低的环境中，仔猪行动迟缓，反应迟钝，易被母猪压死或踩死，或被冻昏、冻僵，甚至冻死。

3. 消化道不发达，消化机能不完善 初生仔猪的消化器官虽然在胚胎期就已经形成，但并不发达，机能也不完善。仔猪出生时，胃重仅有5～8g，容积也只有25～40mL；20日龄时胃重达35g左右，容积扩大了2～3倍；60日龄时胃重150g左右。小肠生长比较快，30日龄时小肠重量是出生时的10倍左右。

初生仔猪的消化器官不发达，其结构和机能也不完善。仔猪出生时胃蛋白酶很少，仅有凝乳酶。由于胃底腺不发达，缺乏游离盐酸，胃蛋白酶原也不能被激活，胃内不能消化蛋白质，此时的蛋白质只能在小肠内消化。小肠分泌的乳糖酶，其活性在生后第1周最高，第2周开始下降，第7周达成年水平；蔗糖酶一直不多，胰淀粉酶到3周渐达高峰，麦芽糖酶缓慢上升，脂肪酶保持持续上升。葡萄糖无须消化直接吸收，适用于任何日龄仔猪；乳糖只适于5周龄前的仔猪；麦芽糖适于任何日龄的仔猪；蔗糖极不宜于幼猪，9周龄后逐渐适宜；果糖不适于初生仔猪，木聚糖不适于2周龄前的仔猪；淀粉需要加工成熟食饲喂。

4. 生长发育快，代谢旺盛 仔猪初生重较小，不到成年体重的1%，但生后生长发育较快，一般初生重为1kg左右，30日龄体重可达初生重的5～6倍，60日龄达初生重的10～13倍（表1-5-7）。

表1-5-7 哺乳仔猪生长发育

日龄（d）	平准体重（kg）	体重范围（kg）	相对出生时的倍数
出生	1.5	0.9～2.2	1.00
10	3.24	2.0～4.8	2.16
20	5.72	3.1～7.8	3.18
30	7.25	4.2～10.8	4.83
40	10.56	5.4～15.3	7.04
50	14.54	8.9～22.4	9.71
60	18.65	11.0～27.2	12.43

由于仔猪代谢旺盛，生长较快，因此所需要的营养物质较多，特别是能量、蛋白质（氨基酸）、维生素、矿物质（钙、磷）等比成年猪需要相对要多，只有满足各种营养物质的供给，才能保证仔猪的快速生长。

二、哺乳仔猪的饲养管理

仔猪生后处理

1. 及早吃足初乳，固定乳头 初生仔猪必须及早吃足初乳有以下四方面原因：一是仔猪没有吃初乳以前，其体内无抗体；二是母猪分娩时初乳中免疫抗体含量最高，分娩开始时每100mL初乳中含有抗体（免疫球蛋白）20g，分娩后4h下降到10g，以后逐渐减少；三是初乳中的抗蛋白分解酶可以防止免疫球蛋白不被分解，这种酶存在时间较短，没有这种酶存在，仔猪不能将抗体完整吸收，也就不能产生免疫力；四是仔猪出生后24～36h内，小肠吸收免疫球蛋白这种大分子物质的能力较强，以后逐渐减弱。基于上述原因，仔猪出生后应及早吃足初乳，以获得较多的母源抗体，增强自身的免疫力。

为了使全窝仔猪生长发育整齐均匀，缩小先天差距，提高育成率，待全窝仔猪出生后，应按照体重、体质情况固定乳头。固定乳头的原则是：将体重小或体质弱的仔猪固定到前边的乳头；将中等体重、体质的仔猪放到中间乳头位置；而将体重大，体质强壮的仔猪放在后边乳头上。如果乳头数多于所产仔猪数，应由前向后安排哺乳，放弃后边乳头。具体办法是在仔猪出生后的2～3d，将仔猪按拟定乳头位置做上标记（用紫药水），在每次仔猪吮乳时由保育员安排吃乳，经过2～3d的训练，仔猪就可以在固定乳头吃乳。

2. 采取保温措施 在仔猪的饲养管理中，除及早吃足初乳外，还应注意采取保温措施。一般仔猪生后第1周所处环境温度要求是34℃，第2周的温度为32℃，第3周为30℃。以后每周降温幅度控制在2℃以内，降温幅度过大，会引起仔猪下痢。生产中多通过仔猪箱内悬挂250W红外线灯来调温。寒冷季节还可以在仔猪箱内放置电热板。在仔猪趴卧处上方放一只温度计，用于掌握温度的高低。可通过查看温度计确定开灯时间和高度，也可以通过观察仔猪的行为表现看温度是否合适，如果仔猪挤堆、身体颤抖、皮肤呈鸡皮样，并且全身发红，说明仔猪所居环境温度偏低。

3. 补铁 铁是红细胞中血红蛋白的成分之一。铁还存在于肌肉、血清、肝中，在体内还作为多种代谢酶的成分。仔猪出生时体内有铁50mg左右，大部分以血红蛋白的形式存在。仔猪每增加1kg体重需铁量为21～35mg，每日需铁量为4～6mg，每日从母乳中能获得铁1～2mg。如不及时补铁，将会造成缺铁性贫血，其临床表现为生长缓慢或停滞、昏睡，可视黏膜苍白，被毛蓬乱无光泽，呼吸频率加快，膈肌突然痉挛；缺铁还会使仔猪抗病力降低，易患传染病、腹泻、肺炎等，有时因缺氧而突然死亡。正常仔猪的血红蛋白水平应大于10g/100mL，当降至8g/100mL时，为临界贫血；低于7g/100mL时为贫血。

常用的补铁方式是肌内注射右旋糖苷铁钴合剂。注射时间是出生后2～3日龄，注射铁剂量为100～200mg，注射部位为颈部或臀部深层肌肉。

凡是怀疑仔猪缺乏维生素E或硒的时候，应在仔猪生后注意补注亚硒酸钠维生素E，防止仔猪因缺乏维生素E或硒，补铁后死亡。

4. 仔猪并窝和过哺 母猪生产中常出现产仔数过多或过少，母猪产后无乳，母猪死亡等状况。需要根据母猪状态，认真做好仔猪并窝和过哺工作。

5. 仔猪编号 为便于记载、鉴别和做好生产统计工作，建立健全生产档案，提升管理水平，对刚出生的仔猪都要进行编号。

6. 仔猪的开食、补料 哺乳仔猪体重增长迅速，对营养物质的需求与日俱增，而母猪的泌乳量在分娩后的第3周达到高峰，以后泌乳量逐渐下降，不能满足仔猪的营养需要，如不及时开食、补料会影响仔猪的生长发育。

实训1-10 仔猪并窝和过哺训练

【实训目的】 通过实际操作学会训练仔猪并窝和过哺操作。

【材料用具】有剩余乳头的哺乳母猪（产期相近）、待并窝或待哺的仔猪。

【方法步骤】

（1）并窝或过哺的条件。

①母猪产仔数少于5头。

②母猪产仔数大于乳头数。

③母猪产后因各种原因造成无乳，暂时又无法治愈。

④母猪产后突然死亡。

（2）操作过程。首先要求待并窝或需要过哺的仔猪，在原母猪那里或其他母猪那里吃2～3d的初乳。选择产期相差3d以内、泌乳性能高、体质好的母猪做“继母”猪。将需要并窝或过哺的仔猪涂上“继母”猪的乳汁或“继母”原带仔猪的尿液，也可以将待并窝或待哺仔猪与“继母”原带仔猪关在同一个仔猪箱内1～2h。如果是过哺，应挑选一窝中体重大、体质强壮的仔猪参加过哺，防止受欺。在“继母”猪哺乳原窝仔猪时，将经过处理的仔猪送到“继母”猪乳房旁吃乳，最好是选择在夜间进行较易成功。最初12～24h内要注意看护，防止母猪辨认出来，咬伤并窝或过哺的仔猪。向待并或待哺仔猪和“继母”猪原带仔猪身上喷有气味的消毒液，也能起到防止“继母”猪辨认的效果。

【实训报告】描述仔猪并窝与过哺的方法和注意问题。

实训1-11 仔猪编号训练

【实训目的】通过实际操作训练使学生学会仔猪编号的操作。

【材料用具】2～7日龄仔猪、耳号钳、耳标、耳标器、耳标书写笔。

【方法步骤】

（1）打耳号法（大排号法）。

规则：上三下一，左个右十；左耳尖100，右耳尖200；左耳中间孔400，右耳中间孔800。

操作方法：操作者抓住仔猪后，用前臂和胸腹部将仔猪后躯夹住，用左（右）手的拇指和食指捏住将要打号的耳朵，用右（左）手持耳号钳进行打号。注意要避开大的血管，防止母猪咬伤操作者。

（2）耳标法。操作者把耳标书写好后，将耳标的上部和下部分别装在耳标器的上部和下部，把仔猪抓住后用肘部和胸腹部将仔猪保定好，然后用耳标器将耳标铆上，注意要避开大的血管。

（3）电子识别。有条件的规模养猪场，可以将仔猪的个体号、出生地、出生日期、品种、系谱等信息转译到脉冲转发器内，然后装在一个微型玻璃管内，插到耳后松弛的皮肤下。需要时用手提阅读器进行识别阅读。

【实训报告】描述仔猪编号的方法。

实训1-12 仔猪开食、补料训练

【实训目的】通过实际操作训练使学生学会把握仔猪开食时间和补料方法。

【材料用具】7～12 日龄仔猪、15～20 日龄仔猪、饲槽（喂饲器）、水槽（自动饮水器）、仔猪开食料。

【方法步骤】

（1）开食。第 1 次训练仔猪吃料称为开食。将仔猪饲槽或喂饲器搬到仔猪补饲栏内并打扫干净后，投放 30～50g 的仔猪开食料，饲养员用手抚摸抓挠 1～2 头仔猪，待仔猪安稳后将仔猪料慢慢地填塞到仔猪嘴里，每天训练 4～6 次（集中训练 1～2 头仔猪）。

（2）补料。仔猪在 15～20 日龄时开始补料，每天补料 6 次，每次 20～50g/头。所剩饲料不卫生时，应将剩料清除干净，重新投料。

【实训报告】描述仔猪开食补料的方法和步骤。

7. 仔猪饲粮添加有机酸和抗生素 仔猪 40 日龄前，在使用以玉米、豆粕以及其他谷物为基础的含酸结合物低的日粮时，添加一定量的有机酸，以提高胃内酸度，激活胃蛋白酶，提高蛋白消化率，提高仔猪日增重和饲料转化率，抑制或杀灭一些病原微生物，减少疾病发生。常用的有机酸有柠檬酸、乳酸、延胡索酸等。仔猪日龄越大添加有机酸的效果越不明显，在添加乳清粉、鱼粉、脱脂乳粉的日粮中，可不添加或少添加有机酸。

仔猪在 30kg 以前，如果环境条件较差、饲粮不全价，向其日粮中添加一定量的抗菌药物，可以增强仔猪的抗病力并促进仔猪生长发育。一般常用的有杆菌肽、泰乐菌素等，每吨饲粮内添加量为 50～250g，可提高日增重，节约饲料。

8. 控制仔猪腹泻 在培育仔猪过程中对其健康和生长威胁较大，常发而又不易控制的疾病就是仔猪腹泻。比较常发的是仔猪黄痢和白痢，病原为大肠杆菌。诱发黄、白痢的原因比较复杂，主要有母猪偏肥或偏瘦、母猪日粮营养不平衡、母猪患病、圈舍环境寒冷潮湿、空气污浊、母猪食入有毒有害物质等。仔猪黄痢常发生于生后 1 周内，1～3 日龄者居多；仔猪白痢常发生于生后 10～30d，以 10～20 日龄者居多。黄痢是以排泄黄色或淡黄色糊状粪便为特征；白痢以排白色、乳白色糊样粪便为特征。发病仔猪迅速消瘦，被毛蓬乱。仔猪黄痢发病率较高，死亡率也高；仔猪白痢主要影响生长发育，死亡率低。

控制仔猪腹泻的主要措施应从以下几方面着手：

（1）加强妊娠、泌乳母猪饲养管理。妊娠、泌乳母猪饲养管理差，容易诱发仔猪腹泻；特别是妊娠、泌乳母猪日粮不全价，造成母猪体况偏肥偏瘦时，仔猪易患腹泻病。必须按照饲养标准科学地配合饲粮，根据膘情和生产情况确定日粮量，严禁母猪食入有毒有害物质，发现母猪有病应及时诊治。

（2）加强环境控制。仔猪所居环境寒冷、潮湿、不卫生、空气污浊容易诱发腹泻，所以必须创造一个适于仔猪生长发育的温湿度和卫生环境。特别是冬季，针对母猪分娩舍温度低，仔猪所居区域温度达不到要求的情况，应将加强环境控制作为一项重要工作来抓。同时应及时清除粪便，排出舍内有害气体，夏季应加强通风换气，定期进行环境消毒，减少引发腹泻的病菌。

（3）预防措施。常用预防措施是给妊娠母猪注射大肠杆菌疫苗，一般在产前 3 周左右，注射 K88（K99）疫苗，可以起到一定的预防效果；另一种措施是在仔猪日粮中添加抗生素。

（4）及时治疗。一旦发现一窝中个别仔猪患有腹泻，应及时投药治疗，掌握好所用药的种类和剂量，并对全窝仔猪进行投药预防，同时对环境认真消毒，特别是患病仔猪排出的粪便要及时清除并进行消毒。不交叉使用饲喂和扫除工具，饲养员鞋底要用0.1%氯乙定溶液冲洗消毒，并加强母猪和仔猪饲养管理，促使仔猪早日康复。仔猪腹泻停止后要巩固治疗1～2d。

仔猪腹泻应以预防为主，应从营养、环境、病源等方面下功夫，不要等腹泻病发生了，再用药去控制，这样做既不利于猪群健康，又增加医药成本，并且有时因环境温度低或营养不平衡造成的腹泻，用药效果并不太理想，这一点应引起注意。

9. 仔猪预防接种 为了保证仔猪健康地生长发育，防止仔猪染上传染病，应根据本地区传染病的流行情况适时接种疫苗，增强机体的免疫力。某猪场仔猪免疫程序见表1-5-8。

表1-5-8 某猪场仔猪免疫程序

疫苗种类	免疫日龄	剂量（头份）	疫苗用法
猪瘟	首免20日龄，二免55日龄	2	耳后皮下注射
猪肺疫	一免55日龄	1	口服
猪丹毒	一免55日龄	1	耳后皮下注射
仔猪副伤寒	首免55日龄，二免70日龄	1	口服

注意：使用猪肺疫、猪丹毒、仔猪副伤寒疫苗的前3～5d和后1周内不要使用抗菌药物；口服疫苗时，先用少量冷水把疫苗稀释，然后拌在少量饲料内攥成团，均匀地投给每一个仔猪，或用注射器（无针头）经口腔直接投给；口服疫苗后0.5～1h方可正式喂饲。

猪瘟疫苗首免日龄不得迟于30日龄。以免仔猪产生的自身抗体与母源抗体衔接不上。

10. 仔猪高床培育技术 高床特指网床，是20世纪70年代发展起来的一项现代化仔猪培育技术。使仔猪培育由地面转到各种网床上饲养，效果良好。

网床培育有利于仔猪的生长发育，提高育成效果。网床培育哺乳仔猪和断乳仔猪有以下三方面优点：一是减少地面传导散热，提高环境温度；二是由于粪尿、污水等随时通过网床漏到粪尿沟内，减少了仔猪接触粪尿等污物机会，使床面卫生干燥、清洁，能有效地防止仔猪腹泻的发生和传播；三是由于泌乳母猪饲养在网床上，并且被限位，减少了压、踩仔猪的机会。规模猪场网床培育仔猪效果如表1-5-9所示。

表1-5-9 规模猪场网床培育仔猪效果

猪场	35日龄断乳成活率（%）		35日龄体重（kg）		70日龄成活率（%）		70日龄体重（kg）	
	网床	地面	网床	地面	网床	地面	网床	地面
龙湾屯四场	91	40	8.3	6.0	97	80	23	15
南彩乡猪场	90	70	8.0	6.5	98	90	25	20
北石槽乡猪场	92	76	8.2	6.0	100	80	23	12
县良种猪场	90	80	9.0	6.0	95	85	25	20
杨家营猪场	90	75	8.0	6.0	95	80	22	17

实训1-13 仔猪早期断乳方案的制订训练

【实训目的】学会制订仔猪早期断乳方案。

【材料用具】 条件不同的猪舍等。

【方法步骤】 仔猪早期断乳是现代养猪生产中挖掘母猪生产潜能，提高养猪经济效益的有效措施。在做好哺乳母猪的饲养管理的基础上，仔猪的饲养管理重要的是做好“四关”。

（1）初生关。仔猪生后几天是仔猪管理很关键的时期，这一时期管理的好坏直接影响仔猪的成活率，生产中要做好如下工作：

①防冻防压。仔猪生后1～3d的适宜温度是30～32℃，4～7d是28～30℃，以后可逐渐降低温度。为使仔猪健康成长，需做一个仔猪保育箱，具体规格为：800 mm×600 mm×500mm，在箱上设一个孔，由此可放入红外线灯。仔猪在保育箱中居住，这样可防冻防压。

②及时吃上初乳。初乳中含有丰富的母源抗体，可提高仔猪抗病力，初乳中的镁离子具有轻泻作用，可促进胎粪的排出，因而要及时让仔猪吃上初乳。

③固定乳头。母猪前边乳腺泌乳量多，后边乳腺泌乳量少，且仔猪有固定乳头吃乳的习惯，因而要将初生重较小的仔猪放在母猪前边乳头吃乳，这样可使仔猪均衡发育，为仔猪早期断乳打下基础。

（2）腹泻关。仔猪腹泻会严重影响仔猪的生长发育，是仔猪早期断乳的一大障碍。仔猪腹泻常见有白痢和黄痢两种，要采取预防措施，对猪舍进行严格消毒，保持猪舍清洁、温暖、干燥。并采取相应的治疗措施，常采用痢菌净、恩诺沙星等药物进行治疗。

（3）补饲关。注意补饲水、铁和饲料等。

①补水。仔猪生长发育迅速，要及时进行补水。补水时要求水质清洁，如有条件可使用自动饮水器，使仔猪一直能喝上清洁的水。如无条件则可备一个洁净水槽让仔猪自由饮水。

②补铁。铁是仔猪生长发育不可缺少的元素，仔猪出生后不能从母猪中获得充足的铁源，因而要及时进行补铁。及时补铁可提高仔猪的抗病力，促进仔猪生长发育，为仔猪早期断乳打基础。

③补料。对仔猪补料可在仔猪生后7d左右进行，一般可分为3个过程：一是调教期，约在仔猪7日龄，让仔猪认识饲料，并少量采食一些；二是适应期，约在仔猪生后14d，使仔猪逐渐吃上一些饲料；三是旺食期，约在仔猪生后21d，这时仔猪已能采食较多饲料。给仔猪补料时要少添勤添。

（4）断乳关。仔猪早期断乳的时间为出生后28～35d。断乳对仔猪来说是一个较大的刺激，要采取正确的方法。一是一次断乳法，即到了既定断乳日期，一次性地将母猪与仔猪分开，不再对仔猪哺乳；二是分批分期断乳法，即根据一窝中仔猪的生长发育情况进行不同批次断乳；三是逐渐断乳法，即在预定断乳前一段时间，逐渐减少日哺乳次数，到了预定断乳时间将母仔分开，实行断乳；四是采用仔猪早期隔离断乳技术。

【实训报告】 描述仔猪早期断乳的技术要点。

任务6 技术操作规程

技术操作规程是工人日常作业的技术规范，它规定各项工作的时间、程序、操作内容及技术要求。例：某猪场产房日常技术操作规程见表1-5-10。

表1-5-10 某猪场产房日常技术操作规程

时间安排	操作内容	技术要求
7：30—8：30	1. 检查猪舍环境控制情况和设备运行情况 2. 母猪、仔猪喂料 3. 除粪 4. 检查猪只健康及记录	1. 舍内温度、湿度、通风符合规定；设备运行正常，如损坏，必须及时报修；做好记录 2. 按场部对各阶段猪的喂料标准对母猪、仔猪进行饲喂。喂料时应注意观察、防止浪费 3. 清理干净，防止进入排水沟，污染环境 4. 对有异常表现的猪做好标记、写清情况并报告技术负责人
8：30—9：30	5. 记录及治疗 6. 剪牙、断尾、补铁等工作	5. 对异常的猪进行检查、治疗，并做好记录 6. 严格按剪牙、断尾、补铁规定进行操作
9：30—11：30	7. 记录及治疗病猪 8. 猪舍卫生打扫	7. 对异常的猪进行检查、治疗，并做好记录 8. 要求猪舍干净、清洁，清理剩料，对剩料多的猪应及时查明原因
11：30—13：30	休息	
14：30—16：00	9. 完成周间工作安排	9. 根据周间工作安排，做好猪的免疫、淘汰母猪等
15：00—17：00	10. 猪舍卫生打扫 11. 母猪、仔猪喂料及治疗 12. 做日报表 13. 检查猪舍环境控制情况和设备运行情况	10. 要求猪舍干净、清洁，清理剩料，对剩料多的猪应及时查明原因 11. 按场部对各阶段猪的喂料标准对母猪、仔猪进行饲喂。喂料时应注意观察、防止浪费 12. 填写好各种报表，上报场部 13. 舍内温度、湿度、通风符合规定；设备运行正常，如损坏，必须及时报修；做好记录
17：00 以后	14. 夜间接生值班 休息 每周五晚上开生产小结会	14. 做好临产征兆观察及正确接产

任务 7 周间工作安排

猪场产房周间工作是指周一至周日除了接产、饲喂、卫生、母仔护理等产房日常工作外每天的重点工作安排。主要有以下内容：

（1）断乳母猪转出。

（2）淘汰残次仔猪、母猪。

（3）更换消毒池、盆药液。

（4）母猪及仔猪的疫苗注射。

（5）仔猪强弱分群。

（6）僵猪集中饲养。

（7）猪舍的清洁、消毒及设备维护。

（8）做档案、周报及总结。

例：某猪场产房周间工作安排（表 1-5-11）。

表 1-5-11 某猪场产房周间工作安排

时间	工作安排
星期一	大清洁、大消毒；断乳母猪转出
星期二	更换消毒池、盆药液、淘汰残次仔猪、母猪
星期三	免疫注射、淘汰母猪
星期四	大清洁、大消毒；断乳母猪转出
星期五	更换消毒池、盆药液
星期六	仔猪强弱分群、僵猪集中饲养
星期日	清点仔猪数、设备检查维修、填写周报表、下周工作安排

任务 8 生产报表

产房的生产报表主要有以下几种：

1. 夜班人员值班记录表 报表内容：分娩窝数、活产仔数、产仔情况、保温情况、分娩前准备工作、分娩舍组长检查等。

2. 产仔情况周报表 报表内容：分娩母猪情况（母猪耳号、分娩日期）、产仔情况（窝重、活仔、死胎、木乃伊、畸形）。

3. 种猪场用分娩母猪及产仔情况周报表 报表内容：分娩母猪情况（母猪号、品种、分娩日期）、产仔情况（窝重、活仔、死胎、木乃伊、畸形）、性别、耳号、出生重。

4. 断乳母猪及仔猪情况周报表 报表内容：母猪耳号、品种、断乳日期、断乳仔数、寄入数、寄出数、活产仔数。

5. 种猪场用 21 日龄仔猪称重周报表 报表内容：母耳号、品种、称重日期、称重数、寄入数、寄出数、窝重、性别、耳号、体重。

6. 断乳仔猪转运单 报表内容：转出线、日龄、转出日期、转猪头数、防疫情况（疫苗序号、日期、疫苗名称、生产厂家、批号、接种剂量、接种头数）。

7. 分娩舍周报表（种场分品种报） 报表内容：分娩情况（窝数、活产仔、死胎数、畸形数、木乃伊）、母猪情况（总产数、转入数、转出数、死淘数、临产数）、哺乳仔猪情况（哺乳数、死淘数、转出数、存栏数、转入数）、饲料消耗量。

复习思考题

一、名词解释

1. 固定乳头　　2. 难产　　3. 假死仔猪

二、填空题

1. 仔猪打耳号法（大排号法）规则左耳尖________，右耳尖________。左耳中间孔________，右耳中间孔________。

2. 母猪产前________乳房胀起显著，母猪产前________可以挤出清乳，母猪产前________可以挤出浓稠的乳汁。

3. 整个分娩过程持续时间为________h，产仔间隔时间为________min。

4. 凡是做过手掏术的母猪，都应抗炎预防治疗________d，以免产后感染，影响将来的发情、配种和妊娠。

5. 第1胎的泌乳量较低，第________胎开始上升，第________胎维持在一定水平上，第________胎开始下降。

6. 影响母猪泌乳力的因素有________、________、________、________、________和________。

7. 仔猪腹泻最典型的是________和________。

8. 一般情况下，仔猪生后1～3d的适宜温度是________，4～7d是________，以后可逐渐降低温度。

三、选择题

1. 母猪产前（　　）提前进入产房，便于其熟悉环境，有利于分娩。

A. 1周　　B. 2周　　C. 3周　　D. 4周

2. 母猪产前（　　）周停止放牧运动。

A. 1～2周　　B. 3～4周　　C. 4～5周　　D. 5～6周

3. 现在工厂化养猪场，主张母猪（　　）淘汰。

A. 2胎　　B. 4胎　　C. 6胎　　D. 8胎

4. 业内专家认为母猪产仔数控制在（　　）左右为宜，产仔过多会使仔猪初生重降低和个别仔猪哺乳效果降低。

A. 6头　　B. 8头　　C. 10头　　D. 12头

5. 自动饮水器的高度以高于母猪肩高（　　）（即距地面55～60cm）为宜。

A. 5cm　　B. 15cm　　C. 25cm　　D. 35cm

6. 仔猪生后（　　）日龄内补铁，可以预防缺铁性贫血。

A. 3　　B. 5　　C. 7　　D. 10

7. 仔猪的正常体温比成年猪高（　　）左右。

A. 0.5℃　　B. 1℃　　C. 2℃　　D. 3℃

四、判断题

（　　）1. 仔猪打耳号法（大排号法）规则上三下一，左个右十。

（　　）2. 全部仔猪吃过一段时间初乳后，应将仔猪拿到仔猪保育箱内（箱内温度控制在34～32℃）。

（　　）3. 母猪呼吸急促，心跳加快，烦躁紧张，可视黏膜发绀等均为正常征状。

（　　）4. 母猪产后应将胎衣及被污染垫料清理掉，严禁母猪生吃胎衣和嚼吃垫草，以防母猪养成食仔恶癖和消化不良。

（　　）5. 母猪前边乳房的泌乳量高于中、后部的乳房。

（　　）6. 仔猪出生时无先天免疫力，自身又不能产生抗体，只有靠吃初乳获得免疫力。

（　　）7. 网床培育哺乳仔猪减少冬季地面传导散热，提高饲养温度。

（　　）8. 对仔猪补料可在仔猪生后17d左右进行。

（　　）9. 初乳中含有丰富的免疫抗体，可促进仔猪的生长，提高抗病力，同时还含有丰富的镁离子，可促进胎粪的排出，因而要及时让仔猪吃上初乳。

（　　）10. 断乳对仔猪来说是一个较大的刺激，因此，应尽量避免应激。

五、简答题

1. 简述母猪产前征兆。
2. 母猪的接产技术。
3. 哺乳仔猪的生理特点。
4. 如何预防仔猪腹泻？
5. 仔猪为什么要补铁？
6. 如何做好仔猪并窝和过哺训练。

六、论述题

简述如何做好仔猪的“四关”饲养管理。

【参考答案】

一、名词解释

1. 仔猪出生后的2~3d，将仔猪按固定乳头位置做上标记，在每次仔猪哺乳时根据其所在位置用手分开。
2. 母猪产仔间隔时间变长并且多次努责，激烈阵缩，仍然产不出仔猪。
3. 仔猪出生后无呼吸，但心脏仍在跳动的仔猪。

二、填空题

1. 100、200、400、800　2. 4~5d、2~3d、12~24h　3. 2~4、10~15　4. 5~7　5. 二、三四五六、七八　6. 品种、年龄（胎次）、哺乳仔猪头数、营养、乳头位置、环境　7. 黄痢、白痢　8. 32~30℃、30~28℃

三、选择题

1~5. AADDA　6~7. AA

四、判断题

1~5. √√×√√　6~10. √√×√√

断乳仔猪的饲养管理

【学习目标】

1. 了解保育舍的工作职责。
2. 熟练掌握断乳仔猪的断乳时间、断乳方法及注意事项。
3. 掌握断乳仔猪的饲养管理技术的理论知识。
4. 掌握仔猪选购与运输的方法。
5. 掌握保育舍的操作规程、周间管理和生产报表的填写。

【学习任务】

任务1 岗位工作职责

（1）严格按猪场制订的《断乳仔猪饲养管理技术操作规程》和每周工作日程进行生产。

（2）负责本组空栏猪舍的冲洗消毒工作，清洁绿化工作。

（3）做好仔猪转群、调整工作。

（4）做好仔猪预防注射工作。

（5）完成保育猪的饲养管理工作。

（6）充分了解猪群动态、健康状况，发现问题及时解决，或及时向上级反映。

（7）制订饲料、药品、工具的使用计划。

（8）做好设备的维护、保养，防止猪场财物的损失和丢失。

（9）整理和统计本组的生产日报表和周报表。

（10）分析生产上存在的问题，并向上级提出工作建议。

（11）完成上级交给的其他工作。

任务 2 仔猪的饲养管理

一、仔猪断乳时间和方法

1. 断乳时间 仔猪断乳时间的确定，主要根据仔猪消化系统的成熟程度（吃料量、吃料效果）、仔猪免疫系统的成熟程度（发病情况）、保育舍环境条件、保育舍饲养员饲养断乳仔猪技术熟练程度等来确定。适宜的断乳时间为 3～5 周龄，不得早于 3 周龄，不迟于 6 周龄。过早断乳会增加饲养、环境控制等成本，同时仔猪育成率也无法保证；过晚断乳会使母猪的年产仔窝数减少，相对增加母猪的饲养成本，降低养猪生产的整体效益（表 1－6－1）。

表 1－6－1 仔猪不同断乳日龄的经济效益

断乳日龄	哺乳期母猪饲料消耗（kg）	56 日龄每头仔猪的饲料消耗（kg）	每头仔猪负担母猪的饲料消耗量（kg）	56 日龄内仔猪增重（kg）	56 日龄内仔猪料重比
28	125	16.80	11.36	13.34	2.11
35	164	14.90	14.91	12.85	2.32
50	239	11.70	21.73	12.98	2.58

2. 断乳方法

（1）一次断乳法。指到了既定断乳日期，一次性地将母猪与仔猪分开，不再对仔猪哺乳。此法适于工厂化养猪场和规模化猪场，便于工艺流程和实现全进全出，省工省事。但个别体质、体况差的仔猪应激反应较大，可能会影响仔猪的生长发育。

（2）分批分期断乳法。根据一窝中仔猪的生长发育情况进行不同批次断乳。一般将体重大、体质好、采食饲料能力较强的仔猪相对提前断乳，而体重小、体质弱、不太适应吃料的仔猪延缓 1 周左右再断乳。但在此期间内应加紧训练仔猪采食饲料的能力，以免造成哺乳期过长，影响母猪的年产仔窝数。此法适于分娩舍设施利用节律性不强的小规模猪场。

（3）逐渐断乳法。在预定断乳时间前 1 周左右，逐渐减少日哺乳次数，到了预定断乳时间将母仔分开，实行断乳。此法适应规模小、饲养员劳动强度不大的猪场，饲养人员可以有充足的时间来控制母猪哺乳。

（4）仔猪早期隔离断乳技术。1993 年以后北美实施仔猪早期隔离断乳及相关技术，这种方法使养猪生产有了很大程度的提高。其核心内容是母猪在分娩前按常规程序进行相关疾病的免疫注射，仔猪出生后保证吃到初乳，并按仔猪常规免疫程序进行疫苗注射，根据猪群本身需消除的疾病，在 10～21d 进行断乳，然后将仔猪在隔离条件下进行保育饲养。保育仔猪舍要与母猪舍及生产猪舍分开，根据隔离条件的不同，隔离距离范围从 250m 到 10km，这种方法称之为隔离式早期断乳法，简称 SEW 法。

二、断乳仔猪饲养

影响仔猪生长速度的营养要素依次是能量水平、蛋白质数量和质量、维生素和矿物质供给量。如果能量供给不足，过高的蛋白质水平会把多余的部分转变成能量，造成蛋白质浪费，增加肝肾负担，污染环境。同时，过高的植物蛋白质会造成幼龄猪腹泻。因此，应在充分满足能量需要的前提下，合理搭配蛋白质（氨基酸）、维生素和矿物质的供给量，从而有利于仔猪的生长发育。在饲养上注意考虑以下几方面：

1. 合理配合饲粮 根据断乳仔猪的消化生理特点和营养需要，合理配合饲粮，保证其健康生长发育。断乳仔猪的饲粮应是容易消化吸收，营养平衡，适口性好。从易消化的角度，可以喂一些熟化或基本熟化的饲料并添加一定量的有机酸；在营养平衡方面，要保证饲粮有一定的营养浓度，尤其夏季，气候炎热，湿度较大，猪食欲下降，应增加饲粮中各营养物质浓度，以保证断乳仔猪的正常生长发育。如果能量浓度较低，会降低仔猪生长速度；为提高能量浓度，可向饲粮中添加一定量的脂肪，可以提高日增重和饲料转化率。

2. 注意饲喂方法 饲料类型最好是颗粒饲料，其次是生湿料或干粉料。掌握好日喂次数和喂量，断乳仔猪生长速度快，所需营养物质较多，但消化道容积有限，所以必须少喂勤喂，既保证生长发育所需营养物质，又不会因喂量过多胃肠排空加快而造成饲料浪费。生产中，在 20kg 以前日喂 6 次为宜，20～35kg 日喂 4～5 次效果较好，日喂量占体重的 6%左右。如果环境温度较低，可在原日粮基础上增加 10%左右。定时饲喂的断乳仔猪应有足够的采食位置，每头仔猪所需的饲槽位置宽度为 15cm 左右；在采用自动食槽饲喂时，2～4头仔猪可共用一个采食位置。

为了减少断乳仔猪由于消化不良引起的腹泻，断乳后第 1 周可实行限量饲喂，特别是最初的几天更为重要，限量程度为其日粮的 60%～70%。

3. 保证饮水 断乳仔猪最好使用自动饮水器饮水，既卫生又方便，一般每 10～12 头安装一个饮水器，其高度为 30～35cm。无自动饮水器的猪场，饮水槽内必须常备清洁、卫生的饮水。饮水不足，会影响健康和采食，降低生长速度。

三、断乳仔猪管理

1. 合理组群 断乳后 2 周内不要轻易调群，防止增大应激。最好是将原窝断乳仔猪安排在同一保育栏内饲养。保育栏必须有一定面积供仔猪趴卧和活动，其密度一般为 $0.3m^2$/头左右，密度过大易发生争斗咬架，密度过小浪费面积。

2. 注意看护 断乳初期仔猪性情烦躁不安，有时争斗咬架，要格外注意看护，防止咬伤。特别是在断乳后的第 1 周咬架发生率较高。在以后的饲养阶段也会因各种原因，如营养不平衡、饲养密度过大、空气不新鲜、食量不足、寒冷等导致出现争斗咬架、咬尾现象。为了避免上述现象的发生，除加强饲养管理外，可通过转移注意力的方法来减少咬架和咬尾，如在圈栏内放置铁链或废弃轮胎供猪玩耍，但也应注意看护，防止意外咬伤。

3. 加强环境控制 断乳仔猪在 9 周龄以前的舍内适宜温度应为 22～25℃，9 周龄以后舍内温度应控制在 20℃左右，相对湿度为 50%～70%。断乳仔猪生长快，代谢旺盛，粪尿排出量较多。为减少粪尿的污染，仔猪生后就应调教其定点排泄粪尿。断乳仔猪舍应经常注意通风换气，保持空气新鲜。北方冬季为了保温将圈舍封闭较严，不注意通风换气，易造成氧气比例降低，而二氧化碳、氨气、硫化氢等不利于猪生长发育的有害气体浓度增加。应及时清除粪尿，搞好舍内卫生，防止有害气体影响猪群的健康和生长发育。

4. 减少断乳应激 仔猪在断乳后的一段时间（0.5～1.5 周），会产生心理上和身体各系统不适反应——应激反应。应激的大小和持续时间主要取决于仔猪断乳日龄和体重，断乳日龄大，体重大，体质好，应激就小，持续时间相对就短；反之，断乳日龄小，体重小，应激就大，持续时间就长。仔猪断乳应激，严重影响仔猪断乳后的生长发育。主要表现为：仔猪情绪不稳定，急躁，整天鸣叫，争斗咬架；食欲下降，消化不良，腹泻或便秘。体质变弱，被毛蓬乱无光泽，皮肤黏膜颜色变浅；生长缓慢或停滞，有的减重，有时继发其他疾病，形成僵猪或死亡。减少仔猪应激可以从以下几个方面着手。

（1）适时断乳。仔猪免疫系统和消化系统基本成熟、体质健康时断乳，可以减少应激。

（2）科学配合仔猪饲粮。根据仔猪消化生理特点，结合其营养需要，配制出适于仔猪采食、消化吸收和生长发育所需的饲粮。通过添加诱食剂的方法解决适口性的问题，选择与母猪乳汁气味相同的诱食剂。为了提高饲粮中能量浓度，可向其饲粮中添加3%～8%的动物脂肪，便于仔猪消化，有利于生长发育，提高免疫力。

（3）减少混群机会。仔猪断乳后最好是在傍晚将原窝仔猪转移到同一保育栏内，减少争斗机会，并注意看护。

（4）加强环境控制。保育舍要求安静、舒适、卫生，空气新鲜，并且有足够的休息和活动空间。

（5）其他方面。仔猪断乳后1～2周内，不要进行驱虫、免疫接种和去势。避免长途运输。最好使用断乳前饲粮饲养1周左右，然后逐渐过渡到断乳后的饲粮。

实训 1-14　仔猪选购与运输训练

【实训目的】 通过实际操作训练学会仔猪选购和仔猪运输操作。

【材料用具】 断乳后2～3周的仔猪、运输车辆、防寒防暑遮挡物质、带有小单元的载猪栏、沙子或垫草、2%来苏儿、活动挡板、驱赶用树枝、鞭子或竹条。

【方法步骤】

1. 健康仔猪的体态　表现被毛光亮，皮肤光滑，白猪皮肤红晕。四肢站立正常，眼角无分泌物，眼睛光亮。接触新鲜东西或人时喜欢用鼻子闻，随后准备啃咬。投料试喂一般会来到饲槽前采食。粪便不过干、不过稀，基本成形，尿呈白色或略带金黄色。呼吸平稳，心跳80～100次/min，鼻突潮湿且较凉。

现代瘦肉型品种的仔猪四肢相对较高，躯干较长，被毛较稀，鼻嘴长直，额部无皱褶，耳比较薄，腹较直。而脂肪型猪或肉脂兼用型猪躯干较短，四肢较矮，腹较圆，被毛稍密，额部有褶，颈较短。

2. 选购途径　根据自己的需要选购一些优质仔猪。在一窝中选择时，应选择体重偏大的仔猪，这样的猪抗应激能力强，饲养效果较好。应从正规猪场购入仔猪，最好均由一个猪场统一提供；在市场购买仔猪可能会买到病猪，影响饲养效果。

3. 装猪方法　首先用2%的来苏儿，对车辆和载猪栏进行喷雾消毒。将车停靠在装猪台旁，打开后箱挡板，搭在装猪台与装猪车之间，不要有缝隙以免弄伤猪腿。然后将仔猪顺着装猪台的坡形道慢慢赶上车，按载猪栏单元预定装猪头数分别装满，关上单元门防止乱窜，以免造成密度不均挤压仔猪。为了防止仔猪前进时转头跑回，几个驱赶者可以拿着活动挡板站成一横排，形成无后退的空隙。不要用棍棒、树枝、竹条、鞭子等凶狠地抽打仔猪，也不要用脚踢踹，严禁用电驱赶棍驱赶。

如果没有装猪台时，则车上站一个人接猪，地面上派几个人抓猪。抓猪时，人站在仔猪的左侧，用右手先抓住仔猪的右侧膝褶处，然后左手从仔猪左侧抓住仔猪左前肢下部，将仔猪抱起来。接猪人用右手抓住仔猪右前肢肘关节下部，左手抓住仔猪的右后腿膝关节下部，将仔猪提起慢慢地放到载猪栏内，载猪栏上方要用网或金属栏罩上，防止仔猪跳出。

4. 运输 应由饲养技术人员押车护送，押车人员将随身携带由当地动物检疫部门开具的动物检疫证明、车辆消毒证明、无病源区证明等文件。装有仔猪的车应缓慢起步，行驶速度要均匀，不要过快，防止紧急刹车损伤仔猪肢蹄；遇到转弯时要提前缓慢减速，防止仔猪拥向一侧，影响整个车体平衡。押车人员应经常观察仔猪的状态，发现异常及时调整。冬季天气冷，运输仔猪时，特别是遇雨雪天气必须覆盖有遮挡雨雪的篷布，要留有充足的空间和排气孔、进气孔，防止窒息；夏季即使遇有雨天也可不放挡雨篷布，以防闷热影响仔猪呼吸。雨较大时可停车避雨，雨停后再走。天气过于干热可向栏底面撒凉水降温，运猪车辆一经启动，应尽量减少停车次数和停车时间。长途运输超过6h应停车给仔猪饮水并简单饲喂。到达目的地后将仔猪通过装猪台或由人抓着将仔猪卸下，赶进（或抱到）事先消毒好的隔离舍内，饲养观察4周左右，确认无病后方可合群饲养，仔猪由于运输疲劳、应激、晕车等会影响一定的采食量，但应特别注意维生素、矿物质和水的供给。要注意饲养管理，预防诱发疾病，常见的有水肿、感冒、饮水和饲料不适而引起的腹泻等。

【实训报告】描述仔猪选购与运输的要求及注意问题。

任务3 技术操作规程

技术操作规程是工人日常作业的技术规范，它规定各项工作的时间、程序、操作内容及技术要求。例：某猪场保育舍日常技术操作规程（表1-6-2）。

表1-6-2 某猪场保育舍日常技术操作规程

时间安排	操作内容	技术要求
7：30—8：30	1. 检查猪舍环境控制情况和设备运行情况 2. 仔猪喂料 3. 除粪 4. 巡栏检查猪只健康及记录	1. 舍内温度、湿度、通风符合规定；设备运行正常，如损坏，须及时报修；做好记录 2. 按场部对各阶段猪的喂料标准对仔猪进行饲喂。喂料时应注意观察、防止浪费 3. 清理干净，防止进入排水沟，污染环境 4. 对有异常表现的猪做好标记、写清情况并报告技术负责人
8：30—9：30	5. 记录及治疗病猪	5. 对异常的猪进行检查、治疗，并做好记录
9：30—11：30	6. 记录及治疗病猪 7. 猪舍卫生打扫 8. 完成周间工作安排	6. 同技术要求5 7. 要求猪舍干净、清洁，清理剩料，对剩料多的猪应及时查明原因 8. 根据周间工作安排，做好猪的免疫、淘汰母猪等
11：30—13：30	休息	
14：30—16：00	9. 仔猪喂料 10. 除粪 11. 完成周间工作安排	9. 同技术要求2 10. 同技术要求3 11. 同技术要求8

（续）

时间安排	操作内容	技术要求
16：00—17：30	12. 猪舍卫生打扫 13. 仔猪喂料及治疗 14. 做日报表 15. 检查环境控制设备运行情况	12. 同技术要求 13. 同技术要求 2、5 14. 填写好各种报表，上报场部 15. 同技术要求 1
17：30 以后	休息 每周五晚上开生产小结会	

任务 4　周间工作安排

猪场保育舍周间工作是指周一至周日除了巡猪、饲喂、卫生、仔猪治疗及护理等保育舍日常工作外每天的重点工作安排。主要有以下内容：

（1）出栏猪鉴定。

（2）淘汰猪鉴定。

（3）更换消毒池盆药液。

（4）仔猪的驱虫、疫苗注射。

（5）调整猪群。

（6）处理残次病猪。

（7）猪舍的清洁、消毒。

（8）做档案、周报及总结。

例：某猪场保育舍周间工作安排（表 1-6-3）。

表 1-6-3　某猪场保育舍周间工作安排

时间	工作安排
星期一	大清洁大消毒；淘汰猪鉴定
星期二	更换消毒池、盆药液；空栏冲洗消毒
星期三	驱虫、免疫注射
星期四	大清洁、大消毒；调整猪群
星期五	更换消毒池、盆药液；空栏冲洗消毒
星期六	出栏猪鉴定并处理残次病猪
星期日	存栏盘点设备检查维修；填写周报表

任务 5　生产报表

保育舍的生产报表主要有以下几种：

1. 保育仔猪死亡周报表　报表内容：发生单元、发生日期、死亡头数、死亡原因、去向。

2. 保育仔猪上市情况周报表　报表内容：上市单元、上市日期、体重范围、个体均重、去向。

3. 仔猪质量跟踪表　报表内容：猪场、生产线、上市日期、仔猪头数、服务部、养殖户、反应情况。

复习思考题

一、名词解释

1. 一次断乳法　　2. 分批分期断乳法　　3. 逐渐断乳法

二、填空题

1. 根据我国的实际情况，适宜的断乳时间为________周龄。

2. 断乳仔猪面积一般为________ m^2/头左右。密度过大易发生争斗咬架 。

3. 断乳仔猪最好使用自动饮水器饮水，既卫生又方便，一般每________头安装一个饮水器。

4. 断乳仔猪生产中的两维持是________、________，三过渡指的是________、________、________。

三、选择题

1. 规模化猪场采用的仔猪断乳方式一般是（　　）。

A. 一次性断乳　　B. 分批断乳　　C. 自然断乳　　D. 逐渐断乳

2. 断乳至25kg左右或者70日龄的仔猪叫（　　）。

A. 保育猪　　B. 育肥猪　　C. 后备猪　　D. 鉴定种猪

3. 断乳后（　　）周内不要轻易调群，防止增加应激反应。

A. 2　　B. 4　　C. 6　　D. 8

4. 断乳仔猪最好使用自动饮水器高度为（　　）cm。

A. 10～15　　B. 20～25　　C. 30～35　　D. 40～45

四、判断题

（　　）1. 确定仔猪的断乳时间，要根据仔猪消化系统的成熟程度（吃料量、吃料效果）来确定。

（　　）2. 确定仔猪的断乳时间与保育舍环境条件、保育舍饲养员饲养断乳仔猪技术熟练程度有关。

（　　）3. 我国适宜的断乳时间不得早于3周龄，不迟于6周龄。

（　　）4. 断乳最好将原窝断乳仔猪安排在同一保育栏内饲养。

五、简答题

1. 简述如何加强仔猪断乳环境控制。

2. 简述减少仔猪断乳应激的措施。

六、论述题

试述如何选购仔猪。

【参考答案】

一、名词解释

1. 到了既定断乳日期，一次性地将母猪与仔猪分开，不再进行对仔猪哺乳。

2. 根据一窝中仔猪的生长发育情况进行不同批次断乳。

3. 在预定断乳时间前1周左右，逐渐减少日哺乳次数，到了预定断乳时间将母仔分开，实行断乳。

二、填空题

1. 3～5　2. 0.3　3. 10～12　4. 原舍原窝饲料环境管理

三、选择题

1～4. AAAC

四、判断题

1～4. √√√√

中猪、大猪的饲养管理

【学习目标】

1. 了解中猪、大猪舍的工作职责。
2. 掌握后备猪的生长发育规律和后备猪培育原则。
3. 掌握育肥猪生长发育规律和育肥猪的饲养管理技术的理论知识。
4. 通过实训学会后备猪选择和猪合理组群技术。
5. 掌握中猪、大猪舍的操作规程、周间管理和生产报表的填写。

【学习任务】

任务1　中猪、大猪舍岗位工作职责

(1) 严格按猪场制订的《中猪、大猪饲养管理技术操作规程》和每周工作日程进行生产。

(2) 负责本组空栏猪舍的冲洗消毒工作，清洁绿化工作。

(3) 做好中猪、大猪转群、调整工作。

(4) 做好中猪、大猪预防注射工作。

(5) 完成中猪、大猪的饲养管理工作。

(6) 抓好育肥猪的出栏工作，保证出栏猪的质量。

(7) 充分了解猪群动态、健康状况，发现问题及时解决，或及时向上级反映。

(8) 制订饲料、药品、工具的使用计划与领取及盘点工作。

(9) 整理和统计本组的生产日报表和周报表。

(10) 做好设备的维护、保养和防止猪场财物的损失和丢失。

(11) 分析生产上存在的问题，并向上级提出工作建议。

(12) 完成上级交给的其他工作。

任务2　后备猪的培育

一、后备猪的选择

后备猪质量的好坏直接关系到猪场未来的生产水平，因此必须对后备猪进行严格选择，确保最优的猪进入后备种群，为猪场奠定高产稳产的基础。

实训1－15　后备猪的选择

【实训目的】 通过实际操作训练学会后备猪的选择方法。

【材料用具】 待选后备公猪、待选后备母猪、后备公猪和后备母猪的生长发育记录、后备公猪和母猪的生产性能报告。

【方法步骤】

1. 后备公猪的选择　首先查找生长发育记录和生产性能报告，根据资料记载情况进行排序，然后结合体型外貌作出选择，最终选择的数量应是现有种公猪数量的30%左右。

生产性能：要求生长速度快、背膘薄、饲料转化率高。

体型外貌：要体质结实、强壮、四肢端正，不要直腿和高弓形背。毛色应符合品种要求。活泼爱动，反应灵敏。睾丸发育良好，左右对称松紧适度，阴茎包皮正常，性欲旺盛，精液品质良好。严禁单睾、隐睾、睾丸不对称、疝气、包皮肥大的后备公猪入选。乳头数要有6对或6对以上，排列整齐，无异常乳头。

2. 后备母猪的选择　后备母猪标准是：正常地发情排卵参加配种，能够产出数量多质量好的仔猪；能够哺育好全窝仔猪；体质结实，在背膘和生长速度上具有良好的遗传素质。

具体选择方法：外生殖器官发育较大且下垂，正常乳头6对或6对以上，且排列整齐，四肢结实。根据资料记载应选择生长速度快，饲料转化率高，背膘薄的后备母猪。不要选择外生殖器发育较小且上翘、瞎乳头、翻转乳头、肢蹄运动有障碍的后备母猪。选择数量应为现有基础母猪数量的25%左右。

后备公、母猪都应选自繁殖性能好的家系内，如具有产仔数多、母性强、哺乳性能好、仔猪断乳窝重大等特点的家系。

【实训报告】 描述后备猪选择的要求和过程。

二、后备猪的培育

后备猪培育是指5月龄至配种前2周的饲养管理（体重60kg左右开始到90kg左右）。根据猪的生长发育规律，在不同的生长发育阶段，通过控制日粮中的营养水平，可以调节某些部位和组织器官的生长或相对发育程度，使后备猪发育良好、体格健壮、骨骼结实、肌肉发达、消化系统和生殖器官发达而机能完善。

（一）后备猪生长发育规律

1. 体重的增长　体重是身体各部位及组织生长的综合度量指标。体重的增长因品种类型不同而异。在正常的饲养管理条件下，体重的绝对增长随年龄的增加而增大，而相对增长速度却随年龄的增长而降低，到成年时稳定在一定水平，老年时会出现肥胖的个体。

2. 体组织的生长 猪体的骨骼、肌肉、脂肪生长顺序和强度，随年龄的增长而出现规律性变化，即在不同的时期和不同的阶段各有侧重。从骨骼、肌肉和脂肪的发育过程来看，骨骼发育最早，肌肉居中，脂肪前期沉积很少，后期加快，直到成年。以瘦肉型猪为例，骨骼从出生到4月龄相对生长速度最快，以后较稳定。肌肉一直在生长，但4～5月龄生长速度稍有减慢。脂肪6月龄以前生长较慢，6月龄以后生长速度加快。可以在猪采食能力的范围内，通过改变能量供应来显著提高或降低脂肪的沉积量。

（二）后备猪的培育方法

1. 把握好营养水平 后备猪不同于生长育肥猪，生长速度过快会使体质不结实，种用效果不理想，特别是后备母猪营养水平掌握不好会影响终生的繁殖和泌乳。应通过限量饲喂的方法来培育后备猪，控制其生长速度。要根据后备猪的饲养标准的要求，进行饲粮配合，后备猪育成阶段日喂量占其体重的4%左右，70～80kg以后日喂量占体重的3%～3.5%，全期日增重控制在300～350g。后备母猪在8月龄左右，体重控制在110kg左右；后备公猪9～10月龄，体重控制在110～120kg。

在培育后备猪的过程中，为了锻炼胃肠功能，增强适应性，可以使用一定数量的优质青绿饲料和粗饲料，特别是使用苜蓿草饲喂后备母猪，在以后的繁殖和泌乳等方面均表现出优越性。要特别注意矿物质、维生素的供给，保证后备猪整个身体得到充分发育。后备猪饲粮中钙、磷含量均应高于不做种用的生长猪，有利于将来的繁殖。

2. 注意管理

（1）分群。后备猪应按品种、性别、体重、体质强弱、采食习性等进行分群饲养，60kg以后每栏饲养4～6头。饲槽要准备充足，防止个别胆小后备猪抢不上槽，影响生长，降低全栏后备猪的整齐度。每栏的饲养密度不要过大，防止出现咬尾、咬耳、咬架等现象。后备公猪达到性成熟后，开始爬跨其他公猪，造成栏内其他公猪也跟着骚动，影响采食和生长，此时应实行单栏饲养。

（2）运动。为了增强后备猪的体质，在培育过程中必须安排适量的运动。有条件的猪场最好进行放牧运动，春夏秋三季通过放牧可采食一些青草野菜，补充体内养分蓄积。不能放牧的猪场，可以在场区内驱赶运动。驱赶运动时，一是要求公母分开运动；二是后备公猪应分开饲养和运动，防止相互爬跨和争斗咬架。有些封闭式饲养的猪场，如果既不能放牧又不能驱赶运动，可以适当降低后备猪栏内的密度，在栏内强迫其运动。

（3）调教。饲养人员应经常接触后备猪，使得“人猪亲和”，为以后调教打下基础。后备公猪5月龄以后每天可进行睾丸按摩10～20min，配种使用前2周左右安排后备公猪观摩配种和采精训练；认真记录后备母猪后期初次发情时间，便于合理安排将来参加配种的时间。应调教好后备猪的采食、睡觉、排粪尿“三点”定位。总之，应将后备公、母猪调教成无恶癖、便于使用和管理的种猪。

（4）定期称重。为了使后备猪稳步均匀地生长发育，后备猪每月应进行一次称重，检验饲养效果，及时调整饲粮和日粮。根据各个品种培育要求进行饲养和培育，以达到种用要求。但称重不要过频，以免影响采食和生长发育。

（5）驱虫和免疫接种。后备猪在配种前3～5月龄要进行驱虫和必要的免疫接种工作。驱虫后，应及时将粪便清除，并进行无害化处理。

任务 3 育肥猪生产

育肥猪主要是指从仔猪断乳到上市的商品猪。育肥猪生产是养猪生产的最后一个环节，要求养猪生产者以最少的投入，生产出最多优质安全的猪肉，满足社会需要，并从中获得最佳的经济效益，又能最大限度地保护生态环境。

一、育肥猪生产前的准备工作

仔猪的好坏与育肥猪育肥期增重、饲料转化率和发病率高低密切相关；圈舍合理准备可以为育肥猪提供舒适的环境；科学地组织猪群可以方便生产管理并提高管理效率；做好圈舍的消毒以及猪群驱虫、去势和免疫接种工作可以保证育肥猪的群体安全。

（一）圈舍的准备和消毒

首先需要确定育肥猪的群体规模和饲养密度，再根据育肥猪的饲养数量和饲养密度确定所需要的圈舍数量，并对圈舍进行维修和严格的消毒后，才能用来进行育肥猪生产。

1. 适宜的饲养密度 一般来说，生长育肥猪的饲养密度是每栏或每群 8～12 头，每头猪的占栏面积全期平均为 1.0m^2 左右。“原窝培育”（每圈养 8～12 头猪）是育肥猪群养的最好方式。根据我国中、小型集约化猪场建设标准和各地区的实际情况，猪群的饲养密度大小可以参考表 1-7-1。

表 1-7-1 育肥猪适宜饲养密度

（李立山、张周，2006. 养猪与猪病防治）

育肥猪体重阶段（kg）	每栏头数（头）	育肥猪的占栏面积（m^2/头）	
		混凝土实体地面	漏缝地板地面
20～60	8～12	0.6～0.9	0.4～0.6
60～100（出栏）	8～12	0.8～1.2	0.8～1.0

2. 圈舍的维修、清扫和消毒 在圈舍使用之前，应首先检查圈舍的门窗、圈栏是否牢固，圈舍的地面、食槽、输水管路和饮水器是否完好无损，通风及其他相关设施能否正常工作等，并及时进行更换或维修；然后，对圈舍进行彻底清扫，包括地面、墙壁、围栏、排粪沟，特别要重视对圈舍天花板或圈梁、通风口的彻底清扫；最后，要对圈舍进行严格的消毒，才能投入使用。

消毒方法和步骤：先清除固体粪便和污物，再用高压水冲洗围栏、地面和墙壁，然后通风干燥，用甲醛熏蒸消毒，每立方米空间用 37%～40%甲醛溶液 42mL、高锰酸钾 21g，温度 21℃以上、相对湿度 70%～80%，密闭熏蒸 24h 以上；通风释放甲醛气体，对地面和墙壁用 3%的氢氧化钠溶液喷雾消毒，6h 后用高压水冲洗地面和墙壁残留的氢氧化钠；干燥后，调整圈舍温度达 15～22℃，然后即可转入生长育肥期的猪进行饲养。

（二）选好仔猪

在相同条件下，三元杂交猪与二元杂交猪相比，三元杂交猪在生长速度、饲料转化率、胴体瘦肉率、适应性等方面表现出更强的杂种优势。因此，建议自繁自养的规模化猪场和养猪专业户，应利用引进猪种进行三元杂交，以三元杂种猪为主进行育肥猪生产。

外购仔猪时，要注意三点：一是从非疫区选购；二是选购的仔猪要有免疫接种和场地检疫证明；三是采用“窝选”，即选购体重大、群体发育整齐的整窝断乳仔猪。

（三）合理组群

育肥猪群饲不但能充分有效地利用圈舍面积和生产设备，提高劳动生产率，降低育肥猪生产成本，而且可以充分发挥和利用猪的合群性及采食竞争性的特点，促进猪的食欲，提高育肥猪的增重效果。但群饲时，经常发生争食和咬架现象，既影响了猪的采食和增重，又使群体的生长整齐度差、大小不均，因此，育肥猪群饲时应根据其来源、体重、体质、性情和采食特性等方面合理组群，在大规模集约化猪场，还应考虑猪的性别差异。一般情况下，群体内的个体体重差异不得超过3～5kg。

实训1-15 猪合理组群训练

【实训目的】通过实际操作训练使学生学会猪合理组群方法。

【材料用具】一批断乳仔猪或育肥猪、带有气味的消毒剂、“铁环玩具”、饲料。

【方法步骤】

1. 原则 “留弱不留强，夜合昼不合，拆多不拆少”，避免“一窝老”的现象。

2. 操作方法 为减轻猪群争斗、咬架等现象造成的应激，组群前可采取以下措施：

（1）用带有气味的消毒剂对猪群进行喷雾消毒以混淆气味，消除猪之间的敌意。

（2）分群前停饲6～8h，但在要转入的新圈舍食槽内撒放适量饲料以使猪群转入后能够立即采食而放弃争斗。

（3）在新圈舍内悬挂“铁环玩具”等以转移其注意力。

（4）组群工作应在夜间进行。

【实训报告】描述猪合理组群的原则、方法和注意问题。

（四）驱虫、去势和免疫接种

1. 驱虫 在猪的整个生长育肥期间，应主要重视驱除猪蛔虫、姜片吸虫、疥螨和猪虱等体内外寄生虫，一般要进行2～3次驱虫。第1次在仔猪断乳后1周左右；第2次在生长育肥阶段、体重达50～60kg；必要时，可分别在仔猪断乳前或135日龄左右增加1次驱虫。

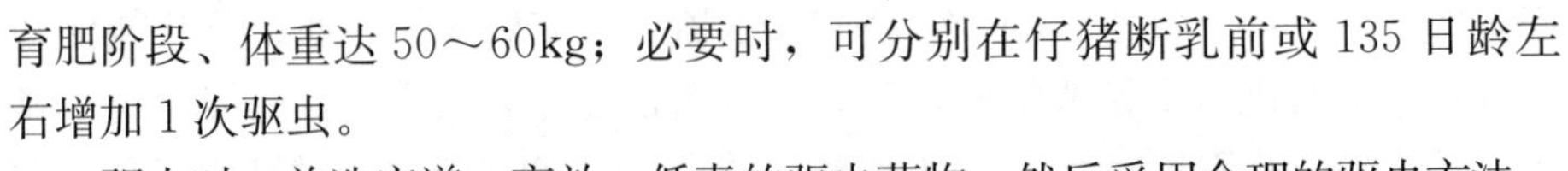

驱虫时，首选广谱、高效、低毒的驱虫药物，然后采用合理的驱虫方法。

去势

2. 去势 集约化猪场一般只对小公猪去势，而小母猪不去势。小公猪的去势时间一般在生后7日龄内或断乳前的10～15日龄。

3. 免疫接种 商品仔猪在70日龄前必须完成各种疫苗的预防接种工作，而猪群转入生长发育猪舍后，一直到出栏无须再接种疫苗，但应注意检测猪体内的抗体水平，防止意外发生传染病。

二、育肥猪生产技术

（一）饲养技术

1. 设计适宜的饲粮配方 配方设计时，首先应该充分了解当地的饲料资源和饲料的利用价值，尽量选用营养丰富、质优价廉的饲料原料；其次，要根据育肥猪的生理特点和营养需要设计出一个较为完善的饲料配方；最后，在使用所设计出的饲料配方过程中，根据实际效果不断调整和完善配方，以求达到最理想的饲喂效果，降低生产成本，提高养猪生产的经济效益。

2. 选择科学的育肥方式 不同的育肥方式对育肥猪的增重速度、饲料转化率和胴体品质的影响很大。目前应用较普遍的育肥方式是阶段育肥法。即根据生产和市场的需要，将育肥猪的育肥期分为若干阶段，然后在不同的育肥阶段采用不同的饲料营养水平、饲喂方法和管理方法进行育肥猪生产。该方法符合育肥猪的生长发育规律，生产周期短、增重速度快、胴体瘦肉率高和经济效益好。

（1）两阶段育肥法。中小规模养猪场或养猪户可以选择应用两阶段育肥法。该方法将育肥猪的整个育肥期分为两个阶段，20～60kg 为育肥前期，60～100kg 及 100kg 以上为育肥后期。育肥前期采用高能高蛋白饲粮（每千克饲粮含消化能 12.5～12.97MJ，含粗蛋白16%～17%），并实行自由采食或不限量饲喂；育肥后期，适当降低饲粮中的能量水平和粗蛋白水平，并实行限饲或限量饲喂，以减少育肥猪体脂的沉积。

（2）三阶段育肥法。在较大规模的养猪场或集约化猪场，通常将育肥猪的整个育肥期分为三个阶段，20～35kg 为育肥前期，35～60kg 为育肥中期，60～100kg 为育肥后期。

3. 科学的饲喂技术 育肥猪饲喂技术主要包括饲喂方法、饲喂次数和饲喂量。

（1）育肥猪的饲喂方法。常用的育肥猪饲喂方法主要有两种，即自由采食和限饲。不同的饲喂方法可以得到不同的育肥效果。

①自由采食。指对猪的日采食量、饲粮营养水平、饲喂时间和饮水等方面不加限制的饲喂方法。自由采食方法的最大优点是可以最大限度地提高育肥猪的增重速度，但猪的体脂沉积较多，饲料转化率降低。自由采食通常在育肥猪的生长育肥前期（60kg 前）采用。而对三元杂交猪或杂优猪群，在可以从断乳开始，一直到体重达到 100kg 左右出栏为止，全期进行自由采食。

②限制饲喂。指对一定阶段的育肥猪，对采食量、饲粮营养水平、饲喂时间和饮水等方面进行适当限制的饲喂方法。一般情况下，限量饲喂下的日粮给量应为自由采食量的75%～80%。

自由采食与限量饲喂各有利弊，故生产中应该科学灵活地运用。对三元杂交猪和杂优猪群，在体重 75～85kg 以前实行全期自由采食，以充分发挥其生长潜力，得到较高的日增重；而在体重 85kg 以后直到出栏，可以采用限量饲喂，以控制育肥猪体脂肪的沉积，从而提高育肥猪胴体瘦肉率。

（2）合理确定饲喂次数和喂量。饲喂次数和喂量应根据饲料类型、育肥阶段和饲喂方式以及一天内猪的食欲变化情况等合理安排。在使用湿拌料或者青粗饲料比例较大、处于小猪阶段等情形下，可以增加饲喂次数到每日 4～5 次。猪的食欲在傍晚最旺盛，清晨次之，中午最差，故可以延长中午时的饲喂时间间隔或者分别在清晨和傍晚饲喂 2 次。

选择颗粒饲料或干粉料自由采食时，不存在饲喂次数和喂量的问题，而只有在限饲的情况下才需要设计育肥猪的每日饲喂量和饲喂次数。

4. 保证充足清洁的饮水 饮水不足，可能引起育肥猪食欲减退、采食量减少，导致育肥猪生长速度减慢、健康受损。育肥猪的饮水量随生理状态、环境温度、体重、饲料类型和采食量等因素而变化，一般情况下饮水量为其风干料采食量的3～4倍。为满足育肥猪的饮水需要，应在圈栏内设置自动饮水器，自动饮水器高度比猪肩高5cm为宜，从而保证育肥猪能够饮到清洁、卫生的饮水。应定期对水质进行检测，以保证猪群健康。

（二）管理技术

1. 加强调教 育肥猪在分群和调群后，要及时进行调教。

（1）防止强夺弱食。在保证猪群有足够的采食槽位的基础上，防止强夺弱食，使猪群内的每个个体都能充分采食。防止强夺弱食的主要措施是分槽位采食和均匀投放饲料。

（2）“三点定位”训练。训练猪在固定的区域采食、休息和排泄，并形成条件反射，以保持圈舍的清洁、卫生和干燥。“三点定位”训练的关键在于定点排泄。使猪养成定点排泄习惯的主要措施是在猪转入新圈舍前，在新圈舍内给猪提供一个阴暗潮湿或带有粪便气味的固定区域并加强调教。“三点定位”训练需要3～5d。

2. 及时调群 育肥猪分群后，在短时间内会建立起较为明显的群体位次，此时要尽可能地保持群体的稳定。经过一段时间的饲养，如出现猪群内个体间大小不均或过于拥挤时，应对猪群进行一次调整。调群时应遵循“留弱不留强、拆多不拆少、夜合昼不合”的原则。

3. 创造适宜的环境条件

（1）提供适宜的猪舍小气候环境条件。

①温度和湿度。是育肥猪最主要的小气候环境条件，直接影响猪的增重速度和饲料转化率。“小猪怕冷、大猪怕热”是猪对环境温度要求的一般规律，只有在适宜的环境温度下，育肥猪的生长速度才最快，饲料转化率才最高。猪舍温度20℃左右、相对湿度为50%～70%，可以获得较高的育肥猪日增重和饲料转化率。

②光照。光照对育肥猪的生产水平影响不大，但适度的光照却能够促进育肥猪的新陈代谢，提高育肥猪的增重速度和胴体瘦肉率，增强猪的抗应激能力和抗病力。

③通风和噪声。通风不但与育肥猪增重和饲料转化率有关，而且也与育肥猪的健康关系密切相关。一方面要做好圈舍的修缮以防止“贼风”危害猪群，另一方面加强猪舍的通风换气控制。噪声可以直接导致猪群应激的发生，育肥期间要尽量保持安静，生产区内严禁机动车通行和大噪声机械操作。

④有害气体和尘埃。育肥猪舍内的有害气体主要包括氨气、硫化氢和二氧化碳。育肥猪舍内有害气体和尘埃的大量存在，可以降低猪体的抵抗力，增加猪体感染疾病的机会（如皮肤病和呼吸道疾病等）。减少育肥猪舍内有害气体和尘埃的主要方法包括：加强通风换气、及时清除粪尿废水、确定合理的饲养密度、保持猪舍一定的湿度和建立有效的喷雾消毒制度等。

（2）重视育肥猪圈舍的清洁卫生。通过清扫、冲洗、通风和定期消毒保持圈舍的清洁卫生，减少猪舍内有害气体和尘埃的积聚，减少舍内病原微生物的数量。

（3）确定合理的饲养密度和管理方式。育肥猪的饲养密度大小可直接导致猪舍温度、湿度、通风等环境条件的变化，同时对猪的采食、饮水、粪尿排泄、活动休息和圈舍卫生等方面产生重要影响。饲养密度过大，猪群易发生争斗现象。因此，确定育肥猪合理的饲养密度非常重要。

任务4 技术操作规程

技术操作规程是工人日常作业的技术规范，它规定各项工作的时间、程序、操作内容及技术要求。

例：某猪场中大猪舍日常技术操作规程（表1-7-2）。

表1-7-2　某猪场中大猪舍日常技术操作规程

时间安排	操作内容	技术要求
7：00—8：30	1. 检查猪舍环境控制情况和设备运行情况 2. 中大猪喂料 3. 检查猪只健康及记录	1. 舍内温度、湿度、通风符合规定；设备运行正常，如损坏，必须及时报修；做好记录 2. 按场部对各阶段猪的喂料标准对中大猪进行饲喂。喂料时应注意观察、防止浪费 3. 对有异常表现的猪做好标记、写清情况并报告技术负责人
8：30—9：30	4. 记录及治疗 5. 清理卫生、除粪	4. 对异常的猪进行检查、治疗，并做好记录 5. 清理干净，防止进入排水沟，污染环境
9：30—11：30	6. 记录及治疗病猪 7. 猪舍卫生打扫 8. 转群 9. 中大猪喂料 10. 完成周间工作安排	6. 对异常的猪进行检查、治疗，并做好记录 7. 要求猪舍干净、清洁，清理剩料，对剩料多的猪应及时查明原因 8. 严格按转群规定进行操作 9. 按场部对各阶段猪的喂料标准对中大猪进行饲喂。喂料时应注意观察、防止浪费 10. 根据周间工作安排，做好中大猪的免疫等其他重点工作
11：30—13：30	休息	
14：30—16：30	11. 冲洗猪栏、清理卫生 12. 完成周间工作安排	11. 清理干净，防止污水进入排水沟，污染环境 12. 根据周间工作安排，做好中大猪的免疫等其他重点工作
16：30—17：30	10. 猪舍卫生打扫 11. 中大猪喂料及治疗 12. 做日报表 13. 检查环境控制设备运行情况	10. 同技术要点7 11. 同技术要点4、9 12. 填写好各种报表，上报场部 13. 同技术要求1
17：30以后	休息 每周五晚上开生产小结会	

任务5　周间工作安排

猪场中大猪舍周间工作是指周一至周日除了饲喂、卫生、中大猪治疗及护理等中大猪舍日常工作外每天的重点工作安排。主要有以下内容：

（1）接收保育仔猪。

（2）更换消毒池盆液。

（3）药品用具领用、计划下周所需物品。

（4）中大猪的疫苗注射。

（5）后备猪驱虫。

（6）后备猪选留鉴定、打耳牌、种猪上市、整理上市种猪档案。

（7）猪舍的清洁、消毒及设备维护。

（8）做档案、周报及总结。

例：某猪场2019年中大猪舍周间工作安排（表1-7-3）。

表1-7-3 某猪场2019年中大猪舍周间工作安排

时间	工作安排
星期一	药品用具领用、后备猪驱虫
星期二	舍内清洁消毒、更换消毒池盆液、放后备猪运动
星期三	免疫注射、接收保育仔猪
星期四	后备猪选留鉴定、打耳牌、整理上市种猪档案
星期五	空栏清洗消毒、舍内清洁消毒、更换消毒池盆液、放后备猪运动、种猪上市
星期六	统计报表、计划下周所需物品、卫生大清扫
星期日	设备检修、安排下一周工作

任务6 生产报表

中大猪舍的生产报表主要有以下几种：

1. 生长育成舍周报表 报表内容：

（1）猪群变动情况。期初种猪、育肥猪数；转入种猪、育肥猪数；上市种猪、育肥猪数；淘汰种猪、育肥猪数；死亡种猪、育肥猪数；期末种猪、育肥猪数。

（2）饲料消耗情况。

2. 育肥猪上市情况周报表 报表内容：上市日期、上市规格、上市头数、上市重量、去向。

3. 育肥猪死亡淘汰情况周报表 报表内容：死淘日期、发生单元、猪只类别、死亡头数、死亡原因、淘汰原因、去向。

4. 种猪选留及调动情况周报表 报表内容：种猪耳号、发生日期、品种、性别、来源、去向。

复习思考题

一、名词解释

1. 育肥猪 2. 两阶段育肥法 3. 三阶段育肥法 4. 后备猪 5. “三点定位”训练

二、填空题

1. 从骨骼、肌肉和脂肪的发育过程来看，________发育最早，________居中，

________前期沉积很少，后期加快，直到成年。

2. 后备母猪外生殖器官发育________，正常乳头________，且排列整齐，四肢________。

3. 后备公猪要体质________、四肢________，不要________和________。

4. 生长育肥猪的饲养密度是每栏或每群________头，每头猪的占栏面积全期平均为________ m^2 左右。

5. 用甲醛熏蒸消毒，每立方米空间用35%～40%甲醛溶液________ mL、高锰酸钾________ g。

6. 小公猪的去势时间一般在生后________或断乳前的________。

7. 育肥舍温度________左右、相对湿度为________，可以获得较高的育肥猪日增重和饲料转化率。

8. 育肥猪舍内的有害气体主要包括________、________和________。

三、选择题

1. 后备猪应按品种、性别、体重、体质强弱、采食习性等进行分群饲养，60kg以后每栏饲养（　　）。

A. 4～6头　　B. 14～16头　　C. 24～26头　　D. 34～36头

2. 后备猪在配种前（　　）龄要进行驱虫，驱虫后，应及时将粪便清除，并进行无害化处理。

A. 3～5月　　B. 4～6月　　C. 5～7月　　D. 6～8月

3. 育肥猪合理组群群体内的个体体重差异不得超过（　　）。

A. 3～5kg　　B. 5～8kg　　C. 8～10kg　　D. 10～20kg

4. 在猪的整个生长育肥期间，应主要重视驱除猪蛔虫、姜片吸虫、疥螨和猪虱等体内外寄生虫，一般要进行（　　）驱虫。

A. 2～3次　　B. 4～5次　　C. 6～7次　　D. 8～10次

5. 一般情况下，限量饲喂下的日粮给量应为自由采食量的（　　）。

A. 55%～60%　　B. 65%～70%　　C. 75%～80%　　D. 85%～90%

6. 一般情况下饮水量为其风干料采食量的（　　）。

A. 1～2倍　　B. 3～4倍　　C. 5～6倍　　D. 7～8倍

7. 光照对育肥猪的生产水平影响（　　）。

A. 不大　　B. 很大　　C. 深远　　D. 巨大

四、判断题

（　　）1. 在正常的饲养管理条件下，体重的绝对增长随年龄的增加而增大。

（　　）2. 后备公猪严禁具有单睾、隐睾、睾丸不对称、疝气、包皮肥大等特征。

（　　）3. 后备公猪生产性能要求生长速度快、背膘薄、饲料转化率高。

（　　）4. 在相同条件下，二元杂交猪与二元杂交猪相比，二元杂交猪在生长速度、饲料转化率、胴体瘦肉率、适应性等方面表现出更强的杂种优势。

（　　）5. 限制饲喂方法的最大优点是可以最大限度地提高育肥猪的增重速度。

(　　) 6. 饮水不足，可以引起育肥猪的食欲减退、采食量减少，导致育肥猪生长速度减慢、健康受损。

(　　) 7. 使猪养成定点排泄习惯的主要措施是在猪转入新圈舍前，在新圈舍内给猪提供一个阴暗潮湿或带有粪便气味的固定区域并加强调教。

(　　) 8. 育肥猪的饲养密度大小与猪舍温度、湿度、通风等环境条件无关。

(　　) 9. 育肥猪舍要尽量保持安静，生产区内严禁机动车通行和大噪声机械操运行。

五、简答题

1. 简述后备公猪的选择。
2. 简述后备母猪的选择。
3. 如何选好外购仔猪？
4. 如何对育肥猪驱虫？
5. 简述育肥猪生产前的准备。

六、论述题

如何进行育肥猪的合理组群？

【参考答案】

一、名词解释

1. 从仔猪断乳到上市的商品猪。

2. 将育肥猪的整个育肥期分为两个阶段，20～60kg 为育肥前期，60～100kg 以上为育肥后期。

3. 将育肥猪的整个育肥期分为三个阶段，20～35kg 为育肥前期，35～60kg 为育肥中期，60～100kg 为育肥后期。

4. 5 月龄至配种前 2 周的猪。

5. 训练猪在固定的区域采食、休息和排泄，并形成条件反射，以保持圈舍的清洁、卫生和干燥。

二、填空题

1. 骨骼、肌肉、脂肪　2. 较大下垂、6 对或 6 对以上　3. 结实强壮、端正、直腿、高弓形背　4. 8～12　5. 42、21　6. 7 日龄、10～15 日龄　7. 20℃、50%～70%　8. 氨气、硫化氢、二氧化碳

三、选择题

1～5. AAAAC　6～7. BA

四、判断题

1～5. √√√××　6～9. √√×√

猪的后勤保障

【学习目标】

1. 掌握饲料供应计划编制的方法。
2. 了解猪场常用生产设施与设备及其使用方法。
3. 掌握猪舍各种环境管理的控制措施。
4. 掌握猪场粪污的处理方法。

【学习任务】

任务1　饲料供应计划的制订

一、猪用配合饲料类型

按照饲料所含的营养成分的不同，猪用饲料可分为3类（图1-8-1）。

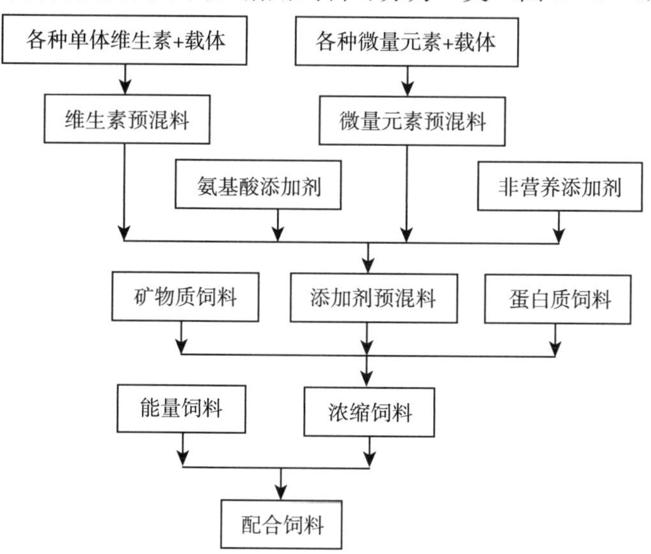

图1-8-1　预混料、浓缩料、全价配合饲料关系

1. 添加剂预混合饲料 为了把微量的饲料添加剂均匀混合到配合饲料中，方便用户使用，将一种或多种微量的添加剂原料（各种维生素、微量元素、合成氨基酸和非营养性添加剂，如药物添加剂等）与稀释剂或载体按一定配比均匀混合而成的产品，称为添加剂预混合饲料，简称预混料。通常要求其在配合饲料中添加0.01%～5%，一般按最终配合饲料产品的总需求为依据设计，因其含有的微量活性组分是配合饲料饲用效果的决定因素，常称其为配合饲料的核心。

2. 浓缩饲料 由添加剂混合饲料、蛋白质饲料和常量矿物质饲料（钙、磷和食盐）配制而成的配合饲料。浓缩饲料含营养成分的浓度很高，某些成分为全价配合饲料的2.5～5倍，但必须按一定比例与能量饲料混合后，才能构成全价配合饲料。一般在全价配合饲料中占20%～40%。

3. 全价配合饲料 由能量饲料和浓缩饲料配合而成。它能全面满足动物的营养需要，并可直接用来饲喂动物。全价只是相对的，配合饲料所含养分及其比例越符合动物营养需要，越能最大限度地发挥动物生产潜力及经济效益，此种配合饲料全价性也越好。

二、猪场饲料供应计划的制度

生产中，应根据所养猪头数及各月份的出生、死亡、购入、卖出、淘汰等情况变化，以及饲料的组织、运输与贮存、加工等条件，制订出全年及各阶段的饲料供给计划。饲料筹划主要包括饲料生产与供应计划，它是养猪生产的保证，是养猪企业年度计划中最重要的内容之一。饲料筹划的步骤为：

1. 计算饲料需要量 其计算公式为：

（1）饲料需要量＝猪群头数×日粮定额×饲养天数。

如某猪场有杜洛克成年公猪20头，体重150～180kg，经查瘦肉型猪饲养标准（表1-8-1），其日粮定额为2.3kg，则该猪群在一周内的饲料需要量为2.3×20×7＝322(kg)。

表1-8-1 瘦肉型猪日粮定额

类别	体重（kg）	风干料量（kg）	类别	体重（kg）	风干料量（kg）
妊娠前期母猪	＜90	1.5	哺乳期母猪	＜90	4.8
	90～120	1.7		90～120	5.0
	120～150	1.9		120～150	5.2
	＞150	2.0		＞150	5.3
妊娠后期母猪	＜90	2.0	种公猪	＜90	1.4
	90～120	2.2		90～150	1.9
	120～150	2.4		＞150	2.3
	＞150	2.0			

（2）饲料需要量＝猪群头数×料重比×平均日增重×饲养天数。

如某工厂化猪场采用四段法饲养瘦肉型育肥猪（4周、5周、5周、11周）。现其有200头断乳仔猪转入保育舍，经查瘦肉型猪各饲养时期的平均日增重和料重比（表1-8-2），则该群仔猪的饲料需要量为 0.385×2.61×200×35=7 033.95（kg）。

表 1-8-2 瘦肉型猪平均日增重和料重比

饲养期	阶段结束平均重（kg）	平均日增重（g）	饲养天数（d）	料重比
哺乳期	6.5	170	28	2.5
保育期	22.5	385	35	2.61
生长期	57.5	575	35	3.30
育肥期	97.5	800	77	3.78
合计			175	

2. 编制饲料供应计划 猪场根据本场饲料需要量计划、饲料来源、从市场购入数量等条件，就可以编制饲料供应计划。由于一个猪场可能有多个不同猪群，所以，需要计算不同类别猪群饲料需要量，累计后得出总饲料需要量。如果需要计算原料需要量，则按其相应饲料配方进行计算后得出饲料原料需要量。根据计算结果，按饲料损耗率 0.5%计算，安排各种配合饲料的季度或年度供应量计划。

实训 1-16 猪场饲料供应计划的编制

【实训目的】通过某万头商品猪场饲料供应计划的编制，掌握猪场饲料计划的编制方法。

【材料用具】某万头商品猪场猪群常年存栏数及各类猪群的日粮定额（表 1-8-3），计算器。

表 1-8-3 某万头商品猪场常年存栏数及日粮定额

猪群	日粮定额（kg）	常年存栏猪群头数（头）
空怀配种母猪	2	22
妊娠母猪	2.32	435
后备母猪	2.3～2.5	44
后备公猪	2.3～2.5	7
公猪	2.5～3.0	21
哺乳母猪	5.0～6.0	114
哺乳仔猪（0～28 日龄）	0.18	799
断乳仔猪（29～70 日龄）	0.8	1 150
育肥猪（71～170 日龄）	2.1	2 983
总计		5 575

【方法步骤】

（1）根据公式计算饲料需要量。饲料需要量=猪群头数×日粮定额×饲养天数，按表

1-8-3提供的数据，计算出各类猪群每天、每周、每季（计13周）及每年（计52周）的饲料需要量，并填入表1-8-4。

表1-8-4 某万头商品猪场饲粮需要量计算结果

猪群	饲粮需要量（kg）（取下限）			
	每天	每周	每季	全年
空怀母猪				
妊娠母猪				
后备母猪				
后备公猪				
公猪				
哺乳母猪				
哺乳仔猪（0～28日龄）				
断乳仔猪（29～70日龄）				
育肥猪（71～170日龄）				
总计				

（2）按饲料损耗率0.5%计算万头商品猪场各种配合饲料季度供应计划（表1-8-5）。

表1-8-5 某万头商品猪场季度饲料损耗量与供应

饲料名称	日均用量（kg）	季需要量（kg）	损耗量（kg）	季供应量（kg）
空怀母猪				
妊娠母猪				
后备母猪				
后备公猪				
公猪				
哺乳母猪				
哺乳仔猪（0～28日龄）				
断乳仔猪（29～70日龄）				
育肥猪（71～170日龄）				
总计				

（3）在市场调查的基础上，了解各种饲料规格与单价，参照表1-8-6做出饲料供应计划。

表 1-8-6 年度饲料供应计划

序号	饲料名称	规格	日均用量（kg）	单价（元）	金额（元）	每季供应量（kg）				备注
						一季度	二季度	三季度	四季度	
1	仔猪料									
2	玉米									
…	…									

【实训报告】依据某年出栏 5 000 头商品猪猪场的猪群结构和各类猪群日粮定额，编制该场的饲料供应计划。

任务 2 猪场常用生产设施与设备

一、猪栏

猪栏是猪场的基本生产单元。其功能是为猪只提供活动、生长发育的场所，并为饲养人员提供管理上的方便。根据所用材料的不同，分为实体猪栏、栅栏式猪栏和综合式猪栏 3 种形式结构。猪栏结构见图 1-8-2。

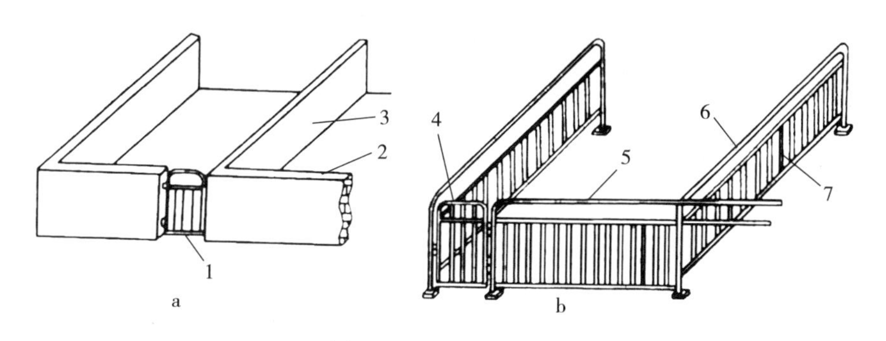

图 1-8-2 猪栏结构

a. 实体式 b. 栏栅式

1. 栏门 2. 前墙 3. 隔墙 4. 栏门 5. 前栏 6. 隔栏 7. 隔条

根据猪栏内所养猪只种类的不同，猪栏又可分为公猪栏、配种栏、母猪栏、母猪分娩栏、保育猪栏、生长猪栏和育肥猪栏。猪栏的占地面积应根据饲养猪的数量和每头猪所需的面积而定。栏栅式猪栏间的间距为：成年猪≤100mm，哺乳仔猪≤35mm，保育猪≤55mm，生长猪≤80mm，育肥猪≤90mm。

1. 公猪栏 指饲养种公猪的猪栏。按每栏饲养 1 头公猪设计，一般栏高 1.3～1.4m，占地面积 6～7m^2。通常舍外与舍内公猪栏相对应的位置要配制运动场。工厂化养猪一般不设配种栏，公猪栏兼作配种栏（图 1-8-3）。

2. 母猪栏 指饲养后备、空怀和妊娠母猪的猪栏，按要求分为母猪分娩栏、群养母猪栏、单体母猪栏 3 种。

（1）母猪分娩栏。指饲养分娩哺乳母猪的猪栏，主要由母猪限位架、仔猪围栏、仔猪保

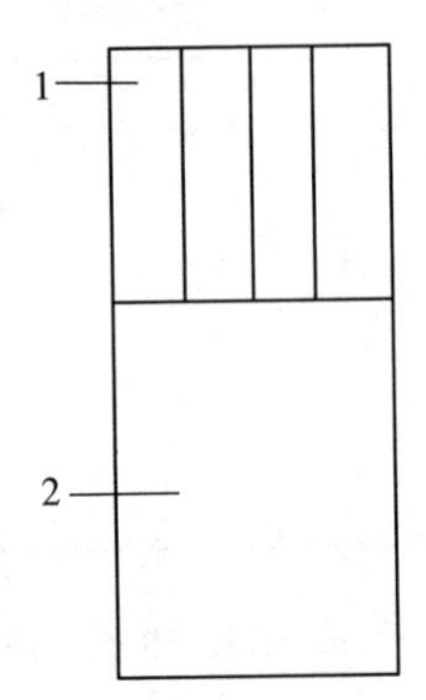

图 1-8-3 配种栏

1. 空怀母猪区 2. 公猪区

温箱和网床 4 部分。其中母猪限位架长 2.0～2.3m，宽 0.6～0.7m，高 1.0m；仔猪围栏的长度与母猪限位架相同，宽 1.7～1.8m，高 0.5～0.6m；仔猪保温箱是用混凝土预制板、玻璃钢或其他具有高强度的保温材料，在仔猪围栏区特定的位置分隔而成。母猪分娩栏如图 1-8-4所示。

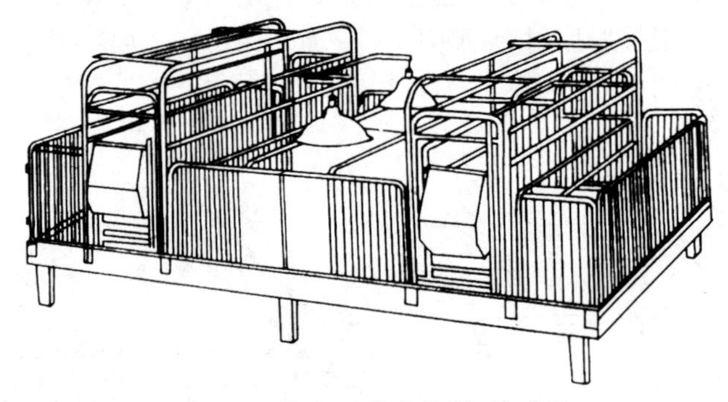

图 1-8-4 母猪分娩栏（2 个）

（2）群养母猪栏。通常 6～8 头母猪占用 1 个猪栏，栏高 1.0m 左右，每头母猪所需面积 1.2～1.6m^2。主要用于饲养后备和空怀母猪，也可饲养妊娠母猪，但要注意防止抢食而引起流产。

（3）单体母猪栏。每个栏中饲养 1 头母猪，栏长 2.0～2.3m、栏高 1.0m、栏宽 0.6～0.7m。主要用于饲养妊娠母猪。单体母猪栏见图 1-8-5。

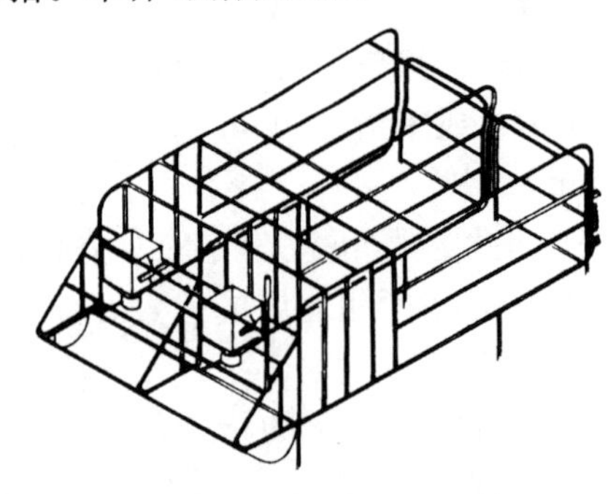

图 1-8-5 单体母猪栏

3. 保育栏 指饲养保育猪的猪栏。主要由围栏、自动食槽和网床三部分组成。按每头保育仔猪所需网床面积 0.30～0.35m^2 设计，一般栏高为 0.7m 左右。仔猪保育栏如图 1-8-6。

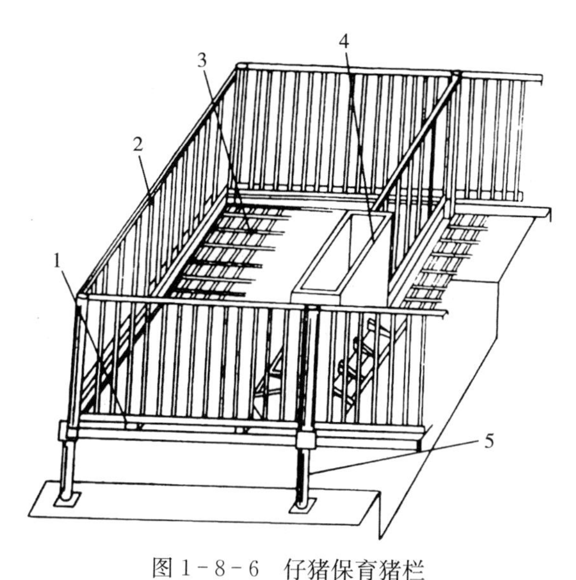

图 1-8-6 仔猪保育猪栏

1. 连接板 2. 围栏 3. 网床 4. 自动食槽 5. 支腿

4. 生长栏和育肥栏 指饲养生长猪和育肥猪的猪栏。猪只通常在地面上饲养，栏内地面铺设局部漏缝地板或金属漏缝地板，其栏架有金属栏和实体式两种结构。一般生长栏高 0.8～0.9m，育肥栏高 0.9～1.0m，占地面积生长猪栏按每头 0.5～0.6m^2 计，育肥猪栏按每头 0.8～1.0m^2 计。

以上各类猪栏在舍内的布局应根据猪场饲养规模、猪舍类型和管理要求而合理安排。常见布局方式有单列式、双列式和多列式 3 种。

二、漏缝地板

现代猪场为了保持栏内的清洁卫生，改善环境条件，减少人工清扫，普遍采用粪尿沟上设漏缝地板，漏缝地板的类型有钢筋混凝土板条、钢筋编织网、钢筋焊接网、塑料板块、陶瓷板块等。对漏缝地板的要求是耐腐蚀、不变形、表面平而不滑、导热性小、坚固耐用、漏粪效果好、易冲洗消毒，适应各种日龄猪的行走站立，不卡猪蹄。

钢筋混凝土板块、板条，其规格可根据猪栏及粪沟设计要求而定，漏缝断面呈梯形，上窄下宽，便于漏粪。其主要结构参数见表 1-8-7。

表 1-8-7 不同材料漏缝地板的结构与尺寸（mm）

猪群	铸铁		钢筋混凝土	
	板条宽	缝隙宽	板条宽	缝隙宽
幼猪	35～40	14～18	120	18～20
育肥猪、妊娠猪	35～40	20～25	120	22～25

金属编织地板网是由直径为5mm的冷拔圆钢编织成10mm×40mm、10mm×50mm的缝隙片与角钢、扁钢焊合，再经防腐处理而成。适宜分娩母猪和保育猪使用。

塑料漏缝地板由工程塑料膜压而成，可将小块连接组合成大面积，适用于分娩母猪栏和保育猪栏。

三、饲喂设备

1. 饲料运输车　根据卸料的工作不同，饲料车可分为机械式和气流输送式两种。机械式卸料运输车，由载重车加装饲料罐而成，罐底有1条纵向搅龙，罐尾有1条立式搅龙，其上端有1条与之相连的悬臂龙，饲料通过搅龙的输送即可卸入7m高的饲料塔中。气流输送式卸料运输车，也是在载重车上加装料罐而成，罐底有1～2条纵向搅龙，在搅龙出口处设有鼓风机，通过鼓风机产生的气流将饲料输送进15m以内的贮料仓中。这种运输车适宜装运颗粒料。

2. 贮料仓（塔）　贮料仓多用1.5～3mm厚镀锌钢板压型组装而成，由4根钢管作支架。仓体由进料口、上锥体、柱体和下锥体构成，进料口多位于顶端，贮料仓的直径约2m，高度多在7m以下，容量有2t、4t、5t、6t、8t、10t等多种。

3. 饲料输送机　主要用它将饲料由贮料仓直接分送到食槽、定量料箱或撒落到猪床面上。饲料输送机种类较多，使用较多的是螺旋弹簧输送机和塞管式输送机。

4. 食槽　根据喂饲方式的不同分为自动食槽和限量食槽两种形式。食槽的形状有长方形和圆形等，不管哪种形式的食槽都要求坚固耐用，减少饲料浪费，保证饲料清洁，不被污染，便于猪只采食。

（1）自动食槽。指采用自由采食喂饲方式的猪群所使用的食槽（图1-8-7）。它是在食槽的顶部装有饲料贮存箱，随着猪只的采食，饲料在重力的作用下不断落入食槽内，可以间隔较长时间加料，大大减少了饲喂工作量。

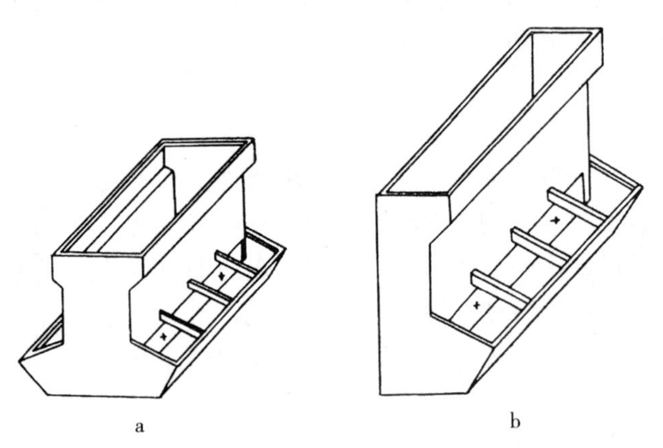

图1-8-7　长方形自动饲槽（钢板制造）
a. 双面饲槽　b. 单面饲槽

（2）限量食槽。指用限量喂饲方式的猪群所用的食槽，常用混凝土、金属等材料制造（图1-8-8），高床网上饲养的母猪栏内常配备金属材料制造的限量食槽。公猪用的限量食槽的长度为500～800mm，群养母猪限量食槽长度根据猪的数量和每头猪所需要的采食长度

（300～500mm）而定。

（3）仔猪补料食槽。指在仔猪哺乳期为其补充饲料所用的食槽（图 1－8－9），有长方形、圆形等多种形式。

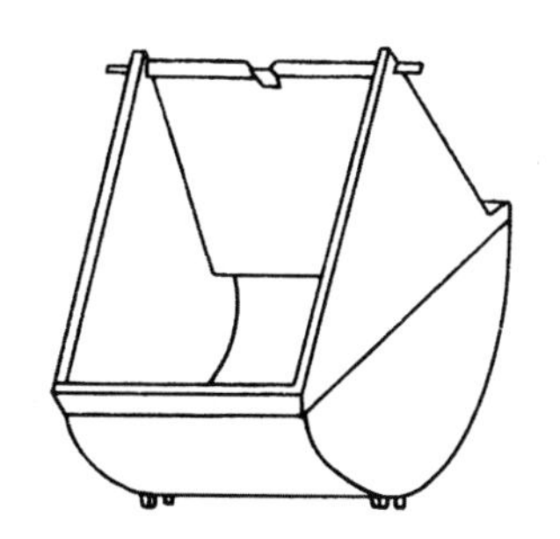

图 1－8－8 限量饲槽（铸铁）

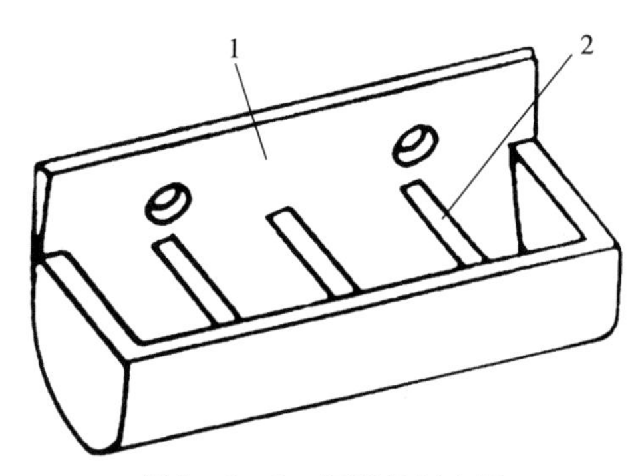

图 1－8－9 仔猪补料食槽

1. 食槽体 2. 喂饲分区隔条

四、饮水设备

常用的自动饮水器有鸭嘴式、乳头式和杯式 3 种（图 1－8－10）。在群养猪栏中，每个自动饮水器可负担 15 头猪饮用；在单养猪栏中，每个栏内应安装 1 个自动饮水器。自动饮水器的安装高度见表 1－8－8。

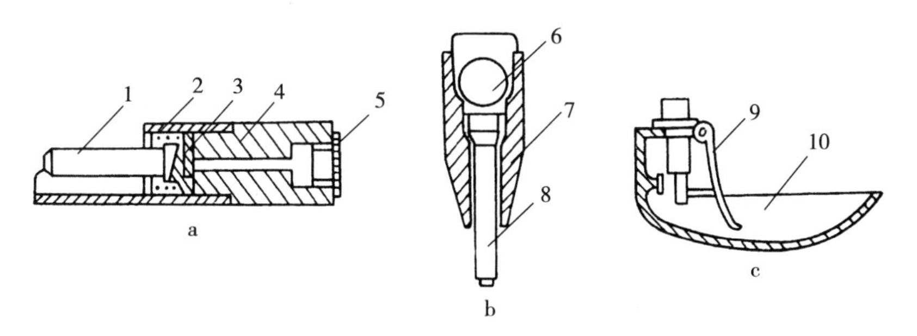

图 1－8－10 自动饮水器

a. 鸭嘴式饮水器 b. 乳头式饮水器 c. 杯式饮水器

1. 阀门 2. 弹簧 3. 胶垫 4. 阀体 5. 栅盖 6. 钢球 7. 饮水器体 8. 阀杆 9. 活门 10. 杯体

表 1-8-8 自动饮水器的安装高度（cm）

猪群类别	鸭嘴式	杯式	乳头式
公猪	55～65	25～30	80～85
母猪	55～65	15～25	70～80
后备母猪	50～60	15～25	70～80
仔猪	15～25	10～15	25～30
保育猪	30～40	15～20	30～45
生长猪	45～55	15～25	50～60
育肥猪	55～60	15～25	70～80

五、环境控制设备

环境控制设备指为各类猪群创造适宜温度、湿度，以及通风换气等条件的设备，主要有供热保温、通风降温、环境监测等设备。

1. 供热保温设备 现代猪舍的供暖，分集中供暖和局部供暖两种方法。集中供暖主要利用热水、蒸汽、热空气及电能等形式。在规模猪场中多采用热水供暖系统，该系统包括热水锅炉、供水管路、散热器、回水管及水泵等设备。大多数猪场采用高床网上分娩育仔，为了满足母猪和仔猪不同的温度要求（初生仔猪要求 32～34℃，母猪则要求 15～22℃），常用的局部供暖设备是红外线灯或红外线辐射板加热器。

2. 通风降温设备 用于排出舍内的有害气体，降低舍内温度和控制舍内湿度等。主要包括风机、湿帘风机降温系统、喷雾降温系统、喷淋降温或滴水降温系统等。

六、其他常用设备

1. 清洁消毒设备 主要包括人员及车辆清洁消毒设施、高压清洗机、喷雾器等。

2. 废弃物处理设备 主要包括清粪设备、冲水设备、污水处理设备等。

3. 饲料加工设备 如粉碎机、制粒机、搅拌机等。

4. 运输工具 如仔猪运输车、运猪车和粪便运输车等。

任务 3 猪舍环境管理

一、猪舍防暑降温措施

1. 喷雾降温 利用机械设备向舍内直接喷水或在进风口处将低温的水喷成雾状，借助汽化吸热效应而达到畜体散热和猪舍降温的作用。采用喷雾降温时，水温越低、空气越干燥，则降温效果越好。但此种降温方法在湿热天气不宜使用。因喷雾能使空气湿度加大，对畜体散热不利，同时还有利于病原微生物的滋生和繁衍，加重有害气体的危害程度。

2. 喷淋降温 此种方法主要适用于猪舍在炎热条件下的降温。喷淋降温要求在舍内设喷头或钻孔水管，定时或不定时对猪进行淋浴。喷淋时，水易于湿透被毛而湿润皮肤，可直接从猪体及舍内空气中吸收热量，故利于猪体表面水蒸发散热而达到降温的目的。

3. 湿帘降温 又称水帘通风系统。该装置主要部件由湿垫、风机、水循环系统及控制系统组成。由水管不断向蒸发垫淋水，将蒸发垫置于机械通风的进风口，气流通过时，由于水分蒸发吸热，降低进入舍内的气流温度。

4. 冷风设备降温 冷风机是喷雾和冷风相结合的一种新型设备，这种设备国内外均有生产，降温效果比较好。

二、猪舍防寒保暖措施

（一）猪舍的采暖方法

1. 局部采暖 在舍内单独安装供热设备，如电热板、散热板、红外线灯、保温伞和火炉等。

2. 集中采暖 集中式采暖是指集约化、规模化猪场，可采用一个集中的热源（锅炉房或其他热源），将热水、蒸汽或预热后的空气，通过管道输送到舍内或舍内的散热器。主要设备有热风炉、暖风机、锅炉等，有效解决了通风与保暖问题。

（二）防寒保暖措施

1. 增加饲养密度 在不影响饲养管理及舍内卫生状况的前提下，适当增加舍内猪的饲养密度，等于增加热源，这是一项行之有效的辅助性防寒保温措施。

2. 除湿防潮 采取一切措施防止舍内潮湿是间接保温的有效方法。在寒冷地区设计、修建猪舍不仅要采取严格的防潮措施，而且要尽量减少饲养管理用水，同时也要加强猪舍内的清扫与粪尿的排出，以减少水汽产生，防止空气污浊。

3. 利用垫草垫料 铺垫草不但可以改善冷硬地面的温热状况，而且可在畜体周围形成温暖的小气候。铺垫草也是一项防潮措施。

4. 加强猪舍的维修保养 加强猪舍的维修、保养，入冬前进行认真仔细的越冬御寒准备工作，包括封门、封窗、设挡风障、修补墙壁、屋顶缝隙、孔洞等。

三、猪舍湿度控制措施

1. 通风换气 是降低猪舍空气湿度的最有效方法，猪舍通风换气的目的有两个，一是在气温高时加大气流使猪感到舒适，从而缓和高温对猪的不良影响；二是在猪舍封闭的情况下，通风可排出舍内的污浊空气和湿气，引进舍外的新鲜空气，以改善猪舍的空气环境，并减少猪舍内空气中的微生物数量。

2. 加温除湿 在一定的室外气象条件下，舍内相对湿度与室温呈负相关，在严寒的冬季采用加温措施适当提高猪舍温度也能有效地降低舍内湿度。

3. 冷凝除湿 主要利用冷热空气在不同的界面上接触产生冷凝而进行降湿，目前在猪舍常用热交换器或除湿装置，利用舍内外的温度差使舍内高湿空气在热交换器的膜面上结露达到除湿的目的。

4. 加湿方法

（1）喷水加湿。通过将水喷洒到地面，增加舍内湿度。

（2）喷雾加湿。采用低压喷雾系统，将喷头相间排列于猪舍进行喷雾加湿，或将喷头置于猪舍两端的负压间用风机将雾化的湿空气送入舍内加湿。

（3）湿垫风机加湿降温。

（4）加湿器加湿。运用蒸汽蒸发或超声波原理对猪舍局部或整体进行加湿，这种装置易于实现湿度的精确控制，但成本较高。猪舍可根据不同情况加以选用。

四、猪舍自然光照控制方法

1. 自然光照　自然光照是让太阳的直射光或散射光通过猪舍的开露部分或窗户进入舍内以达到采光的目的。在一般条件下，猪舍都采用自然采光。夏季为了避免舍内温度升高，应防止直射阳光进入猪舍；冬季为了提高舍内温度，并使地面保持干燥，应让阳光直射在畜床上。

2. 人工光照　人工照明一般作为猪舍自然采光的补充。在通常情况下，对于封闭式猪舍，当自然光线不足时，需补充人工光照。夜间的饲养管理操作须靠人工照明。

五、猪舍通风换气方法

1. 自然通风　是利用风压或热压来实现换气的一种通风方式。它不需要任何机械设备，利用这种通风方式常常可以达到巨大的通风换气量，是一种最经济的通风方式。

2. 机械通风　也称为强制通风。为了使机械通风系统能够正常运转，真正起到控制猪舍内空气环境的作用，必须要求猪舍有良好的隔热性能。机械通风可分为：负压通风、正压通风和联合通风3种方式。

六、猪舍有害气体控制措施

1. 合理建造猪舍　猪舍必须建在地势高、排水方便、通风良好的地方，不宜在低洼潮湿之处建场。猪舍内应是混凝土地面，以利于清扫和消毒。加强绿化工作，以净化猪舍周围的小气候。

2. 保持猪舍环境的清洁干燥　保持猪舍周围的清洁卫生，防止污水、粪便等在猪舍周围堆积，死尸不要乱丢乱弃。猪舍内要求清洁干燥，及时排出猪舍中的粪便等有机物，防止粪便等在舍内停留过长时间而产生大量的氨气等有害气体。

3. 搞好通风换气　做好猪舍内的通风换气工作，保持猪舍干燥、清洁、卫生，特别是冬季，既要做好防寒保温，又要注意猪舍的通风换气。用煤炉进行供温时，切忌门窗长时间紧闭，造成通风不畅，必须有通向室外的排烟管，使用时检查排烟管是否连接紧密和畅通等。用甲醛熏蒸消毒时应严格掌握剂量和时间，熏蒸结束后及时通风换气，待刺激性气味减轻后再转入猪群。

4. 在猪舍内置放吸附剂或吸附物　利用沸石、丝兰提取物、木炭、活性炭、炉渣、生石灰等具有吸附作用的物质吸附空气中的有害气体。

5. 营养技术控制有害气体产生　采取合理的营养措施，提高猪的饲料转化率，可减少粪尿中氮、磷的排出量，减少猪场恶臭气体，是控制猪场空气污染的有效途径。

实训 1－17　仔猪保育舍的环境效果评价

【实训目的】学会仔猪保育舍环境监测及评价的方法，熟悉仔猪保育舍的环境要求，掌握对仔猪保育舍进行环境控制的方法。

【材料用具】

(1) 校内外仔猪保育舍。

(2) 温度计、干湿球温湿度计、照度计、皮尺、函数表等。

(3) 二氧化碳监测仪、氨气监测仪、硫化氢监测仪各 1 台。

【方法步骤】

1. 温度的测定

注意事项：测温时，温度计应放置在不直接受直射阳光和热辐射影响的地方；观察温度表示数时，要使示数与视线在同一水平线上，以免出现误差；对不够准确的温度表，必须用标准温度表校正后再使用。

2. 空气湿度的测定

(1) 先将水槽注入 1/3～1/2 的清洁水，再将纱布浸于水中，挂在空气缓慢流动处，10min 后先读干球温度，再读湿球温度，计算出干湿球温度之差。

(2) 转动干湿球温度计的圆筒，在其上端找出干、湿球温度的差数。

(3) 在实测干球温度的水平位置作水平线与圆筒竖行干湿差相交点读数，即为相对湿度。

(4) 注意事项：测定湿度时，干湿球温度计应避免阳光直接照射，避开热源与冷源。置于空气缓慢流动处，测定点的高度为 0.2～0.5m；水壶内应注上清洁水，以后应保持壶中不断水，以使纱布带每处都浸上水，如果纱带霉烂了，可用脱脂棉代替；读数时，不要用手触摸温度计或对着温度计呼气，先读干球温度，后读湿球温度，目光垂直于板面，以免产生视差。

3. 通风量及风速的测定

(1) 使用前观察电表的指针是否指于零点，如有偏移，可轻轻调整电表上的机械调整螺丝，使指针回到零点。

(2) 将"校正开关"置于"断"的位置。

(3) 将测杆插头插在插座上，测杆垂直向上放置，螺塞压紧使探头密封，"校正开关"置于"满度"位置，慢慢调节"满度调节"旋钮，使电表指针指在满刻度的位置。

(4) 将"校正开关"置于"零位"，慢慢调整"粗调""细调"两个旋钮，使电表指针指在零点的位置。

(5) 经以上步骤后，轻轻拉动螺塞，使测杆探头露出（长短可根据需要选择），并使探头上的红点面对风向，根据电表读数，查阅校正曲线，即可查出被测风速。

(6) 在测定若干分钟后（10min 左右），必须重复以上 (3) (4) 步骤一次，使仪表内的电流得到标准化。

(7) 测定完毕后，应将"校正开关"置于"断"的位置，以免耗费电池。

4. 有害气体的测定 使用二氧化碳监测仪、氨气监测仪、硫化氢监测仪进行氨、硫化氢和二氧化碳的测定，测定点的高度为 0.2～0.5m。

【实训报告】

(1) 写出所提供仔猪保育舍的环境各项目测定的结果。

(2) 对所测各项目做出评价，并提出改进措施。

七、猪舍微生物的控制措施

（1）猪场四周必须建筑围墙，场内不准养犬、猫和其他动物。搞好环境卫生，防止鼠害，消灭各种传播媒介。

（2）场门口或生产区入口处，要设置消毒池，池内的消毒液应及时更换，并保持一定浓度和深度。场内外运输车辆和工具要严格分开，不得混用。生产区大门设专职门卫，负责来往人员、车辆的消毒。车辆进场时需经消毒池，并对车身和车底盘进行喷雾消毒。

（3）生产区入口要设有消毒更衣室，并装有紫外线灯。本场职工进入生产区，要在消毒室洗澡后，更换工作服和靴帽，经消毒池消毒后方可进入。

（4）各猪舍门口设置消毒池，内放消毒液或喷洒有消毒液的草垫，并经常更换。

（5）消毒打扫场区每年至少进行2次大扫除（春、秋）和消毒，每月进行1次一般性消毒。猪舍每周至少进行1次消毒，采取“全进全出”的饲养方式，空舍后彻底消毒。保持良好的通风换气，并且保持舍内干燥。

（6）坚持自繁自养，如需引进猪只时，为确保安全，防止疫病传播，必须从非疫区购入，经当地防疫检疫机构检疫并取得产地检疫证明和防疫注射证明，再经本场兽医验证、检疫，进场前隔离观察15～30d，确诊无病后才能混群饲养。

（7）拟订和执行定期预防接种和补种计划，降低动物的易感性。

（8）认真贯彻执行检疫制度，及时发现并消灭传染源。

（9）防疫、检疫人员要调查研究当地疫情分布，有计划地进行消灭和控制，防止外来疫病的侵入。

（10）养殖场谢绝参观，非生产人员不得进入生产区。

八、猪舍噪声的控制

1. 避开外界声源 在建场时应选好场址，尽量避开外界的干扰。场内的规划合理，使运输车辆不能靠近猪舍，采用技术状态完好车辆和适当减速的办法控制车辆噪声，不乱鸣喇叭。设备维修、饲料加工和生活设施等场所，也要远离猪舍，并且应有一定的隔离带，隔离带种植树木。此外，在养殖场的周围大量植树，也能有效降低外界的噪声对猪生产的影响。

2. 治理舍内声源 尽量采用低噪声设备、环保型机械设备和施工工艺，对噪声大的机械设备在声源处安装消声器降低噪声。舍内安装的机械设备应选择设计精良、加工质量好、噪声小的产品。

3. 减少噪声传播 无法避免的强噪声源采取特殊处理措施进行隔离以降低噪声。所有的设备在使用过程中应注意维修保养，及时添加润滑剂，对因设备故障而产生的音响应及时治理。

九、猪舍消毒

（一）机械消毒

用清扫、铲刮、洗刷等机械方法清除污物及沾染在墙壁、地面以及设备上的粪尿、残余饲料、废物、垃圾等，这样可减少舍内病原微生物。必要时，应将舍内外表层附着物一起清除，以减少感染疫病的机会。

（二）物理消毒

1. 日光照射 日光照射消毒是指将物品置于日光下暴晒，利用太阳光中的紫外线、阳光灼热和干燥作用使病原微生物灭活的过程。这种方法适用于对猪场、运动场场地、垫料和可以移出室外的用具等进行消毒。在强烈的日光照射下，一般的病毒和非芽孢菌经数分钟到数小时内即可被杀灭。

2. 辐射消毒 紫外线照射消毒是用紫外线灯照射杀灭空气中或物体表面的病原微生物的方法。紫外线照射消毒常用于兽医室、人员进入猪舍前消毒室等场所的消毒，由于紫外线容易被吸收，对物体的穿透能力很弱，所以紫外线只能杀灭物体表面和空气中的微生物。

3. 高温消毒 高温消毒是利用高温环境破坏细菌、病毒、寄生虫等病原体结构、杀灭病原的过程，包括火焰、煮沸和高压蒸汽等消毒形式。

（三）化学消毒

是指使用化学消毒剂，通过化学消毒剂的作用破坏病原体的结构以直接杀死病原体或使病原体的增殖发生障碍的过程。化学消毒法比其他消毒方法速度快、效率高，能在数分钟内进入病原体内并将其杀灭。

（四）生物消毒

生物消毒法是利用微生物分解有机物过程中释放出的生物热杀灭病原性微生物和寄生虫卵的过程。在粪便堆积发酵过程中，猪粪便温度可以达到 60～70℃，可以使病原性微生物及寄生虫卵在十几分钟至数日内死亡。生物消毒法是一种经济简便的消毒方法，能杀死大多数病原体，主要用于粪便消毒。

十、猪舍灭鼠消蚊蝇

1. 建筑防鼠 建筑防鼠是从猪舍建筑和卫生着手控制鼠类的繁殖和活动，把鼠类在各种场所的生存空间限制到最低，使它们难以找到食物和藏身之所。要求猪舍及周围的环境整洁，及时清除残留的饲料和生活垃圾，猪舍建筑要求墙基、地面、门窗等方面坚固耐用，一旦发现洞穴立即封堵。

2. 器械灭鼠 常用的有鼠夹子和电子捕鼠器（电猫）。此方法要注意捕鼠前考察当地的鼠情，便于采取有针对性的措施。常以蔬菜、瓜果做诱饵，诱饵要经常更换，捕鼠器要经常清洗。老鼠在阴天更容易食诱饵。

3. 化学药物灭鼠 主要使用内服灭鼠药，有急性和慢性灭鼠剂两类。只需服药 1 次可奏效的称急性灭鼠剂，或速效药。需一连几天服药效果才出现的称慢性灭鼠剂，或缓效药，前者多用于野外，后者多用于居民区内。

4. 控制和消除猪舍蚊蝇滋生 储粪场、污水池等是蚊蝇的主要滋生地，对储粪场、污水池等应及时清理并经常采取灭蝇措施。猪舍内外应经常打扫，使地面无粪便、垃圾和饲料残留，化粪池盖板无破损，并定期检查，发现有蝇蛆滋生要及时处理。

十一、猪舍饲养密度的控制

饲养密度是指舍内猪密集的程度。一般用每头猪所占用的地面面积来表示，它是影响猪舍空气环境卫生指标的因素之一。在猪生产中必须根据具体情况具体分析，建立适宜的饲养密度。猪常用的饲养密度见表 1－8－9。

表 1-8-9　猪的饲养密度和群体大小

猪别	体重（kg）	每栏头数	每头猪所占面积（m^2）	
			非漏缝地板	漏缝地板
哺乳仔猪	5～10	20～25	0.37	0.26
保育仔猪	10～25	15～20	0.56	0.28
生长猪	25～55	15～20	0.74	0.37
育肥猪	55～100	10～15	1.0～1.2	0.8～1.0
后备猪	90～110	6～10	1.4	1.2
妊娠猪	120～200	4～6	3.0～4.0	1.5～2.0
带仔猪	140～200	1	7	3.5～4.5
种公猪	127～170	1	7	4

十二、病死猪尸体无害化处理

1. 深埋法　是指通过用掩埋的方法将病死猪尸体进行处理，利用土壤的自净作用使其无害化，是处理猪病害尸体的一种常用、可靠、简便易行的方法。

2. 焚烧法　是指将病死猪堆放在足够的燃料物上或置于焚烧炉中，通过焚烧使猪尸体完全燃烧碳化，达到无害化的目的。它是一种最安全最彻底的处理方法，但不能利用产品，且成本高，烟尘容易污染空气。对一些危害人畜健康极为严重的传染病病畜的尸体，仍有必要采用此法。

3. 化尸池发酵法　是指将尸体抛入专门的动物尸体发酵池内，利用生物热的方法将尸体发酵分解，以达到无害化处理的目的。

猪粪无害化处理

任务 4　猪场粪污的处理

一、猪场粪污对环境的污染

现代化养猪规模大，集约化程度高，与传统养猪相比产生的粪便及污水量大大增加，一个 10 万头规模的猪场日产鲜粪 80t、污水 260t，每小时向大气中排放 150 万个细菌、159kg 氨气、14.5kg 硫化氢、25.9kg 饲料粉尘，随风可传播 4.5～5.0km。这些污染物质如果处理不当，就会造成环境污染。猪场对环境的污染包括对大气、水和土壤的污染。

猪场对大气污染主要表现为：猪的粪尿中含有大量的有机物质，排出体外后会迅速腐败发酵，产生硫化氢、氨、胺、硫醇、苯酸、挥发性有机酸、吲哚、粪臭素、乙酸、乙醛等恶臭物质，污染空气。猪舍的粉尘和微生物也是大气的污染来源，这些气体随风向周围扩散，危害猪群和人的健康，容易引发呼吸道疾病，使猪的增重速度减慢、人的工作效率降低，还可能引起疫病的传播。此外，场内的粪污滋生大量的蚊蝇，也能传染疾病，污染环境。

猪场对水和土壤污染主要表现为：猪场的粪便污水不经处理或处理不当，任意排放渗入地下，污染土壤、地表水和地下水。污水可以使水体富营养化、变黑发臭。病原微生物、寄生虫、残留的药物或添加剂、消毒药等也会随降水或污水流入水体和土壤，当流入的量超过了土壤和水体的自净能力时，便会发生污染。水或土壤中含有大量的病原微生物、寄生虫和各种有害物质，对人和其他生物构成极大的威胁。

二、猪场粪污的清除方式

在国内外养猪生产中，清粪方式一般有两种：一是干清粪方式，即人工将干粪清除，污水经明沟或暗沟排出猪舍，它的特点是设备投资少、运行成本低，环境控制投入少，但劳动生产率低。二是自动清粪，即采用清粪设施自动清除粪污，常见的有机械清粪和水冲、水泡清粪方式，其特点与干清粪方式相反。

自动清粪适用于漏粪地板的饲养方式，其中水冲清粪是靠猪把粪便踏下去落到粪沟里，在粪沟的一端设有翻斗水箱，放满水后自动翻转倒水，将沟内粪便冲出猪舍。而水泡清粪是在粪沟一端的底部设挡水坎，使沟内总保持一定深度的水（约 15cm），使落下的粪便浸泡变稀，随着落下的粪便增多，稀粪被挤入猪舍一端的粪井，定期或不定期清除；或者在粪沟内设一个活塞，清粪时拔开活塞，稀粪流出猪舍。这种清粪工艺自 20 世纪 80 年代后引进后使用至今，因其耗水、耗电，造成舍内潮湿，并且污水和稀粪处理设施跟不上，使用效果欠佳。机械清粪是采用刮粪板清除粪沟中的粪便，虽然减少了用水量、降低了猪舍内的湿度，但因耗电多、牵引钢丝绳使用期限短而没有得到广泛的应用。在我国，因劳动力便宜，水和电力资源缺乏，干清粪方式应用比较广泛，而且在传统的基础上有所改进，也可以应用于漏缝地板饲养方式。但究竟采用哪一种方式要根据实际条件来确定。

三、猪场粪污的处理和利用

猪场粪便及污水合理的处理和利用，既可以防止环境污染，又能变废为宝。猪粪及污水处理方法与其饲养工艺直接相关。采用干清粪方式，污水比较少，容易处理；采用自动清粪方式，污水量大，先要经过固液分离后再做处理，进行利用。猪粪及污水常用作肥料和能源（沼气），还有的用于养鱼、养藻等。

（一）液粪、污水处理

液粪和污水的处理方法按其作用的基本原理可分为：

1. 物理处理法 将污水中的有机污染物质、悬浮物、油类以及固体物质分离出来，包括固液分离法、沉淀法、过滤法等。

2. 化学处理法 采用化学反应使污水中的污染物质发生化学变化而改变其性质的处理方法，包括中和法、絮凝沉淀法、氧化还原法等。

在急需用肥的季节，或在传染病和寄生虫病严重流行的地区（尤其是血吸虫病、钩虫病等），为了快速杀灭粪便中的病原微生物和寄生虫卵，可用化学药物灭虫灭卵，选用药物时，应采用药源广、价格低、使用方便、灭虫效果好、不损肥效、不引起土壤残留、对作物和人畜无害的药物。常用的药物主要有尿素，添加量为 1%；敌百虫，添加量为 10 mg/kg；碳酸氢铵，添加量为 4%。通常上述药物或添加物在常温情况加入粪便 1d 时间就可达到消毒与灭虫的效果。

3. 物理化学处理法　包括吸附法、离子交换法、电渗析法、反渗透法、萃取法和蒸馏法。

4. 生物处理法　利用微生物的代谢作用分解污水中的有机物而达到净化的目的。根据微生物呼吸过程的需氧要求分为好氧处理和厌氧处理两大类。

（1）好氧生物处理是在有氧气的条件下，分解有机物的耗氧细菌大量繁殖形成黏性细菌絮体或附在物体上的黏液层，通过分解、吸附和表面作用处理污水的方法，如活性污泥法是由无数细菌、真菌、原生动物和其他微生物与吸附的有机及无机物组成的絮凝体构成活性污泥，利用它的吸附和氧化作用来处理污水中的有机物，处理设施有曝气池、曝气设备。而生物膜法是另一种好氧生物处理法，它是通过生长在物料（如滤料、石料等）表面上的生物膜来处理污水的方法，处理设备有生物滤池、生物转盘、生物接触池等。

（2）厌氧生物处理是厌氧菌和兼性菌在无游离氧的条件下分解有机物，使污水净化的方法，如化粪池、沼气池等。

以上各种方法必须综合使用，对污水进行系统处理，才能达到净化的目的。

（二）用作肥料

猪粪还田是我国传统农业的重要环节，“粮—猪—肥—粮”型传统的农业生产即“猪多肥多、肥多粮多”，是比较典型的生态农业，猪粪还田在增加土壤肥力、提高农作物产量方面起着重要的作用。猪粪便污水还田的方式，与清粪工艺直接相关。世界上有些国家养猪采用水冲清粪，将粪水发酵后用罐车随播种或专用机具破土埋在耕地里施用，这种方法比较简单，但要有足够的发酵池或发酵罐。采用干清粪方式养猪，粪便可以通过土壤的自净作用处理，土壤获得肥料的同时净化粪污，节省处理费用。但是土壤的净化能力有限，施用过多容易造成污染，鲜粪在土壤里发酵产热及其分解物对作物生长发育不利，所以施用量受到限制，每666.7m^2 耕地鲜粪施用量为0.5～0.6t。

对鲜粪进行腐熟堆肥后施用可以解决上述矛盾，又能提高肥力。在猪粪腐熟的过程中，温度可达到50～70℃，杀灭粪中绝大部分微生物、寄生虫卵和杂草种子，处理后的肥料含水量低、无臭味，属于迟效性肥料，使用安全方便。腐熟堆肥的条件是：保持好氧环境；水分含量40%～60%；堆肥物料的碳氮比为（26～35）：1，鲜猪粪的碳氮比为（8～13）：1即可，碳的比例不足可加野草、秸秆补充。腐熟堆肥简单的方法是：在混凝土地或铺有塑料膜的地面上，或在混凝土槽中，将拌好的物料堆成长条状，高1.5～2.0m、宽1.5～3.0m，长度根据场地决定。为了保持好氧环境，粪堆中间可插入通气管或草把，用塑料膜或泥密封，15d或1～2个月后就可以使用。在经济发达的国家，采用堆肥舍、堆肥槽、堆肥塔、堆肥盘等设备进行堆肥，大大提高了腐熟的速度，散发的臭味少，可连续生产。还有把猪粪加工成复合肥（颗粒肥料）或将液粪在贮粪罐里经过搅拌曝气，通过微生物作用变成腐熟的液状肥料等加工方法。

（三）制沼气

厌氧发酵处理工艺可以使猪场粪便污水制成沼气，它是一个有效处理养猪生产养殖废弃物的环境工程。沼气是厌氧微生物（主要是甲烷细菌）分解粪污中的含碳有机物而产生的混合气体，其主要成分有甲烷（60%～70%），二氧化碳（25%～40%），还有少量的氧、氢、一氧化碳、硫化氢等气体。沼气是一种能源，可用于照明、燃料、发电等。发酵后的沼渣可作为肥料，沼液可以排入鱼塘进行生物处理。沼气发酵的类型有：高温发酵（45～55℃）、中温发酵（35～40℃）和常温发酵（30～35℃）。在我国普遍采用的是常温发酵，其适宜的条件是：温度25～35℃；pH6.5～7.5），pH低时可用石灰石或草木灰调节；碳氮比（25～30）：1；足够的有机物，一般以每1m^3沼气池加入1.6～1.8kg的固态原料为宜；适宜的容积，发酵池的容积以每头猪0.15m^3为宜。常温发酵效率低，只是一级处理，沼液、沼渣需经进一步处理，否则可造成二次污染；如果采用中温或高温发酵，提高产气效率、缩短发酵时间，也可以减轻二次处理的难度，减少二次污染。在北方，猪粪制沼气由于气温低而使其应用受到限制，在南方地区应用比较广泛。

复习思考题

一、名词解释

1. 添加剂预混合饲料　2. 浓缩饲料　3. 全价配合饲料
4. 化学消毒法　5. 生物消毒法　6. 饲养密度

二、填空题

1. 通常添加剂预混合饲料在配合饲料中应添加________，浓缩饲料在全价配合饲料中占________，能量饲料占________。

2. 饲料筹划主要包括饲料的________和________计划。

3. ________是猪场的基本生产单元。其功能是为猪只提供活动、生长发育的场所，并为饲养人员提供管理上的方便。

4. 根据猪栏内所养猪只种类的不同，猪栏又可分为公猪栏、配种栏、母猪栏、母猪分娩栏、________、________、________和________。

5. 根据喂饲方式的不同可将食槽分为________和________两种形式。

6. 常用的自动饮水器有________、________和________三种。

7. 现代猪舍的供暖，分________和________两种方法。

8. 常用的局部供暖设备是________________。

9. 常用的通风降温设备主要有________、________、________、喷淋降温或滴水降温系统等。

10. 猪舍常用的防暑降温措施有________、________、________、________。

11. ________是降低猪舍空气湿度的最有效方法。

12. 猪舍光照控制方法包括________和________。

13. 猪舍通风换气方法包括________和________。

14. 猪舍的消毒方法通常包括________、________、________和________。

15. 常用的病死猪尸体的无害化处理方法有________、________和________。

16. 在国内外养猪生产中，猪场粪污的清除方式一般有________和________。

17. 猪场液粪、污水常用的处理方法有________、________、________和________。

三、简述题

1. 简述猪舍有害气体、湿度、微生物、噪声的控制措施。

2. 简述猪舍灭鼠消蚊蝇的控制措施。

3. 简述猪场粪污的处理及利用方法。

【本项目参考答案】

一、名词解释

1. 为了把微量的饲料添加剂均匀混合到配合饲料中，方便用户使用，将一种或多种微量的添加剂原料（各种维生素、微量元素、合成氨基酸和非营养性添加剂，如药物添加剂等）与稀释剂或载体按一定配比均匀混合而成的产品，称为添加剂预混合饲料，简称预混料。

2. 由添加剂混合饲料、蛋白质饲料和常量矿物质饲料（钙、磷和食盐）配制而成的配合饲料。

3. 由能量饲料（60%～80%）和浓缩饲料配合而成。

4. 指使用化学消毒剂，通过化学消毒剂的作用破坏病原体的结构以直接杀死病原体或使病原体的增殖发生障碍的过程。

5. 利用微生物在分解有机物过程中释放出的生物热杀灭病原性微生物和寄生虫卵的过程。

6. 猪舍单位面积饲养猪只的头数，反应舍内猪密集的程度。

二、填空题

1. 0.01%～5%、20%～40%、60%～80%　2. 生产、供应　3. 猪栏　4. 群养母猪栏、保育猪栏、生长猪栏、育肥猪栏　5. 自动食槽、限量食槽　6. 鸭嘴式、乳头式、杯式　7. 集中供暖、局部供暖　8. 用红外线灯或红外线辐射板加热器　9. 风机、湿帘—风机降温系统、喷雾降温系统　10. 喷雾降温、喷淋降温、湿帘降温、冷风设备降温　11. 通风换气　12. 自然光照、人工光照　13. 自然通风、机械通风　14. 机械消毒、物理消毒、化学消毒、生物消毒　15. 深埋法、焚烧法、化尸池发酵法　16. 干清粪方式（人工将干粪清除）、自动清粪　17. 物理处理法、化学处理法、物理化学处理法生物处理法

【第一单元项目九参考答案】

一、填空题

1. 水量充足、水质良好、便于防护、取用方便　2. 地势高且干燥、向阳背风、地势平坦、排水良好　3. 管理区、生产区、兽医卫生管理　4. 卫生防疫、通风、采光、防火、节约用地

猪场建设

【学习目标】

1. 了解猪场场址选择的基本原则。
2. 掌握猪场建筑设施规划布局的基本方法。

【学习任务】

任务1　猪场场址的选择

猪场是猪生长、发育、繁殖的场所，是向社会提供产品的场所，也是人们劳动的场所，在一定区域内选择适合的场址是建设猪场的前提。它不仅关系到猪场本身的经营和发展，而且还关系到当地生态环境的保护。选择猪场场址时除了遵循国家有关法律法规，符合当地的城镇规划，并为猪场今后发展的需要留有扩建余地外，还应从以下几方面进行综合考虑。

一、地形地势

1. 地形　是指场地的形状、大小、位置和地貌（场地上的房屋、树木、河流、沟坝等）。猪场要开阔整齐，有足够的面积，并留有扩建余地。地形狭长和边角过多的地方不便于场地的规划和建筑物布局，也不便于建造防护设施及场区防疫和生产。因此，这样的地形不适合建造猪场。面积不足会造成建筑物拥挤，给饲养管理、场区和猪舍环境及防疫、防火等造成不便。

2. 地势　地势是指猪场所建场地的高低起伏状况。猪场的地势要求为：

（1）地势高且干燥。地下水位应在2m以上。低洼和地下水位高的地方易积水，且潮湿，通风不良，冬季阴冷，易滋生蚊蝇和病原微生物繁殖，不适宜建造猪场。

（2）背风向阳。在我国，寒冷地区要避开西北方向的山口和长形谷地，以减少冬、春季风雪的侵袭；炎热地区则不宜选择山坳和谷地建场，以免闷热、潮湿及通风不良。

（3）地势平坦。以利于建筑物和设备的合理布局，并便于运输。

（4）排水良好。猪场的地势最好有一定的坡度，以利于排水。在坡地建猪场时，坡度最大不得超过25%，以免给建筑施工带来不便。在坡地建场宜选择向阳背风坡，以利于冬季防寒和建立较好的场区小气候。

猪场场地应充分利用自然的地形地物，如利用原有林带树木、山岭、河川、沟渠等作为场界的天然屏障。对大型的城郊猪场，应特别注意远离污染源，要尽可能在开阔地形的中央建场，以便于对城市环境的保护。

二、水源和水质

水源水质关系着生产、生活用水与建筑施工用水的安全，要给以足够的重视，在选择猪场水源时应遵循以下原则：

1. 水量充足 水源水量必须能满足猪场内人、畜生活及生产用水需要，以及消防等用水的需要，并应把今后发展所需增加的用水量考虑在内（表1-9-1）。

2. 水质良好 养猪场必须要有符合饮用水卫生标准的水源。

3. 便于防护 保证水源水质处于良好状态，不受周围环境的污染。

4. 取用方便 设备投资少，处理技术简便易行。

表1-9-1 猪群需水量标准［kg/（头·d）］

猪别	总需水量	饮用量
种公猪	25	10
空怀及妊娠母猪	25	12
带仔哺乳母猪	60	20
断乳仔猪	5	2
后备猪	15	6
育肥猪	15	6

三、土壤

土壤的物理、化学和生物学特性都会影响猪的健康和生产力。一般情况下，猪场土壤要求透气性好，易渗水，热容量大，这样可抑制微生物、寄生虫和蚊蝇的滋生，并可使场区昼夜温差较小，在沙壤土建造猪场最为理想。沙壤土透水透气性好，雨水比较容易渗透进地下，场区地面能够经常保持干燥，既可避免雨后泥泞潮湿，又可抑制病原微生物、寄生虫和蚊蝇的生存及繁殖；沙壤土的导热性小，温度稳定；有利于土壤的自净及猪的健康和卫生防疫。此外，沙壤土由于含水量小，具有较高的抗压性，较小的膨胀性，是猪场建筑的理想地基。但在一定区域内，由于客观条件限制，往往不易达到理想水平，所以不能一味追求。但地基不太理想时，应在猪舍的设计、施工和使用管理上采取一定措施，加以弥补。

四、社会联系

社会联系指养猪场与周围社会的相互往来而形成的影响。要求必须遵守公共卫生和兽医卫生准则，既不受周围环境的污染，也不成为周围环境的污染源。因此不应在城市近郊建设猪场，也不要在化工厂、屠宰场、制革厂等容易造成环境污染的企业下风向或附近建场。猪场要远离飞机场、铁路、车站、码头等噪声较大的地方，以免猪只受到噪声影响。猪场的位置要在居民区的下风处，地势要低于居民区，但要避开居民区的排污口和排污道。猪场与居民区的距离为：中小型猪场应不小于 500m；大型猪场应在 1 000m 以上。距其他畜牧场的距离为：距一般畜牧场不小于 500m；距大型畜牧场不小于 1 000m；距各种化工厂、畜产品加工厂应在 3 000m 以上。

猪场饲料、产品、废弃物等运输量很大，与外界联系密切，因此场址要求交通便利。但交通干线往往又是疫病传播的途径之一，故在场址选择时既要考虑方便运输，又要距交通干线一定距离，以满足猪场对卫生防疫的要求。一般情况下，猪场距铁路和国家一、二级公路的距离应不小于 500m，距离主要公路 300m，距离三级公路 200m，距离一般公路 100m（有围墙时可缩至 50m）。猪场要有专用道路与公路相连。

在选择场址时还要保证足够的电力供应；避开风景旅游区、自然保护区、水源保护区和环境污染严重的地方；切忌在旧猪场场址或其他畜牧场、屠宰厂场地上重建或改建猪场，以免疫病的发生。

任务 2　猪场的规划布局

场址选定后，根据有利于防疫、改善场区小气候、方便饲养管理、节约用地等原则，同时要考虑当地气候、风向、场地的地形地势、猪场各种建筑物和设施的大小及功能关系，规划全场的道路、排水系统、场区绿化等，安排各功能区的位置及每种建筑物和设施的位置和朝向，做到因地制宜，合理设计。

1. 猪场的设计规模　猪场的设计规模要考虑到育肥猪的市场情况、建场的资金和饲料来源情况，充分考虑之后再制订出合理的猪场规模。一般的饲养规模为年产 1 000 头或 1 500头商品育肥猪较为适宜。如果资金和市场允许，也可以建年产 5 000 头或 10 000 头商品育肥猪的猪场。

2. 生产的运行方式　结合国内外各种猪场的建场实践，最好采用自繁自养的生产运行方式。这不仅有利于调节市场猪价的起伏，更能够保证养猪业健康的发展。

3. 猪舍的建筑形式、规模和各种建筑物之间的布局　猪舍的建筑形式、规模和布局应该本着既有利于生产又有利于减少成本的原则，做到科学、规范、实用。

一、猪场规划

（一）猪场场地规划原则

（1）根据地势和当地全年主风向，按功能分区，合理布置各种建筑物。

（2）充分利用场区原有的自然地形、地势，有效利用原有道路、供水、供电线路，尽量减少土方工程量和基础设施工程费用，以降低成本。

（3）合理组织场内、外的人流和物流，为养猪生产创造有利的环境条件，实现高效生产。

（4）保证建筑物具有良好的朝向，满足采光和自然通风条件，并有足够的防火通道间距。

（5）猪场建设必须考虑猪的粪尿、污水及其他废弃物的处理和利用，符合清洁生产的要求。

(6) 在满足生产要求的前提下，建筑物应布局紧凑，节约用地，少占或不占可耕地。在占地满足使用功能的同时，应充分考虑今后的发展，留有余地。

(二) 猪场功能分区

猪场一般分管理区、生产辅助区、生产区、兽医卫生管理区4个功能区。各区应界限分明，联系方便，按全年主风向及地势由上而下顺序排列（图1-9-1）。

1. 管理区 包括办公、食堂、职工宿舍等。管理生活区应建在高处、上风处。该区与日常饲养工作关系密切，距生产区距离不宜太远。

2. 生产辅助区 包括饲料厂及仓库、水塔、水井房、锅炉房、变电室、车库、屠宰加工厂、修配厂等，生产辅助区按有利防疫和便于与生产区配合布置。

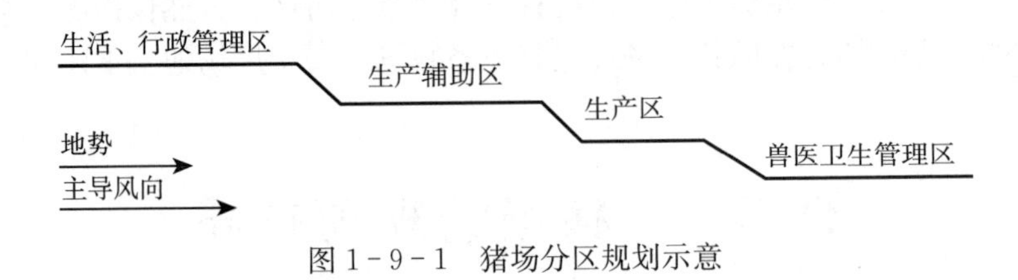

图1-9-1 猪场分区规划示意

3. 生产区 包括各种猪舍、消毒室（更衣、洗澡、消毒）、消毒池、药房、兽医室、出猪台、维修及仓库、值班室等。生产区是猪场的最主要区域，一般建筑面积占总面积的70%～80%。其中种猪舍要求与其他猪舍隔开，形成种猪区。为避免外来运输车辆进入场内，各猪舍由饲料库内门领料，用场内小车运送，并在靠围墙处设置装猪台，在生产区入口处设置专门的消毒间或消毒池。

4. 兽医卫生管理区 包括病死猪处理室、污水粪便处理（或沼气池）设施等，这些建筑设施应设在下风向、地势较低的地方，远离生产及生活区，以避免疫病传播和环境污染。

二、建筑物布局

猪场建筑物的布局在于正确安排各种建筑物的位置、朝向、间距。布局时需考虑各建筑物间的功能关系、卫生防疫、通风、采光、防火、节约用地等。

1. 管理区 管理区对外联系密切，应建在猪场大门附近。门口分设行人和车辆消毒池，两侧设值班室和更衣室。

2. 生产区

(1) 布局。各类猪舍应考虑配种、转群方便的布局，有利于卫生防疫。种猪舍、仔猪舍应设在高处，位于上风向；妊娠舍和产房相对要近一些，产房和保育舍也相对要近一些；育肥舍应设在低处，位于下风向。由高到低或自上而下的排列顺序为：繁殖猪舍（包括后备、待配、妊娠母猪及种公猪舍）→分娩舍→仔猪培育舍→育成猪舍→育肥舍。商品猪置于离场门或围墙近处，装猪台靠近育成和育肥猪舍，便于运猪车在场外装猪。

(2) 猪舍朝向。猪舍适宜朝向要根据各个地区的太阳辐射和主导风向这两个主要因素加以选择确定，猪舍朝向可参照全国部分地区建筑朝向确定，一般以南向或南偏东、南偏西45°以内为宜。

(3) 猪舍间距。猪舍之间的距离以能满足光照、通风、卫生防疫和防火的要求为原则。

猪舍间距一般以3～5H（H为南排猪舍檐高）为宜。距离过大则猪场占地过多，间距过小则南排猪舍会影响北排猪舍的光照，同时也影响其通风效果，也不利于防疫、防火。自然通风的猪舍间距一般取5倍屋檐高度以上，机械通风猪舍间距应取3倍以上屋檐高度，即可满足日照、通风、防疫、防火及节约用地等各种要求。

各建筑物排列整齐、合理，既要利于道路、给排水管道、绿化、电线等的布置，又要便于生产和管理工作。

3. 兽医卫生管理区 病猪和粪污处理场所应置于全场最下风向和地势最低处，距生产区宜保持至少50m的距离。

4. 场区内道路和排水 场区内应分净道、污道，且互不交叉。净道用于运送饲料、用具和产品，污道用于运送粪便、废弃物及病死猪。生产区对外封闭，生产管理区和隔离区设通向场外的道路。排水设施为排出雨水而设。一般可在道路一侧或两侧设明沟排水，也可设暗沟排水，但场区排水管道不宜与舍内排水系统的管道通用。

5. 场区的绿化 场区周围设隔离林带或围墙。绿化可以美化环境，更重要的是可以吸尘灭菌、降低噪声、净化空气、防疫隔离、防暑防寒。场区绿化可按冬季主风的上风向设防风林，在猪场周围设隔离林，猪舍之间、道路两旁进行遮阳绿化，场区裸露地面上可种花草。场区绿化植树时，需考虑其树干高低和树冠大小，防止夏季阻碍通风和冬季遮挡阳光。

复习思考题

一、填空题

1. 在选择猪场水源时应遵循________、________、________和________的原则。

2. 猪场场址在选择地势时应符合________、________、________和________的要求。

3. 猪场一般分________、________、________三个功能区。

4. 猪场建筑物的布局在于正确安排各种建筑物的位置、朝向、间距。布局时需考虑各建筑物间的功能关系、________、________、________、________、________等。

二、简答题

简述猪场场地在规划时应遵循哪些原则。

【拓展学习】

GB/T 17824.1—2008 《规模猪场建设》

GB/T 17824.2—2008 《规模猪场生产技术规程》

GB/T 17824.3—2008 《规模猪场环境参数及环境管理》

GB/T 17823—2009 《集约化猪场防疫基本要求》

GB 18596—2001 《畜禽养殖业污染物排放标准》

（参考答案见112页）

家禽生产

鸡的生物学特性与养鸡生产认知

【学习目标】

1. 熟悉鸡的生物学特性。
2. 了解鸡场的整体概况、种蛋孵化及各阶段鸡的规范饲养要点。

【学习任务】

任务1 鸡的生物学特性

1. 体温高、新陈代谢旺盛 鸡的体温为41.5℃（40.9～41.9℃），高于任何家畜的体温。每分钟心跳可达200～350次，鸡的基础代谢远高于其他动物。创造良好的环境条件，给予充分的营养才能保证鸡的正常代谢。

2. 生长发育迅速、成熟早、生产周期短 肉用仔鸡一般初生重38～40g，养至6～7周龄，体重可达2 kg，增重49倍，商品蛋鸡养到140～150日龄就可开产。肉用仔鸡的肉料比为1∶（1.8～2.2）；商品蛋鸡的蛋料比为1∶（2.4～2.8）。

3. 消化道短，粗纤维消化率低 鸡的消化道短，仅为体长的6倍，而牛为20倍，猪为14倍。因此，饲料通过鸡消化道较快，消化吸收不完全。鸡的消化道内没有分解纤维素的酶，所以鸡对粗纤维消化率比其他家畜低，鸡的日粮必须以精料为主。

4. 鸡无牙齿，不能咀嚼食物 腺胃分泌胃液，消化食物主要是在肌胃中进行，靠肌胃胃壁肌肉把食物磨碎。在饲料中添加适量砂粒可帮助肌胃磨碎饲料，提高饲料转化率。

5. 鸡对环境变化敏感 鸡视觉敏锐，但夜盲，听觉灵敏，突如其来的噪声、陌生人进入鸡舍、异常的颜色都易使鸡受到惊吓，引起“惊群”，造成损失。环境的变化，特别是高温高湿、低温高湿、空气中的有害气体的聚集都会影响鸡的健康和生产性能，光照制度和饲喂制度的突然改变也会对鸡产生不良影响，所以养鸡要注意尽量控制环境变化。

6. 鸡抗病能力差 鸡没有淋巴结，阻止病原体侵入体内的能力差，肺小且与气囊相通，气囊通向骨髓腔。鸡极易通过呼吸道吸入空气传播的病原体，所以鸡的传染病由呼吸道传播的多，且传播速度快，发病严重，死亡率高。鸡没有横膈膜，腹腔的感染容易蔓延到胸部的器官。鸡场应制定严格的卫生防疫措施，严格履行免疫程序和防疫制度，加强饲养管理，减少疾病的发生。

7. 性情温顺，群居性强，群序明显 鸡的性情安静、温顺，具有明显的合群性，适合大群饲养。鸡群内按个体强弱排列有序，无论采食、饮水、栖息，强者占据有利地位，弱者尾随其后，如果饲料、饮水供应不足，弱者往往难以吃饱饮足，造成强弱分化。因此，养鸡要合理分群，注意鸡群的均匀度。

8. 鸡具有树上栖息的特性 鸡保留了树上栖息的习性，鸡在树林、果园中放养时，晚上都会在树枝上休息。在鸡舍里放入栖架满足鸡的生活习性，可减少鸡群的挤压和疾病传播，有利于鸡群的健康。

任务2 养鸡生产的认知

实训2-1 参观养鸡场

【实训目的】通过对规模较大、管理规范的养鸡场参观，在该鸡场技术管理人员的指导下了解养鸡生产环节，体验养鸡生产实际情况，增加对养鸡生产的感性认识。

【材料用具】规模化养鸡场。

【方法步骤】请鸡场技术管理人员介绍：

（1）鸡场整体概况（包括场址的选择、规划布局、常用设备等）。

（2）鸡场的消毒防疫情况。

（3）鸡场的工作日程。

（4）种蛋的孵化过程。

（5）商品鸡的规范饲养。

（6）种鸡的规范饲养。

（7）鸡场的饲料加工与调制。

【实训报告】每人写一份参观养鸡场的体会。

复习思考题

一、填空题

1. 鸡的体温达41.5℃，新陈代谢________。

2. 鸡的消化道短、没有消化粗纤维的酶，故鸡对粗纤维的消化率________。

3. 鸡对食物的消化主要是在________中进行。

4. 鸡没有淋巴结，阻止病原体侵入体内的能力________。

5. 突如其来的噪声、陌生人进入鸡舍都易使鸡受到________，引起“惊群”。

6. 鸡性情温顺，________，群序明显。

7. 鸡具有树上________的特性。

8. 鸡在黑暗的环境下视觉很________。

二、叙述题

1. 叙述鸡的生物学特性。
2. 假如你回家乡养鸡创业，你认为该做哪些准备？

【参考答案】

一、名词解释

1. 旺盛　2. 低　3. 肌胃　4. 差　5. 惊吓　6. 群居性强　7. 栖息　8. 差

家禽品种

【学习目标】

1. 掌握家禽品种的分类方法。
2. 掌握主要标准品种及现代鸡种的产地、生产性能及外貌特征。
3. 了解主要地方良种鸡、鸭、鹅的生产性能及外貌特征。

【学习任务】

任务1 家禽品种的分类

一、标准分类法

家禽品种的标准分类法是从19世纪80年代至20世纪50年代初国际公认的分类方法，家禽分为类、型、品种和品变种，见表2-2-1。

1. 类 按家禽原产地分为亚洲类、美洲类、地中海类、英国类、波兰类等。

2. 型 按经济用途分为蛋用型、肉用型、兼用型和观赏型。

3. 品种 通过育种而形成的一个有一定数量的群体，它们具有共同来源，相似的外貌特征和基本一致的生产性能，且能够把这些特征和性能稳定遗传给后代。

4. 品变种 在同一品种内按羽毛颜色或冠形分为不同的群体。

表2-2-1 家禽标准分类法示例

种类	类	型	品种	品变种
鸡	地中海	蛋用	来航鸡	单冠白来航、褐来航等
	美国	兼用	洛克鸡	芦花洛克、白洛克、黄洛克等
鸭	中国	肉用	北京鸭	
	英国	蛋用	康贝尔鸭	黑色、白色、黄褐色康贝尔鸭

（续）

种类	类	型	品种	品变种
鹅	中国	肉用	中国鹅	中国白鹅、中国灰鹅
	法国	肉用	托罗斯鹅	

二、现代鸡种分类法

随着现代化养鸡业的蓬勃发展，配套系的广泛使用，标准分类法难以适应现代鸡的育种，现代鸡种根据鸡的经济属性进行分类，分为蛋鸡系和肉鸡系。

蛋鸡系：按蛋壳颜色又分为白壳蛋鸡、褐壳蛋鸡和粉壳蛋鸡。

肉鸡系：按早期生长速度和肉品质分为白羽快大型肉鸡和黄羽优质型肉鸡。

任务 2　家禽品种

一、鸡的主要品种

（一）标准品种

19 世纪 80 年代至 20 世纪 50 年代前育成的纯种，并得到家禽协会或家禽育种委员会承认的品种，称为标准品种。

1. 单冠白来航鸡　原产于意大利，属蛋用型，见图 2-2-1。体型短小清秀，羽毛白色而紧贴，冠大，公鸡的冠较厚而直立，母鸡冠较薄而倒向一侧；耳叶白色，皮肤、喙、胫均为黄色，性情活泼好动，善飞跃，易受惊吓，容易发生啄癖。性成熟早，一般 5 月龄开产，年产蛋量在 200 枚以上，优秀高产群可达 280～300 枚，蛋重 54～60g，蛋壳白色，无就巢性。成年公鸡体重 2.0～2.5kg，母鸡 1.5～2.0kg。

图 2-2-1　单冠白来航鸡
（杨宁，1994. 现代养鸡生产）

图 2-2-2　洛岛红鸡
（杨宁，1994. 现代养鸡生产）

2. 洛岛红鸡　原产于美国，属兼用型，见图 2-2-2。羽毛为酱红色，喙褐黄色，胫黄色或带微红的黄色，耳叶红色，皮肤黄色。洛岛红鸡是现代培育褐壳蛋鸡的主要素材，用作商品杂交配套系的父本，生产的商品蛋鸡可按羽色自别雌雄。6 月龄开始产蛋，年产蛋量 160～180 枚，蛋重 60～65g，蛋壳褐色。成年公鸡体重 3.5～3.8kg，母鸡 2.2～3.0kg。

3. 白洛克鸡 原产于美国，属肉用型。羽毛为白色，单冠，耳叶为红色，喙、胫、皮肤为黄色。白洛克鸡经选育后早期生长快，胸、腿肌肉发达，被广泛用作生产商品肉用仔鸡的母本。6～7月龄开产，年产蛋150～160枚，蛋重60g左右，蛋壳浅褐色。成年公鸡体重4.0～4.5kg，母鸡3.0～3.5kg。

4. 白科尼什鸡 原产于英国，属肉用型。羽毛为显性白羽，豆冠，喙、胫、皮肤为黄色，喙短粗而弯曲，胫粗大，站立时体躯高昂，好斗性强。目前主要用作生产商品肉用仔鸡的父本。7～8月龄开产，年产蛋120枚左右，蛋重54～57g，蛋壳浅褐色。早期生长速度快，60日龄体重可达1.5～1.75kg，成年公鸡体重4.5～5.0kg，母鸡3.5～4.0kg。

5. 芦花洛克鸡 原产于美国，属兼用型，见图2-2-3。全身羽毛为黑白相间的横斑纹，单冠，耳叶红色。喙、胫和皮肤均为黄色。6～7月龄开产，年产蛋170～180枚，高产品系达230～250枚，蛋重50～55g，蛋壳淡褐色。成年公鸡体重4.0～4.5kg，母鸡3.0～3.5kg。

图2-2-3 芦花洛克
（杨宁，1994. 现代养鸡生产）

图2-2-4 丝毛鸡
（杨宁，1994. 现代养鸡生产）

6. 狼山鸡 原产于中国江苏，属兼用型。单冠直立，喙、胫为黑色，胫外侧有羽毛。颈部挺立，尾羽高耸，侧面望背呈U形。胸部发达，体高腿长。适应性强，抗病力强，胸部肌肉发达，肉质好。7～8月龄开产，年产蛋达192枚，蛋重57g，蛋壳褐色。成年公鸡体重3.5～4.0kg，母鸡2.5～3.0kg。

7. 丝毛鸡 主产于江西、福建、广东等省，属专用型，见图2-2-4。体型小，体躯短，头小，颈短，腿矮，桑葚冠，全身羽毛白色丝状，有“十全”特征：缨头、绿耳、胡须、毛腿、丝毛、五趾、紫冠、乌皮、乌骨、乌肉。此外，眼、喙、脚、内脏、脂肪、血液等都是乌黑色。6月龄开产，年产蛋80～120枚，蛋重40～45g，蛋壳淡褐色，就巢性强。成年公鸡体重为1.3～1.8kg，母鸡1.0～1.5kg。

（二）地方品种

地方品种是在某个地区长期饲养所形成的鸡种，具有地区适应性强、耐粗饲、肉质好等优点。

1. 仙居鸡 主产于浙江省仙居县，属蛋用型。体型较小、结实紧凑，体态匀称，动作灵敏，易受惊吓，属神经质型。单冠、颈长、尾翘、骨细，其外形和体态与来航鸡相似。毛色有黄、白、黑、麻雀斑色等多种，胫色有黄、青及肉色等。性成熟早，年产蛋量达210枚，最高为269枚，平均蛋重42g，蛋壳淡褐色，有就巢性。成年公鸡体重约1.5kg，母鸡

1.0kg 左右。

2. 浦东鸡 原产于上海市黄浦江以东地区，属肉用型，见图 2-2-5。母鸡羽毛多为黄色、麻黄色或麻褐色，公鸡多为金黄色或红棕色。主翼羽和尾羽黄色带黑色条纹。单冠，喙、脚为黄色或褐色，皮肤黄色。以体大、肉肥、味美而著称。7～8 月龄开产，年产蛋 120～150 枚，蛋重 55～60g，蛋壳深褐色。3 月龄体重可达 1.25kg，成年公鸡体重 4.0～4.5kg，母鸡 2.5～3kg。

图 2-2-5 浦东鸡（左公、右母）
（郑丕留，1989. 中国家禽品种志）

3. 北京油鸡 原产于北京郊区，属肉用型，见图 2-2-6。具有三羽特征，即凤头、毛脚、胡子嘴。根据体型和毛色可分为黄色油鸡和红褐色油鸡两个类型。黄色油鸡羽毛浅黄色，单冠，冠多皱褶呈 S 型，冠毛少或无，脚爪有羽毛。红褐色油鸡羽毛红褐色，单冠，冠毛特别发达，常将眼的视线遮住，脚羽发达。7 月龄开产，年产蛋 120 枚左右，黄色油鸡成年公鸡体重 2.5～3.0kg，母鸡 2.0～2.5kg。红褐色油鸡公鸡体重 2.0～2.5kg，母鸡 1.5～2.0kg，蛋重约 59g。

图 2-2-6 北京油鸡（左公、右母）
（郑丕留，1989. 中国家禽品种志）

4. 寿光鸡 原产于山东寿光市，肉蛋兼用型，见图 2-2-7。个体高大，体型有大、中两个类型。头大小适中，单冠，冠、肉髯、耳和脸均为红色，眼大有神，喙、跖、趾为黑色，皮肤白色，羽毛黑色。大型寿光鸡成年平均体重公鸡 3.8kg，母鸡 3.1kg，年产蛋 90～100 枚；中型寿光鸡平均体重公鸡 3.6kg，母鸡 2.5kg，年产蛋 120～150 枚。一般 8～9 月龄开始产蛋，蛋重较大，平均 65g 以上，蛋壳红褐色，厚而致密，不易破损。

图 2-2-7 寿光鸡（左公、右母）
（郑丕留，1989. 中国家禽品种志）

5. 桃源鸡 主产于湖南桃源县中部，属肉用型，见图 2-2-8。体格高大，侧面望近正方形。公鸡羽毛黄红色，母鸡多为黄色，单冠。公鸡头颈直立、胸挺、背平、脚高，尾羽翘起。母鸡头略小，颈较短，羽毛疏松，身躯肥大。开产日龄 195～255d，年产蛋 100～120 枚，蛋重 57g，蛋壳淡黄色。成年公鸡体重 3.5～4kg，母鸡 2.5～3kg。此鸡觅食力强，宜放牧，肉质鲜美，富含脂肪，但生长慢、成熟晚。

图 2-2-8 桃源鸡（左公、右母）
（郑丕留，1989. 中国家禽品种志）

6. 河田鸡 主产于福建长汀河田，肉用型，见图 2-2-9。躯短、胸宽、背阔、胫中等长，侧面望体近方形，有“大架子”和“小架子”之分；公鸡单冠直立，冠叶前部为单片、冠尾呈金鱼尾分叉，耳叶红色，胸、腹呈浅黄色，尾羽、镰羽黑色、主翼羽黑色有浅黄色镶边。母鸡冠与公鸡相同，但较矮小。羽毛以黄色为主，颈羽的边缘呈黑色，似颈圈，胫部深黄色。成年公鸡体重为 1.6～1.8kg，母鸡为 1.2～1.25kg。开产日龄平均为 180d，“小架子”鸡可提前 1 个月。年产蛋 100 枚左右，蛋重 41～45g，蛋壳浅褐色。

7. 清远麻鸡 原产于广东清远市一带，肉用型，见图 2-2-10。其体型外貌可概括为“一楔、二细、三麻身”：“一楔”指母鸡体型像楔，前躯紧凑，后躯肥圆；“二细”指头细、脚细；“三麻身”指母鸡背羽羽面主要有麻黄、麻棕、麻褐 3 种颜色。单冠直立，耳叶红色，喙黄脚黄。性成熟早，母鸡 5～7 月龄开产，年产蛋 70～80 枚，平均蛋重 46.6g，蛋壳浅褐色。成年体重公鸡为 2.18kg，母鸡为 1.75kg。120 日龄公鸡体重 1.25kg，母鸡 1.00kg。

图 2-2-9 河田鸡（左公、右母）
（郑丕留，1989. 中国家禽品种志）

图 2-2-10 清远麻鸡（左公、右母）
（郑丕留，1989. 中国家禽品种志）

8. 惠阳鸡 原产于广东省惠阳、博罗、惠东等县，属肉用型，见图 2-2-11。颌下有发达而展开的胡须状髯羽，无肉垂或仅有一点痕迹。总的特征可概括为：黄羽、黄喙、黄脚、有胡须，短身、矮脚、易肥、软骨、白皮和玉肉（又称玻璃肉）。单冠直立，胸较宽深，胸肌丰满。成年体重公鸡 1.5～2.0kg，母鸡 1.25～1.50kg。年产蛋 70～90 枚，蛋重 47g，蛋壳浅褐色。

图 2-2-11 惠阳鸡（左公、右母）
（郑丕留，1989. 中国家禽品种志）

（三）现代鸡种

1. 蛋鸡系

（1）白壳蛋鸡。以单冠白来航品种为育种素材，通过培育不同的纯系来生产两系、三系或四系杂交的商品蛋鸡。商品代雏鸡大多可利用快慢羽进行雌雄自别。主要有北京白鸡、哈尔滨白鸡、巴布考克白壳蛋鸡、海赛克斯白壳蛋鸡、海兰 W－36 蛋鸡、罗曼白壳蛋鸡、迪卡白壳蛋鸡、伊莎白壳蛋鸡等。生产性能见表 2－2－2。

表 2－2－2 部分白壳蛋鸡（商品代）生产性能

鸡种	产地	20 周龄平均体重（kg）	72 周龄产蛋量（枚）	平均蛋重（g）	料蛋比	产蛋期成活率（%）
京白 904	中国	1.42～1.49	288.5	58.0	2.33∶1	92.0
滨白 684	中国	1.3～1.35	281.1	59.86	2.53∶1	91.1
巴布可克 B－300	美国	1.46	274.6	64.6	2.45∶1	94.5
海赛克斯白	荷兰	1.36	274.1	60.7	2.34∶1	91.5
海兰 W－36	美国	1.28（18 周龄）	273	63.0	2.20∶1	92.0
罗曼白	德国	1.3～1.35	295	62.5	2.35∶1	95.0
迪卡白	美国	1.32（18 周龄）	293	61.7	2.27∶1	92.0

注：部分数据来源于育种公司、欧洲家禽测定站等。

（2）褐壳蛋鸡。以洛岛红、新汉夏、芦花鸡等为育种素材培育的配套系，产褐壳蛋。商品代雏鸡大多可利用羽色进行雏鸡雌雄自别。主要有伊莎褐壳蛋鸡、海赛克斯褐壳蛋鸡、罗曼褐壳蛋鸡、迪卡褐壳蛋鸡、罗斯褐壳蛋鸡、海兰褐壳蛋鸡、农大褐 3 号矮小型蛋鸡等。生产性能见表 2－2－3。

表 2－2－3 部分褐壳蛋鸡（商品代）生产性能

鸡种	产地	20 周龄平均体重（kg）	72 周龄产蛋量（枚）	平均蛋重（g）	料蛋比	产蛋成活率（%）
依莎褐	法国	1.6	289	62.5	2.4～2.5∶1	93.0
海赛克斯褐	荷兰	1.63	283	63.2	2.39∶1	95.0
罗曼褐	德国	1.5～1.6	285～295	64	2.49∶1	95.2
迪卡褐	美国	1.65	270～300	62.9	2.36∶1	94.1
罗斯褐	英国	1.48	280	61.7	2.35∶1	95
海兰褐	美国	1.54	281	60.4	2.5∶1	91～95
农大褐	中国	1.53	278.2	62.85	2.31∶1	91.3

注：部分数据来源于育种公司、欧洲家禽测定站等。

（3）粉壳蛋鸡。粉壳蛋鸡主要是用褐壳蛋鸡与白壳蛋鸡杂交所选育的配套系，蛋壳颜色介于褐壳蛋与白壳蛋之间，呈浅褐色，产蛋性能也与白壳蛋鸡、褐壳蛋鸡相类似，体重介于二者之间。主要有罗曼粉壳蛋鸡、京白 939 粉壳蛋鸡、农大 3 号粉壳蛋鸡、海兰粉壳蛋鸡、雅康浅壳蛋鸡等。

2. 肉鸡系

（1）快大型肉鸡。快大型肉鸡以白羽肉鸡为主，是利用白羽科尼什、白洛克、浅花苏赛斯等品种进行配套选育而成。具有生长快、饲料转化率高，体重大的特性。其产品主要为分割肉，供应快餐市场。有艾维茵肉鸡、爱拔益加肉鸡、罗斯308肉鸡、罗曼肉鸡、星布罗肉鸡、哈巴德肉鸡、狄高肉鸡、科宝肉鸡等。

（2）优质型肉鸡。优质型肉鸡以我国地方良种鸡和地方鸡种为育种素材培育的优良鸡种为代表。具有皮薄骨细，肉质细嫩，鸡味鲜美的优良特性，其产品主要供给活鸡和白条鸡市场。主要有“三黄鸡”和“青脚鸡”等系列。

二、鸭的主要品种

我国地方良种鸭主要有北京鸭、绍鸭、金定鸭、高邮鸭、建昌鸭；引进良种鸭主要有瘤头鸭、樱桃谷鸭、咔叽-康贝尔鸭等。

1. 北京鸭　原产于北京西郊玉泉山一带，是世界著名的肉用鸭标准品种，见图2-2-12。北京鸭全身羽毛洁白，喙、脚为橘红色，虹彩蓝灰色，初生雏鸭绒毛金黄色，称为“鸭黄”。性情温顺，好安静，较爱清洁，喜合群，适宜于集约化饲养。公鸭尾部有4根向背部卷曲的性羽。性成熟早，一般5～6月龄开产，年产蛋量200～240枚，蛋重90～95g，蛋壳白色，无就巢性。配套系商品肉鸭49日龄体重可达3.0kg以上，料肉比（2.8～3.0）：1。北京鸭填饲2～3周，肥肝重可达300～400g。具有体型硕大丰满，生长发育快，育肥性能好，肉味鲜美及适应性强等特点。

图2-2-12　北京鸭（左公、右母）
（郑丕留，1989. 中国家禽品种志）

2. 瘤头鸭　又称番鸭、西洋鸭。原产于南美洲和中美洲热带地区，肉用型。头大，颈粗短，眼至喙周围无羽毛，喙基部和眼周围有红色或黑色皮瘤，胸部宽平，腹部不发达，尾部较长，体型呈橄榄状，腿粗短有力，羽毛颜色主要有黑色、白色和黑白花色。母鸭6～7月龄开产，一般年产蛋量80～120枚，蛋重65～70g，蛋壳多白色，也有淡绿色或深绿色。母鸭有就巢性，孵化期33～35d。成年公鸭体重2.5～4.0kg，母鸭2.0～2.5kg，仔鸭90日龄体重公鸭2.7～3.0kg，母鸭1.8～2.4kg，料肉比3.2：1。瘤头鸭生长快、体重大、肉质好，善飞而不善于游泳，适合舍饲，被广泛用于肉鸭和肥肝生产。瘤头鸭与一般家鸭同属不同种，与家鸭杂交后代不能生育，俗称“骡鸭”。

3. 绍兴鸭　原产于浙江绍兴地区，蛋用型，见图2-2-13。一般4～5月龄开产，年产蛋量250～300枚，高产群可达310枚以上，蛋重66～68g，蛋壳多为白色，圈养条件下料蛋比2.75∶1。带圈白翼梢公鸭成年体重1.42kg，母鸭1.27kg；红毛绿翼梢公鸭1.32kg，母鸭1.26kg。全身羽毛以褐麻色为基色，有带圈白翼梢和红毛绿翼梢两个品系。具有产蛋多、成熟早、体型小、耗料少的特点，既适于圈养，又适于放牧，是我国麻鸭类型中的优良蛋鸭品种。

图2-2-13　绍兴鸭（左公、右母）
（郑丕留，1989. 中国家禽品种志）

4. 金定鸭　原产于福建漳州，蛋用型，见图2-2-14。110～120日龄开产，金定鸭产蛋期长，高产鸭在换羽期和冬季能持续产蛋而不休产，产蛋率高。年产蛋260～300枚，平均蛋重70～72g，蛋壳多为青色，是我国麻鸭品种中产青壳蛋最多的品种。成年体重公鸭1.6～1.78kg，母鸭1.75kg。公鸭胸宽背阔，体躯较长，头部和颈上部羽毛具有翠绿光泽，无明显的白颈圈，前胸赤褐色，背部灰褐色，腹部羽毛呈细节花斑纹。母鸭体躯细长，匀称紧凑，外形清秀。脚胫橘红色，爪黑色。具有勤觅食、适应性强、耐劳善走的特点，适于海滩、水田放牧饲养。

图2-2-14　金定鸭（左公、右母）
（郑丕留，1989. 中国家禽品种志）

5. 高邮鸭　原产于江苏高邮、宝应、兴化一带，兼用型，见图2-2-15。一般6月龄开产，平均年产蛋量180枚，蛋重80～85g，蛋壳多白色，在放牧条件下，56日龄体重可达2.25kg，肉质鲜美。成年公鸭体重3.0～3.5kg，母鸭2.5～3.0kg。以产双黄蛋著称，双黄蛋率约0.3%。高邮鸭公鸭体型较大，背阔肩宽，胸深，体型呈长方体状；头颈上半部羽毛均为深绿色，背、腰为褐色花毛，前胸棕色，腹部白色，尾羽黑色；喙淡青色，胫、蹼橘红色，爪黑色，俗称“乌头白裆，青嘴雄”。母鸭为麻雀色羽，淡褐色。

图 2-2-15 高邮鸭（左公、右母）
（郑丕留，1989. 中国家禽品种志）

6. 建昌鸭 原产于四川凉山、安宁一带，兼用型，见图 2-2-16。母鸭 150～180 日龄开产，年产蛋 150 枚，蛋重 72g，蛋壳青色。成年体重公鸭 2.2～2.6kg，母鸭 2.0～2.3kg。肉用仔鸭 90 日龄体重 1.66kg，以肥肝性能好而著称，育肥后鸭肝可达 400g 以上。体躯宽阔，头大颈粗。公鸭头、颈上部羽毛墨绿色，具光泽，前胸及鞍羽红褐色，腹部羽毛银灰色，尾羽黑色，喙墨绿色，故有“绿头、红胸、银肚青嘴公”的描述。母鸭羽毛浅褐色，麻雀羽居多。

图 2-2-16 建昌鸭（左公、右母）
（郑丕留，1989. 中国家禽品种志）

7. 樱桃谷鸭 英国樱桃谷公司培育，肉用型。它是由北京鸭和埃里期伯里鸭杂交培育而成的配套系。成鸭全身白羽，少数有零星黑色杂羽，喙、脚橘红色，雏鸭绒毛呈淡黄色。商品代 49 日龄活重 3.3kg，全净膛屠宰率 72.55%，瘦肉率 26%～30%，皮脂率 28%，料肉比为 2.6∶1。近年来，英国樱桃谷公司培育出 SM_2 系超级肉鸭，其父母代母鸭 66 周龄产蛋 235 枚，商品代肉鸭 47 日龄活重 3.45kg，料肉比 2.32∶1。

三、鹅的主要品种

中国鹅按羽色分为白鹅和灰鹅，根据体重可分为大型、中型、小型三种。

1. 狮头鹅 原产于广东饶平县，是我国最大型的鹅种，也是世界大型鹅种之一，因前额和颊侧肉瘤发达呈狮头状而得名，见图 2-2-17。体型硕大，体躯呈方形。头部前额肉瘤发达，两颊有 1～2 对黑色肉瘤，颌下咽袋发达，一直延伸到颈部。喙短，质坚实，黑色，眼皮突出，多呈黄色，虹彩褐色，胫粗蹼宽为橙红色，有黑斑，皮肤米色或乳白色，体内侧有皮肤皱褶。全身背面羽毛、前胸羽毛及翼羽为棕褐色，由头顶至颈部的背面形成如鬃状的深褐色羽毛带，全身腹部的羽毛白色或灰色。成年公鹅体重 10～12kg，母鹅 9～10kg。母鹅开产日龄为 180～240d，年产蛋 25～35 枚，平均蛋重 203g，就巢性强。70～90 日龄上市未经育肥的仔鹅，公鹅平均体重 6.12kg，母鹅 5.5kg。狮头鹅肥肝性能好，平均肝重 706g，最大肥肝可达 1.4kg，肝料比为 1∶40，是我国生产肥肝的专用鹅种。

图 2-2-17 狮头鹅（左公、右母）

（郑丕留，1989. 中国家禽品种志）

2. 豁眼鹅 又称豁鹅、五龙鹅、疤拉眼鹅。原产于山东莱阳地区。体型轻小紧凑，全身羽毛洁白，头较小，颈细稍长，眼呈三角形，两眼上眼睑处均有明显的豁口，见图 2-2-18，此为该品种独有的特征。喙、胫、蹼、肉瘤均为橘红色，爪为白色，眼睑淡黄色。公鹅体型较短，呈椭球型。母鹅体型稍长，呈长方体状。山东的豁眼鹅有咽袋，少数有

图 2-2-18 豁眼鹅

（郑丕留，1989. 中国家禽品种志）

较小腹褶，东北三省的豁眼鹅多有咽袋和较深的腹褶。母鹅在7月龄开产，该鹅以产蛋多著称，年产蛋120～180枚，蛋重120～140g，蛋壳为白色，无就巢性。成年公鹅平均体重4.0～4.5kg，母鹅3.5～4.0kg。90日龄仔鹅体重3～4kg。

3. 四川白鹅 产于四川省温江、乐山、宜宾和达县等地。中型鹅，以产蛋量高而著称。四川白鹅作为配套系母本，与国内其他鹅种杂交，具有良好的配合力和杂交优势，是培育配套系中母系的理想品种。基本无就巢性、全身羽毛白色，喙、胫、蹼橘红色，虹彩蓝灰色。公鹅体型稍大，头颈较粗，额部有一呈半圆形的橘红色肉瘤；母鹅头清秀，颈细长，肉瘤不明显。成年公鹅体重5.0～5.5kg，母鹅4.5～4.9kg。60日龄体重2.5kg，90日龄3.5kg。母鹅开产日龄180～240d，年产蛋60～80枚，平均蛋重146g，蛋壳为白色。

4. 浙东白鹅 原产于浙江东部的象山、定海、奉化等县。具有生长快、肉质好的特点。体型中等，呈长方体状，全身羽毛白色，少数个体在头部背侧部夹杂少量斑点灰褐色羽毛。额上方肉瘤高突。无咽袋，喙、胫、蹼幼年时为橘黄色，成年后变为橘红色。成年公鹅体型高大雄伟，肉瘤高突，耸立头顶，鸣声洪亮，好斗性强。成年母鹅肉瘤较低，性情温顺，鸣声低沉，腹部宽大下垂。成年公鹅体重5.04kg，母鹅3.99kg。放牧情况下70日龄体重3.24kg。开产日龄150d，有四个产蛋期，每期产蛋8～12枚，一年可产40枚左右。平均蛋重149.1g，蛋壳白色。

5. 皖西白鹅 原产于安徽省西部丘陵山区和河南固始县一带。皖西白鹅具有生长快，觅食力强，耐粗饲，肉质好、羽绒品质优良等特点。前额有发达的肉瘤。体型中等，全身羽白色，喙和肉瘤呈橘黄色、胫、蹼橘红色。母鹅一般体躯稍圆，颈较细。公鹅肉瘤大而突出，颈粗长有力，呈弓形，体躯略长，胸部丰满。皖西白鹅只有少数个体颌下有咽袋，少数个体头顶后部生有球形羽束，称为“顶心毛”。母鹅180日龄开产，年产两期蛋，抱两次窝。年产蛋25枚左右，平均蛋重142g，蛋壳为白色。成年公鹅体重6.5kg，母鹅体重6.0kg。粗放饲养条件下，60日龄达3.0～3.5kg，90日龄达4.5kg。产绒性能好，羽绒洁白，尤以绒毛的绒朵大而著名。每只鹅平均可产羽绒349g，其中纯绒40～50g。

6. 太湖鹅 原产于江、浙两省沿太湖的县、市，现遍布江苏、浙江、上海等地。太湖鹅体型较小，全身羽毛洁白，体态结构细致紧凑。全身羽毛紧贴，肉瘤明显且圆而光滑，呈姜黄色。颈细长呈弓形，眼睑淡黄色，虹彩灰蓝色，喙、跖、蹼呈橘红色，爪白色。颌下咽袋不明显，腹部无皱褶。太湖鹅性成熟较早，母鹅160日龄即可开产。一个产蛋期平均产蛋60枚，高产鹅群达80～90枚，高产个体达123枚，平均蛋重135g。母鹅就巢性弱，鹅群中约有10%的个体有就巢性。太湖鹅成年公鹅体重4.0～4.5kg，母鹅3.0～3.5kg。70日龄上市体重2.25～2.5kg，舍内饲养则可达3kg左右。

7. 朗德鹅 原产于法国西南部的朗德省。朗德鹅毛色灰褐，在颈、背都接近黑色，在胸部毛色较浅，呈银灰色，到腹下部则呈白色。也有部分白羽个体或灰白杂色个体。体型中等大，胸深背宽，腹部下垂，头部肉瘤不明显，喙尖而短，颌下有咽袋，喙橘黄色，胫、蹼肉色。成年公鹅体重7～8kg，成年母鹅6～7kg。8周龄仔鹅活重可达4.5kg左右。母鹅6月龄左右性成熟，年产蛋量35～40枚，平均蛋重180～200g。种蛋受精率不高，仅65%左右，母鹅有就巢性，但较弱。肉用仔鹅经填肥后，活重达到10～11kg，肥肝重达700～800g，是世界著名的肥肝专用品种。

8. 莱茵鹅 原产于德国莱茵州。莱茵鹅适应性强，食性广，体型中等，喙、胫、蹼呈橘黄色，头上无肉瘤，颈粗短。初生雏背面羽毛为灰白色，随生长周龄增长而逐渐变化，至6周龄时变为白色。产肥肝性能较差，平均肝重只有276g。作为母本与朗德鹅杂交，杂交后代产肥肝性能好。成年公鹅体重5.0～6.0kg，母鹅4.5～5.0kg，母鹅开产日龄210～240d，年产蛋50～60枚，蛋重150～190g。仔鹅8周龄体重可达4.0～4.5kg，料肉比(2.5～3.0)：1。适合大群舍饲，是理想的肉用鹅种。

实训2－2 家禽的品种识别训练

【实训目的】通过家禽品种识别训练使学生能从体型外貌上区别不同类型的家禽，认识一些本地区饲养的主要鸡、鸭、鹅品种。

【材料用具】鸡、鸭、鹅的图片、标本或实物、相关课件等。

【方法步骤】放映家禽品种图片、挂图等，边看边讲授，重点介绍品种产地、经济类型、体貌特征及生产性能。

家禽外貌识别

【实训报告】

(1) 描述著名家禽品种的经济类型、外貌特征、生产性能。

(2) 叙述饲养在本地区主要家禽品种的外貌特征、生产性能和优缺点。

复习思考题

一、名词解释

1. 品种 2. 品变种 3. 标准品种 4. 地方品种

二、填空题

1. 标准分类法将家禽分为________、________、________和________。

2. 现代鸡种根据鸡的经济属性分为________和________。

3. 单冠白来航鸡原产于________，是世界著名的________。

4. 洛岛红鸡原产于________，属________型。

5. 丝毛鸡全身羽毛白丝状，有“十全”特征，它们是________、________、________、________、丝毛________、________、________、乌皮、乌骨、乌肉。

6. 我国地方鸡种中仙居鸡产于________，属________型，浦东鸡原产于________，属________型。

7. 北京鸭原产于________，是世界著名的________型鸭种。

8. 我国的高邮鸭以产________著称，建昌鸭则以________性能好而出名。

9. 中国鹅按羽色分为________和________，根据体重可分为________、________、小型三种。

10. 狮头鹅是我国最大型的鹅种，成年公鹅体重________ kg，母鹅________ kg。

11. 现代蛋鸡按蛋壳颜色分为________蛋鸡、________蛋鸡和________蛋鸡。

12. 现代肉鸡按早期生长速度和肉品质分为________和________。

三、叙述题

1. 归纳总结蛋鸡配套系中的白壳蛋鸡与褐壳蛋鸡生产性能的特点。

2. 你家乡饲养的家禽中有哪些品种，其生产性能表现如何？

（本项目参考答案见145页）

【第二单元项目三参考答案】

一、名词解释

1. 产蛋量用一定时期内个体或群体平均产蛋数来表示。

2. 500日龄（72周龄）总产蛋数指鸡群从出壳之日到500日龄（72周龄）产蛋总数。

3. 一只母鸡饲养一天为一个饲养日。

4. 母鸡产第一个蛋称开产，也称性成熟。个体以产第一个蛋的日龄计算；鸡、鸭以其群体日产蛋率达50%之日龄计算，鹅以鹅群日产蛋率达5%的日龄计算。

5. 母禽在统计期的产蛋百分率。

6. 蛋的大小，用平均蛋重和总蛋重表示。

7. 按日产蛋量的5%抽测，连续称取3d或间隔相同的天数称测3次，求其平均数。

8. 个体或群体在一定时间范围内产蛋的总重量。

9. 蛋的长径与短径之比，用以表示蛋的形状。标准蛋形是蛋形指数在1.30～1.35，呈椭圆形；

10. 蛋壳耐受压力的大小。标准厚度的蛋壳能耐受2.5～4kg/cm。

11. 即每生产1kg蛋所消耗饲料的千克数。

12. 放血致死拔净毛，剥去脚皮、趾壳、喙壳后的重量，活重是指屠宰前禁饲12h后的重量。

13. 屠体重除去气管、食道、嗉囊、肠、脾、胰和生殖器官，保留心、肺、肝（去胆）、肾、腺胃和肌胃（除去内容物及角质膜）以及腹脂的重量。

14. 半净膛重除去心、肝、腺胃、肌胃、腹脂及头、脚的重量（鸭、鹅保留头脚）。

15. 屠体重占屠宰前活重的百分率。

16. 即每生产1kg肉所消耗饲料的千克数。

17. 剔除过大过小、过长过圆、沙皮、过薄、皱纹、钢壳等不合格种蛋后的蛋数占总蛋数的百分比。

18. 种蛋入孵第5～7天头照剔除无精蛋后的蛋数占入孵蛋的百分率。

19. 出雏数占受精蛋数的百分率。

20. 出雏数占入孵蛋数的百分率。

21. 健雏数占出雏数的百分率。

22. 育雏期末成活雏禽数占入舍雏禽数的百分率。

23. 育成期末成活的育成禽数占育成期初入舍禽数的百分率。

24. 产蛋期末成活母禽数占入舍母禽数的百分率。

25. 在较大母禽群中，按一定比例放入公禽，让每只公禽随机与母禽配种的配种方式。

26. 在一个配种小间按适当的公母比例，放入一只公禽和一小群母禽配种的配种方式。

27. 指通过人为方法采集公鸡精液，借助输精器械，将精液输入母鸡生殖道内，使母鸡受精的技术措施。

二、填空题

1. 产蛋性能、产肉性能、繁殖力、生活力 2. 蛋量、蛋重、蛋的品质、蛋料比 3. 生长速度、体重、屠体重、屠宰率、料肉比 4. 蛋合格率、受精率、孵化率、健雏率 5. 育雏率、育成率、母禽存活 6. 1：（10～15） 7. 1：（30～50） 8. 2～3周 9. 乳白 10. 0.25～0.5 11. 15:00—16:00

家禽的繁育

【学习目标】

1. 熟练掌握家禽主要生产性能指标的统计方法。
2. 掌握种母鸡的外形鉴别技术。
3. 掌握鸡的人工授精技术。

【学习任务】

任务1　种鸡的选择

一、鸡生产力评价

鸡的生产力主要包括产蛋性能、产肉性能、繁殖力和生活力等。

(一) 产蛋性能

鸡的产蛋性能通常用产蛋量、蛋重、蛋的品质和料蛋比四项指标来评定。

1. 产蛋量　产蛋量用一定时期内个体或群体平均产蛋数来表示。

(1) 开产日龄。母鸡产第1个蛋称开产，也称性成熟。个体日产蛋率以产第1个蛋的日龄计算；鸡、鸭以其群体日产蛋率达50%之日龄计算，鹅以鹅群日产蛋率达5%的日龄计算。

(2) 产蛋量的计算。是指母鸡在一定时期内的产蛋个（枚）数。在育种场，需精确计算；在繁殖场和商品场，只测定鸡群平均产蛋量。可用饲养日产蛋量和500日龄（72周龄）入舍母鸡产蛋量表示，计算公式如下：

$$饲养日产蛋量=\frac{统计期内总产蛋量}{统计期内总饲养日}\times 统计日数$$

1只母鸡饲养1d为1个饲养日。

$$入舍母鸡产蛋量=\frac{统计期内产蛋总数}{入舍母鸡数}$$

$$500日龄（72周龄）入舍鸡产蛋量=\frac{500日龄（72周龄）总产蛋数}{入舍母鸡数}$$

500 日龄（72 周龄）总产蛋数指鸡群从出壳之日到 500 日龄（72 周龄）产蛋总数。

从以上公式可知：饲养日产蛋量受鸡死亡、淘汰的影响，可以表示实际存栏母鸡的产蛋能力；500 日龄入舍母鸡产蛋量是目前通用的指标，它考虑三个因素：性成熟、统计期内的总产蛋量和入舍母鸡数，不考虑统计期内的死亡、淘汰等变数，反映出的是经营管理等综合水平，与经济利益相合。

（3）产蛋率。指母禽在统计期的产蛋百分率。

$$\text{入舍母鸡日产蛋率}=\frac{\text{统计期内总产蛋量}}{\text{入舍母鸡数}\times\text{统计期日数}}\times 100\%$$

2. 蛋重 指蛋的大小，用平均蛋重和总蛋重表示，是评定家禽产蛋性能的一项重要经济指标。

（1）平均蛋重。育种场称测个体蛋重，通常称测初产蛋重、300 日龄蛋重和 500 日龄蛋重。方法是在上述时间连续称测 3 枚，求其平均数；群体记录时，则应按日产蛋量的 5%抽测，连续称取 3d 或间隔相同的天数称测 3 次求其平均数。

（2）总蛋重。指个体或群体在一定时间范围内产蛋的总重量。

$$\text{总蛋重（kg）}=\text{平均蛋重（g）}\times\text{产蛋量}\div 1\ 000$$

3. 蛋的品质 测定蛋数每次不应少于 50 枚，每次测定的蛋应在其产出后 24h 内进行。通常用蛋形指数、蛋壳强度、蛋壳厚度、蛋的密度、蛋壳颜色、蛋黄色泽、蛋白浓度、血斑、肉斑率等指标来衡量蛋的品质。

（1）蛋形指数。蛋的长径与短径之比，用以表示蛋的形状。标准蛋形是蛋形指数在 1.30～1.35，呈椭圆形；大于 1.35 的蛋形过长；小于 1.30 的为过圆。

（2）蛋壳强度。是指蛋壳耐受压力的大小。标准厚度的蛋壳能耐受 2.5～4kg/cm。蛋壳强度越大，蛋壳结构越致密，蛋越不易破碎。蛋的纵轴耐压力大于横轴，故装运时以竖放为好。

（3）蛋壳厚度。蛋壳厚度与蛋的破损率和种蛋的孵化率有关。鸡蛋的蛋壳厚度以 0.33～0.35mm 为好。方法是分别测量蛋的钝端、锐端和中腰三处蛋壳（除去壳膜）的厚度，求其平均值，即为蛋的蛋壳厚度。

（4）蛋的密度。以蛋的蛋壳质量和蛋内容物质量之和衡量。同样蛋壳质量的蛋，蛋的密度越大，蛋内水分蒸发越少，蛋越新鲜。常用盐水漂浮法，其比重应不低于 1.07～1.08。

（5）蛋壳颜色。蛋壳颜色与品种特征和蛋的质量有关。常见的有白色、浅褐色、褐色、深褐色、青色等。

（6）蛋白浓度。蛋白浓度大，表明蛋的营养丰富，蛋的品质也好。国际上用哈氏单位表示蛋白浓度。

（7）蛋黄色泽。蛋黄色泽越浓艳，表明蛋的品质越好。国际上按罗氏比色的 15 个等级进行蛋黄的比色分级，一般在 7～9。

（8）血斑、肉斑率。蛋内含血斑肉斑的蛋会降低蛋的等级。通常血斑、肉斑率为1%～2%。

4. 料蛋比 即每生产 1kg 蛋所消耗饲料的千克数。

$$\text{料蛋比}=\frac{\text{产蛋期内总耗料量}}{\text{产蛋期内总产蛋量}}$$

（二）产肉性能

1. 生长速度 早期生长速度是肉用家禽极为重要的指标。只有早期生长速度快，才能早出栏，减少疾病感染的机会，生产出肉质细嫩的家禽，提高饲料转化率。

2. 体重 体重越大，产肉越多，肉质也越好。但超过一定体重，耗料增加严重，饲养不经济，所以应适时出栏。

3. 屠体测定 屠宰率的高低，反映肉禽肌肉丰满程度，屠宰率越高产肉量越多。

屠体重：是指放血致死拔净毛，剥去脚皮、趾壳、喙壳后的重量，活重是指屠宰前禁饲12h后的重量。

$$屠宰率=\frac{屠体重}{宰前活重}\times100\%$$

半净膛重：屠体重除去气管、食道、嗉囊、肠、脾、胰和生殖器官，保留心、肺、肝（去胆）、肾、腺胃和肌胃（除去内容物及角质膜）以及腹脂的重量。

$$半净膛率=\frac{半净膛重}{屠体重}\times100\%$$

全净膛重：半净膛重除去心、肝、腺胃、肌胃、腹脂及头、脚的重量（鸭、鹅保留头脚）。

$$全净膛率=\frac{全净膛重}{屠体重}\times100\%$$

4. 料肉比 即每生产1kg肉所消耗饲料的千克数。

$$料肉比=\frac{饲养期内总耗料量}{饲养期内总增重}$$

（三）繁殖力

主要评定种蛋合格率、受精率、孵化率、健雏率等指标。

1. 种蛋合格率 剔除过大过小、过长过圆、沙皮、过薄、皱纹、钢壳等不合格种蛋后的蛋数占总蛋数的百分比。种蛋合格率一般应达90%以上。

$$种蛋合格率=\frac{合格种蛋数}{产蛋总数}\times100\%$$

2. 受精率 种蛋入孵第5～7天头照剔除无精蛋后的蛋数占入孵蛋的百分率。

$$受精率=\frac{受精蛋数}{入孵蛋数}\times100\%$$

3. 孵化率 包括受精蛋孵化率和入孵蛋孵化率两种表示方法。一般要求受精蛋孵化率达到90%以上，入孵蛋孵化率达到85%以上。

$$受精蛋孵化率=\frac{出雏数}{受精蛋数}\times100\%$$

$$入孵蛋孵化率=\frac{出雏数}{入孵蛋数}\times100\%$$

4. 健雏率 出生雏一般约有不到2%的弱雏、残雏，应不计算为商品。

$$健雏率=\frac{健雏率}{出雏数}\times100\%$$

（四）生活力

1. 育雏率 一般要求育雏率达到90%以上。

$$育雏率=\frac{育雏期末成活雏禽数}{入舍雏禽数}\times100\%$$

2. 育成率　一般要求育成率达到96%以上。

$$育成率=\frac{育成期末成活的育成禽数}{育成期初入舍禽数}\times100\%$$

3. 母禽存活率　一般要求母禽存活率达到88%以上。

$$母禽存活率=\frac{入舍母禽数-（死亡数+淘汰数）}{入舍母禽数}\times100\%$$

二、种鸡的外形选择

1. 雏鸡的选择　在6～8周龄进行。选留外貌符合要求，体重在中等或中等以上但不过大的鸡，淘汰歪嘴、弓背、瘸腿、瞎眼和体重小的鸡。

2. 育成鸡的选择　在转入种鸡舍时进行。选留体型外貌符合鸡种要求，发育良好、健康无病、体重达标的鸡，淘汰发育差、畸形、有明显生理缺陷的鸡。

3. 成年鸡的选择　一般在早春或秋季进行，根据体型外貌和生理特征选留产蛋多的高产鸡，淘汰低产鸡、停产鸡。

实训2-3　成年种鸡的外形选择

【实训目的】通过实训能根据种鸡的体型外貌和生理特征进行选优去劣。

【材料用具】鸡标本、成年产蛋母鸡、停产母鸡若干。

【方法步骤】根据表2-3-1、表2-3-2分组对鸡只外形进行对比，鉴别高产鸡、低产鸡和停产鸡。

【实训报告】

（1）写出鉴定依据和鉴定结果。

（2）简述鸡的外形选择方法及根据外貌和生理特征区别鸡生产性能的高低。

表2-3-1　高产鸡与低产鸡外貌特征的区别

部位	高产鸡	低产鸡
头部	头清秀；冠和肉髯膨大、细致、色鲜红；眼大而圆、明亮有神；喙粗短稍弯曲	头粗大或狭小，冠及肉髯小、粗糙、苍白，喙长、细、呈乌鸦嘴
体躯	胸宽、深、丰满、稍向前方突出，胸骨长而直，背长而宽、平，躯体深、长	胸窄、浅，胸骨短或弯曲，背短而窄，躯体短、窄、浅
腹部	腹部容积大，胸骨末端与耻骨的间距4指以上，耻骨软而薄、两耻骨间距在3指以上	腹部容积小，胸骨末端与耻骨的间距在3指或3指以下，耻骨厚而硬、两耻骨间距在3指以下
换羽	羽毛乱、污、残缺不齐，换羽开始晚，但换羽速度快，2～3根一起脱换	羽毛有光泽、较整齐、换羽开始早，换得缓慢、持续时间长，一根一根的脱换
色素减退（黄皮肤鸡）	依次褪色彻底，褪色部位多，肛门、眼圈、喙、趾等褪色明显	褪色次序混乱，褪色部位少，肛门、眼圈、喙、趾等褪色不明显
活力	活泼好动，食欲旺盛	行动缓慢，胆怯

表 2-3-2 产蛋鸡与停产鸡外貌特征的区别

部位	产蛋鸡	停产鸡
冠和肉髯	膨大、鲜红、有弹性、润泽、温暖	皱缩、色淡、干、粗糙、无温暖感觉
肛门	大、呈椭圆形、半开状、外侧丰满、内侧湿润	小、呈圆形、紧缩内侧干燥
腹部	腹部面积大，触摸皮肤柔软有弹性，耻骨末端薄并有弹性	腹部面积小，触摸皮肤和耻骨末端粗厚、无弹性
换羽（秋季）	未换羽	已换或正在换羽
色素减退（黄皮肤鸡）	肛门、眼圈、耳叶、喙、趾等色淡	肛门、眼圈、耳叶等仍为黄色

任务 2 家禽的繁殖

一、种鸡的利用年限与公母比例

1. 种鸡的利用年限 种母鸡第 1 个产蛋年的产蛋量最高，以后每年递减 15%～20%，商品鸡场一般在母鸡产蛋 1 年后即全部淘汰；种鸡场为减少育成费用，可在母鸡产蛋 10 个月左右时进行强制换羽，适当延长利用时期。种公鸡一般也只利用 1 年，对配种能力强，精力旺盛的种公鸡可适当延长利用时期。

2. 公母比例 适宜的公母比例直接影响鸡群繁殖力的高低，有效地降低饲养公禽的成本和提高种蛋的受精率。自然交配情况下，公母比例一般为 1∶（10～15），人工授精一般公母比例在 1∶（30～50）。

二、配种方式

（一）自然配种

1. 大群配种 在较大母禽群中（100～1 000 只），按一定比例放入公禽，每只公禽可随机与母禽配种，能获得较多的种蛋，但不能辨认后代的血缘，不能作系谱记录。

2. 小间配种 在一个配种小间按适当的公母比例，放入一只公禽和一小群母禽。公母禽均有编号，配自闭产蛋箱，能有效获得后代血缘，记录个体系谱资料。

（二）人工授精

鸡的人工授精指通过人为方法采集公鸡精液，借助输精器械，将精液输入母鸡生殖道内，使母鸡受精的技术措施，包括采精、精液品质检查、精液稀释、输精等技术环节。

实训 2-4 鸡的人工授精技术

【实训目的】 熟悉采精前的准备工作，了解和掌握鸡的保定、采精、精液保存、精液稀释、精液品质检查和输精方法。

【材料用具】 公鸡数只、母鸡一群、毛剪、各种集精杯、干燥箱、消毒盒、脱脂棉球、刻度吸管、试管、滴管、显微镜、载玻片、盖玻片、恒温箱、保温瓶（杯）、生理盐水、pH 试纸、消毒药品等。

【方法步骤】

鸡的人工授精技术

一、公鸡的采精

（一）采精前的准备

1. 种公鸡的准备 种公鸡正式配种前2～3周开始进行采精训练。采精前3～4h最好禁食，以防止排粪尿。在开始训练之前，剪去公鸡腹部、尾部大部羽毛，剪去部分鞍羽和泄殖腔周围的细小羽毛，防止精液污染。调教一般每天1次或隔天1次，训练成功后将精液数量多质量好的公鸡留做种用，淘汰不能建立性反射的公鸡和精液量少及精子密度稀薄的公鸡。

2. 用具的准备 所有人工授精用具，都应清洗、消毒、烘干，做到清洁、无菌、无害。

（二）采精

鸡的采精方法很多，最常用的是按摩采精法。在笼养情况下，一般采用双人配合进行种鸡的采精。助手一手伸入笼中将公鸡双腿拉向笼边，使公鸡头朝里尾部朝外，胸部紧靠在笼口进行保定。另一只手掌心向下，拇指与其余四指分开呈自然弧形贴于公鸡背部，从翅根轻轻推向尾羽区，按摩到尾脂部时稍挤压尾根处，当引起公鸡性反射后（尾羽向上翘），迅速将尾羽拨向背部，拇指和食指迅速在泄殖腔上两侧柔软部位轻轻挤压，刺激公鸡排精。采精人员一手中指与无名指间夹着采精杯，杯口朝外等待精液的采集，另一只手持集精杯进行精液收集。收集到的精液应立刻置于25～30℃的保温瓶内，一般生产性繁殖场，不同公鸡的精液可混合一起，并于采精后30min内用完。

（三）采精频率

一般隔日采精，也可采精2d休息1d，也可在1周内连续采精3～5d，休息2d，但应注意公鸡的营养状况和体重变化并察其采精量、精子密度和精子活力的变化。公鸡最好在30周龄后才可连续采精。

（四）注意事项

不粗暴对待公鸡，环境应安静。采精时按摩时间不宜过久，捏挤动作用力适度，否则易引起公鸡排粪、尿增多，或因损伤黏膜而出血，从而污染精液，降低精子密度和活力。若公鸡排粪，则应用棉球将粪便擦净。凡被污染的精液不能用于输精。

二、精液品质检查

1. 精液的颜色 正常精液为乳白色不透明液体。过量的透明液混入，则见有水渍状；混入尿液的呈粉白色絮状物；混入血液的呈粉红色；混入粪便的呈黄褐色。凡受污染的精液，品质均急剧下降，受精率不高。

2. 精液量 可用具有刻度的吸管、带刻度的集精杯等测定精液量。一般一次采精量在0.25～0.5mL。

3. 精子活力检查 在采精后20～30min内进行，取精液和生理盐水各1滴，置于载玻片一端，混匀后放上盖玻片。在37℃条件下，于200～400倍显微镜下观察精子的运动状态，计算呈直线前进运动的精子占精子总数的比率，按十级评分制，计为0.1……0.9、1.0分。

4. 精子密度测定 生产中，一般可采用估测法进行分级，通常分密、中、稀三级（见图2-3-1）。密：在显微镜下，整个视野布满精子，精子之间几乎无空隙，40亿/mL以上。

中：视野中精子之间距离明显，20 亿～40 亿个/mL。稀：视野中精子之间有很大空隙，20 亿个/mL 以下。

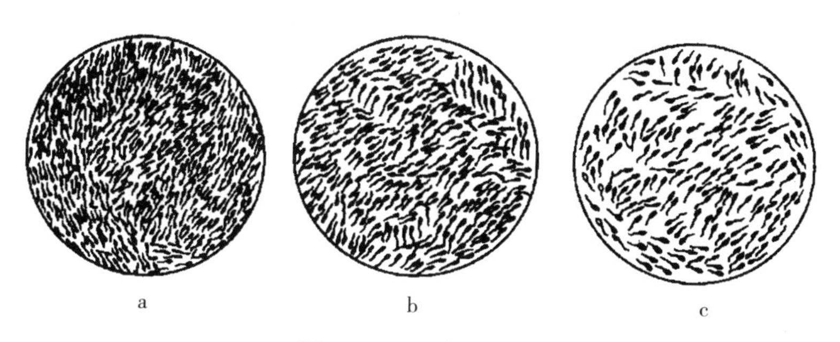

图 2-3-1 精子密度

a. 密 b. 中 c. 稀

（林建坤，2001. 禽生产与经营）

三、精液的稀释

（一）稀释目的

（1）扩大输精容量，增加输精母鸡数。

（2）可使精液密度均匀，保证每个输精头份有足够的有效精子数。

（3）延长精子体外存活时间。

（二）稀释操作

先将精液和稀释液（生理盐水）同置于 35～37℃水浴中，达到同温，稀释时，将稀释液沿着管壁缓慢加入精液试管中，轻轻摇动，使两者混合均匀。常温保存（18～22℃）情况下，稀释比例一般为 1：（1～2）。

四、输精

（一）输精操作

对笼养鸡，一般双人操作进行输精。助手用一只手抓住鸡的双腿，将母鸡拉向笼边并稍向上提，将母鸡胸部靠笼口进行保定。另一只手大拇指和其余四指自然分开，拇指紧贴泄殖腔下面向腹部方向稍加一定压力，使位于泄殖腔左侧的阴道口外翻（图 2-3-2）。输精员将输精器轻轻插入阴道口 2～3cm，将精液输入阴道口内。

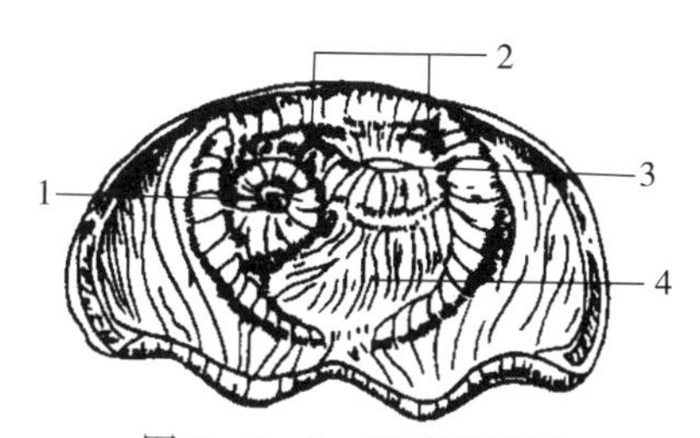

图 2-3-2 母鸡泄殖腔

1. 阴道开口 2. 输尿管开口 3. 直肠开口 4. 粪窦

（林建坤，2001. 禽生产与经营）

（二）输精要求

（1）输精量。每次输精量约0.025mL的原精液，含精子数0.5亿～1亿个，首次加倍。

（2）输精间隔。一般每5～6d输精1次。母鸡自输精之日起第3天开始收集种蛋。

（3）输精时间。生产中，通常安排在15：00—16：00进行。上午大部分母鸡输卵管内有蛋，若输精则受精率较低，15：00以后大部分母鸡已产蛋，此时输精受精率不受影响。

（三）输精注意事项

（1）翻开母鸡肛门时，要按压母鸡腹部左侧。按压右侧易引起母鸡排粪。

（2）输精器必须对准阴道开口中央，轻轻插入。

（3）助手与输精员密切配合，当输精器插入阴道注入精液的瞬间，助手应立即解除对母鸡腹部的压力，以便精液顺利进入。

（4）最好使用一次性输精器，防止交叉感染。

【实训报告】

（1）根据操作过程，简述鸡的保定、采精和输精方法。

（2）简述鸡精液的保存、稀释和精液品质检查方法，并根据精液品质检查情况，判断被检测鸡的精液品质。

复习思考题

一、名词解释

1. 产蛋量　2. 500日龄入舍母鸡产蛋量　3. 饲养日　4. 开产日龄
5. 产蛋率　6. 蛋重　7. 平均蛋重　8. 总蛋重
9. 蛋形指数　10. 蛋壳强度　11. 料蛋比　12. 屠体重
13. 半净膛重　14. 全净膛重　15. 屠宰率　16. 料肉比
17. 种蛋合格率　18. 受精率　19. 受精蛋孵化率　20. 入孵蛋孵化率
21. 健雏率　22. 育雏率　23. 育成率　24. 母禽存活率
25. 大群配种　26. 小间配种　27. 鸡的人工授精

二、填空题

1. 鸡的生产力主要包括________、________、________和________等。
2. 家禽的产蛋性能通常用________、________、________和________四项指标评定。
3. 家禽的产肉性能通常用________、________、________、________和________五项指标衡量。
4. 家禽繁殖力通常用________、________、________、________等项指标进行评定。
5. 评定家禽生活力通常有________、________、________三项指标。
6. 自然交配情况下，公母比例一般为________。
7. 人工授精一般公母比例在________。
8. 种公鸡正式配种前________开始进行采精训练。
9. 正常精液为________色不透明液体。

10. 公鸡一般情况下，一次采精量在________ mL。
11. 生产中，输精时间通常安排在下午________进行。

三、叙述题

1. 如何根据鸡的体型外貌和生理特征区别高产鸡、低产鸡和停产鸡？
2. 叙述公鸡采精时的注意事项。
3. 叙述鸡人工授精时的要求和应注意的事项。

四、计算题

1. 某栋鸡舍入舍母鸡 10 000 只，从 5 月 1 日到 5 月 30 日，共计 30d，总产蛋数为 187 250枚，鸡群在第 1 天（5 月 1 日）10 000 只，第 11 天 9 710 只，第 21 天 9 418 只，第 30 天时（5 月 30 日）还有 9 272 只。试问该鸡群饲养日产蛋量和入舍母鸡产蛋量分别是多少？

2. 某鸡舍现有 2 000 只存栏母鸡，1 周内共产蛋 12 060 枚，问该鸡群的日产蛋率为多少？

3. 某鸡在 280 日龄、290 日龄、300 日龄各产 1 个蛋，通过称重得知蛋重分别为 55.98g、56.00g、56.02g，该鸡的 300 日龄平均蛋重是多少？

4. 某群肉鸡，从进雏到 7 周龄出栏，总计耗料 20t，出栏时，该鸡群活重为 11 110kg，试问该鸡群的料肉比是多少？

5. 某鸡场 2000 年 2 月 5 日进商品代蛋鸡 1 800 只，育雏过程中死亡 24 只，育成期内共死亡 10 只，试计算该场雏鸡成活率和育成率？

（本项目参考答案见 136 页）

家禽的孵化

【学习目标】

1. 了解孵化岗位的工作职责。
2. 了解种蛋的形成与构造。
3. 掌握种蛋的选择、保存、消毒与运输的方法。
4. 明确孵化条件，掌握鸡蛋的孵化技术和雏鸡的雌雄鉴别技术。
5. 学会填写生产报表。

【学习任务】

任务1　岗位工作职责

（1）负责种蛋的接收、消毒、保存和统计工作，保持蛋库内良好的种蛋存贮条件。

（2）做好种蛋入孵前的各项准备工作。

（3）种蛋入孵后，保证孵化器始终处于良好的运行状态，创造良好孵化条件。

（4）按要求进行验蛋和抽检，及时剔除无精蛋、死胚蛋，了解胚胎发育情况。当胚胎发育偏离正常范围时，应及时采取相应措施。

（5）出雏时，按要求捡出绒毛已干的雏禽和废弃的蛋壳。出雏后期对出壳困难的胚胎，实施人工助产。

（6）出雏结束，对雏禽分级和雌雄鉴别，对残雏和死胚蛋进行无害化处理，并对孵化器具和孵化室进行彻底清扫和消毒。

（7）填写生产报表，对孵化结果进行分析。

任务2　种蛋的构造与形成

（一）蛋的构造

蛋由蛋黄、蛋白和蛋壳三大部分构成，见图2-4-1。

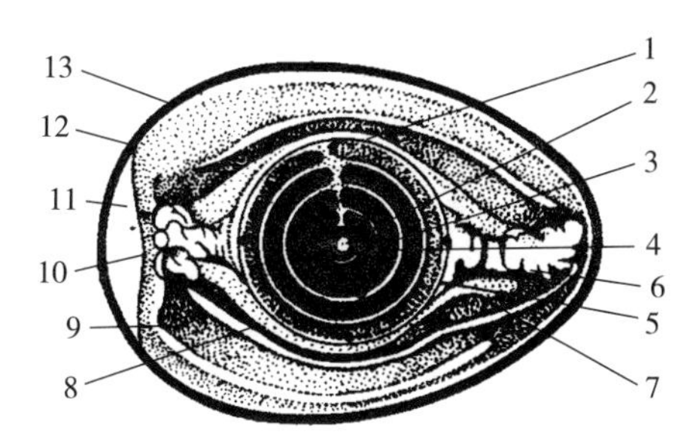

图 2-4-1　蛋的构造

1. 胚盘　2. 蛋黄心　3. 黄蛋黄　4. 白蛋黄　5. 蛋黄膜　6. 系带　7. 内稀蛋白　8. 浓蛋白　9. 外稀蛋白　10. 内壳膜　11. 气室　12. 外壳膜　13. 蛋壳

（豆卫，2001. 禽类生产）

1. 蛋黄　蛋黄表面有一白色小圆点，未受精的称为胚珠，受精后称为胚盘。胚盘是由精、卵细胞结合后多次分裂形成的，是胚胎发育的原基。蛋黄的外面由蛋黄膜包裹，新鲜蛋的蛋黄膜弹性好，保持蛋黄呈圆球形，陈旧蛋的蛋黄膜弹性变差，蛋黄变形呈扁球形，甚至破裂成散黄。

种蛋的构造与品质鉴定

2. 蛋白　包围蛋黄膜的是内浓蛋白，在蛋黄两端随蛋黄旋转形成螺旋状的系带，具有固定比重较轻的蛋黄趋于蛋的中心的作用。若系带震伤，会严重影响孵化率；当种蛋存放时间较长时，由于水分渗透，蛋白变稀，系带对蛋黄的约束力变差，蛋黄靠近蛋壳膜，孵化率下降。在种蛋运输中胚蛋受到剧烈震荡，也会引起系带断裂，降低孵化率。包围内浓蛋白的依次是内稀蛋白、外浓蛋白和外稀蛋白层。

3. 蛋壳　蛋壳是由胶护膜、蛋壳、蛋壳膜构成。蛋的最外一层由钙质纤维构成的硬壳，厚度一般为 0.26～0.38mm，锐端比钝端厚。蛋壳上有许多微孔，称气孔，供胚胎呼吸。蛋壳外面有极薄的水溶性的胶护膜，有阻止蛋内水分蒸发和外界微生物侵入的作用。随着存放或孵化，胶护膜逐渐脱落，利于气体交换等。蛋壳内还有两层软的蛋壳膜，紧贴蛋壳的一层称为蛋外壳膜，贴于蛋白的称为蛋内壳膜，两层膜紧贴在一起，当蛋产出时遇冷，蛋内容物体积缩小，一般在蛋的钝端分离而形成气室。种蛋存放时间越长，蛋内水分蒸发越多，气室也越大，孵化率越低。

（二）蛋的形成

母禽的生殖器官是由卵巢、输卵管、子宫和阴道组成，位于腹腔左侧，见图 2-4-2。

1. 卵巢　母禽性成熟时，卵巢呈葡萄串状，上面有很多大小不一的卵黄，卵黄是由卵黄柄附着在卵巢上，卵黄外由滤泡膜包裹，上有丰富的血管网，中间有一较薄而无血管的白色卵带，称为破裂痕。卵黄成熟后就由破裂痕处破裂排出。

2. 输卵管　为一弯曲的长管，前端开口于卵巢的下方，后端开口于泄殖腔。根据形态和机能不同，分为喇叭部、膨大部、峡部。

喇叭部又称漏斗部或伞部，长约 9cm，其为输卵管入口，接纳排出的卵子，并在此受精，在此部停留 20～28min 后，进入膨大部。

膨大部又称蛋白分泌部，长 30～50cm，分泌浓蛋白和稀蛋白，蛋在此停留 3～5h。

峡部为输卵管较细、短的部分，如峡谷，长约 10cm。其结构决定蛋的形状，主要形成蛋的内、外壳膜，增加少量水分，胚经过峡部的时间约 74min。

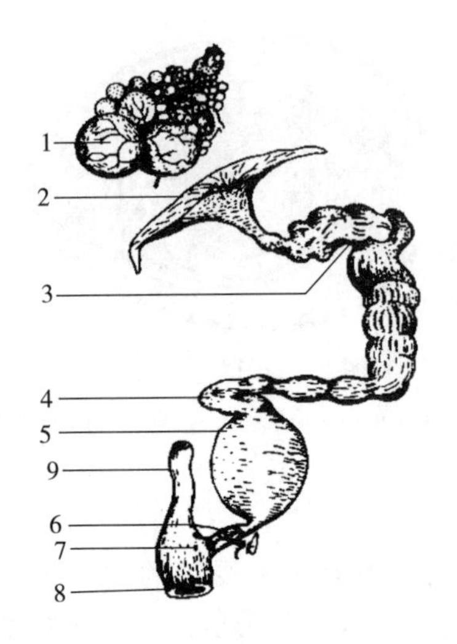

图 2-4-2 母鸡的生殖器官
1. 卵巢 2. 喇叭部 3. 膨大部 4. 峡部 5. 子宫（内含一个形成过程中的蛋） 6. 阴道 7. 泄殖腔 8. 肛门 9. 直肠
（豆卫，2001. 禽类生产）

3. 子宫和阴道 子宫呈袋形，长 8～12cm，分泌无机盐液，渗透进蛋壳膜内，使蛋白重量增加并充盈，利于碳酸钙等在壳膜上沉积，形成蛋壳。蛋壳的色素也在子宫沉积。在蛋产出前分泌角质层，在产蛋时起润滑作用，蛋产出后凝固形成胶护膜，堵住蛋壳上气孔，防止细菌侵入和蛋内水分蒸发，蛋在此处停留 16～20h。

阴道为输卵管最后一部分，长 8～12cm，蛋在阴道停留约 0.5h。

（三）畸形蛋产生的原因

母禽由于各种因素的影响，会产出畸形蛋，最常见的畸形蛋有以下几种：

1. 双黄或三黄蛋 两个或三个卵子同时成熟，在输卵管中相遇，被蛋白包围在一起形成双黄或三黄蛋。这种现象多见于初产母鸡和当年的高产鸡或营养良好具有某些遗传特性的母鸡。

2. 软壳蛋 软壳蛋形成的原因比较复杂，最主要的原因是母禽营养不良，日粮中钙磷含量不足或比例不当、维生素 D 含量不足；夏季户外散养的母禽因炎热，食欲下降产软壳蛋也较多。此外，注射疫苗后，由于疫苗反应，会造成产软壳蛋；长期或过量服用磺胺类药物，可抑制体内碳酸酐酶的活动，使母禽产软壳蛋或停产；母禽受惊，可引起输卵管肌肉收缩异常；母禽过肥，体内脂肪过多或母禽输卵管发炎；母禽体质虚弱，石灰质分泌机能发生障碍等，均会引起母禽产生软壳蛋。

3. 蛋中蛋（蛋包蛋） 母禽体内已经形成了一个即将产出的蛋，此时由于母禽受惊或生理的反常现象，使输卵管发生逆蠕动，把已经形成的蛋又推向输卵管上端，待禽的生理机能恢复正常以后，蛋又重新沿输卵管下行，结果在已经形成的蛋壳外面又包上了一层蛋白，经过子宫时又形成了一层蛋壳，这样就形成了蛋中蛋。这种蛋特别大，可造成母禽难产。

4. 血斑、肉斑蛋 蛋内有血点存在的称为血斑蛋。血点大小不一，小的如芝麻粒大，大的如豌豆粒大。发生原因是输卵管发炎出血或初产母禽输卵管出血，血液进入蛋内。此外，饲料中缺乏维生素 K 时，也易造成血斑蛋。肉斑蛋主要是由于输卵管黏膜上皮脱落，被蛋白包围进入蛋内形成的。

5. 小蛋 输卵管膨大部机能旺盛，出现浓蛋白凝块或其他异物刺激输卵管分泌蛋白和蛋壳，形成无蛋黄的小蛋，一般为鸽子蛋大小，破壳后没有蛋黄，常见凝固蛋白块或脱落的黏膜组织等，这种小蛋在产蛋高峰期常见。

6. 异形蛋 蛋形呈长形、扁形、葫芦形，有皱纹，壳薄，有的蛋为沙壳，主要由母禽受惊，输卵管机能失常，子宫反常收缩引起。

任务3 种蛋的选择、保存、消毒与运输

一、种蛋的选择

种蛋品质的好坏，直接影响孵化率和雏禽的成活率，因此，在孵化前对种蛋必须进行严格的挑选。

二、种蛋的保存

种禽场应有专门的蛋库妥善保存种蛋，否则质量很快下降，影响孵化。种蛋保存须注意保存的温度、湿度、保存时间、存放角度和翻蛋频率。

1. 种蛋保存温度 种蛋保存最适宜温度范围是12～15℃。鸡胚发育的临界温度是23.9℃，保存温度达到或超过这个临界温度，鸡胚即开始发育，在这种低于孵化适宜温度条件下，胚胎发育缓慢，生命力下降，甚至死亡。温度低于10℃，对孵化率也有不良影响，如果低于4℃，种蛋会因受冻而失去发育能力。

2. 种蛋保存的湿度 种蛋保存的最适宜相对湿度范围为70%～80%，湿度过小，蛋内水分蒸发快，湿度过大，易发生霉菌感染。

3. 种蛋保存时间 种蛋保存时间以3～5d最好，1周内为适宜，春秋季节不超过7d，夏季不超过5d，冬季不超过10d。保存1周内不用翻蛋，超过1周则每天要以45°角翻蛋1～2次，防止发生粘壳现象。保存超过1周的种蛋，孵化率开始下降，超过2周死胎增多，孵化期推迟，孵化率大幅下降，弱雏、残雏多。

4. 种蛋存放角度 种蛋存放5～7d内，蛋的锐端向上存放；超过7d，每天应翻蛋1～2次，翻蛋角度180°，这样可使蛋黄位于蛋的中央，避免胚盘与壳膜粘连。

三、种蛋的消毒

蛋壳表面有许多细菌，尤其蛋壳粘有粪便和其他污物时，细菌更多，细菌经蛋壳气孔进入蛋内，经存放一段时间后，这些微生物会迅速繁殖，影响种蛋的孵化率和雏禽质量。所以，对保存前和入孵前的种蛋，必须各进行1次严格消毒。种蛋消毒方法很多，生产上常用福尔马林熏蒸，该方法消毒效果好，还可用0.1%新洁尔灭溶液、0.02%～0.05%高锰酸钾溶液、0.1%的碘溶液、0.02%呋喃西林溶液等浸泡种蛋1～3min，然后捞出晾干装盘，但用消毒溶液消毒容易将蛋壳外层的胶护膜损坏。

四、种蛋的运输

运输种蛋应有专门的蛋箱包装，若无专用蛋箱，也可用木箱、纸箱或箩筐，但应在蛋与蛋之间、层与层之间用清洁的碎纸屑或稻壳隔开、填实。蛋的钝端向上码放在蛋盘上，因为蛋的纵轴抗压力大，不易破碎。运输过程中应避免震动、防阳光暴晒、防雨淋、防冻、防潮湿。种蛋运抵目的地后应及时打开包装检查，剔除破损蛋，并将种蛋装入蛋盘内，送蛋库保存。

实训2-5 种蛋的选择与熏蒸消毒

【实训目的】 通过实训，掌握种蛋的外观选择和内部品质检查方法；掌握种蛋的熏蒸消毒方法。

【材料用具】 种蛋一批、照蛋器、种蛋来源信息、福尔马林、高锰酸钾、种蛋消毒室或消毒柜、天平、量筒、玻璃器皿等。

【方法步骤】

一、种蛋的来源与新鲜度

1. 种蛋的来源 种蛋应来源于健康、高产的禽群。种鸡不能携带鸡白痢、白血病和支原体病等经蛋传播疾病等。

2. 种蛋的新鲜度 种蛋越新鲜越好。一般夏天不超过5d，春、秋天不超过7d，冬季不超过10d。

二、种蛋的外观选择

种蛋应符合本品种标准，剔除过大、过小、过长、过圆、沙壳、钢壳、皱纹、裂纹以及污染严重的蛋。

三、种蛋内部品质检查

用照蛋器透视种蛋，正常种蛋气室小，蛋黄清晰，蛋白浓度均匀，蛋内无异物。剔除蛋黄流动性大，蛋内有气泡、偏气室、气室移动的种蛋及蛋壳有裂纹的种蛋。

四、种蛋的熏蒸消毒

1. 计算好福尔马林和高锰酸钾的用量，按每立方米消毒空间用福尔马林28～30mL、高锰酸钾14～15g。

2. 操作时，先将高锰酸钾倒入耐腐蚀、耐热的宽口容器内，然后再倒入福尔马林，密闭消毒空间，利用产生的甲醛气体进行消毒。

3. 密闭熏蒸20～30min，将环境控制在温度24℃，相对湿度70%～80%，熏蒸效果最佳，熏蒸结束后，通风排出气体。

【实训报告】

（1）写出鉴定依据和鉴定结果。

（2）简述种蛋的外形选择和种蛋内部品质检查方法。
（3）根据实训结果，描述种蛋熏蒸消毒的操作方法。

任务4　家禽的胚胎发育

家禽胚胎发育观察

一、各种家禽的孵化期

胚胎在孵化过程中发育的时间称为孵化期。各种家禽都有一定的孵化期，见表2-4-1。

表2-4-1　各种家禽的孵化期

家禽种类	孵化期（d）	家禽种类	孵化期（d）
鸡	21	鸭	28
鹌鹑	17～18	番鸭	33～35
鸽	18	鹅	30～34
火鸡	28	珍珠鸡	26

二、胚胎的发育过程

家禽的胚胎发育分两个阶段，第一阶段为体内发育阶段，指排出的卵子受精后在母鸡体内发育到蛋的形成产出。第二阶段为体外发育阶段即孵化阶段，指蛋从母体产出后，在孵化条件下，胚胎继续发育成雏禽。

1. 胚胎在蛋形成过程中的发育　卵巢上发育成熟的卵泡将卵子排出，卵子进入输卵管，在输卵管伞部受精后即开始发育，到蛋产出体外为止，约经过24h的不断分裂而形成一个多细胞的胚盘，并形成内、外胚层。在形成两个胚层之后，蛋即产出，停止发育。

2. 胚胎在孵化过程中的发育

（1）胚胎发育的外部形态变化。将受精蛋置于抱窝鸡体下或孵化器内，胚胎继续发育，很快地在内外胚层之间形成第三胚层，即中胚层，三个胚层分化形成组织器官。从形态上看，鸡胚发育大致可分为四个阶段：1～4d为内部器官发育阶段；5～14d为外部器官形成阶段；15～20d为胚胎生长阶段；20d后为出壳阶段。鸡胚发育的主要特征见表2-4-2。

表2-4-2　鸡胚不同胚龄的发育特征

胚龄	胚胎发育特征	照蛋时的特征
1	器官原基出现，形成胚胎的初步特征	中胚层进入暗区，在胚盘的边缘出现许多红点，形成“血岛”
2	出现血管，心脏开始跳动，头与卵黄分离，卵黄囊、羊膜开始形成	照蛋时可见卵黄囊血管区，形似樱桃，俗称“樱桃珠”
3	出现四肢原基，胚体呈弯曲状态。眼睛色素开始沉着	照蛋时可见胚和延伸的卵黄囊血管形似蚊子，俗称“蚊虫珠”

（续）

胚龄	胚胎发育特征	照蛋时的特征
4	胚体头明显增大，胚体弯曲明显。卵黄囊血管包围蛋黄达1/3，胚胎和蛋黄分离	胚胎与卵黄囊血管形似蜘蛛，俗称“小蜘蛛”
5	胚胎极度弯曲，整个胚体呈“C”形。生殖器官开始分化。眼的黑色素大量沉积	照蛋时可明显看到黑色的眼点，俗称“起珠”或“黑眼”
6	胚胎出现规律性的运动。躯干部增长，翅和脚已可区分。卵黄囊分布在蛋黄表面的1/2以上，尿囊到达蛋壳内表面	照蛋时可见头部和增大的躯干部两个小圆点，俗称“双珠”
7	胚胎出现鸟类特征，喙、翼明显。胚胎自身已有体温	照蛋时可见胚胎在羊水中不容易看清，俗称“沉”，半个蛋面布满血管
8	出现羽毛乳头突起，上下喙可以明显分出，四肢完全形成	照蛋时可见胚在羊水中浮游，俗称“浮”。背面两边卵黄不易晃动
9	胚胎全身被覆羽乳头，软骨开始骨化。已具有鸟类特征。尿囊几乎包围整个胚胎	照蛋时可见尿囊血管伸展越过卵黄囊
10	腿部鳞片和趾开始形成。尿囊在蛋的锐端合拢	照蛋时可见除气室外外整个蛋布满血管，俗称“合拢”
11	背部出现绒毛，冠出现锯齿状	照蛋时可见血管加粗，颜色加深
12	肠、肾开始有功能，胚胎开始用喙吞食蛋白	
13	身体和头部大部分覆盖绒毛，胫出现鳞片。蛋白逐渐进入羊膜腔	照蛋时可见蛋小头发亮部分随胚龄增加而逐渐减少
14	胚胎发生转动，其头部通常朝向蛋的大头	
15	体内外器官基本形成。喙接近气室	
16	冠和肉髯明显，蛋白几乎被吸收到羊膜腔中	
17	肺血管形成。躯干增大，两腿紧抱头部，喙朝向气室，蛋白全部进入羊膜腔	照蛋时可见蛋小头看不到发亮的部分，俗称“封门”
18	尿囊萎缩。头弯曲在右翼下，眼开始睁开，胚胎转身，喙朝向气室	照蛋时可见气室倾斜，俗称“斜口”
19	卵黄囊收缩，连同蛋黄一起缩入腹腔内。喙进入气室，开始肺呼吸。颈、翅突入气室，头埋于右翅下，开始啄壳	照蛋时可见气室有翅、喙、颈部的黑影闪动，俗称“闪毛”
20	卵黄囊已完全吸收到体腔，胚胎占据了除气室之外的全部空间，脐部开始封闭，尿囊血管退化。开始大批啄壳	俗称“起嘴”
21	雏鸡破壳而出，绒毛干燥蓬松	

（2）胎膜的发育。种蛋在孵化过程中，伴随胚胎发育的是胎膜的发育，胎膜有卵黄囊、羊膜、浆膜和尿囊4种，胎膜对于胚胎正常生长发育和进行各项代谢活动是不可缺少的。

卵黄囊：包在蛋黄外面的一个膜囊。从孵化第2天开始形成，到第9天几乎覆盖整个蛋黄的表面。卵黄囊上分布着稠密的血管，吸收蛋黄的营养物质供给胚胎发育。它是胚胎的营养器官，也是早期的呼吸和造血器官。雏鸡出壳前，卵黄囊与剩余蛋黄一起被吸入腹腔。

羊膜：包在胚胎外面的一个膜囊。在孵化的第2天即覆盖胚胎的头部并逐渐包围胚胎的身体，到第4天时，羊膜合拢将胚胎包围起来，而后增大并充满透明的液体，即羊水。羊膜腔中充满羊水，羊膜壁上有平滑肌细胞，能发生规律性的收缩，可保护胚胎不受机械损伤，防止粘连，也能起到促进胚胎运动的作用。

浆膜：与羊膜同时形成，孵化前6天紧贴羊膜和卵黄囊外面，以后由于尿囊发育而与其分离，贴到内壳膜上。由于浆膜透明而无血管，因此打开孵化中的胚胎看不到单独的浆膜。

尿囊：位于羊膜和卵黄囊之间，在孵化的第2天开始形成，而后逐渐增大，孵化到第6天时，达到壳膜的内表面。在孵化至10～11d时包围整个蛋的内容物，在蛋的锐端合拢起来。尿囊以尿囊柄与胚胎相连，胚胎排泄的液体蓄积其中，然后经气孔蒸发到蛋外。尿囊的表面布满发达的血管，胚胎通过尿囊血液循环吸收蛋白中的营养物质和蛋壳的矿物质，并从气室和气孔吸入外界的氧气，排出二氧化碳。尿囊到孵化末期逐渐干枯，内存有黄白色含氮排泄物，雏鸡出壳后残留在蛋壳里。

任务5　家禽的孵化条件

禽蛋的孵化条件主要有温度、湿度、通风、翻蛋和凉蛋。

1. 温度　温度是胚胎发育的首要条件，只有在适宜的温度下才能保证胚胎正常的生长发育，获得良好的孵化率和健雏率。胚胎发育的临界温度是23.9℃，温度过高、过低都会影响胚胎发育。孵化温度过高，胚胎发育快，孵化期缩短，脐部愈合不良，畸形雏多，雏禽软弱，如果孵化温度超过42℃，经过2～3h就可造成胚胎死亡；温度低则胚胎发育迟缓，孵化期延长，死亡率增加，如果低至24℃时约经30h胚胎全部死亡。在24～26℃的环境温度下，机械孵化的温度控制为：孵化期（1～18d）温度保持在37.5～37.8℃，出雏期（19～21d）温度保持在36.9～37.2℃，可以获得良好的孵化效果。

2. 湿度　湿度也是胚胎发育的重要条件之一，孵化过程中湿度与蛋内水分蒸发及胚胎的物质代谢有关，湿度过高或过低对孵化率和雏禽的健康有不良影响。孵化湿度太高，会影响蛋内水分的正常蒸发，胚胎发育迟缓，孵化期延长，雏禽出壳时脐部愈合不良、大肚子等；孵化湿度太低，蛋内水分蒸发过多，雏禽失水严重，表现为胶毛、个小、干瘦。孵化前期相对湿度为60%～65%，有利于胎膜的形成；中期相对湿度为50%～55%，有利于蛋内水分的蒸发；出雏期相对湿度为65%～75%，有利于破壳。

3. 通风　通风的目的是为排出孵化机内的二氧化碳并为胚胎发育提供足够的氧气，全自动孵化器通过自动调节气流和风速大小使孵化器内的孵化温度均匀一致，保证胚胎发育整齐。生产中，通过开启孵化器上通风孔的大小来调节通风量的多少，以保证孵化机内空气质量，孵化前期胚胎需氧量少，通气孔开启较小，以后随胚龄增加逐渐开大，出雏时开到最大。

4. 翻蛋　翻蛋就是改变种蛋的放置位置和角度，翻蛋是孵化的必要条件。胚胎比重小，浮于蛋黄表面，紧贴壳膜，如果长时间不翻蛋，胚胎容易与壳膜粘连。翻蛋的目的是改变胚胎位置，防止粘连，并使胚胎受热均匀，促进胚胎运动。孵化过程中，一般每2h翻蛋1次，每昼夜翻蛋12次，鸡蛋翻蛋角度为前俯后仰或左摇右摆各45°，共90°，鸭蛋、鹅蛋翻蛋角度应大些。翻蛋角度不当，会降低孵化率（表2-4-3）。

表2-4-3 翻蛋角度对孵化率的影响

翻蛋角度	40°	60°	90°
受精蛋孵化率（%）	69.3	78.9	84.6

5. 凉蛋 胚胎发育的中后期产热量较大，凉蛋的目的是排出胚蛋内过多的热量，保证胚胎发育，避免“烧胚”现象。鸭蛋、鹅蛋脂肪含量高，孵化到16～17d以后脂肪代谢增强，会产生大量生理热量，使孵化机内温度迅速升高，因此鸭蛋、鹅蛋在孵化后半期必须凉蛋，将过多的热量排出。凉蛋方法是每天打开机门2次，将孵化后半期蛋盘从架上抽出。每次凉蛋的时间依季节、室温和胚胎发育状况而定，一般20～40min，以蛋贴眼皮感到微凉（30～33℃）时即停止凉蛋。

任务6 孵化方法

孵化方法可分为人工孵化法和自然孵化法，人工孵化法又分为机器孵化法和传统孵化法。机器孵化法是采用现代技术制作的孵化器孵化种蛋，实现了孵化温度、孵化湿度、翻蛋等孵化条件的自动控制，大幅度降低劳动强度，极大提高孵化效率，是当今种蛋孵化的主要方法。传统孵化法主要有炕孵法、缸孵法、桶孵法。炕孵在北方较普遍；缸孵法主要在江浙、安徽等长江中下游地区，桶孵法则多见于我国西南和华南地区。在传统孵化法的基础上，有一些改进的孵化法，如温室孵化法、温水孵化法、煤油灯孵化法、温箱或水暖式平箱孵化法、塑料薄膜热水袋孵化法、电热毯孵化法等。传统孵化方法孵化过程一般分两个阶段，前期（尿囊膜合拢前）为供温阶段，人工提供适宜的孵化温度；后期为自温阶段，利用胚胎自身代谢产生的热量孵化，生产中最常见的是摊床孵化法。

实训2-6 机器孵化技术

【实训目的】通过孵化鸡蛋的实际操作，掌握完整的机器孵化技术。

【材料用具】孵化机、出雏机、种鸡蛋一批、照蛋器、温度计、湿度计、生产报表。

【方法步骤】

一、孵化前的准备

1. 制订孵化计划和准备孵化用品 在孵化前，根据孵化能力、雏禽销售情况、种蛋供应情况，制订出孵化计划，列出工作日程表，安排好相关工作人员。将照蛋器、温湿度计、消毒药品、防疫注射器材等一应物品准备齐全。

2. 孵化器的检修、试温和消毒 孵化器在使用前要对孵化器的控温和超温报警系统、控湿系统、通风系统、翻蛋装置、蛋盘、蛋架等认真检修、保养，防止中途出现故障，造成损失。种蛋入孵前开机试温2～3d，测定孵化器内部上、中、下、前、后、左、右、对角的温差，温差不能超过 0.5℃，孵化机控制面板与机内温、湿度计数值需一致。试温正常后，对孵化室、孵化机具设备等进行彻底清扫、消毒。

二、上蛋

上蛋也称码盘，指将种蛋的钝端向上装入蛋盘。一般在入孵前 12h 左右将种蛋从蛋库移到孵化室装盘预热、消毒。入孵时间最好选择在 16：00 以后，可使大批出雏时间在白天，便于操作。若分批入孵，新蛋孵化盘与老蛋孵化盘应交错插放，使孵化器内的温度较均匀，同时注明码盘时间、入孵时间、品种、数量、批次等。

三、孵化器的管理

孵化器的管理主要为定时检查控温系统、控湿系统、通风系统、翻蛋装置运行是否正常，观察孵化机控制面板与机内温、湿度计数值是否一致，机械运转是否正常，需要人工加湿的适时续水，空气滤网定期清洁，保证孵化器始终处于良好的运行状态。一般每隔 2h 检查 1 次。

四、验蛋

俗称照蛋，指用照蛋器透视已孵化的胚蛋，检查胚胎生长发育的情况，剔除无精蛋、死胚蛋。整个孵化期内一般全面验蛋 2 次，平时进行抽检。

第 1 次验蛋（头照），鸡蛋在孵化第 5 天、鸭蛋第 6 天、鹅蛋第 7 天进行。发育正常的胚蛋，血管网鲜红、扩散面大、形似蜘蛛，可明显看到黑色的眼睛，俗称“起珠”或“黑眼”；发育弱的胚蛋，血管纤细，色淡，扩散面小。无精蛋蛋内透亮、无血管、能隐约看到蛋黄的影子。死精蛋则无血管扩散，可见血环、血线或死亡的胚胎。

第 2 次验蛋（二照），鸡蛋在孵化第 19 天，鸭蛋第 26 天，鹅蛋第 27 天进行。验蛋后即行移蛋（落盘）。验蛋时，发育良好的胚蛋，不透光，气室大而清亮、气室边界清晰、弯曲明显，与气室交界处有明显清晰的血管，在气室处有时能见到胎动，俗称“闪毛”。发育落后的胚蛋，气室小、边缘整齐、可见纤细血管。死胚蛋在气室周围看不到血管、边缘模糊，胚蛋的小头透光。

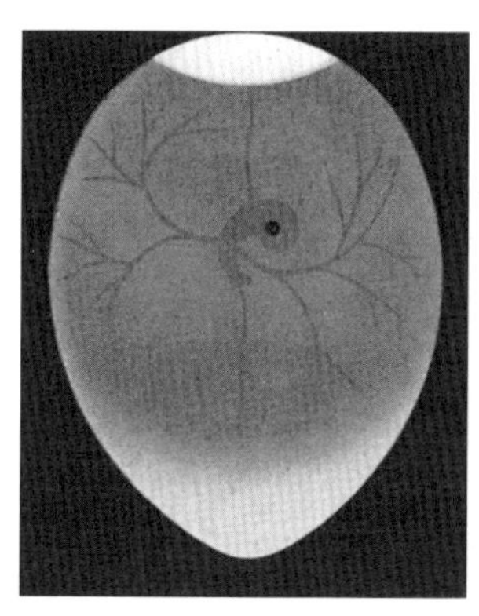

5日龄鸡胚

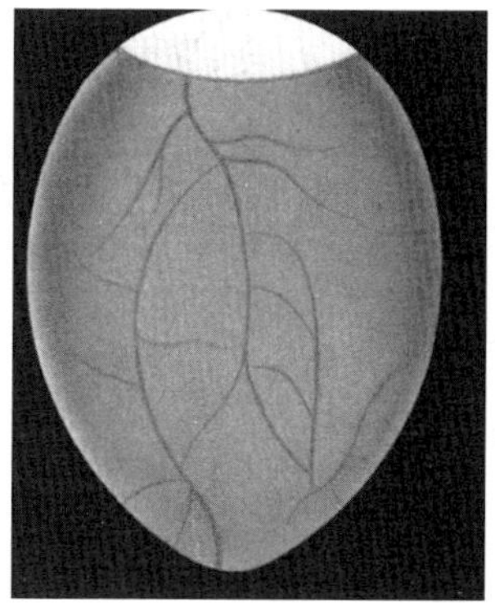

11日龄鸡胚

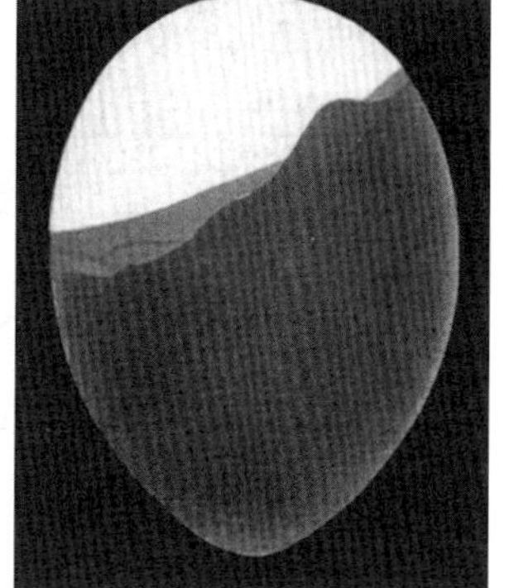

19日龄鸡胚

图 2-4-3 不同日龄正常发育的胚胎

（杨宁，1994. 现代养鸡生产）

抽检：抽检可随时进行，目的在于了解孵化是否正常，以便及时调整孵化条件。鸡蛋在孵化第 11 天，鸭蛋孵化第 13 天，鹅蛋孵化第 14 天时是个重要节点，要进行抽查验蛋，检查尿囊的合拢情况，了解胚胎的发育情况。发育正常的胚胎，尿囊刚合拢，透视时胚蛋的小端分布血管。发育落后的胚胎，尿囊尚未合拢，透视时蛋的小端发白。

五、移蛋（落盘）

鸡蛋在孵化第 19 天，第 2 次验蛋后，将孵化盘中正常发育的胚蛋移到出雏盘中，停止翻蛋，增加水盘，提高湿度，准备出雏。移盘时动作要轻、稳、快，减少破蛋。

六、出雏处理

发育正常的鸡胚，孵化到 20d 就开始出雏，20.5d 时达到出雏高峰，21d 可全部出雏。在出雏期间，一般 4h 捡雏 1 次，将绒毛已干的雏鸡和空蛋壳拣出，不可经常打开机门，以免温度、湿度降低，影响出雏。对出壳困难的胚胎，如尿囊血管已经枯萎，尿囊颜色呈黄纸色，可以人工助产，否则会因出血而死亡。

出雏结束后，应对孵化室、孵化机、出雏机及蛋盘、出雏盘、水盘及其他用具进行彻底清扫、消毒。

每次拣出的雏鸡，放入出雏箱或雏鸡盒内，放置在 22～25℃的暗室中。雏鸡盒摆放的方式，根据外温与室温的情况来决定，热时单放，冷时重叠落起，使雏鸡在温暖环境中，充分休息，准备接运。

七、停电时的措施

孵化室应准备好发电机，孵化期间一旦停电，则自行发电，保证孵化的正常进行。

八、孵化记录

孵化过程中做好记录，填好各种生产报表，以便统计孵化成绩。

九、孵化效果分析

孵化结束应根据孵化统计报表，对孵化效果作出分析，以便下一次孵化改进提高（表 2-4-4）。

表 2-4-4　孵化效果检查与分析一览表

验蛋			死胚	初生雏	原因	
5～7d 胚龄	10～11d 胚龄	19d 胚龄				
无精蛋多，死亡率高	胚胎发育较迟缓	发育迟缓，肾有磷酸钙沉着	眼肿胀、肾有磷酸钙等结晶沉淀物，眼睛肿胀	出雏时间延长，有较多瞎眼、眼病的弱雏	缺乏维生素 A	种鸡管理不良、种蛋品质不良
前 3d 死亡率高	胚胎发育迟缓，第 9～14 天出现死亡高峰	死胚有营养不良特征，软骨，绒毛卷缩呈结节状	胚胎有营养不良特征，体小，关节明显变形，绒毛卷缩呈结节状	体小，绒毛卷缩呈结节状，趾弯曲	缺乏维生素 B_2	

（续）

验蛋			死胚	初生雏	原因	
5～7d胚龄	10～11d胚龄	19d胚龄				
死亡率增高	尿囊发育迟缓，第10～16天胚龄出现死亡高峰	死亡率显著增高	胚胎有营养不良特征。皮肤水肿，肝脂肪浸润，肾肥大	出雏时间延长，颈和脚麻痹的弱雏较多	缺乏维生素D_3	种鸡管理不良、种蛋品质不良
头2d死亡率高	胚胎发育迟缓，有腐败蛋	胚胎发育迟缓	剖检胚盘表面有时有泡沫	出雏时间延长，绒毛粘有蛋白	种蛋保存时间较长	
血管分布较好	尿囊早期包围蛋白	异位，心脏、胃和肝变形	异位、心脏、胃和肝变形	出壳较早	前期过热	孵化条件不适
—	—	啄壳较早	较多胚胎破壳后死亡、蛋黄未吸入，残有浓蛋白	出壳早，雏体小，脐带愈合不良，粘壳	后半期长时间过热	
发育迟缓	尿囊未合拢，蛋小头淡白	气室边缘整齐	尿囊充血、心脏肥大、蛋黄吸入腹腔但呈绿色，肠内充满蛋黄和粪便	出壳晚，弱雏多，腹大拖地，肛门污秽	温度过低	
气室小	尿囊合拢迟缓	气室边缘整齐、小	嗉囊、胃、肠充满液体	蛋壳起嘴处有较多黏液，绒毛黏附在蛋壳上，弱雏多且腹大，脐部愈合不良	湿度过高	
死亡率高，充血并粘在蛋壳上	气室大	—	外壳膜干而结实，绒毛干燥	出壳早，体小干瘪，绒毛干燥污乱、发黄	湿度过低	
死亡率高	羊水中有血液	羊水中有血液，且内脏充血，胎位不正	胚胎在蛋小头啄壳，多闷死在壳内	弱雏较多	通风不良	
卵黄囊粘在壳膜上	尿囊“合拢”不良	尿囊外粘有蛋白	—	—	翻蛋不适	

【实训报告】

（1）简述机器孵化操作流程和孵化条件。

（2）根据照蛋记录，简述每次照蛋的时间、正常胚蛋和异常胚蛋的发育特征，并绘制照蛋时发育正常胚蛋的蛋相示意图。

（3）填报生产报表。

（4）根据孵化结果分析孵化效果，提出改进措施。

任务7　雌雄鉴别

一、翻肛鉴别法

也称为生殖突起鉴别法。鸡的外生殖器官已经退化，在雏鸡泄殖腔开口部的下端中央，有一个很小的突起，称为生殖突起，它是退化了的外生殖器官的残留痕迹。在生殖突起的两旁，各有一个皱襞，斜向内方，呈“八”字形，称为八字皱襞，见图2-4-4。

生殖突起在孵化初期雌雄都有，在胚胎发育中期雌性的生殖突起开始退化，孵出前即将消失，但也有个别雌雏仍有残留。雄雏生殖突起孵化中期不消失，孵出后仍见于泄殖腔开口的下部，因此可以根据生殖突起的有无和形态上的差异鉴别雌雄。

根据生殖突起鉴别雌雄，鉴别时间最好在出雏后12h以内，超过24h鉴别困难加大。

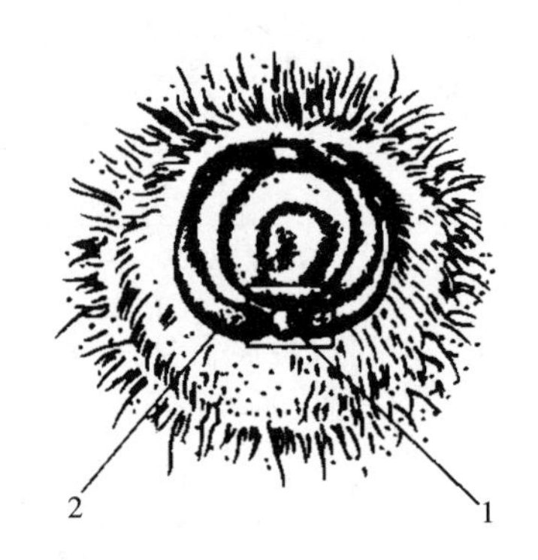

图2-4-4　鸡生殖突起和八字皱襞

1. 生殖突起　2. 八字皱襞

（张孝和，2003. 特禽孵化与早期雌雄鉴别）

1. 握雏、翻肛　鉴别者将雏鸡握在左手中，雏背紧靠掌心，肛门向上，颈部被轻轻夹在小指和无名指之间。用左手拇指在鸡腹部直肠下端轻压，把直肠内粪便排出，然后右手食指顺肛门口略向上推，拇指顺着肛门略向下推，左手拇指协同作用，三个手指一起向肛门口靠拢，将肛门内壁向外挤，使生殖突起暴露出来。

2. 鉴别雌雄　肛门翻开后，即可根据雏鸡生殖突起的形状，大小及生殖突起旁边的八字皱襞的形状，识别公母。公雏生殖突起大而圆，长0.5mm以上，形状饱满，轮廓极为明显；八字皱襞很发达，并与外皱襞断绝联系；生殖突起两旁有两个粒状体突起。母雏生殖突起小而扁，形状不饱满，有的仅留点痕迹；八字皱襞退化，并与外皱襞相连；在生殖突起两旁没有两粒突起，中间生殖突起不明显。

上述生殖突起类型都是标准型，占雏鸡的大多数。也有少数雏鸡的生殖突起不是标准型的：有小突起，直径0.5mm以下；有小突起，呈扁平型，八字皱襞不规则；有突起，但肥厚，与八字皱襞连成一片；有突起，呈纺锤纵立状，八字皱襞分布不规律；有突起，分裂纵沟或两半，能与八字皱襞区分开。这些不规则的突起只有通过多次实践鉴别才能掌握其规律。

二、伴性遗传鉴别法

利用羽毛的伴性遗传规律，培育鉴别雌雄品系，雏禽出壳后能根据羽色羽速辨别公母，目前已在生产上广泛应用。在养鸡生产中利用的伴性性状主要有3对：慢羽基因（K）与快羽基因（k）、银白色羽基因（S）与金黄色基因（s）、横斑基因（B）与非横斑基因（b）。

1. 羽色和羽斑鉴别法 现代鸡种中褐壳蛋系商品代雏鸡，大多能用羽色进行雌雄鉴别。雏鸡银白色绒羽的是公雏，金黄色绒羽的是母雏。

2. 羽速鉴别法 现代鸡种中白壳蛋系商品代雏鸡，大多能用羽速进行雌雄鉴别。羽速主要指初生雏鸡主翼羽生长的快慢，分快羽（主翼羽长于覆主翼羽）和慢羽（主翼羽等长于或短于覆主翼羽）。雏鸡慢羽是公雏，快羽是母雏。

任务8 生产报表

一、蛋库统计表

表2-4-5 蛋库统计表

日期	生产周龄	期初库存合格种蛋（枚）	本期接收种蛋（枚）	本期淘汰蛋数（枚）	其中		种蛋淘汰蛋率（%）	本期合格种蛋（枚）	上蛋入孵（枚）	转移蛋数（枚）	外销种蛋（枚）	期末库存合格种蛋（枚）
					畸形蛋（枚）	破蛋（枚）						

二、孵化计划表

表2-4-6 孵化工作计划表

批次	入孵时间	入孵蛋数	一照蛋时间	二照蛋时间	移盘时间	出雏时间	备注
1 …							

三、孵化进程管理表

表2-4-7 孵化进程管理表

批次	来源	入孵日期	入孵蛋数	第一次验蛋				抽检		第二次验蛋				移盘日期	出雏结束日期	出雏情况			可售苗（只）	可售率（%）	备注
				日期	无精蛋数（枚）	死精蛋数（枚）	破损蛋数（枚）	日期	胚胎发育（枚）	日期	无精蛋数（枚）	死胚蛋数（枚）	破损蛋数（枚）			出雏数（只）	其中				
																	健雏数（只）	弱雏数（只）			
1 …																					

四、孵化成绩表

表 2-4-8　孵化成绩记录表

批次	入孵时间	结束时间	入孵蛋数（枚）	受精率（%）	入孵蛋孵化率（%）	受精蛋孵化率（%）	出雏数（只）	健雏率（%）	弱雏率（%）	一照死胚率（%）	二照死胚率（%）	备注
1 …												

复习思考题

一、选择题

1. 种蛋的蛋壳是在（　　）形成的。
   A. 输卵管喇叭部　B. 输卵管膨大部　C. 输卵管峡部　D. 子宫
2. 种蛋保存最适宜温度是（　　）℃。
   A. 4～7　B. 8～11　C. 12～15　D. 16～19
3. 鸡胚发育的临界温度是（　　）℃。
   A. 21.9　B. 22.9　C. 23.9　D. 24.9
4. 种蛋保存最适宜的相对湿度范围是（　）。
   A. 40%～50%　B. 50%～60%　C. 60%～70%　D. 70%～80%
5. 鸡蛋翻蛋角度以（　　）为宜。
   A. 45°　B. 60°　C. 75°　D. 90°
6. 种蛋入孵时间最好安排在（　　），可使大批出雏在白天。
   A. 8：00　B. 12：00　C. 16：00　D. 20：00

二、填空题

1. 种蛋的保存时间，春秋季节不超过________d，夏季不超过________d，冬季不超过________d。
2. 种蛋熏蒸消毒时，每立方米消毒空间用福尔马林________mL、高锰酸钾________g。
3. 家禽的胚胎发育分两个阶段，第一阶段为________阶段，第二阶段为________阶段。
4. 蛋在孵化过程中形成的胎膜有________、________、________和________四种。
5. 鸡、鸭、鹅、番鸭的孵化期分别是________d、________d、________d、________d。
6. 禽蛋的孵化条件主要有________、________、________、________和________。
7. 第1次验蛋（头照），鸡蛋在孵化第________天、鸭蛋第________天、鹅蛋第________天进行。

8. 第 2 次验蛋（二照），鸡蛋在孵化第________天，鸭蛋第________天，鹅蛋第________天进行。

9. 填写鸡胚胎发育对应日龄的照蛋俗称：5d________，10d________，19d________。

10. 生产中利用羽毛的伴性遗传规律，培育自别雌雄的基因有 3 对，它们是________、________、________。

三、简述题

1. 简述蛋的构造及形成过程。
2. 常见畸形蛋有哪些？生产中，如何防止畸形蛋的产生？
3. 禽蛋经水洗后就不容易保存，为什么？
4. 种蛋如何选择与消毒？
5. 雏鸡雌雄鉴别的方法有哪些？

四、叙述题

1. 叙述孵化室的岗位工作职责。
2. 为什么胎膜对于胚胎正常生长发育是不可缺少的？
3. 孵化中温度、湿度的过高或过低对胚胎发育有什么影响？
4. 翻蛋的作用是什么？怎样翻蛋？
5. 孵化中为什么要进行凉蛋？怎样凉蛋？
6. 试述“落盘”后的孵化控制要点。

【参考答案】

一、选择题

1～6. DCCDDC

二、填空题

1. 7、5、10 2. 28～30、14～15 3. 体内发育、体外发育或孵化 4. 卵黄囊、羊膜、浆膜、尿囊 5. 21、28、30～34、33～35 6. 温度、湿度、通风、翻蛋、凉蛋 7. 5、6、7 8. 19、26、27 9. 起珠或黑眼、合拢、闪毛 10. 慢羽基因（K）与快羽基因（k）、银白色羽基因（S）与金黄色基因（s）、横斑基因（B）与非横斑基因（b）

蛋鸡的饲养管理

蛋鸡饲养阶段按其生理阶段分为3个时期，0～6周龄称为雏鸡，饲养期为6周；7～18周龄称为育成鸡，饲养期为11周；19周龄至产蛋结束称为产蛋鸡。商品蛋鸡一般只饲养一年，产蛋率75%以下时进行淘汰。生产中，各阶段生理特点不同，饲养管理要求不同。

【学习目标】

1. 掌握蛋鸡各阶段饲养的工作职责。
2. 掌握雏鸡、育成鸡生理特点及饲养管理要点。
3. 掌握产蛋鸡产蛋规律及饲养管理理论知识。
4. 通过实训掌握雏鸡的断喙操作过程。
5. 掌握产蛋鸡光照控制方案的技术要点。
6. 掌握蛋鸡生产报表的填写方法。

【学习任务】

任务1　岗位工作职责

一、蛋用雏鸡舍的工作职责

（1）了解雏鸡的生理特点。
（2）做好育雏前的准备工作。
（3）做好雏鸡的接运与选择。
（4）做好雏鸡的日常饲喂。
（5）按雏鸡生理特点控制雏鸡舍环境，使之符合雏鸡要求。
（6）观察雏鸡健康状况并及时反馈。
（7）填写雏鸡日常生产管理表。

二、育成鸡舍的工作职责

（1）了解育成鸡的生理特点。

(2) 明确育成鸡的培育要求。
(3) 计算育成鸡均匀度。
(4) 做好育成鸡的转入及转出管理。
(5) 做好育成鸡的限制饲养。
(6) 做好育成鸡的日常管理。
(7) 拟定蛋用育成鸡的光照程序。
(8) 填写育成鸡日常生产管理表。

三、产蛋鸡舍的工作职责

(1) 了解产蛋鸡的产蛋规律。
(2) 做好产蛋鸡转入后的饲养管理要求。
(3) 明确产蛋鸡的饲养要求。
(4) 做好产蛋鸡的日常管理。
(5) 计算产蛋率。
(6) 产蛋曲线绘制与分析。
(7) 填写产蛋鸡生产情况及日常管理记录表。

任务 2　蛋用雏鸡的饲养管理

一、雏鸡的生理特点

1. 怕冷，怕热　雏鸡神经系统发育不完善，体温调节机能差，绒毛稀短，保温御寒能力差，体温较成年鸡低 2～3℃（成年鸡 41～42.5℃），4 日龄后体温开始慢慢地上升，到 10 日龄时才达到成年鸡体温，3 周龄左右体温调节机能趋于完善。所以，雏鸡出壳后必须给予适宜的环境温度，才能保证雏鸡健康的生长发育。

2. 生长快，代谢旺盛　蛋用型雏鸡出壳时重约 40g，2 周龄重约 80g，6 周龄重约 400g。雏鸡蛋白质缺乏，生长发育迟缓，甚至两翼羽毛长于尾部；维生素缺乏，生长发育停滞，羽毛发干，无光泽；钙、磷缺乏骨骼发育畸形等。需要给予高能量、高蛋白质、营养全价的日粮，才能满足其生长发育的需求。

3. 消化器官容积小，消化能力差　雏鸡消化系统发育不健全，胃肠容积小，肌胃研磨能力差，采食量有限，在饲养上应注意饲喂易消化的日粮，且少喂多餐。

4. 免疫能力差　雏鸡免疫系统发育不完善，易感染雏鸡白痢、球虫病等病，生产中要提供良好的饲养环境，定期保健，做好消毒和免疫工作。

5. 敏感性强，易受惊吓　雏鸡胆小易惊群，环境及饲料变动易产生应激反应，生产中要保持饲养环境安静，鸡群相对稳定，饲料过渡需逐渐进行。

二、育雏前的准备工作

1. 选择适宜的育雏方式

(1) 地面平养。地面一般为混凝土地面，便于清洁消毒。垫料选用质地优良、清洁卫生、柔软干燥、无霉变、吸水性强的材料，如稻壳、锯末、粉碎的秸秆等。进雏前均匀地铺在育雏舍内，给予雏鸡一个保温、吸湿的饲养面。但鸡群因经常接触垫料上的粪便，容易感染疾病，尤其是雏鸡白痢、球虫病等。

（2）网上平养。将雏鸡养在距地面50～60cm高的网上。由于粪便直接从网眼漏下，雏鸡与粪便接触少，有利于防止肠道传染病的发生，如球虫病、雏鸡白痢等。

（3）笼养。将雏鸡饲养在层叠式的育雏笼内，一般为3～5层，笼高30～35cm，宽120～130cm，长度可根据鸡舍面积和育雏数量而定。粪便从网眼漏到挡粪板上，定时利用传送带将粪污清运到舍外。立体笼养育雏较平面育雏饲养密度更大，劳动效率更高。但对鸡舍通风换气、饲养管理技术要求较高。

2. 选择适宜的供温方式

（1）热风。热风供温是利用热风炉将空气加热到要求的温度，然后将热空气通过管道送入育雏舍进行加温。在为育雏舍提供热量的同时，也提供了新鲜空气，降低了能源消耗；热风进入育雏舍也可以显著降低舍内空气湿度。

（2）热水。热水供温主要由锅炉、管道、散热器组成。散热器布局时应尽可能使舍内温度分布均匀，同时考虑缩短管路长度，进行多组均匀布置，且每组片数一般不少于10片，以增加散热器的有效散热面积。一般排布在窗下或饲喂通道上。

3. 做好育雏舍的清洁消毒 根据不同的饲养方式，按饲养密度确定育雏舍数量和面积（表2-5-1）。育雏舍要求保温良好、清洁、干燥，有良好的通风换气条件。进雏前，检修育雏舍所有门窗、墙壁、顶棚，保证无破损，不漏雨、不漏风，地面无鼠洞。进雏1周前，对育雏舍进行全面清扫与消毒。地面清扫后用高压水冲洗，待水稍干后，用3%氢氧化钠溶液喷洒（1 500mL/m^2）消毒，墙面用10%石灰乳粉刷，最后用三氯异氰尿酸钠进行熏蒸，24h后打开门窗放净残余气味。进雏前几天，将洗刷干净的用具、设备、饲料、垫料等放在育雏室内，再次进行熏蒸消毒。育雏舍门口设置消毒池，池内放入3%的氢氧化钠溶液，便于工作人员进出时消毒。

表2-5-1 不同育雏方式雏鸡的饲养密度（只/m^2）

周龄	地面平养	网上平养	笼养
0～3	20～30	20～40	50～60
4～6	10～15	20～25	20～30

数据来源：贵州柳江畜禽有限公司。

4. 喂料及饮水用具的准备 育雏前1周准备足够的用具，如料桶或料槽、饮水器、保温设备、照明设备及桶、秤等。平养情况下每50只雏鸡一个料桶（直径30～40cm），每70～100只鸡一个真空饮水器（直径16～22cm）或配置一个吊塔式自动饮水器，用0.2%高锰酸钾溶液浸泡消毒后备用。饮水器在雏鸡到达之前3～4h装好水放在舍内预温，水温在18℃以上。笼养情况下，一般配套安装有料槽（每只鸡占食槽位2.5cm）、自动饮水线（每10～15只1个乳头饮水器）。

5. 饲料的准备 进雏前3d，应准备好育雏最初1周内的饲料，可按雏鸡的营养需要自行配制或直接购买配合饲料。

6. 药品的准备 根据养雏数量准备充足的常用疫苗和预防白痢、球虫病的药物，常用消毒剂以及葡萄糖、禽用多维、维生素C、维生素K等。

7. 预热试温 进雏前1d将育雏温度升至35～37℃，育雏室温度升至30℃以上，升温过程中要检查升温效果。

三、初生雏的选择与接运

1. 初生雏的选择 选择健康雏鸡是提高育雏率的关键，雏鸡可通过“看、摸、听”进行选择。一看雏鸡精神状态，健雏生长匀称，活泼好动，眼明亮有神，绒毛整齐干净，脐部愈合良好，双脚站立稳当；弱雏表现缩头闭眼，绒毛蓬乱不洁，腹大脐带愈合不良，双脚站立不稳；二摸膘情、体温等，健雏触摸温暖，体重适中，挣扎有力；弱雏身凉、轻飘，柔弱无力；三听叫声，健雏叫声清脆；弱鸡叫声低微嘶哑，有气无力。若脐部有出血痕迹或发红呈黑色、棕色或为钉脐者，眼、喙、腿有残疾者均应淘汰。

2. 初生雏的接运 初生雏经过挑选与雌雄鉴别，疫苗注射后就可办齐手续起运。运输雏鸡最好使用专用雏箱装雏，由硬纸或塑料制成，规格大小不一，常用规格为45cm×60cm×18cm，内分四格，每格25只，可容雏100只。运输时间最好控制在48h内。运输时间越长雏鸡脱水越严重。

装雏前对运输车辆及装雏箱进行严格消毒。装车时注意雏箱与雏箱、雏箱与车厢间留有空隙，保证空气流通，避免雏鸡缺氧，甚至窒息死亡。运输途中，押运人员应每隔0.5～1h检查雏鸡状况。如雏鸡仰头、张嘴喘气，绒毛潮湿，表明雏箱内温度过高，要适当通风降温；如雏鸡拥挤扎堆，尖叫，表明雏箱内温度过低，要加盖保温。运输途中注意“五防”，即防寒、防热、防晒、防雨淋、防震动。

四、雏鸡的饲养

初生雏鸡的处理

1. 饮水 雏鸡进舍休息稍安静后开始饮水，雏鸡第1次饮水称为“开饮”。开饮应给予添加0.1%维生素C和5%葡萄糖水或多维水，以缓解雏鸡运输途中的应激反应，增强体质。育雏第0～10天水温接近室温，以后每天供给清洁自来水任其自由饮用，每天清洁饮水器具。如采用供水系统自动供水，要经常检查贮水箱，并去除污垢，定期投放氯制剂对饮水和饮水系统进行消毒，避免细菌滋生。

2. 开食 雏鸡第1次喂料，称为开食，在雏鸡开饮结束后2～3h进行。第1次开食应在孵出后16～24h为宜（表2-5-2）。开食料可直接使用雏鸡配合饲料或玉米粒（用水拌成微湿），用开食盘诱导雏鸡采食。

表2-5-2 开食时间对雏鸡增重的影响

（黄仁录，2003. 蛋鸡标准化生产技术）

开食时间（h）	12	24	48	72	96
初生重（g）	39.7	40.9	40.0	39.2	38.0
2周龄重（g）	84.6	95.6	89.6	75.6	69.6
增重（g）	44.9	54.7	49.6	36.4	31.6

3. 日常饲喂技术 雏鸡开食后2～3d应逐渐增加饲喂量。第1周内每2h喂料1次，每天定时喂料8次，其中白天6次，晚上2次。以后每周减少1次，到第6周时每天4～3次。饲喂量要根据周龄合理调整，每次撒料应在20～30min内吃完。采食后的剩料要及时清除，避免饲料在高温高湿环境下发生霉变，危害雏鸡健康。平养情况下，饮水器和料桶悬挂高度以边缘与鸡背同高为准，并随着鸡日龄的增加而升高。

五、雏鸡的管理

1. 提供舒适的饲养环境

（1）温度。提供合适的温度是提高育雏率的关键。低温环境易造成雏鸡感冒，诱发雏鸡白痢，雏鸡推挤扎堆，造成挤压死亡；温度过高，会影雏鸡正常物质代谢，饮水增多，食欲减少，生长缓慢，体质减弱，对疾病抵抗力下降，易引起呼吸道疾病和啄癖。育雏前3d，育雏舍温度33～35℃，第4～7天以33～30℃为宜，第2周起每周下降2～4℃，直到室温。

育雏温度是否适宜，可通过温度计和观察雏鸡活动状态了解。温度表的悬挂位置：笼养时挂在育雏笼中间一层；平养时挂在鸡只活动的范围内，高度与鸡背相平。

当温度适宜时，雏鸡精神活泼，饮食良好，羽毛平整光滑，均匀分布。当温度偏高时，雏鸡远离热源，张口呼吸，饮水增加。温度偏低时，靠近热源，密集拥挤，发出尖叫声。

供温时注意温度要平稳，不能忽高忽低。脱温时可先白天停温，晚上供温，晴天停温，阴天供温，用3～5d时间逐渐减少每天供温次数和供温时间。脱温期间注意观察鸡群，防止夜间雏鸡扎堆死亡。

（2）湿度。适宜的湿度范围为55%～70%。湿度过低，易导致雏鸡体内水分过多蒸发，不利于雏鸡体内蛋黄吸收，且鸡群骚动灰尘飞扬。10日龄前，育雏室相对湿度应保持在70%～77%。10日龄后，随呼吸与排泄量增加，育雏室相对湿度相应增高，为防止室内过于潮湿，诱发白痢、球虫病，湿度应逐渐降低为55%～65%。

（3）通风。通风以提供新鲜空气，排出舍内污浊空气，并有助于调节舍内温度和湿度。由于雏鸡饲养密度大，代谢旺盛，排出粪尿多，易分解产生氨和硫化氢等有害气体，会引起鸡结膜炎，诱发雏鸡呼吸道疾病，对鸡新城疫等传染病的抵抗力下降。生产中，应在考虑保温的前提下，注意舍内适宜的通风换气。可通过开启门窗或装小型排风扇进行通风换气，门窗上加装纱窗缓解风量和风速，防止冷风直接吹袭到鸡体，引起雏鸡感冒。冬季，避免早晚气温低时通风，且在通风之前可预先提高室温2℃，再进行通风换气，避免因通风而导致室温下降。舍内通风后的空气质量是否适宜，可以通过人感觉是否闷气、呛鼻、刺眼、有无过分臭味等来判定。

（4）光照。适宜的光照便于雏鸡正常的采食与饮水，有利于运动与健康，促进生殖系统发育。光照时间的长短与雏鸡达到性成熟日龄有密切关系，尤其在育雏后期，延长光照时数可提早性成熟，导致开产时间提前，产蛋小且产蛋高峰期持续期短，且易发生脱肛等现象。缩短光照时间则会推迟性成熟。光照过强，易刺激雏鸡，使其兴奋，影响鸡休息，引起鸡群啄羽、啄肛、啄趾等恶癖及斗架等现象。为保证雏鸡正常生长发育和适宜开产日龄必须合理控制光照。应经常检查灯光定时控制器，确保工作正常。

（5）密度。密度指育雏舍内每平方米活动面积所容纳的雏鸡数。合理的饲养密度是保证雏鸡正常生长的必要条件，密度过大，舍内空气污浊，易感染疾病和发生啄癖，死亡率高；密度过小，房舍及设备利用率低，饲养成本增加。适宜的密度大小应根据日龄大小、品种、饲养方式而定（表 2-5-1）。

2. 断喙 实施断喙是防治啄癖的有效措施，还可避免鸡挑食和勾甩饲料，减少饲料浪费。在舍内温度过高、通风不良、光照过强、密度过大、营养不全的饲养条件下，都可能引起鸡的啄羽、啄趾、啄肛等恶习。断喙可在 5～7 日龄进行，利用断喙器将雏鸡上喙断去从喙尖至鼻孔的 1/2 处，下喙断去从喙尖至鼻孔的 1/3 外（图 2-5-1）。断喙前后 2d，在日粮或饮水中添加适量的维生素 K 和抗生素。断喙会影响鸡正常的采食和饮水，在断喙后 1～2d 内，要把料槽中饲料加厚。

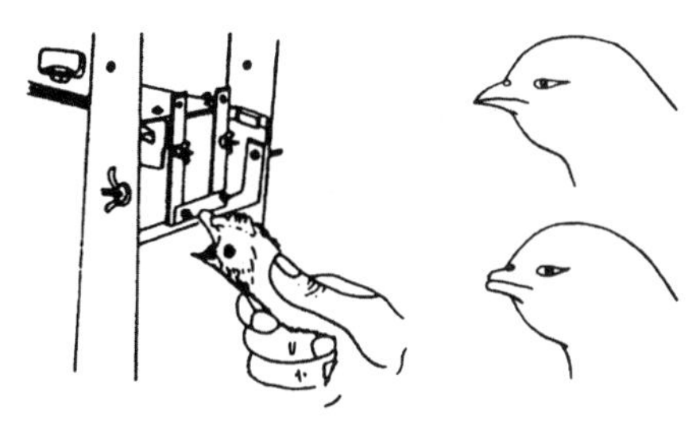

图 2-5-1 雏鸡断喙示意

3. 搞好卫生防疫 雏鸡抵抗力差，又密集饲养，一旦发病易造成疾病暴发，引起大量死亡。生产中除加强饲养管理，做好环境卫生消毒工作外，还应实行“全进全出”饲养制度，做好预防性投药和免疫接种工作。

雏鸡的断喙技术

4. 精心看护 观察雏鸡对给料的反应，采食程度，争食情况，饮水情况是否正常，料桶和饮水器数量是否充足。鸡群活动时，经常查看有无低头缩颈、精神沉郁的雏鸡和啄癖伤害现象，有无瘫鸡、软脚鸡等。夜间关灯后等鸡群安静下来注意听有无异常呼吸音。清粪时注意观察粪便颜色及形态是否正常，正常情况下，出壳雏鸡排出胎粪为白色或深绿色的稀薄液体，在采食后粪便呈圆柱形、条形、棕绿色软粪；异常粪便主要有黄白色或黄绿色并附有黏液和血液等具有恶臭气味的粪便、白色糊状或石灰浆样的稀粪、褐色稀粪等，要及时采取防治措施。发现异常雏鸡，应及时捡出隔离治疗，无病状即可放回大群。

5. 填写育雏日常生产管理记录表 见表 2-5-3、表 2-5-4。

表 2-5-3 雏鸡日常管理记录表

品种		入舍时间		入舍数量（只）		转出时间		转出数量（只）	
日期	日龄	舍温（℃）	相对湿度（%）	光照时间（h）	消毒措施	免疫情况	用药情况	其他事项	记录人

表 2-5-4 雏鸡生产记录表

品种		批次		入舍数（只）		入舍时间	
日期	日龄	死亡数（只）	淘汰数（只）	存栏数（只）	耗料量（kg）	存活率%	记录人

实训 2-7　拟定蛋用雏鸡的育雏方案

【实训目的】要求在掌握蛋用雏鸡饲养管理基本技术的基础上，针对所饲养的鸡群品种、制订雏鸡饲养管理方案。

【材料用具】现有长 20m、宽 8m 的有窗式封闭式育雏舍一栋，拟采用地面垫料平养方式饲养罗曼粉壳蛋用雏鸡。

【方法步骤】

(1) 熟习蛋鸡育雏期主要饲养管理内容。

(2) 分组进行讨论明确该舍养殖量、养雏前的圈舍及饲喂用具的准备情况，饲养及管理的技术措施等。

【实训报告】拟定该批次蛋用雏鸡的育雏方案。

任务 3　育成鸡的饲养管理

一、育成鸡生长发育特点

1. 消化功能逐渐增强，体重增重较快　育成鸡消化器官容积增大，消化功能增强，体重增重较快，到 13 周龄时，脂肪沉积量加大，易造成体重过大过肥，影响开产后的产蛋能力。生产中应采取限制饲养措施控制鸡体重的增加，防止机体过肥。

2. 性器官发育快　现代蛋鸡具有早熟现象，10 周龄后的青年母鸡，性器官开始发育，12 周龄后发育加快，较长的光照和过高的蛋白质饲料可加速性腺机能发育，导致青年母鸡早产早衰，开产初期产蛋较小，产蛋高峰达不到应有水平且持续期短而下降快，产蛋期中产蛋量低且母鸡死亡率增高。生产中应注意通过光照的控制和降低日粮蛋白质营养水平等措施推迟青年母鸡性成熟日龄。

3. 防御机能增强　育成鸡体重增长和体质的发育使其对疾病的防御能力增强，生产中主要根据鸡群状态和各种疫病流行发生特点定期做好疫苗接种工作。

4. 建立群序等级关系　育成鸡建立群序等级关系是鸡群维持群体相对稳定的一种正常行为表现，从 8～10 周龄开始出现，到 17～18 周龄时结束啄斗现象。在此期间，鸡群的变动，会打乱原有的群序关系，进而影响鸡正常的采食休息，影响鸡生长发育。因此，生产中应保持群体的相对稳定，并提供足够的饲槽、水槽，保持鸡群的生长均匀度。

二、育成鸡的培育要求

1. 体重达标、体质健壮　体重增加主要取决于骨骼、肌肉、脂肪的生长情况。体质健壮的鸡要求骨骼生长良好，肌肉丰满、结实，腹部不能有大量脂肪沉积，羽毛光亮整齐。体重应控制在饲养品种的标准范围内（表 2-5-5）。

表 2-5-5 蛋鸡商品代生长发育标准与耗料量（罗曼粉）

周龄	体重标准（g）	体重周增速（g）	耗料标准（g）	饲料周增速（g）	累计耗料量（g）
7	558	105	43	4	1 372
8	658	100	47	4	1 701
9	759	101	51	4	2 058
10	853	94	55	4	2 443
11	936	83	59	4	2 856
12	1 010	74	62	3	3 290
13	1 073	63	65	3	3 745
14	1 131	58	68	3	4 221
15	1 184	53	71	3	4 718
16	1 231	47	74	3	5 236
17	1 281	50	77	3	5 775
18	1 334	53	80	3	6 335

数据来源：贵州柳江畜禽有限公司。

2. 鸡群生长发育均匀度良好 良好的育成鸡群要求生长发育均匀，鸡群表现出开产一致、产蛋率上升快、产蛋高峰高且持续期长、蛋重均匀的良好性能。生长发育参差不齐的鸡群，群体间个体差异较大，开产早晚不均，从而降低全群产蛋率。

鸡群体生长发育均匀度是指鸡群个体间体重的整齐程度。整齐度高，说明鸡群内体重差异小，鸡群发育整齐。

$$\text{鸡群体重均匀度}=\frac{\text{体重在鸡群平均体重}\pm 10\%\text{以内鸡只数}}{\text{鸡群抽样鸡只数}}\times 100\%$$

整齐度标准：均匀度在70%以下为不良，70%～76%为一般；77%～83%为良好；84%～90%为优等；90%以上为特优。例如：从某鸡群中按5%比例抽取100只鸡（抽样比例万只以上按1%，小群按5%，但不小于50只；早上饲喂前称重），称取平均体重为1 250g，平均体重±10%为1 125～1 375g，所测的100鸡中有80只体重在此范围内，则该鸡群体重均匀度为80%，参照标准，说明该鸡群发育整齐度良好。

3. 适宜的性成熟时间 母鸡生长到一定周龄，生殖器官发育接近成熟，第二性征明显，母鸡开始产蛋，即达到性成熟。鸡性成熟早于体成熟。过早开产，则产蛋少，产小蛋且时间长，鸡易脱肛；过晚开产，则影响全年产蛋量。生产中，应采取限制饲养和光照控制措施，使鸡群达到适宜的性成熟时间，以利于鸡群产蛋性能的提高。管理良好的鸡群开产日龄以20周龄较为适宜。

三、育成鸡转入及转出时的饲养管理措施

1. 入舍前准备 6周龄末至7周龄初，将雏鸡转到育成鸡舍（笼）中。在入舍之前，需

将育成舍（育成笼）及用具彻底进行清洗、消毒。转群前6h停料，转群前2～3d和入舍后3d，饲料中适当添加维生素C。在转群过程中，对鸡群进行挑选。严格淘汰病、弱、残鸡，防止病菌带入育成鸡舍，保证育成率。

2. 入舍后饲养管理

（1）脱温。雏鸡转入育成舍后，外界温度达到18℃以上时，就可进行脱温。脱温过程要求逐步进行。

（2）逐步更换饲料。育成鸡入舍后为减少应激反应，饲料更换应逐步进行。前2d用2/3雏鸡料加1/3育成鸡料饲喂；然后用1/2的雏鸡料加1/2的育成鸡料饲喂2d；接着用1/3的雏鸡料加2/3的育成鸡料饲喂2～3d；最后全部用育成鸡料或者用1/2的雏鸡料加1/2的育成鸡料饲喂5～6d后，完全更换为育成鸡料。

3. 开产前饲养管理　育成鸡养至100日龄左右由育成舍转入产蛋鸡舍，使鸡在开产前适应新的环境，避免环境应激对开产的影响。转群前10h时应停止限饲，让其将剩料吃完，并在饮水中加喂复合多维，入舍后先饮水，再投料。转群后前2～3d补充光照至24h/d，以使鸡群尽快熟悉环境且保证鸡群正常采食需要，之后仍采用原光照时间。转群时应严格挑选，通过观察、称重等综合情况，严格淘汰病、弱、残鸡。为减少转群应激反应，在转群前不要进行疫苗接种。为减少鸡群骚动，尽量在光线昏暗环境下进行转群，且保持环境安静，避免应激。捉、放鸡时轻拿轻放，一般捉鸡腿部，不能抓鸡双翅和头颈部，避免造成鸡的扭伤和骨折。

四、育成鸡的饲喂

1. 降低日粮中蛋白质、钙等供应水平　根据育成鸡生长特点，育成前期是鸡肌肉和骨骼发育的高峰期，通常在16周龄达到成年水平的80%，也是钙、磷吸收能力增强时期。育成后期鸡体脂肪沉积能力增强，过高营养水平，易引起过肥和早熟。育成后期应适当降低日粮中蛋白质、能量、钙的供应水平，有效控制鸡体重增重速度和延迟鸡性腺发育，避免高钙日粮减弱育成鸡利用钙的能力且造成肾脏尿酸盐沉积。营养需要参见NY/T 33—2004《鸡饲养标准》。当鸡群开产后，产蛋率达3%时开始增加换料。

2. 采取限制饲养　育成鸡因消化功能增强，采食量增大，增重较快，若任其自由采食，易导致鸡体过重过肥，影响成年后的产蛋性能。对育成鸡应采取限制饲养，通过人为地控制鸡的喂料量或降低饲料营养水平，以控制鸡体重增重幅度（比自由采食的体重轻10%～20%），获得适宜的开产体重，有效地节省饲料。

常用的限饲措施是限量与限时结合。限饲量一般自由采食量的85%～90%，具体喂料量可参考所饲鸡种的耗料标准（表2-5-5）。限时主要有每天限时、隔日限时、每周限时。每日限时是将规定的1d的喂料量在早上一次投给，喂料时间持续3～4h，之后取出料桶；隔日限时是将规定的2d的料在1d中集中饲喂，喂料1d，停料1d；每周限时是将每周的喂料分5d饲喂，饲喂2～3d停喂1d。

限制饲养对鸡群是强烈的能够引起应激反应的因素，生产中应注意以下几方面：

（1）限饲的时间一般从9周龄开始到产蛋率达3%时结束。当鸡群出现患病、接种、转群或舍温骤降时停止限饲。

（2）限饲前调整群体，并进行修喙。

（3）根据蛋鸡生长发育情况、日粮营养水平、体重要求制订限饲方案。如鸡日粮中脂肪含量较少，饲料条件不好，体重较轻，不要过于强调限饲，要以达到标准体重为目的。

（4）备足备匀饲料。保证鸡采食机会均等，防止因采食不均造成发育不整齐。

（5）定期称测体重，调整喂料量。每1～2周上午空腹称重1次，逐只记录（大群按1%～3%抽样称重，小群则随机抽测50～100只），鸡群中80%的个体体重应在所饲鸡种的标准体重±10%范围内，保证群体的整齐度良好。如体重超过标准体重的10%，下周则维持上周料量；体重如低于标准体重的10%，则增料1%。

（6）限饲结合光照控制，以控制鸡体重增重过快，推迟性成熟。

五、育成鸡的日常管理

1. 提供适宜的饲养环境

（1）控制温度和湿度。育成鸡适宜的温度范围为15～25℃。温度过高，尤其在夏季，气温高达30℃时，鸡表现不安，采食量下降。适宜的湿度为55%～65%。

（2）根据养殖状况调整密度。适宜的密度可保证鸡活动空间，促进骨骼发育，增强体质。平养密度12～15只/m^2，笼养时，每笼6～8只，饲养密度随叠放层次而异。

（3）控制光照。光照时间长短与育成鸡达到性成熟的日龄有密切关系，每天光照时数超过14h或处于渐长的光照时数下，可加速性腺机能发育，促使育成鸡提早成熟，提早开产，反之，则推迟性成熟。因此，育成鸡应进行光照的合理控制，防止过早开产。

（4）加强通风。由于育成鸡生长和采食量增加，呼吸和排粪量增大，舍内空气易污浊，致使鸡饲料转化率下降，且容易诱发疾病。因此，要注意加强鸡舍通风管理。

（5）保持安静的饲养环境和稳定的饲养制度。育成后期，鸡对环境变化反应敏感，生产过程中保持环境安静，不要随意变换饲料配方和作息时间，饲养人员也应相对稳定。

2. 检测体重均匀度 通常每1～2周随机称重1次，计算体重均匀度，如发现有较大差异时，应及时调整饲养措施，严格淘汰病、弱、残鸡。

3. 搞好防疫卫生 除按鸡场免疫程序接种疫苗外，还需做好预防性投药、驱虫等保健措施，并搞好鸡舍环境及用具的清洁和消毒。

4. 做好日常生产记录 记录育成鸡生产情况。

实训2-8 蛋鸡光照方案的拟订

【实训目的】根据蛋鸡不同生理阶段的光照控制原则拟定蛋鸡的光照方案。

【材料用具】饲养育成鸡的有窗封闭式鸡舍。

【方法步骤】

1. 蛋鸡光照控制原则 育雏育成期每天光照时间保持恒定或逐渐减少，切勿延长，但每天光照时间不少于8h，进入产蛋期，光照时间只能增加，不能缩短，但最长不能超过17h。光照强度以5～10lx为宜。

2. 光照控制方法 光照控制方法因鸡舍类型的不同而不同。

（1）无窗封闭式鸡舍的光照制度。封闭式鸡舍由于完全采用人工控制光照，能有效进行光照控制。具体实施为育成期每天恒定光照时间为8h或10h，转群后产蛋率达3%时每周增加光照30min，直到每周光照时数达16h止，维持到产蛋结束（表2-5-6）。

表2-5-6　无窗封闭式鸡舍的光照方案

周龄	1	2至产蛋率达3%	产蛋率3%至产蛋结束
光照时数（h）	23～24	8或10	每周增加30min，直到光照时数达16h

（2）有窗封闭式鸡舍的光照制度。由于有窗式鸡舍舍内光照受日照时间的影响，日照时间又随季节和纬度的变化而长短不定，能直接影响鸡性成熟日龄，为避免自然光照对鸡的影响，必须根据蛋鸡光照控制原则，采取恒定法或渐减法对鸡进行光照控制，具体见表2-5-7、表2-5-8。

表2-5-7　有窗封闭式鸡舍鸡的光照控制方案（恒定法）

日龄	0～3	4～100	100至产蛋率达3%	产蛋率达3%至产蛋结束
光照时数（h）	23～24	8～10	10	每周增加30min，直到每天光照达16h

表2-5-8　有窗封闭式鸡舍鸡的光照控制方案（渐减法）

日龄	0～3	4～7	第2周至产蛋率达3%	产蛋率达3%至产蛋结束
光照时数（h）	23～24	18	每周减少30min	每周增加30min，直到每天光照达16h

【实训报告】为有窗式封闭式鸡舍的商品育成鸡制订渐减法光照方案。

实训2-9　鸡群体重均匀度的计算

【实训目的】学会鸡群体重均匀度的测定方法。

【材料用具】育成鸡群（群体数量1 800只），台秤等。

【方法步骤】

（1）按一定比例抽取鸡群称重数，最小抽样群不少于50只。

（2）对抽样鸡群逐只称重并登记，计算平均体重及平均体重±10%的体重范围。

（3）统计该抽样鸡群体重在平均体重±10%范围内的鸡只数量。

（4）计算体重均匀度。

$$\text{鸡群体重均匀度}=\frac{\text{体重在鸡群平均体重}\pm10\%\text{以内鸡只数}}{\text{鸡群抽样鸡只数}}\times100\%$$

（5）评价该鸡群的生长发育整齐度。

整齐度标准：均匀度在70%以下为不良；70%～75%为一般；76%～80%为良好；81%～85%为佳；86%以上为特佳。

【实训报告】根据素材数据进行鸡群体重均匀度计算，并评定该群体的生长发育整齐度。

实训2-10　育成鸡周生产记录表的拟定

【实训目的】能根据育成鸡饲养管理要求，拟定育成鸡周生产记录表，以完成周生产记录填报。

【材料用具】 有窗封闭式鸡舍，采取笼养方式饲养7～18周龄罗曼粉壳蛋用育成鸡5 000只。

【方法步骤】

（1）收集育成鸡转入时数据，如转入时间，转入数量、转入品种、来源地等相关数据。

（2）根据蛋用育成鸡的培育要求和饲养要求，收集周存栏数、死亡淘汰数，统计周成活率；记录每周称重时间、鸡只平均体重，统计鸡群生长发育均匀度；鸡耗料情况；饲养环境参数情况；鸡群防疫情况等。

【实训报告】 分组讨论，拟定育成鸡周生产记录表。

任务4 产蛋鸡的饲养管理

一、产蛋鸡的生理特点

1. 体重增重较快 19～22周龄期间，体重增重较多以保证产蛋高峰持续期的营养消耗。生长发育基本到40周龄时结束，之后增重多为脂肪沉积。在生产中，鸡群转入后当产蛋率达3%时应调整营养标准，满足生长和产蛋需要。40周龄后，逐渐降低营养标准，避免体躯过肥，导致产蛋迅速下降。

2. 对钙沉积能力增强 19～20周龄骨的重量增加15～20g，其中4～5g为髓质钙（性成熟后特有的）。形成蛋壳的钙75%来源于饲料、25%来源于髓质钙，释放到血液中用于形成蛋壳，白天在采食饲料后又可合成。为使母鸡高产，提高蛋品质，开产前必须为产蛋储备充足的钙。

3. 富于神经质 日粮营养水平及饲喂量变动、噪声环境等均会对鸡群产蛋产生不良影响。生产中，日粮调整应逐渐进行，并保持饲养制度相对稳定，定人定群，远离噪声环境。

4. 换羽特性 产蛋鸡经一个产蛋年后，会出现自然换羽现象（需3～4个月），在换羽期中，因激素分泌失调和营养转换而导致停产。生产中，父母代鸡、商品代鸡换羽一般只用1年。

二、育成鸡转入后的饲养管理要求

1. 转群 育成鸡100日龄时需将其转入产蛋鸡舍。转入后前2～3d，在饮水加喂多维，可增加鸡体的抗应激能力。

2. 换料、补钙 育成鸡转群后应保持原育成料饲喂，当鸡群产蛋率达3%时将育成料逐渐更换为产蛋鸡料，同时将原日粮中的钙含量由1%提高2%；当产蛋率达5%时，全部换成产蛋鸡料，日粮中钙含量为3.2%。

3. 增加光照 转群后应根据蛋鸡光照控制原则，鸡群产蛋率达3%时开始增加每天光照时数，每周在原光照时数基础上增加30min，直到每天光照时数达16h止。光照强度调整为10～15lx。

三、产蛋鸡的饲养要求

1. 产蛋鸡营养需要 现代高产蛋鸡年平均产蛋量达280枚以上，年总蛋重为18kg，是鸡体重的10倍，开产后母鸡自身生长还要增加25%左右，因此，产蛋鸡产蛋期中营养物质供应必须满足生长和产蛋的需要。生产中，依据NY/T 33—2004《鸡饲养标准》和不同鸡种的需求，参考育种公司推荐的营养需要量，结合本地区饲料原料供应情况，设计产蛋鸡的饲料配方。

2. 实行阶段饲养 母鸡产蛋期产蛋量随周龄增加呈低—高—低的产蛋曲线，由此分为开产高峰期（产蛋率>85%）、高峰下降期（产蛋率<85%）（图2-5-2）。蛋重变化为初产蛋小（30～40g），高峰期达蛋重标准（58～60g），产蛋期末达最大蛋重（65～68g）。生产中，不同产蛋阶段采取不同的营养水平进行饲喂。

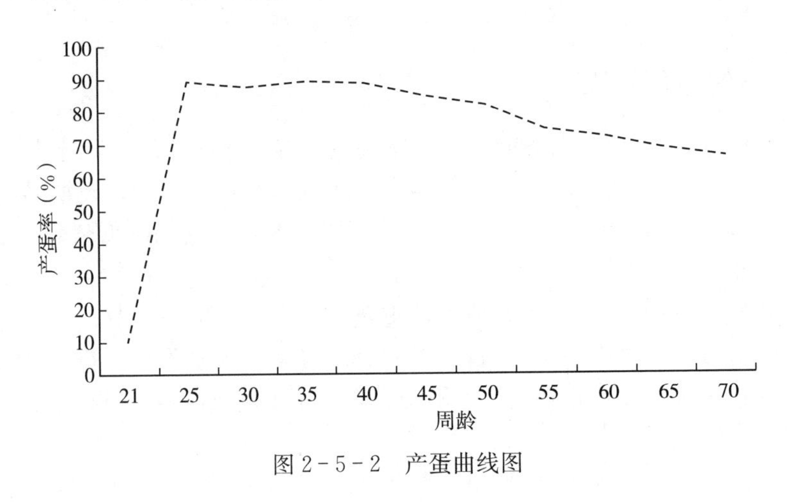

图2-5-2 产蛋曲线图

（1）开产至高峰期。母鸡开产后至24周龄，产蛋率快速上升到70%。该期间是产蛋鸡体成熟时期，其产蛋模式不定，易受环境影响，易产双黄蛋和软壳蛋等，但产蛋水平每周成倍增加。25周龄后，产蛋率从70%上升到90%以上，持续一段时间后缓慢下降（每周下降<1%）。该阶段是鸡场获利的主要时期，应在产蛋量上升前1～2周提高日粮营养水平，并实行自由采食。

（2）高峰下降期。产蛋率从85%逐渐下降，淘汰时产蛋率仍可达75%。产蛋下降速度加快，母鸡体内脂肪沉积增多，饲养上注意逐步降低日粮营养水平，蛋白质由16.5%降至15.5%，代谢能由11.29MJ/kg降至10.87MJ/kg，以免鸡体重过肥而影响产蛋。为避免因营养物质供应不足加快产蛋下降速度，应在产蛋量下降时推后1周降低日粮营养水平。淘汰的前1周，可延长光照时间，以促进产蛋。

总体上注意，上高峰时“促”，饲料走在前头；下高峰时“保”，饲料走在后头。

3. 调整饲养 根据环境条件、鸡群状况的变化，及时调整日粮配方中蛋白质及钙等营养供应水平，以适应鸡生理和产蛋需要的饲养方法。

（1）按季节气温变化调整。产蛋鸡的采食量与气温高低有一定关系，气温低时采食量增加，气温高时采食量减少，要依据鸡的采食量来调整饲料营养浓度。采食量增加时，适当降低日粮蛋白质水平，采食量减少时，适当增加日粮蛋白质水平。

(2) 鸡群出现啄癖现象时调整。鸡群出现啄癖时，除消除环境原因外，应在饲料中适当添加粗纤维含量；啄羽严重时，短时间内在日粮中加喂石膏粉，或适当提高日粮中蛋白质1%～2%；脱肛、啄肛严重时，可加喂1%～2%食盐1～2d。

4. 限制饲养 产蛋鸡在产蛋高峰后2周开始实行限制饲养，不但不会降低正常产蛋量，还能节约饲料。具体方法为将每100只鸡每天减料5%，连续3～4d，假如饲料减少未使产蛋量比正常情况降得更多，则继续数天使用这一给料量，然后再次尝试新的减料比例。如产蛋量下降异常，则需将给料量恢复到减料前水平。一般减料量不超过8%～9%。

四、产蛋鸡的管理措施

1. 提供适宜的饲养环境 良好的饲养环境是保证产蛋鸡高产稳产的措施之一。

(1) 温度和湿度。产蛋鸡适宜的温度范围为13～25℃，最适温度为18～23℃。温度超过25℃，产蛋开始下降。生产中注意搞好夏季防暑工作。适宜的湿度为50%～70%。

(2) 饲养密度。合理的饲养密度能有效保证产蛋鸡正常采食、饮水、活动、休息及产蛋，一般地面平养6只/m²，笼养每单笼饲养3～4只。

(3) 良好的通风。鸡对氨较敏感，舍内通风不良，易造成舍内氨气浓度增高，会使产蛋鸡食欲减退，产蛋量下降，对疫病的抵抗力下降。生产中要求舍内通风良好，空气新鲜，无明显呛鼻、刺眼、臭味等。

2. 及时淘汰不产蛋的鸡 饲料成本占养殖成本的70%～80%，及时挑出不产蛋的鸡能节省饲料成本。随时观察鸡群的采食情况，每天认真统计耗料量，发现采食下降，及时查找原因，及时解决。产蛋高峰过后，及时挑出鸡冠萎缩、翻肛困难的停产鸡。

3. 注意鸡群观察 主要观察鸡精神状态、采食饮水状态、鸡粪形状和颜色、有无异常呼吸音等。正常鸡群活泼好动，采食良好，粪便正常。如发现精神沉郁，闭目缩颈，不采食，拉绿色、白色、红色、蛋清样稀粪或粪便过干，有异常呼吸音的鸡，应及时剔出，查明原因，及时治疗或淘汰。

4. 做好日常防疫工作 搞好舍内和周围环境的清洁卫生，经常清洗水槽、食槽等饲喂用具，严格执行消毒制度，定期消毒。除特殊情况外，一般产蛋期中不做疫苗接种。

5. 制定日常管理程序 主要针对每天的日常工作制定一个管理程序，主要包括开关灯时间、喂料供水时间、拣蛋次数及时间、清扫、清粪及消毒等工作时间的管理（表2-5-9）。管理程序制定后，应严格执行不能轻易变动，尽量避免因工作程序的变动对鸡产生的应激。

表2-5-9 生产日程安排表

	开灯、清理采食饮水用具	喂料	清扫圈舍	拌料	观察鸡群	捡蛋	关灯	备注
时间	5:30	6:30 11:30 18:00	8:00	9:30 20:00	9:30 14:30 20:00	11:00 17:00（送至蛋库） 20:00	21:30	

6. 做好生产记录 及时掌握鸡群生产情况，及时发现并分析解决生产中出现的问题，进行生产核算，生产中应对环境条件、产蛋情况、饲料消耗情况、鸡群数量变动等进行记录

（表 2-5-10、表 2-5-11）。

表 2-5-10 蛋鸡生产情况统计表

日期：________舍号：________品种：________鸡群批号：________入舍数：________第________生产月

日期	周龄	鸡群情况				产蛋情况								耗料情况		料蛋比	备注
		当日存栏	当日减少			合格蛋		处理蛋		合计		平均产蛋率%	平均蛋重(g)	耗料(kg)	平均耗料(g/只)		
			死淘数	出售	合计	个数	重量(kg)	个数	重量(kg)	个数	重量(kg)						

表 2-5-11 蛋鸡饲养情况记录表

日期：________舍号：________品种：________鸡群批号：________入舍数：________第________生产月

日期	周龄	鸡群情况				环境情况				卫生防疫情况			备注
		当日存栏	当日减少			光照时间(h)	最高温度(℃)	最低温度(℃)	相对湿度(%)	免疫情况	消毒情况	清粪情况	
			死淘数	出售	合计								

实训 2-11 产蛋曲线的绘制

【实训目的】 掌握绘制产蛋曲线的方法，并根据曲线分析产蛋性能。

【材料用具】 某鸡群一个产蛋期的产蛋记录、该鸡种标准产蛋率记录等。

【方法步骤】

1. 计算鸡群的产蛋率

$$入舍母鸡产蛋率=\frac{统计期内总产蛋数}{入舍母鸡数\times统计期日数}\times100\%$$

2. 绘制产蛋曲线 产蛋曲线是反映鸡群产蛋期中产蛋性能高低的动态曲线，通常以时间为横坐标，产蛋率为纵坐标来描记这一过程。将每周产蛋率数据录入 Excel 中，使用“插入”工具插入相适应的图表，即可绘制出该鸡群的产蛋曲线。

3. 产蛋曲线分析 正常的产蛋曲线在开产后前几周，产蛋率迅速上升，以逐渐增加的速度在第 6～7 周达到产蛋高峰，产蛋率达 90%以上，维持 2 周以上，然后缓慢下降，每周下降的幅度应是相等的，一般每周下降不超过 1%（0.5%左右），产蛋曲线的下降应是一条平滑的直线，不能呈波浪形。将鸡群实际产蛋曲线与标准产蛋曲线比较，如形状相似，上下接近，说明该鸡群产蛋性能正常，鸡群饲养管理良好；如下滑太多或某一阶段出现严重下滑，说明该鸡群饲养管理上存在问题，应尽快查明原因，及时采取补救措施。

【实训报告】 根据表 2-5-12、表 2-5-13 中数据资料绘制鸡群产蛋曲线，与标准产蛋曲线进行比较，分析生产中可能存在的问题，并提出相应改进措施。

表 2-5-12 罗曼褐壳蛋鸡商品代产蛋率标准（入舍母鸡产蛋率）

周龄	产蛋率（%）	周龄	产蛋率（%）	周龄	产蛋率（%）	周龄	产蛋率（%）
21	10.0	34	91.8	47	83.5	60	74.4
22	40.0	35	91.4	48	82.8	61	73.7
23	72.0	36	90.8	49	82.1	62	73.0
24	85.0	37	90.3	50	81.4	63	72.3
25	89.0	38	89.7	51	80.7	64	71.6
26	91.5	39	89.1	52	80.0	65	70.9
27	92.1	40	88.4	53	79.3	66	70.2
28	92.4	41	87.7	54	78.6	67	69.5
29	92.5	42	87.0	55	77.9	68	68.8
30	92.5	43	86.3	56	77.2	69	68.1
31	92.4	44	85.6	57	76.5	70	67.4
32	92.3	45	84.9	58	75.8	71	66.7
33	92.1	46	84.2	59	75.1	72	66.0

表 2-5-13 商品蛋鸡产蛋率统计（入舍母鸡产蛋率）

周龄	产蛋率（%）	周龄	产蛋率（%）	周龄	产蛋率（%）	周龄	产蛋率（%）
21	10.0	34	88.7	47	83.2	60	71.9
22	37.2	35	89.2	48	82.4	61	71.2
23	72.0	36	90.4	49	82.0	62	70.7
24	85.0	37	90.2	50	81.8	63	70.4
25	89.0	38	89.7	51	80.7	64	69.0
26	91.5	39	88.8	52	78.4	65	68.4
27	92.0	40	88.4	53	76.3	66	68.2
28	92.5	41	87.3	54	75.2	67	68.0
29	92.5	42	86.9	55	74.3	68	67.6
30	87.6	43	86.2	56	73.0	69	67.0
31	86.7	44	85.5	57	71.8	70	66.0
32	85.5	45	84.7	58	71.6	71	65.7
33	84.0	46	84.1	59	72.3	72	65.2

复习思考题

一、名词解释

1. 鸡群体重均匀度 2. 限制饲养 3. 调整饲养 4. 产蛋曲线

二、填空

1. 雏鸡的生理特点，主要表现为________、________、________等。

2. 常见的育雏方式有________、________、________等。

3. 育雏头3d雏鸡生活空间温度以________为宜，以后每周降________，直到________为止，然后逐渐脱温。

4. 鸡第一次断喙一般在________日龄时进行，上喙断去________，下喙断去________。

5. 为保证蛋鸡产蛋期中较高的产蛋量，育成鸡培育过程中需要具备________、________、________等要求。

6. 育成鸡限饲时间从________周龄起至________周龄止。鸡群80%的个体体重在标准体重________范围为正常；如体重低于标准体重10%，则增料________。

7. 青年母鸡转至产蛋鸡舍后，开始逐渐增加光照，每周增加________ min，直到每天光照时数增加至________ h止，维持到产蛋结束。同时调整饲料中钙含量为________%，当产蛋率达________%时，日粮中钙含量调整为________%，为产蛋储备充足的钙。

8. 蛋鸡光照控制原则是：育雏育成期每天光照时数只能________或________，不能增加，但最低不能低于________ h。产蛋期光照时数只能________，不能________，但最长不能超过________ h。

9. 产蛋母鸡产蛋曲线呈________、________、________的产蛋模式。根据产蛋率高低，从开产至产蛋率达________%以上为________期，产蛋率在________%以下为________期，各阶段饲喂不同营养水平的日粮。

三、简答题

1. 育雏前应做好哪些准备工作？

2. 如何做好雏鸡的开饮及开食？

3. 生产中，从哪些方面观察鸡群状况？

4. 简述育成鸡转入后及开产前的饲养管理要求。

四、计算：

1. 某鸡群10周龄平均体重760g，该体重±10%范围为684～836g。在5 000只鸡中以5%比例抽样250只，体重在上述范围内有198只，则该鸡群体重均匀度为多少？整齐度如何？

2. 某商品蛋鸡场饲养有产蛋母鸡5 000羽，饲养30天内共拣蛋126 460枚，计算该统计期内入舍母鸡产蛋率。

【参考答案】

一、名词解释

1. 鸡群个体间体重的整齐程度。

2. 通过人为地控制鸡的喂料量或降低饲料营养水平，以控制鸡体重增重幅度的饲养措施。

3. 根据环境条件、鸡群状况的变化，及时调整日粮配方中蛋白质及钙等营养供应水平，以适应鸡生理和产蛋需要的饲养方法。

4. 反映鸡群产蛋期中产蛋性能高低的动态曲线。

二、填空题

1. 怕冷、代谢旺盛、消化能力差　2. 地面平养、网上平养、笼养　3. 33～35℃、2～4℃、25℃　4. 5～7、喙尖至鼻孔的1/2、从喙尖至鼻孔的1/3　5. 体重达标、体质健壮、鸡群生长发育均匀度良好、适宜的性成熟时间　6. 9、18、±10%、1%　7. 30、16、2%、5、3.2　8. 恒定、减少、8、增加、减少、16　9. 低、高、低、85、开产至高峰、85、高峰下降

项目六

商品肉鸡生产

目前，肉鸡生产类型主要有肉用仔鸡生产，一般42～49d出栏，出栏体重2～3kg，饲料转化率（1.8～2）：1。优质肉鸡生产，其中又分为亚优质型肉鸡（俗称“肉杂”），50～60日龄出栏，出栏体重约1.75kg，饲料转化率（2.0～2.2）：1；优质型肉鸡（俗称“土杂”），其中有快速型、中速型、优质型3种，出栏日龄分别为60～70d、80～90d、120～150d，出栏体重分别为1.5～1.75kg、1.5～2.0kg、1.2～1.5kg，饲料转化率分别为（2.3～2.5）：1、（2.8～3.0）：1、（3.5～3.8）：1。

【学习目标】

1. 了解肉用仔鸡的生产特点。
2. 掌握肉用仔鸡的生产技术。
3. 了解优质肉鸡的生产特点。
4. 掌握优质肉鸡的生产技术。

【学习任务】

任务1　岗位工作职责

（1）了解肉用仔鸡和优质肉鸡的生产特点。
（2）选择适宜肉仔鸡和优质肉鸡的饲养方式。
（3）合理进行肉仔鸡的开食。
（4）提供适宜肉仔鸡的饲养环境。
（5）做好肉用仔鸡的日常管理。
（6）掌握优质肉鸡的放养技术。

任务 2　肉用仔鸡的生产

一、肉用仔鸡的生产特点

肉仔鸡生产指对专门化肉用型品种进行杂交所产生的杂交后代，不分公母均用高能高蛋白日粮饲养，促使其快速生长育肥的生产方式。具有以下生产特点：

1. 生长速度快　一般肉用雏鸡出壳重是 40g，饲养 42d 体重可达 2.0kg 左右，大约是出壳重的 50 倍。

2. 周期短，周转快　在我国肉用仔鸡一般养到 7 周龄上市，然后鸡舍空置 1～2 周进行消毒，每 9～10 周可养一批肉仔鸡，一年可养 5 批肉仔鸡。

3. 饲料转化率高　肉用仔鸡把饲料蛋白质转化为鸡体蛋白质的能力高于其他畜禽。我国肉用仔鸡的饲料转化率一般为（2.2～2.3）：1。

4. 饲养密度大　肉用仔鸡性情安静，除采食、饮水时外很少斗殴跳跃，适宜高密度饲养，提高房舍利用率。采用厚垫草散养在自然通风条件下，$1m^2$ 可养 12 只，若利用机械通风，$1m^2$ 可养 17 只。

二、肉用仔鸡的饲养技术

1. 选择适宜的饲养方式　肉用仔鸡生长快，体重大，肉质细嫩，不爱运动，常伏卧在地面上休息，胸部肌肉易与地面摩擦而患胸骨囊肿和发生骨骼损伤，生产中，应选择适宜的饲养方式，减少该病的发生。肉用仔鸡的饲养方式主要有厚垫料地面平养、弹性塑料网上平养。

（1）厚垫料地面平养。指将肉用仔鸡养在铺有 10～15cm 厚垫料的地面上的饲养方式。是目前饲养肉用仔鸡普遍采用的一种方式。肉仔鸡在垫料上采食、饮水，自由活动，待垫料受粪尿污染后再增铺新的垫料，直到肉仔鸡上市，然后将垫料一次性清理。垫料要求松软，吸水性强，不发霉，不过长，以 5cm 以内为宜，常用的垫料有稻草、谷壳、切碎的秸秆、刨花锯末等。

（2）弹性塑料网上平养。指在离地 50cm 高的网架上增铺一层弹性塑料网，将肉用仔鸡养在网面上的饲养方式。可减少腿疾和胸骨囊肿的发生，有效控制球虫病的发生，提高商品率。

2. 供给高能高蛋白的日粮　肉用仔鸡生长迅速，饲养期短，对营养物质的缺乏非常敏感。必须供给高能量高蛋白的日粮，维生素、微量元素充足，各种营养物质比例平衡，才能发挥其快速生长的潜力。任何一种营养缺乏或失调，将导致增重降低，由于饲养期短，上述损失发生后，不能在生产期内补偿。根据肉仔鸡生长规律，早期生长快，且组织器官发育需大量蛋白质，后期需沉积一定脂肪，使肉质细嫩。所以，生产中应合理安排营养水平调整。其饲养阶段划分及饲养标准参见 NY/T 33—2004《鸡饲养标准》（表 2-6-1）。另外，各个育种公司对本公司推出的鸡种，会提供相应的营养标准（表 2-6-2），生产中灵活选用。

表 2-6-1　肉用仔鸡营养需要

项目	0～3 周龄	4～6 周龄	7 周龄以后
代谢能（MJ/kg）	12.54	12.96	13.17
粗蛋白质（%）	21.5	20.0	18.0
蛋白能量比（g/MJ）	17.14	15.43	13.67
钙（%）	1.0	0.9	0.8
总磷（%）	0.68	0.65	0.60
食盐（%）	0.2	0.15	0.15
蛋氨酸（%）	0.5	0.40	0.34
蛋氨酸+胱氨酸（%）	0.91	0.76	0.65
赖氨酸（%）	1.15	1.0	0.87

表 2-6-2　爱拔益加肉鸡营养需要建议

营养成分	育雏期（0～21d）	中期（22～37d）	后期（38d 至上市）
代谢能（MJ/kg）	13.00	13.20	13.40
粗蛋白质（%）	23.0	20.2	18.5
蛋白能量比（g/MJ）	17.7	15.3	13.8
钙（%）	0.90～0.95	0.85～0.90	0.80～0.85
可利用磷（%）	0.45～0.47	0.42～0.45	0.38～0.43
食盐（%）	0.30～0.45	0.30～0.45	0.30～0.45
蛋氨酸（%）	0.47	0.45	0.38
蛋氨酸+胱氨酸（%）	0.90	0.82	0.75
赖氨酸（%）	1.18	1.01	0.90

3. 科学饲喂　饲喂肉用仔鸡的饲料以颗粒料为好，颗粒料营养全面，便于采食，使鸡获得平衡、全面的营养。颗粒规格有多种，可满足不同日龄肉仔鸡的需要。由于肉用仔鸡生长期很短，生长稍有受阻，很难补偿。生产中，实行自由采食饲喂制度时，可把料桶添满饲料后放在鸡舍内，并及时补充以保持料桶中饲料不断，此方法较省工省时，但饲料易受到污染。实行少喂多餐饲喂制度时，一般最初 3d 内每 2 h 喂料 1 次，4～21d，每 3 h 喂料 1 次，22d 到出栏，每 4～5h 喂料 1 次，每次喂料量以 30min 左右吃完为准。其优点在于，每次添料易刺激鸡的食欲，促进鸡采食。同时，鸡走动采食可避免因长期伏卧造成胸骨囊肿、腿疾等。

三、肉仔鸡的管理措施

1. 提供舒适的饲养环境

（1）温度。最初 1～2d 为 33～35℃，以后每天降 0.5℃，第 5 周以后维持在 20～24℃。温度过低，鸡的能量需要增多，降低饲料转化率；温度过高，鸡不能达到最大采食量而影响生长。

（2）湿度。第1周湿度以70%～75%为宜，第2周后降至55%～65%，保持舍内干燥环境。

（3）通风。良好的通风有利于排出舍内有害气体，保持舍内空气新鲜。开放式鸡舍在温度适宜的条件下，尽量通风。但注意避免贼风、穿堂风，防止风直接吹到鸡体。

（4）密度。适宜的密度大小有利于肉仔鸡生长发育和鸡群生长整齐（表2-6-3）。

表2-6-3 不同日龄肉仔鸡的饲养密度（只/m^2）

周龄	厚垫料平养	网上平养
1～3	15	20
4～8	4	6

数据来源：NY/T 5038—2006《无公害食品 家禽养殖生产管理规范》。

（5）光照。肉用仔鸡的光照目的是延长采食时间，促进生长发育。第1周23h，第2周起可白天利用自然光照，晚上开灯喂料，采食后关灯休息。光照强度第1周为25lx，便于雏鸡开食、熟悉环境，第2周后降为5～10 lx。

2. 加强日常饲养管理

（1）公母分群饲养。公鸡母鸡性别不同，生理也不一样。公鸡母鸡在生长速度、沉积脂能力、羽毛生长等方面存在较大差异。公鸡生长速度高于母鸡，8周龄公鸡体重比母鸡高27%；肌肉生长速度较母鸡高，脂肪沉积能力较母鸡弱；生长前期羽毛生长较母鸡慢，对营养需要和环境条件的要求不尽相同。公母分群比混群饲养增重快，饲料转化率高，个体间体重差异小，均匀度高。

（2）实施全进全出制。全进全出制是指同一栋鸡舍在同一时段内饲养同一批次的鸡，同时进场、同时出场的管理制度。全进全出制有利于对鸡的管理和切断疾病传播，保证鸡群健康。

（3）注意观察鸡群。每天喂料时注意观察鸡群活动表现和鸡粪颜色、质地、形状等。

（4）统计生产记录。建立生产记录档案，生产中如实登记，如鸡苗采购及病死或淘汰记录、饲料采购和使用记录、兽药使用记录、免疫记录、活鸡销售记录等，计算成活率、饲料转化率等。所有记录应在鸡出售后保存3年以上。

3. 搞好防疫卫生 生产中须注意搞好环境卫生，及时清出圈舍污物，清洁、消毒有关用具。按兽医规程严格进行免疫接种和疾病防治，保证肉仔鸡良好的生长发育。肉鸡出场后，将鸡舍彻底清扫、消毒。

4. 搞好肉鸡出场管理

（1）适时出栏。公鸡饲养到9～10周龄，母鸡饲养到7～8周龄时，体重增重速度相对下降，饲料消耗增加，在达到上市体重时应及时出栏。

（2）出场前清理用具，小心捉鸡。由于肉仔鸡体重较大，骨骼相对脆嫩，在生产管理和出场过程中，抓捉不当易造成肉鸡的伤残。据调查，肉鸡屠体等级下降有50%左右是碰伤造成，而80%的碰伤是在出场前后发生的。肉鸡出场前应撤除舍内用具，并降低光照，以减少鸡群骚动，防止堆挤碰伤。捉鸡时，应抓胫部，而不应抓鸡翅，轻捉轻放，忌抛甩。

（3）出场前检疫。出场前4～8h停止喂料，但保证自由饮水，并按规定进行产地检疫。

（4）清洁消毒。肉鸡出场后，及时对圈舍进行彻底清扫消毒，并空置1～2周，再进行下一批鸡的饲养工作。

任务3 优质肉鸡的生产

一、优质肉鸡的生产特点

我国优质肉鸡主要指黄羽肉鸡在内的所有有色羽肉鸡，主要强调鸡肉的风味和口感。其特点主要体现在以下几方面：

（1）生长慢，饲养期长达120d以上。

（2）羽色多样，如“三黄”鸡、黄脚麻鸡、青脚麻鸡、白色乌鸡、黑羽乌鸡等。

（3）皮薄肉实，皮下脂肪黄嫩且分布均匀、胸腹部脂肪沉积适中。

（4）肉质鲜美、鸡味浓郁。

二、优质肉鸡的饲养方式

1. 圈养 育雏期、生长期全程采取地面平养方式饲养在圈舍中直至出栏。

2. 放养 育雏期采取舍饲，生长阶段则选择自然资源及生态环境良好的果园、林地等，白天放养，任其自由觅食，适当给予人工补饲，晚上回舍集中管理（图2-6-1）。

图2-6-1 肉鸡放养场

（图片由贵州柳江畜禽有限公司提供）

三、优质肉鸡的放养技术

1. 选择适宜的散养地 应选择地势高燥、缓坡、采光充足、水源充足卫生、排水良好、供电稳定、交通便利、环境安静、隔离条件好，具有一定遮阳条件的草地、林带、果园或其他适宜环境等。放养场应用围栏与外界相隔。选址符合标准NY/T 5038—2006的要求。

2. 散养舍建造 鸡舍应建造在地势较高处，满足防雨、遮阳、挡风、保暖、采光、通风的需要，鸡舍周围应有足够供放养鸡进出鸡舍的通道。放养鸡舍整体结构可采取木架结构或钢架结构，可移动。大小以8～10m^{2}为宜，每平方米饲养量以8～10只为宜。

3. 选择适宜的放养时间 雏鸡在舍内养至50d，完成应有的免疫接种后，选择白天天气暖和、气温不低于15℃时放养。

4. 放养鸡饲养要点 转群到放养场前后3d在饮水中加入电解多维。鸡苗进场后先休息1～2h后开始饮水，饮水2h后再进行喂料。5～8周龄，喂中鸡料，每天每只补料50～70g，9～14周龄喂大鸡料，每天每只补料70～100g，15周龄至出栏，每天每只补料100～150g。补料按照“早半饱、晚饱喂”原则进行，早上投放全天补饲量的40%，促进鸡只寻找食物，以增加鸡的活动量，采食更多的虫草。

5. 放养管理

（1）放养调教。转入放养鸡舍的鸡不宜立即放养，应在放养舍内进行5～7d的适应性饲养。开始放养的几天，每天放养2～4h，以后逐渐延长放养时间。放养地点最初选择在鸡舍周围，逐渐由近到远，可通过移动料桶的方法训练。在训练时可通过吹口哨、敲料桶等使鸡形成条件反射，便于收鸡回舍。

（2）分区轮放。根据放养场面积和植被情况，将放养区划分为若干小区进行分区轮放。每小区用围栏、铁网隔开，围网高度不低于1.8m。每小区放养同一批次同一日龄的鸡，每小区放养时间以保证牧草再生长为宜，一般10～15d，放养密度以每亩不超过50只，每群不超过500只为宜。

（3）日常观察。每天放鸡出舍、补料期间、收鸡回舍时要观察鸡群行为姿态，羽毛蓬松度和光泽，粪便状态与颜色，发现异常鸡只应及时挑出隔离处理。

（4）疫病防控。放养场入口处设置消毒通道，人员进出养殖场应强制经过消毒通道。每批鸡出栏后，宜对鸡舍墙面、地面、饲养用具及鸡舍周围进行彻底冲洗，待鸡舍充分干燥后，选用2种以上消毒剂交替进行3次以上的喷洒消毒。鸡舍清理完毕到进鸡前至少空舍1～2周。正常情况下，放养区每周消毒1次，周围发生疫情时，每日消毒1次。

（5）病死鸡无害化处理。病死鸡按照《病死及病害动物无害化处理技术规范》的规定执行。病死鸡及其血液、粪便等，要用密闭袋包装，投入无害化处理池进行处理，严禁食用、出售。

（6）统计生产记录。

①建立饲养档案。记录饲养品种、数量、生产记录、标识情况、来源和淘汰日期。

②建立投入品档案。记录饲料、饲料添加剂、兽药等投入品的来源、名称、使用对象、时间和用量。

③建立防疫档案。记录鸡群的健康状况、日死亡数、死亡原因、免疫、消毒、废弃物无害化处理情况。

④建立销售档案。记录禽蛋检测记录、活禽检疫记录、产品的出售日期、数量、购买单位名称、地址、联系方式等相关信息。

复习思考题

一、名词解释

1. 全进全出制　2. 圈养　3. 散养　4. 分区轮放

二、填空题

1. 肉鸡生产类型主要有________、________、________等。

2. 肉仔鸡饲养方式有________、________。

3. 根据我国肉仔鸡饲养标准规定，0～4 周代谢能为________ MJ/kg、蛋白质________%，5～8 周为________ MJ/kg、蛋白质________%。

4. 肉仔鸡育雏温度为 1～2 日龄为________～________℃，以后每天降________℃，第 5 周以后维持在 20～24℃。

5. 我国优质肉鸡主要强调鸡肉的________、________和________。

6. 优质肉鸡放养应根据放养场面积和植被情况，将放养区划分为若干小区进行________。每小区放养持续时间以保证牧草再生长为宜，一般________～________ d。放养密度以每亩不超过________只，每群不超过________只为宜。

三、简述题

1. 简述优质肉鸡的放养技术。

2. 简述用仔鸡的日常管理措施。

【本项目参考答案】

一、名词解释

1. 全进全出制是指同一栋鸡舍在同一时段内饲养同一批次的鸡，同时进场、同时出场的管理制度。

2. 育雏期、生长期全程采取地面平养方式饲养在圈舍中直至出栏。

3. 育雏期采取舍饲，生长阶段则选择自然资源及生态环境良好的果园、林地等，白天放养，任其自由觅食，适当给予人工补饲，晚上回舍集中管理。

4. 根据放养场面积和植被情况，将放养区划分为若干小区进行分区轮放。

二、填空题

1. 肉仔鸡生产、亚优质肉鸡生产、优质型肉鸡生产　2. 厚垫料地面平养、弹性塑料网上平养　3. 12.54、21.5、12.96、20　4. 33、35、0.5　5. 风味、滋味、口感　6. 轮放、10、15、50、500

【第二单元项目七参考答案】

一、填空题

1. 育雏笼，育成鸡笼，产蛋鸡笼　2. 144、96　3. 涡轮风机、轴流风机、湿帘—通风降温系统　4. 热水散热器、热风炉、保育伞、红外线灯　5. 微电脑全自动中小型孵化出雏一体机、微电脑全自动大型孵化机、巷道式孵化机　6. 18～24℃、60%～70%、21、60%～65%　7. 光照时间变化、光强度、光色减少、8、延长、16、10、5　8. 氨、硫化氢、二氧化碳、10、15、2、10　9. 温度、湿度、通风、光照、有害气体　10. 加强禽舍屋顶的隔热设计、设置遮阳挡板、场区绿化、加强通风红外线灯、热风炉、热水散热器、电育雏伞　11. 纵向负压机械通风　12. 废弃固体物、废水、有害气体及恶臭　13. 化尸处理、湿化处理、焚烧　14. 物理处理、化学处理、生物处理

鸡场的后勤保障

【学习目标】

1. 了解鸡场饲料供应计划的制订方法。
2. 了解鸡场常用生产设施与设备。
3. 了解禽舍环境对家禽的影响。
4. 掌握鸡舍环境参数的检测及调控措施。
5. 了解鸡场粪污处理的措施。

【学习任务】

任务1　鸡场饲料供应计划的制订

饲料费用一般占生产总成本的70%～80%，是进行养禽生产的基础，每个禽场年初都必须制订所需饲料的详细计划，防止饲料不足影响生产的正常进行。通常根据鸡群饲料消耗定额和鸡群数量制订月份和年度饲料供应计划。

一、确定鸡群饲料消耗定额

不同品种、不同日龄的鸡，饲料需要量各不相同，在确定鸡的饲料消耗定额时，一定要严格对照品种标准，结合本场生产记录及生产技术水平而定。鸡群不同饲养阶段饲料消耗定额见表2-7-1。

表2-7-1　鸡饲料消耗定额（参考）

类别	饲养阶段（d）	饲料需要量（kg/只）	类别	饲养阶段（d）	饲料需要量（kg/只）
蛋用雏鸡	0～42	1	肉仔鸡	0～49	4～5
蛋用育成鸡	43～132	8～9	肉用育雏育成鸡	0～154	10～11
蛋用成年种鸡	133～504	39～42	肉用成年母鸡	155～455	43～45

二、统计各类鸡群的月平均饲养只数

见表2-7-2、表2-7-3、表2-7-4。

表2-7-2 雏鸡月平均饲养只数（0～42日龄）

月份	期初只数（只）	购入		转出		成活率（%）	月平均饲养只数（只）	备注
		日期	数量（只）	日期	数量（只）			
合计								

表2-7-3 育成鸡月平均饲养量（43～132日龄）

月份	期初只数（只）	购入		转出		成活率（%）	月平均饲养只数（只）
		日期	数量（只）	日期	数量（只）		
合计							

表2-7-4 产蛋鸡月平均饲养只数（133～504日龄）

月份	初期只数（只）	转入		死亡数（只）	淘汰数（只）	成活率（%）	月平均饲养只数（只）
		日期	数量（只）				
合计							

三、计算各类鸡群月累计耗料量

月累计耗料量=月平均饲养只数×每只每月饲料消耗定额。

示例：某1万只蛋鸡场成年产蛋母鸡使用全价配合饲料时的饲料需要计划表（表2-7-5）。

表2-7-5 成年产蛋鸡饲料计划表

	1	2	3	4	5	6	7	8	9	10	11	12	全年合计
成鸡月平均饲养数（只）	10 700	10 500	10 300	10 100	9 900	9 675	9 425	9 150	8 850	8 450	14 836	10 927	10 234
月耗料定额（kg/只）	3.3	3.2	3.5	3.4	3.4	3.3	3.4	3.4	3.3	3.3	3.2	3.3	40
月累计耗料量（kg）	35 310	33 600	36 050	34 340	33 660	31 928	32 045	31 110	29 205	27 885	47 475	36 059	408 667

注：表中月耗料定额根据表2-7-1数据计算而来。

四、统计全场全年饲料需要量及供应量

根据饲料来源，列出饲料种类及其数量。如采用全价配合饲料，只注明饲料标号，如幼雏料、中雏料、大雏料、蛋鸡 1 号、蛋鸡 2 号料即可，每次购进量一般以不超过 7d 用量为宜。如为本场自配，则需要根据各类鸡群相应的饲料配方中各种原料所占比例折算出原料用量。根据计算结果，按 5%的饲料损耗率，安排各种饲料的年度供应量计划。见表 2-7-6、表2-7-7、表 2-7-8。

表 2-7-6　年度饲料需要计划表

饲料标号	月份												总计
	1	2	3	4	5	6	7	8	9	10	11	12	

表 2-7-7　雏鸡育成鸡饲料计划

周龄	平均饲养只数（只）	饲料总量（kg）	各种料量（kg）						添加剂预混料（kg）
			玉米	豆粕	菜粕	棉粕	麸皮	石粉	
1～6									
7～14									
15～18									
合计									

表 2-7-8　蛋成鸡饲料计划

周龄	饲养日只数（只）	饲料总量（kg）	各种料量（kg）						添加剂预混料（kg）
			玉米	豆粕	菜粕	棉粕	麸皮	石粉	
合计									

任务 2　鸡场常用生产设施与设备

一、鸡笼

1. 育雏笼

（1）单层育雏笼。长 2m、宽 1m、高 45cm，可育雏 60～100 只。

(2) 重叠式育雏笼。多采用 4 层重叠层式结构。每组笼共 8 个单笼，总高 1.7m，长 1.4m，深 0.7cm。每组可育雏 120～200 只。

2. 育成鸡笼 阶梯式育成鸡笼一般 3～5 层。每组笼体长 1.8～2m，宽 2～2.1m，高 1.5～2.4m，每层有单体笼 4 个，每个单笼可容育成鸡 6～8 只。

3. 产蛋鸡笼 常见的有 3～4 层全阶梯式、叠层阶梯式、直立式（图 2－7－1、图 2－7－2）。阶梯式蛋鸡笼一般每组长 1.8～2m、宽 2～2.1m、高 1.5～2m。每层有单体笼 4 个。每个单笼饲养产蛋鸡 3～4 只。直立式蛋鸡笼，每单笼饲养量 12 只。

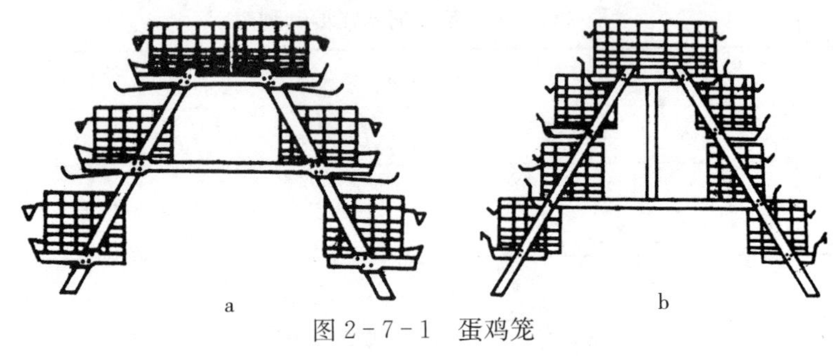

图 2－7－1 蛋鸡笼
a. 三层全阶梯 b. 四层叠层阶梯

图 2－7－2 直立式蛋鸡笼
（图片由贵州柳江畜禽有限公司提供）

二、喂料设备

1. 链式喂料机 主要由料箱，链环、驱动器、转角轮、长形食槽等组成。驱动器和链轮带动链片移动，将料箱中饲料均匀输送到食槽中，并将多余的饲料带回料箱，是我国供料机械中最常用的一种供料机。平养、笼养均可使用。

2. 行车式喂料机 行车式喂料机主要由驱动部件（牵引件）、料箱、落料管等组成。根据料箱的配置不同可分为顶料箱式和跨笼料箱式；根据动力配置不同可分为牵引式和自走式。跨笼料箱行车式喂料机在每列食槽上都跨坐一个矩形小料箱，料箱下接落料管，当驱动部件运转带动跨笼箱沿鸡笼移动时，饲料便沿落料管落放入食槽中，完成喂料作业。

3. 电瓶式喂料机 主要由动力系统、行走系统、提升系统等结构组成。适合中小型养鸡场。

4. 盘式螺旋输料系统 主要由绞龙、料塔、V形料斗、料盘、防栖线、带限料传感器的输送减速电机、悬挂系统与升降绞车组成。广泛运用于网上平养种鸡、地面平养商品肉鸡。

三、饮水设备

1. 塔式真空饮水器 多采用聚乙烯塑料制作，由贮水器和饮水盘两部分组成。贮水器顶为圆锥形，以防止雏禽飞上栖息，下部有直径约2cm的出水孔，盛水盘一般比贮水器直径大4～5cm。使用时，将贮水器装满水，再将盛水盘翻转对准盖好，之后倒扣过来，水从出水孔流入水盘，能保持一定水位。类型有大、中、小型，广泛用于笼养第1周雏禽和平养鸡群。

2. 普拉松自动饮水器 主要由阀门体、滤网、钟形盛水器、饮水盘、活动支架、供水管网组成。广泛用于大群平养鸡的饮水。

3. 乳头式自动饮水器 主要由饮水乳头、水管、减压阀或水箱组成。乳头系用钢或不锈钢制造，由带螺纹的钢（铜）管和顶针开关阀组成。禽饮水时，触动顶针，水即流出；饮毕，顶针阀又将水路封住，不再外流。其特点是符合禽的仰饮习惯，能保持饮水清洁卫生，节约用水。但要求配有适当的水压和良好的水质，否则杂质过多，水质过硬易引起乳头漏水或堵塞。

四、环境控制设备

1. 照明设备

（1）人工光照设备。光源主要有节能灯、荧光灯。

（2）光照控制设备。可根据养禽的种类与日龄的不同，设计不同的光照程序，确保鸡群对光照的需要。利用定时器自动开启关闭禽舍照明灯，并通过电压调整灯光亮度，使开关灯时有渐亮渐暗过渡，减轻对禽的惊吓。

2. 保温设备

（1）热水散热器。热水散热器由热水锅炉、管道和散热器三部分组成（图2-7-3）。散热器多分为管型、翼型、柱型、平板型。散热器可分为多组，每组片数一般不超过10片。一般布置在窗下或饲喂通道上，布置时应尽可能使舍内温度分布均匀。

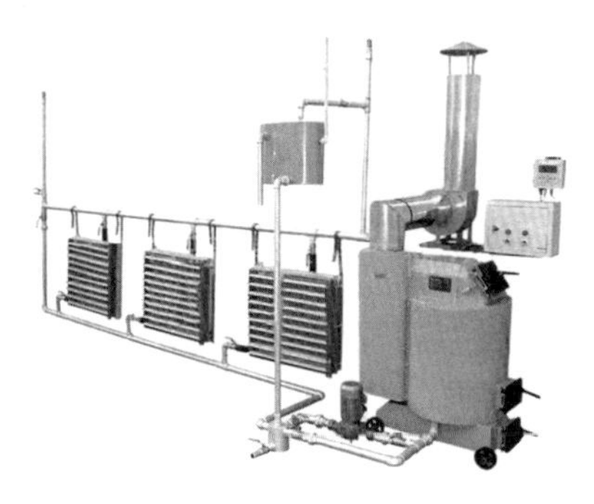

图2-7-3 热水散热器

(2) 热风炉。热风炉由热源、轴流风机、调节风门、液晶汉字显示微电脑及管道共同组成（图 2-7-4）。利用热源将空气加热到要求的温度，然后将该空气通过管道送到禽舍内进行供暖。

图 2-7-4　热风炉

3. 通风降温设备

(1) 免电力涡轮通风仪。根据空气热力学原理，以室内外的气压不同和温度的轻微差异，辅之以自然风，使球状流体型通风仪在自然状态下自动持续不断地旋转运行，时刻不停地排出室内污浊空气，使室外新鲜空气不断流入。

(2) 轴流式风机。禽舍通风一般都采用负压纵向通风，以置换新鲜空气，排出舍内污浊空气、多余的热量和水汽。风机大多采用节能、大直径、低转速的轴流风机。

(3) 湿帘-风机通风降温系统。由纸质波纹多孔湿帘、负压风机、循环水系统、恒温控制装置共同组成。空气通过湿帘时水分蒸发带走热量，能有效地将室外空气降温后引入室内，在夏季高温季节起到降温作用，在炎热夏季应用该系统可使舍温降低 5～8℃。见图 2-7-5。

a

b

图 2-7-5　湿帘通风降温系统

a. 湿帘　b. 轴流风机

（图片由贵州柳江畜禽有限公司提供）

4. 清粪设备

(1) 牵引式清粪装置。主要适用于笼养蛋鸡舍的清粪工作。由引机、刮粪板、转角轮、涂塑钢丝绳等零件组成。通过减速电机将动力经链轮传动至牵引绳轮，带动刮粪板进行清粪，清粪时刮粪板自动落下，返回时刮粪板自动抬起，牵引绳上的禽粪由清洁器清除，往返行程由限位电器行程开关控制。见图 2-7-6。

图 2-7-6 牵引式清粪装置
（图片由贵州柳江畜禽有限公司提供）

（2）传送带清粪装置。适用于叠层式、直立式笼蛋鸡舍清粪，主要由电机、链传动装置，主动辊、被动辊，承粪板等组成。安装在鸡笼下，鸡粪直接排在传送带上，开启减速电机将鸡粪送到鸡舍末端，经清粪车拉至粪污处理场。见图 2-7-7。

图 2-7-7 传送带清粪设施
（图片由贵州柳江畜禽有限公司提供）

五、孵化设备

1. 孵化机

（1）微电脑全自动中小型孵化出雏一体机。主要用于农户家庭养殖孵化、专业院校科研教学实验等。由孵化机主控设备、箱体和附属配件及孵化蛋盘、出雏盘等组成。容量视鸡蛋标准而定，从 100～10 000 枚不等。采用微电脑全自动控制和数码显示，自动控制温度、湿度、翻蛋、排风、换气、超温和低温报警等。加温方法以电为主要热源，煤作补充热源，也可用更换热水的方法保持恒温。加湿方法主要靠水盘中水自然蒸发，采用小型排风扇作为通风装置，采用机械翻蛋系统或人工翻蛋。

（2）微电脑全自动大型孵化机。容量视鸡蛋标准而定，1万～2万枚。由孵化机主控设备、箱体和附属配件及孵化蛋盘、出雏盘等组成。采用微电脑全自动控制和数码显示，自动控制温度、湿度、翻蛋、排风、换气，超温、低温时报警，煤电两用。

（3）巷道式孵化机。容量每巷在5万枚以上。由孵化机主控设备、箱体、蛋车机组、附属配件及孵化蛋盘等组成。箱体为平底式，装有导轨便于蛋车出入。采用智能电脑全自动控制系统和数码显示，可自动地根据操作人员设定的孵化参数要求，进行自动控温、控湿、自动通风，气动翻蛋，自洁雾化喷头加湿、水冷却及多种报警等指示功能（图2-7-8）。

图2-7-8　巷道式孵化机

（图片由贵州柳江畜禽有限公司提供）

2. 出雏机　出雏机是与孵化机配套使用的后孵化设备，当鸡胚发育到18d后时转移到出雏机内，完成胚蛋的出壳过程。

（1）中小型出雏机。采用智能电脑全自动控制系统和数码显示，具有自动控温、控湿、自动通风、多种报警等指示功能。

（2）巷道式出雏机。采用智能电脑全自动控制系统和数码显示，可自动地根据操作人员设定的孵化参数要求，进行自动控温、控湿，自动通风，自动喷雾加湿、水冷却及多种报警等指示功能。

3. 验蛋器　主要用于孵化期中检查胚蛋发育情况。

4. 倒盘工作台　将蛋盘放于工作台上，进行照蛋。之后将出雏盘倒扣在蛋盘上，手持蛋盘并将其翻转180°，将胚蛋翻转到出雏盘内。

六、其他常用设备

1. 运输设备　人力饲料车、人工清粪车、鸡转群车等。

2. 饲料加工设备　粉碎机、配料秤、混料机、饲料加工机组。

3. 清洗消毒设备　高压清洗机、冲洗喷雾消毒机、喷雾器。

4. 集蛋设备　鸡蛋通过输送带直接到中央集蛋库的传送带上，进行倒盘、分级、装盘等，减少了集蛋过程中的中间环节，提高蛋品合格率。见图 2-7-9。

图 2-7-9 集蛋设备
（图片由贵州柳江畜禽有限公司提供）

任务3 鸡舍环境管理

养禽生产环境主要指家禽赖以生存、生长发育和繁衍后代的空间。禽舍的构建在一定程度上，使家禽得到人为的保护，使其健康和生产力得到保证。但由于家禽在舍内不停地活动以及工作人员进行的各项生产过程，会产生大量的热量、水汽、灰尘，有害气体、噪声等，同时由于屋顶、墙壁的隔绝，舍内外空气不能充分交换，造成舍内外空气的温度、湿度、风速与光照等与舍外环境出现较大差异。

一、鸡舍环境对鸡的影响

1. 环境温度 温度是影响家禽健康和生产最重要的因素，是环境控制中最主要的问题。炎热的夏季，机体散热受阻，机体营养物质摄入减少，整体机能下降，产蛋率下降（表 2-7-9）。环境温度过低时，虽鸡采食量增加，但由于基础代谢增强，机体营养物质摄入较多用以维持组织器官正常代谢，用于生长的量较少。如肉仔鸡自 4 周龄到出栏，18～24℃时增重效果最佳。

表 2－7－9 不同温度下鸡的饲料消耗和产蛋量

气温（℃）	7.2	14.6	23.9	29.4	35
日采食量（g）	101.5	93.3	88.4	83.3	76.1
产蛋率（%）	76.2	86.3	84.1	82.1	79.2

一般产蛋鸡适宜温度 13～23℃，低于 7℃，高于 29℃对产蛋均有不良影响。集约化饲养蛋鸡最适宜的温度为 21℃（13～23℃）。

2. 环境湿度 禽舍中，由于家禽机体呼吸道及排泄物、潮湿地面及垫料等的蒸发，舍内的相对湿度一般高于舍外。在适宜温度下，相对湿度的高低对机体健康和生产力影响不明显，但在高温或低温情况下，影响较为突出。

高温高湿环境，有利于病原微生物和寄生虫大量滋生，易暴发雏鸡球虫病、大肠杆菌病等；垫料、饲料易霉烂变质，产生有毒物质，对健康不利。低温高湿情况下，会使机体散热量增加，导致机体失热增多，鸡容易患感冒、肺炎等呼吸道疾病及关节炎、风湿等。通常，低湿情况在高温时有利于机体散热，在低温时则可减少散热，但如果湿度低于 40%，则易造成脚趾干裂，呼吸道黏膜受损；易患皮肤病和呼吸道疾病，羽毛生长不良；易造成鸡啄羽、啄肛现象。

生产中，须注意舍内湿度适宜。家禽适宜的相对湿度范围为 60%～65%；肉仔鸡舍为 60%～70%。

3. 通风换气 良好的通风可有效排出舍内污浊空气，调节舍内温湿度。夏季风速加大，可显著提高机体散热量，机体感到凉爽舒适，对机体健康和生产力具有良好的作用。据资料表明，当舍温在 26～35℃范围内变化时，气流速度从 0.1m/s 增加到 3.0m/s，采食量增加 9.0%，蛋重增加 5.0%。冬季风速过大，会加速体热散失，机体易发生感冒、肺炎等疾病。贼风则易引起机体关节炎、神经炎等疾病或导致局部冻伤，对健康和生产带来严重影响。

4. 光照 光照能使动物有机体产生光觉和色觉，并通过中枢神经系统对机体代谢和生殖机能产生影响。由于鸡对光十分敏感，光照时间变化、光照强度及光色，对蛋鸡生产均有明显影响。因此，现代养鸡生产中，普遍采用人工控制光照（详见实训 2－8 蛋鸡光照方案的拟订）。

5. 有害气体 鸡舍有害气体中危害最大的主要有氨和硫化氢。大量的有害气体，严重污染禽舍空气环境，直接或间接影响家禽健康和生产力。

氨气和硫化氢均易溶于水，常被吸附于家禽呼吸道黏膜和眼结膜上，引起结膜和上呼吸道黏膜充血、水肿，分泌物增多，甚至发生喉头水肿、坏死性支气管炎、肺出血，组织缺氧，严重影响鸡的生产性能。从表 2－7－10 可见，禽舍空气中氨浓度达到 60mg/m^3 时，蛋鸡的开产时间和产蛋率均受影响，开产时间推迟 19d，23～26 周龄产蛋率从 70.2%降至 42.2%，35～38 周龄产蛋率从 90.9%降至 83.8%。

表 2-7-10 空气中氨浓度对蛋鸡产蛋率的影响

氨浓度（mg/m³）	鸡群开产达 50%时的日龄（d）	产蛋率（%）	
		23～26 周龄	35～38 周龄
0	158	70.2	90.9
40	172	51.5	86.7
60	177	42.2	83.8

资料来源：李保明，2004. 家畜环境与设施。

我国畜禽场环境质量标准（NY/T 388—1999）规定，雏禽舍内氨的最高浓度为 10 mg/m³、硫化氢的最高浓度为 2 mg/m³，成禽舍氨的最高浓度为 15 mg/m³，硫化氢的最高浓度为 10 mg/m³。

二、禽舍环境调控措施

禽舍环境参数的控制

禽舍环境控制主要指禽舍小气候的控制，主要包括对禽舍内温度、湿度、通风、光照、有害气体等主要环境参数的控制。环境控制的目的在于为家禽提供一个舒适的生活空间，以利于保证机体健康，提高饲料转化率，提高生产力。

1. 温度的调控

（1）防暑降温措施。一是加强禽舍屋顶的隔热设计。选择浅色材料作屋面，增强阳光反射，以削弱太阳辐射热；选择多孔、轻质的材料修建多层结构屋顶，以取得良好的保温隔热效果。二是设置遮阳挡板。除在窗口上方、正前方或两侧设置挡板遮阳外，加宽禽舍屋檐、挂竹帘、悬挂遮阳网等都是简便易行、经济实用的遮阳方法。三是场区绿化。植物通过吸收部分太阳辐射和覆盖裸露地面缓和太阳辐射对地表的增温，以降低禽舍周围空气温度，从而降低禽舍周围热空气对舍内温度的影响，可以明显改善场区温热、气流等状况。四是加强通风。通过利用窗口和风机排出舍内多余热量，促进机体散热，是禽舍夏季降温的重要措施。五是采用湿帘通风降温系统。鸡舍采用纵向负压通风时，湿帘安装在夏季迎风面的端墙或靠近此端墙的纵墙上，轴流风机安装在鸡舍对侧端墙上。负压风机将舍内空气向外排出，舍外空气穿过湿帘被吸入舍内，水分受热蒸发，从而降低进入舍内的热空气温度，在通风同时兼顾降温。

（2）防寒保温措施。加强屋顶、天棚的隔热设计，选择轻型高效的隔热保温材料，有效提高屋顶的隔热能力。在北方，在外门处设置门斗，北墙上设置双层墙等均可有效提高禽舍的冬季保温效果。鸡舍常采用红外线灯、电育雏伞或电育雏笼、热风炉、热水散热器等人工供暖方式，进行局部或整体供温。

2. 湿度的调控

（1）增湿措施。通过向地面洒水、湿帘—风机通风降温系统既可增加湿度，又可降低舍温。还可采取喷雾消毒措施，既可减少舍内病原微生物数量，又可增加湿度。

（2）降湿措施。注意选择地势高燥、通风向阳地方修建禽舍，禽舍的墙基和地面加设防潮层。冬季加强禽舍保温，防止水汽凝结。保证禽舍通风系统性能良好，以排出舍内多余的水汽。选用自动饮水器，并经常检查饮水设施，避免渗漏。及时清除粪尿污水，减少水汽蒸发。雏鸡、肉鸡地面饲养情况下，及时更换潮湿垫料，保证垫料干燥、清洁卫生。

3. 通风换气的调控 通风换气是改善禽舍内小气候的有效措施。既可调节舍内温湿度状况，又可排出舍内污浊空气及有害物质，保证舍内良好的空气质量。鸡舍通风换气方法一般采用自然通风（图 2-7-10）和纵向负压机械通风方式（图 2-7-11）。

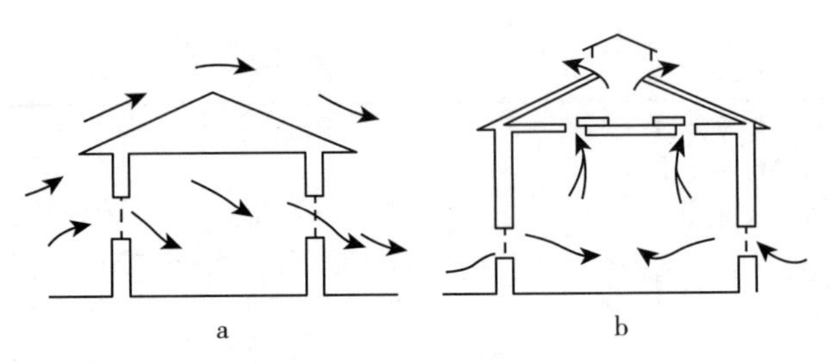

图 2-7-10 自然通风方式

a. 风压通风 b. 热压通风

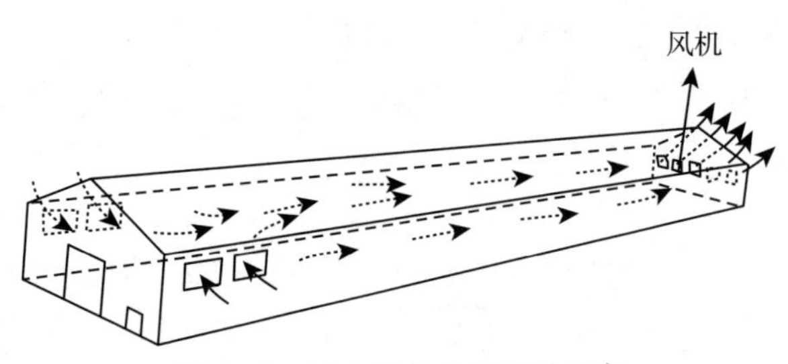

图 2-7-11 纵向负压通风示意

通风换气量是否适宜将影响禽舍通风换气效果。生产中，可利用夏季最大通风换气参数（表 2-7-11）进行计算禽舍内最大通风换气量，再根据最大通风换气量和风机损耗量（按10%～15%）计算出该舍总风量，除以所选用风机的风量（表 2-7-12），计算出风机的数量。冬季则按最小通风换气量估计风机开启的数量。生产中，可采用自动控制设备控制机械通风系统，通过恒温控制器控制风机的开启和调节通风量的大小。

表 2-7-11 各类鸡舍的夏季最大通风换气参数（供参考）

鸡舍类型	鸡体重（kg）	不同舍温最大通风换气参数［m^3/（h·kg）］		
		温和（27℃）	炎热（高于 27℃）	寒冷（15℃）
雏鸡舍	—	5.6	7.5	3.75
育成鸡舍	1.15～1.18	5.6	7.5	3.75
产蛋鸡舍	1.35～2.25	7.5	9.35	5.6
肉用仔鸡舍	1.35～1.8	3.75	5.6	3.75
肉用种鸡舍	3.15～4.5	7.5	9.35	5.6

表 2-7-12 百叶式负压风机技术参数（供参考）

型号	扇叶直径（mm）	电压（V）	功率（kW）	转速（r/min）	风量（m^3/h）	外形尺寸（mm）	重量（kg）
HT-1380	1 270	380	1.1	450	44 500	L1380×W400×H1380	80
HT-1220	1 110	380	0.75	480	37 000	L1220×W400×H1220	60
HT-1060	950	380	0.55	500	32 000	L1060×W400×H1060	55
HT-900	790	380	0.37	520	28 000	L900×W400×H900	50

4. 光照的调控 禽舍的光照来源于自然光照和人工光照。自然光照的光照强度和光照时间具有明显的季节性，且舍内照度不均匀。为了弥补自然光照的不足，封闭式禽舍内应设置人工光照，通过照明设施进行舍内采光，满足鸡对光照时间和光照强度的需求。

（1）窗户设置

第 1 步：根据禽舍窗口的入射角（$\angle ABC$ 不小于 25°）和透光角（$\angle ABD$ 不小于 5°）计算窗口上、下缘的高度（图 2-7-12）。

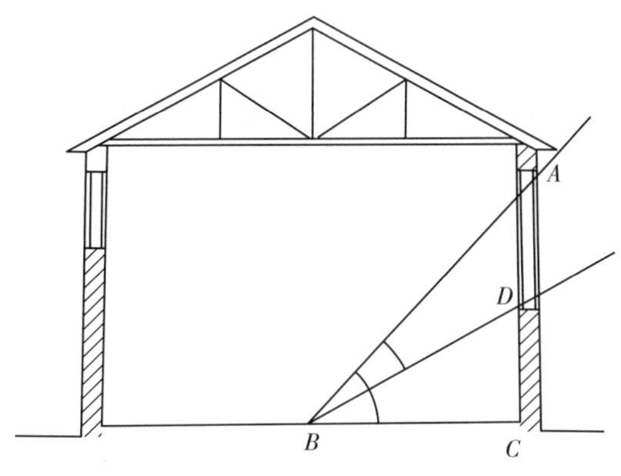

图 2-7-12 窗口入射角及透光角

$AC = \tan\angle ABC \times BC$，推算出窗口上缘离地高度最低值。$DC = \tan(\angle ABC - \angle ABD) \times BC$，推算出窗口下缘离地高度最高值，但也不能过低，一般最低不能低于 1.2m。

第 2 步：按禽舍采光系数来计算窗口面积。

$$S_{窗户} = K \times S_{地面} \div \tau$$

式中，$S_{窗户}$为采光窗户净玻璃的总面积（m^2）；K 为采光系数，通过查表 2-7-13 获取；$S_{地面}$为舍内地面面积（m^2）；τ 为窗扇遮挡系数，双层金属窗为 0.65。

表 2-7-13 不同禽舍的采光系数

禽舍	采光系数 K
雏鸡舍	1∶（7～9）
育成鸡舍	1∶（8～10）
成鸡舍	1∶（10～12）

第 3 步：确定窗数量、形状及布置

窗的数量应根据当地气候确定南北窗面积比例，然后考虑光照均匀和房屋结构对窗间距的要求。炎热地区南北窗面积比例为（1～2）：1，夏热冬冷和寒冷地区为（2～4）：1。为使光照均匀，在窗面积一定情况下，可进行窗口拆分，以增加窗的数量来减小窗间距。

窗的形状也关系到采光和通风的均匀度。通常鸡舍南墙上可采用方形窗，北墙上可采用卧式窗。

示例 1：如北方某产蛋鸡舍长度为 50m、跨度为 9m，请为该舍设计南北窗的面积、数量和布置。

第 1 步：根据已知条件，该舍地面面积为 450m^2，查表获取该舍采光系数为 1：（10～12），可取 1：10，如采用单层金属窗，遮挡系数为 0.8，根据公式 $S_{窗户}=K\times S_{地面}\div\tau$

推算出该舍所需窗口面积为：$S_{窗户}=0.1\times450\div0.8=56.25$（$m^2$）

第 2 步：考虑到北方夏热冬冷的气候特点，注意冬季防寒要求，南北窗面积比4：1，则该舍南向窗户面积为 $56.25\times4\div5=45$（m^2），北向窗户面积为 $56.25-45=11.25$（m^2）。

第 3 步：如选用宽 1.8m，高 1.5m 的近方形窗，每扇窗户面积为 2.7m^2，则南向窗户数量为 $45\div2.7=16.7\approx17$（扇）。窗间距为 $[50-(1.8\times17)]\div18\approx1$（m）。

北墙窗户数量为 $11.25\div2.7\approx4$（扇），窗间距太宽，影响舍内采光和通风，可在窗面积保持一定的情况下，将每扇窗户拆分为长度为 0.9m，高度为 0.75m 的窗户 4 扇，则北向窗户调整为 16 扇，以缩短窗间距。

（2）灯的设置

第 1 步：按灯间距 3m，灯高 2m，灯与墙间距为 1.5m 进行灯的排列，计算鸡舍所需的灯具数量。

第 2 步：计算舍内光源总瓦数

$$光源总瓦数=1m^2\ 地面所需要的灯瓦数\times禽舍总面积$$

通常鸡舍内适宜的光照强度为 5～10lx。平养鸡舍 1m^2 地面需安装节能灯的灯瓦数为 0.5～0.6W，多层笼养鸡舍 1m^2 地面需 0.6～0.7W，即可满足鸡的光照强度的需要。

第 3 步：计算每盏灯具瓦数

$$每盏灯具瓦数=\frac{光源总瓦数}{灯具数量}$$

5. 舍内有害气体的调控 消除舍内有害气体是改善舍内空气质量的一项重要措施。由于舍内有害气体的来源是多方面的，因此，消除舍内有害气体必须采取综合性措施。

（1）及时清除舍内粪尿污水。笼养情况下，采用自动刮板清粪装置，及时清除舍内粪尿；如采用人工清粪，应每天清除粪尿，防止粪尿潴留腐败分解产生有害气体。地面平养情况下，铺设垫料，也可吸收一定量的有害气体。吸收能力的大小与垫料的种类有关，麦秸、稻草或干草等对有害气体具有良好的吸收能力。

（2）良好的通风换气。合理设计舍内通风系统，能及时排出有害气体，置换舍外新鲜空气，稀释舍内空气中有害气体浓度，减少对机体的危害。

（3）加强禽舍的防潮与保温。氨和硫化氢都易溶于水，当舍温降到露点以下时，水汽能够凝结在墙壁、天棚上等物质表面，此时，氨、硫化氢易吸附在这些物体表面，当舍温升高时，氨、硫化氢又逸散到舍内空气中，增加空气中有害含量。因此，禽舍冬季应注意保温和合理的换气措施。

实训 2-12 禽舍环境参数的检测

【实训目的】 掌握测定禽舍内环境参数所用仪器的名称、用途及使用方法。

【材料用具】 普通温度表、最高最低温度表、通风干湿球温度表、干湿球温度表、热球式电风速仪、照度计、氨气检测仪等。

【方法步骤】

1. 测定禽舍内温度和湿度

（1）常用仪器。干湿球温湿度表、通风干湿球温度表、最高最低温度表、数显温度计等。

（2）测定方法。平养鸡舍测定高度在饲养面上方 5cm 处；笼养鸡舍在工作通道中间，笼架中央高度位置进行测定。测定位置应避开阳光直射和受热源等热辐射影响的地方，距热源 50cm 处。5min 后读数，根据显示数据，判定温度和湿度。

示例：如采用干湿球温湿度表测量，假设湿球示度为 24℃，干球示度为 27℃，二者温差为 3℃，查该仪器提供的示差表，找到差度 3 与湿球温度 24℃相交处的值 77，则相对湿度为 77%。

如采用通风干湿球温度表测量，假定干球示度是 32.8℃，湿球示度为 18.2℃。利用查算器，按"ON/C"键开机，屏幕上显示干球温度状态提示时，输入干球示度 32.8℃，按"确定"键，屏幕显示为湿球温度状态提示时，输入湿球示度 18.2℃，按"确定"键，屏幕显示出相对湿度为 22.1%，再按下"确定"键，屏幕显示出露点值为 8.41℃。测量结束，按"OFF"键关闭显示屏。

2. 风速的测定

（1）常用仪器。表式热球式电风速仪、数显式热球电风速仪。测量舍内 0.05～5.0m/s 的微风速度。

（2）测定方法。测定前进行"满度"和"零位"调节，测量时，将测杆垂直向上，轻轻拉起螺塞使测杆探头露出（以露出测头上红色玻璃球为宜），将测头上红点对准风向，从仪表上即可读出风速。

3. 光照的测定

（1）常用仪器。照度计，主要测量物体表面所接受的光照强度。

（2）测量方法。测定时，将照度计水平放置在测定面上。整体照明情况下，测定面高度在离地高 80～90cm 处，一般每 $100m^2$ 布 10 个点为宜。局部照明情况下，可选择具有代表性的一点进行测量。打开电源，根据被测光源的强弱选择合适档位。如无法确定时，应先选择高档位，打开光检测器遮光罩，将光检测器放在被测光源的水平位置，经 1～2min 后，按压"HOLD"键，锁定测量后读取数值。测定结束，将遮光罩盖回，关闭电源。

注意：测定开始前，白炽灯至少开启 5min，荧光灯开启 30min。光电池在相应照度环境中曝光 5min 后测量。观测时，周围不得站人，防止遮挡光线，影响测定结果。

4. 有害气体的测定

（1）氨气的检测。一般采用纳氏试剂比色法测定或采用氨气检测仪测定。氨气检测仪简单、方便、快捷，还可根据测定环境的要求，通过功能键修改预设的报警值。当环境中探测气体的浓度达到或超过预置报警值时，则自动发出蜂鸣。报警信号和红灯闪烁，以提醒用户采取安全措施。

测定时，按电源键，当发出两声短促的“嘟”声，同时闪灯，仪器开机。接着，仪器会进入自检状态，显示测量组件、气体量程、一级浓度报警值、二级浓度报警值、STEL（15min 允许的平均暴露浓度）报警值、TWA（8h 允许的平均暴露浓度）报警值。仪器自检通过后，将显示正常测量状态，显示测定值。测定结束，按电源键出现从“5”到“0”的倒计时，然后两声短促的“嘟”声提示关机。

（2）硫化氢的测定。采用硝酸银法比色法测定或采用硫化氢测定仪测定。

【实训报告】现场测定育雏舍内温度、湿度、风速、光照、有害气体等环境参数，并对育雏舍的环境效果进行评价。

任务 4 鸡场废弃物的处理

鸡场废弃物主要指养鸡生产过程产生的粪便、病死鸡、垫料、饲料残渣、散落的羽毛、孵化过程中产生的死胚胎、蛋壳等废弃固体物；养鸡生产过程中冲洗圈舍、笼具的废水；养殖生产过程中产生的有害气体等。若不妥善处理，不仅会污染周围环境，而且还会污染鸡场自身，对鸡群的健康和生产带来危害。

一、鸡场粪尿、污水等对环境的危害

1. 造成水体、土壤的营养富集 禽饲料中氮、磷随粪尿排出体外，作为有机肥施用农田，随浸透、下雨进入地下及地表水，造成土壤、水体的氮、磷含量超标，导致土壤、江河、湖泊等的营养富集。当土壤中氮元素充足时，植物可合成较多的蛋白质，因此植物叶面积增长快，能有更多的叶面积用来进行光合作用。但土壤中含氮过高，植物吸收过量，造成果树徒长，植株高大细长，叶片生长旺盛柔软，开花坐果率低，易倒伏，易落果，腐烂病严重。磷过高，作物吸收过量，会促进作物呼吸作用和能量转化，消耗的干物质大于积累的干物质，造成作物粒小，产量低。且与土壤中锌产生磷酸锌沉淀，作物无法吸收，作物出现缺锌状态表现，叶片小且褪绿呈黄白化，枝短，果实多畸形。

2. 产生恶臭，影响空气质量 养殖过程中粪污分解产生大量的氨、硫化氢等有害气体，逸散在空气中与畜禽体表散发出特有气味混杂，产生令人难以忍受的气味，不仅对畜禽健康和生产力造成危害，还能使人产生不愉快感觉。

3. 引起疫病的流行与传播 鸡粪污中含有大量的病原微生物、寄生虫卵，如果得不到妥善处理，随意排放，不仅会直接威胁畜禽自身的生存，还会严重危害人体健康。

4. 重金属元素的污染 砷通过动物的排泄物排出体外，会造成土壤富集，严重污染。如土壤中砷酸钠加入量为 40mg/kg 时，水稻减产 50%；加入量为 160mg/kg 时，水稻已不能生长；灌溉水中砷浓度为 20mg/kg 时，水稻绝产。如果这些微量元素通过农作物、饲料和食物的富集，将会对人类健康构成潜在的威胁。中毒表现为神经系统障碍和造血功能受到抑制、肝肿大、色素过度沉积。

在养殖过程中严格按照《饲料药物添加剂使用规范》《禁止在饲料和动物饮水中使用的药物品种目录》使用饲料和饲料添加剂，控制重金属污染和药物残留。

二、鸡粪的无害化处理及再利用措施

无害化处理即是利用高温、好氧或厌氧等技术杀死畜禽粪便中病原菌、寄生虫的过程，以达到净化的目的。禁止将未经处理的粪污直接施入农田。堆肥处理原则应符合标准（NY/T 1168—2006）的要求。

1. 处理场地的布局 粪污处理场应设在养殖场的生产区、生活管理区的常年主导风的下风方向或侧风方向，与主要生产设施之间保持100m以上的距离。

2. 粪便的收集与贮存 养殖场应采用先进的清粪工艺，避免禽粪与冲洗污水等其他污水混合，减少污染物的排放量。粪污在收集、运输过程中必须采取防流失、防渗漏等措施。粪污贮存设施必须距离地表水体400m以上。

3. 堆肥处理，生产有机粪肥 固体粪便主要采取堆肥的方式进行无害化处理。堆肥发酵是采用畜禽粪便为主要原料，接种微生物复合菌剂，在微生物的作用下通过高温发酵使有机物矿质化、腐殖化和无害化而变成腐熟肥料的过程，高温产热杀死病原微生物和寄生虫卵，以达到除臭、腐熟、脱水、干燥的目的，从而制成具有优良物理性状，碳氮比适中、肥效优异的有机肥。

堆肥方式有条垛式、机械强化槽式和密闭仓式。条垛式堆肥发酵温度45℃以上，时间不少于14d。机械强化槽式（图2-7-13）和密闭仓罐式堆肥（图2-7-14），保持发酵温度50℃以上，时间不少于7d。畜禽粪便经堆肥处理后必须达到表2-7-14的卫生学要求。

图2-7-13 槽式发酵

（图片由贵州柳江畜禽有限公司提供）

图2-7-14 罐式发酵

（图片由贵州柳江畜禽有限公司提供）

表2-7-14 粪便堆肥无害化卫生学要求

项目	卫生标准
蛔虫卵	死亡率≥95%
粪大肠菌群数	$\leqslant 10^5$ 个/kg
苍蝇	有效地控制苍蝇滋生，堆体周围没有活的蛆、蛹或新羽化的成蝇

资料来源：NY/T 1168—2006《畜禽粪便无害化处理技术规范》。

4. 沼气发酵，进行能源化利用 沼气发酵是利用沼气池（罐），在厌氧条件下经微生物分解有机物产生甲烷等可燃气体的过程。液态粪污可选用沼气发酵进行无害化处理。沼气能提供清洁能源，沼液、沼渣作为有机肥进行还田利用。使用过程中应避免出现二次污染。

三、病死鸡的无害化处理及利用

1. 化尸处理 化尸坑一般长2.5～3.6m，宽1.5～2m，深5～7m。池底作防渗处理，顶部为预制板，留一入口，做好防水处理。入口处高出地面0.6～1.0m，密闭坑口，坑内尸体在微生物作用下分解，分解时温度可达65℃以上。通常密闭坑口4～5个月后，可全部分解尸体。用这种方法处理尸体不但可杀灭一般性病原菌，而且不会对地下水及土壤带来污染，适合畜禽养殖场一般性尸体的处理。

2. 湿化处理 利用湿化机高压饱和蒸汽直接与病死禽组织接触，溶化油脂和凝固蛋白质，同时将病原体完全杀灭，对病死禽进行无害化处理。经湿化机化制后的动物尸体还可熬成工业用油，残渣可制成生物有机肥料。

3. 焚烧 利用焚烧炉高温焚烧碳化病死禽进行无害化处理。消毒较为彻底，但需要设置专门的设备，能源消耗较大，成本高。适合于处理具有传染性疾病的动物尸体。

四、污水的无害化处理与再利用

禽场生产过程中产生的污水富含高浓度的有机物和大量的病原体，为了防止污水对环境造成污染，必须有效加强禽场的管理，限制大量用水冲刷禽舍，减少流入贮粪池的污水量。

1. 物理处理法 污水流出后通过多级沉淀和固液分离，以减少污水中有机物含量，利用隔栅、滤网将颗粒较大的悬浮物截留在介质的表面，除去水中较大颗粒悬浮物。

2. 化学处理法 向废水中加入化学试剂，通过化学反应改变水体及其污染物性质，以分离、回收废水中污染物或将其转化为无害物质的方法。

污水经沉淀或分离后，水中仍有细小的悬浮物及胶体微粒，因其带有负电荷，相互排斥，很难下沉，通过添加混凝剂（铝盐、铁盐）除去水中胶体微粒状和细微悬浮物。添加沉淀剂（石灰、碳酸钙、硫化物等），与水中溶解性污物发生化学反应，形成难溶的固体生成物，进行固液分离，以除去水中钙、镁及汞、镉等重金属离子。

3. 生物处理法 借助微生物的代谢作用分解污水中有机物，将其逐渐降解为稳定性好的无机物，使水质净化。生物处理主要有人工生物处理法（活性污泥处理、生物膜法处理）和自然生物处理法（氧化塘处理、人工湿地处理）。

4. 污水再利用 污水经处理后需达到农田灌溉标准后排放。

复习思考题

一、填空题

1. 生产中，常见的鸡笼类别有________，________，________。

2. 常规情况下，一组育成鸡笼能饲养育成鸡________只，蛋鸡笼能饲养________只产蛋鸡。

3. 鸡舍通风降温设施设备有________、________、________等。

4. 雏鸡舍供温设施设备有________、________、________、________等。

5. 生产中常见的智能自动孵化机有________、________、________等。

6. 适宜的温湿度有利于畜禽健康和生产力的发挥，肉仔鸡自4周龄到出栏，温度为________℃，湿度为________%时增重效果最佳，集约化饲养蛋鸡最适宜的温度为________℃，相对湿度范围为________。

7. 由于鸡对光十分敏感，禽舍内________、________及________对蛋鸡生产均有明显影响。生产中，为推迟育成鸡性成熟时间，在育成期内应恒定或________每天光照时数，但每天光照时数最低不能短于________ h。开产后，则应逐渐________光照时数，直到每天光照时数达________ h止，维持到产蛋结束。产蛋鸡舍光照强度以________ lx为宜，肉鸡和雏鸡________ lx为宜。

8. 禽舍中有害气体主要有________、________、________等。我国畜禽场环境质量标准（NY/T 388—1999）规定，雏禽舍内氨的最高浓度为________ mg/m^3，成禽舍为________ mg/m^3。雏禽舍内硫化氢的最高浓度为________ mg/m^3，成禽舍为________ mg/m^3。

9. 禽舍环境控制参数主要包括________、________、________、________、________。

10. 禽舍的防暑降温措施有________、________、________、________等，冬季可采用________、________、________、________等人工供暖方式，进行局部或整体供温。

11. 鸡舍机械通风方式一般建议采用________。

12. 养鸡场废弃物种类有________、________、________等。

13. 病死禽的处理途径有________、________、________等。

14. 养鸡场污水处理途径有________、________、________等。

二、简答题

1. 鸡场常用的生产设施设备有哪些？

2. 简述湿帘通风降温系统的组成及功能。

3. 简述鸡场粪尿、污水对环境的危害。

4. 如何处理和再利用禽场粪污？

三、计算题

1. 假定某商品蛋鸡场，5月份养有雏鸡5 000只，育成鸡8 300只，产蛋期母鸡15 000只，如该场饲料全部采用全价配合饲料，请制订该场鸡群的月饲料需要量和供应量。

2. 某产蛋鸡舍，养有5 000只产蛋母鸡，平均体重为1.6kg，问该舍需多少台风量为28 000 m^3/h的风机？

3. 某产蛋鸡舍长度50m，跨度9m，为保证舍内适宜的自然光线，该舍窗口上、下缘分别为多少米为宜？

4. 某蛋鸡舍长度50m，跨度9m，为满足鸡对光照度的要求，该舍需设置多少盏日光灯，日光灯瓦数为多少？

（参考答案见186页）

鸡场建设

【学习目标】

禽场的规划设计

1. 了解养殖场建设的国家及行业相关标准。
2. 掌握鸡场场址选择的原则与内容。
3. 科学合理地进行鸡场各功能区划分与鸡舍布局。

【学习任务】

任务1 鸡场场址的选择

鸡场场址的选择是否适当直接影响到鸡场生产效益的好坏。一般小型养鸡场对场址没有很高的要求，但对于大型、专业化生产场来说，合理选择场址对产品生产、产品销售、疫病防控和环境保护等具有重要的意义。

一、场址选择的原则

（1）应符合国家或地方区域规划发展的相关规定，根据土地利用发展规划、城乡建设发展规划和环境保护发展规划的要求，考虑长远发展，避免频繁搬迁和重建。

（2）遵照国家相关法律法规、标准，如畜牧法、养殖场场区设计技术规程、标准化肉鸡养殖建设规范、蛋鸡标准化养殖场建设规范等。

二、场址选择的内容

1. 地形地势 选择地势较高、干燥、地面平坦或稍有坡度，坡面向阳背风的场地建场。坡度以2%～5%为好，最大不超过25%。地形应要开阔、整齐，以利各区建设物的合理布置，保持最佳生产联系，并为场区发展留有余地。

2. 土壤质地 土壤要求未被污染过。土质以砂壤土为好，具有透水性好、透气好、导热性小、保温性能好等优良特性。

3. 水源水质 养禽生产过程中，禽用饮水、饲料调制、禽舍清洁消毒、用具清洗、粪污清洁、环境绿化、夏季降温、职工生活用水、场区消防等都需要大量的水。要求水量充足、水质良好，符合 NY 5027—2008《无公害食品畜禽饮用水水质》标准的要求。

4. 绿化植被 良好的绿化植被，有利于形成良好的场区小气候。

5. 气候因素 指有关建设设计和影响场区小气候的气象资料，如该地区平均气温、全年最高温度和最低温度、平均相对湿度、夏季及冬季主导风向、风力、日照情况等，有利于合理设计场区规划与布局、鸡舍建设方位、朝向等。

6. 交通便利 鸡的饲料、产品及其他生产、生活物资均需运输，鸡场应建在交通方便、道路平坦的地方。为保证防疫安全，场区应与交通干线保持 100～300m 的间距。

7. 电力充足 鸡场的孵化、育雏、机械通风、照明及日常生活都离不开电，因此，场区要求供电充足、稳定可靠。自备发电机，保证生产、生活的正常进行。

8. 生物安全 鸡场应位于居民区当地常年主风向下风处。防疫条件满足 NY/T 5339—2017《无公害农产品　畜禽防疫准则》的要求，养殖场选址应符合《动物防疫条件审查办法》的要求。禁止在生活饮用水水源保护区、风景名胜区、自然保护区、旅游区和环境污染的地方建场。参见 NY/T 682—2003《畜禽场场区设计技术规范》。

任务 2　鸡场的规划布局

鸡场合理的规划与布局应从满足生产过程的延续性和有利于人畜健康的角度考虑，建立最佳的生产联系，达到既有利于生产和防疫，又便于科学管理，从而提高劳动生产效率的目的。

一、鸡场功能区划分

鸡场通常按生产功能划分为四个功能区，即生活及行政管理区、生产区辅助区、生产区、病污隔离区。场区内建筑物总体布局的基本要求是既要考虑生产上的最佳联系，又要考虑防疫卫生，以保证生产的顺利和安全，四个功能区相对位置根据地形地势的高低和主导风的方向进行合理规划，依次排列（图 2-8-1）。

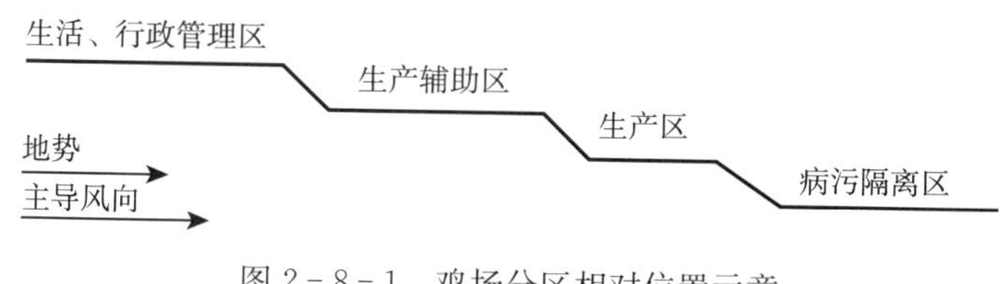

图 2-8-1　鸡场分区相对位置示意

二、功能区内建筑物的设置

1. 设置各区功能内的建筑物 生活及行政管理区包括职工生活用房，行政办公用房及后勤服务用房等。生产辅助区包括饲料加工及贮存间、饲料调制车间，药品房，消毒更衣室等。生产区是鸡场中主要建筑区，一般建设面积占总建筑面积的 70%～80%，包括各类鸡舍等生产用房。病污隔离区包括兽医诊断室、病鸡隔离舍、病死鸡处理场、粪污处理设施等。各区保持相对独立，入口处设置消毒通道。

2. 场区内各建设物的位置排布 鸡场建筑物的布局需考虑各建筑物间的功能关系、根据生产便利、生产流程、卫生防疫、通风、采光、防火、节约用地等，科学合理地设置各种建筑物的位置、朝向、间距等。

（1）生活、行政管理区。为保证卫生防疫安全，应设置在场区最外侧，地势最高处，主导风侧风方向，与生产区保持200～300m的距离，最好用围墙与生产区隔开。行政人员一般不进入生产区。外来人员只能在该区域内活动，不得进入生产区。

（2）生产辅助区。应位于行政管理区与生产区之间，便于生产联系。在生产区的入口处需设消毒间、更衣室，进入生产区的人员和车辆必须按防疫制度进行消毒。

（3）生产区。位于生产辅助区与病污隔离区之间，区内各圈舍按鸡生产流程进行鸡舍排列，蛋鸡场相应设置有雏鸡舍、育成鸡舍、产蛋鸡舍。肉鸡场相应设置育雏舍、商品肉鸡舍。种鸡场设置有孵化场、种鸡舍、育雏舍。因孵化室与场外联系较多，宜建在靠近场区入口处。为保证孵化室空气清新，有条件情况下，应单独建立，避免鸡舍污浊空气将病菌随空气带到孵化室，影响胚胎发育。育雏舍与育成舍应在生产区的前区，以减少雏禽感染的机会，同时也便于与场外联系。产蛋鸡舍应设在防疫较安全的生产区的相对独立位置。

（4）隔离区。设在场区最下风向、地势较低处，与生产区保持50m以上的卫生间距，并设隔离屏障（围墙、林带等）和单独出入口，进出须经严格消毒，防止疫病蔓延、传播。处理病死鸡设施应距鸡舍300～500m。鸡粪处理可在鸡舍附近修建沼气池，进行沼气生产或在固定场地进行堆积发酵处理生产有机粪肥，参照HJ/T 81—2001《畜禽养殖业污染防治技术规范》。

3. 鸡舍的长轴方向、朝向、间距的要求

（1）鸡舍长轴方向。从太阳高度角和夏季主导风考虑，鸡舍长轴方向应以东西方向为宜。

（2）鸡舍朝向 鸡舍适宜朝向要根据各个地区的太阳辐射和主导风向等两个主要因素加以选择确定，鸡舍朝向一般以南向或南偏东、南偏西45°以内为宜。

（3）鸡舍间距。鸡舍之间的距离以能满足光照、通风、卫生防疫和防火的要求为原则。鸡舍间距一般以鸡舍檐高的3～5倍为宜，即可满足日照、通风、防疫和防火的要求。

4. 其他设施 场区道路内应分净道、污道，且互不交叉。净道用于运送饲料、用具和产品；污道用于运送粪便、废弃物及病死鸡。

排水设施为排出雨水而设。一般可在道路一侧或两侧设明沟排水或设暗沟排水，但场区排水管道不宜与舍内排水系统的管道通用。

场区周围设隔离林带或围墙。绿化可以美化环境、吸尘降噪、净化空气、防疫隔离、防暑防寒。绿化植树可考虑高秆落叶树，防止夏季阻碍通风和冬季遮挡阳光。

实训2－13 商品蛋鸡场的规划布局

【实训目的】 通过学习，掌握鸡场的规划布局，并绘制简易示意图。

【材料用具】 数据资料：办公楼1栋、育雏舍2栋、育成舍4栋、产蛋鸡舍6栋、饲料房1间、药品房1间、禽病诊断室1间、死禽化尸池1个、禽粪处理场1块，消毒通道若干。

【方法步骤】

（1）进行商品蛋鸡场功能区划分。

（2）根据各建筑物间的功能关系进行各功能区内建筑物的排布。

【实训报告】根据以上数据资料，绘制该鸡场规划布局示意图。

复习思考题

一、填空题

1. 养殖场场址选择应考虑________、________、________、________、________、________、________、________等因素。

2. 规模化养鸡场功能区根据地势高低和夏季主导风向依次划分为________、________、________、________。

3. 鸡场病污隔离区至少离生产区________ m 以上，并位于整个场区的________风向和地势________。

4. 处理病死鸡设施应距鸡舍________～________ m。

5. 鸡舍之间的距离以能满足________、________、________和________的要求为原则。鸡舍间距一般以鸡舍檐高的________～________倍为宜。

二、简答题

1. 在养殖场场址选择中，哪些区域不能建场？

2. 规模化种鸡场内各功能区应设置哪些建设物？

【拓展学习】

NY/T 5038—2006　《无公害食品　家禽养殖生产管理规范》。

《病死及病害动物无害化处理技术规范》（农医发〔2017〕25 号）。

【参考答案】

一、填空题

1. 地形地势、土壤质地、水源水质、绿化植被、气候因素、交通便利、电力充足、防疫安全

2. 生活及行政管理区、生产辅助区、生产区、隔离区。

3. 50、最低处

4. 300、500

5. 光照、通风、卫生防疫、防火、3、5

第三单元

牛 生 产

牛的生物学特性与生产认知

【学习目标】

1. 了解牛的生物学特性。
2. 掌握牛的消化特点。
3. 通过参观牛场，对养牛生产有一个初步认识。

【学习任务】

任务1　牛的生物学特性

一、牛在动物分类学上的地位

牛属于哺乳纲、偶蹄目、反刍亚目、洞角科、牛亚科。牛亚科包括牛属、水牛属和准野牛属。牛属包括家牛、瘤牛和牦牛。家牛也称普通牛，包括役用牛、乳用牛、肉用牛；瘤牛在外形上比较特殊，其鬐甲部形似瘤状，突出高耸，与家牛杂交可正常生育；牦牛包括家养牦牛和野生牦牛；水牛属包括亚洲水牛亚属和非洲水牛亚属。中国水牛属于亚洲水牛亚属水牛种河流型。

二、牛的生物学特性

（一）一般习性

1. 耐寒不耐热　牛是一种大型哺乳类恒温动物，除了瘤牛和水牛，其他牛不耐热。

由于牛不耐热，高温季节牛的采食量会大幅度下降，进而影响生产性能。当气温高于27℃，奶牛、肉牛的采食量下降30%～50%，育肥牛的生长速度减慢，因此炎热的夏季应该避免育肥肉牛。高温还会降低牛的繁殖性能，使公牛的精液品质和母牛的受胎率下降。

牛适宜的环境温度为10～21℃（犊牛为10～24℃），最适宜的环境温度为10～15℃（犊牛为17℃），耐受范围为－15～26℃。牛对寒冷的耐受性强，对高温的耐受性差，当温度超过27℃时，会影响牛的食欲和增重，而环境温度即使在0℃以下，在保证饲料供应的情况下，也不会对牛产生大的影响。

不同牛种的耐热与耐寒性有差别。瘤牛具有发达的垂皮，对热带和亚热带气候有良好的适应性，最耐热，可适应32℃的气温。牦牛全身密生粗长毛和绒毛，能抵抗寒冷和高辐射，且发达的胸廓和粗短的气管，高含量的血红蛋白和红细胞适应低氧环境。水牛通过浸水和滚泥浆来适应高温、抗御蚊蝇袭击。

基于牛耐寒怕热的生物学特性，在炎热季节，牛舍的设计上应注意防暑降温；在饲养管理方面应采取相应的防暑降温措施，减缓热应激危害，最大限度地减少高温带来的生产损失。而在寒冷季节，牛舍温度不应该过低，需保持0℃以上。

2. 攻击性与温顺性 牛只间的攻击行为和身体相互接触主要发生在建立优势序列（排定位次）阶段。牛群混合时一般要7～10d才能恢复安静。如果食物、饮水和躺卧位置等资源条件受到限制，可能会激发牛只间大量的、剧烈的攻击性行为。头对头的打斗是最具攻击性的，而以头部撞击肩与腰窝等部位的行为也非常激烈。

但是绝大多数母牛性情温顺，不喜欢争斗，易于管理。对个别爱争斗的母牛要早做处理。公牛的争斗性较强，具有攻击行为，在饲养管理中要加以注意，以免造成不必要的损失。

3. 好静性 牛爱听音乐，不喜欢噪声。挤乳时给奶牛播放轻音乐，可促使奶牛安静，并提高产乳量。而奶牛在110～115dB的噪声环境中，不仅会影响母牛健康，还会降低母牛的泌乳量10%～30%。如飞机噪声，可使母牛出现明显的应激和狂暴，并干扰母牛正常泌乳反射，使泌乳量下降。生产中要避免噪声。

（二）行为特征

牛的祖先是野生原牛，在长期的进化过程中，牛的感觉器官发育的较为完善。

1. 感觉行为 牛的视觉、嗅觉、味觉、听觉灵敏，记忆力强。

（1）视觉。牛能够清楚地辨别出红色、黄色、绿色和蓝色，同时，也能区分出三角形、圆形以及线形等简单的几何形状。同一圈舍的牛靠视觉和嗅觉区分敌我。当陌生牛进入时，即进行围攻驱逐。

（2）听觉。牛的听觉频率范围几乎和人一样。不过牛的听觉只能探测远的范围，偏离这个角度范围，即使离牛体很近的声源发出的声音也难以被听到。

（3）味觉。牛能够根据味觉寻找食物，使用气味信息与同伴进行交流，母牛也能够通过味觉寻找和识别小牛。

（4）牛的记忆力强，人殴打牛会被记仇。公牛对它经历过的人和事物，都能记住，强烈的刺激很多年都不会忘掉。因此，在饲养管理过程中，应加强人牛亲和，不要粗暴对待，不要打骂，以免形成牛撞人、踢人等不良行为。

2. 摄食行为

（1）采食匆忙，速度快，易造成创伤性网胃炎。牛上颌无门齿，舌较长，运动灵活有力，能伸出口外，将草卷入口内，散落的饲料会用舌去舔。当牧草高度低于5cm时，牛不易采食而难以吃饱，易造成“跑青”，从而消耗大量的体力。

牛采食速度快，不经过精细咀嚼，就将饲料匆忙咽下进入瘤胃中。

牛的舌面上长有许多尖端较厚的角质刺状突出，食物一旦被卷入口中就难以吐出，如果饲草饲料中混入铁钉、铁丝等异物时，异物就会进入胃内，当牛反刍时网胃会强烈收缩，挤压停留在网胃前部的尖锐异物而刺破胃壁，造成创伤性网胃炎，有时还会刺伤心包，引起心包炎，甚至造成死亡，因此给牛备料时应避免铁器及尖锐物混入草料中。

对马铃薯等块根、块茎类饲料不能整个或整块喂给，以防卡在食管内，造成食道阻塞。

（2）对整粒谷物饲料消化率低。在给牛饲喂整粒谷物时，大部分谷物都未被咀嚼碎，而是直接进入瘤胃沉于胃底，被运送至第三、第四胃，因而不能被重新咀嚼，造成饲料浪费。所以在饲喂之前应对谷物进行碾压或稍加粉碎，尤其经过压扁膨化，可以较好地提高饲料的消化率。

（3）对食物的要求。牛喜食青贮饲料、精料和多汁饲料，其次是优质青干草，再次是低水分青贮料，最不喜欢吃未经加工处理的秸秆类饲料。牛喜食 2～3cm 的颗粒料，最不喜欢吃粉状饲料；喜欢采食带甜味和咸味的饲料。牛喜食新鲜饲料，不喜欢吃在料槽中被长时间拱食的饲料。因此饲喂时要少添、勤添，勤打扫料槽。

（4）牛采食时间与采食量。放牧牛一天有 4 个主要的采食高峰，即日出前不久、上午的中段时间、下午早期和近黄昏。一天 24h 中，牛采食时间为 4～9h。采食鲜草量为其体重的 10%。

舍饲牛采食时间比放牧牛短。饲喂粗糙饲料，如长草或秸秆类，采食时间延长；饲喂短草则采食时间短。采食量与牛只大小、年龄、生理状态、气候情况有关，折合干物质量为体重的 2%～3%。

牛有竞食性，在自由采食时互相抢食。利用这一特性，群饲可增加牛对劣质饲料的采食量。

3. 饮水行为 牛饮水时先把上下唇合拢，中央留一小缝伸入液体中，然后依靠下颌、上颌和舌有规律的运动，使口腔内形成负压，液体便被吸入到口腔中。牛的饮水量受多种因素的影响，一般是采食干物质量的 3～5 倍。生产中最好是自由饮水。冬天饮水的温度不应低于 30 ℃。

4. 繁殖行为

（1）牛是单胎动物，繁殖年限为 11～12 年。公牛 6～10 月龄性成熟，母牛 8～14 月龄性成熟。一般无明显的繁殖季节，但春秋季发情较明显。

（2）性行为。母牛发情后，兴奋不安、食欲下降、哞叫、爬跨；外阴红肿，颜色变深，阴道分泌物增加；公牛通过听觉和嗅觉判断母牛是否发情，追逐母牛，与之靠近。

（3）母性行为。牛母性强，母牛妊娠后食欲增加，被毛光亮，性情安静，行动缓慢。母牛产后会花费 20～30min 的时间去舔舐犊牛被羊水浸湿的被毛，并站立等待犊牛吮乳。在哺乳期间，拒绝其他牛或人接近犊牛，对犊牛具有强烈的保护意识。

5. 合群行为 牛是群居动物，饲养在同一个圈舍的牛会成为一牛群，牛几乎所有的活动都是成群进行的，即便有时单独活动，也是暂时的，不会离群太远。如果有一头牛不能和其他牛同时采食，它会加快采食速度，降低采食量。放牧时牛只喜欢 3～5 头成群地结伴而行。

饲养过程中，若干牛在一起组成牛群时，每头牛都会明确自己在群体中的地位，在采食、饮水、行走、放牧时主次分明。虽然最初有相互顶撞的现象，通过几天至数天的相互争斗，建立起群体等级制度和优势序列。

通常在放牧条件下，成年母牛的个体空间需求为 2～4m。放牧时牛群不宜过大，以 70 头以下为宜，否则影响牛的辨识能力，争斗次数增加。分群时应考虑牛的年龄、健康状况和生理等因素，尽量减少争斗现象的发生，以免给生产带来损失。

6. 排泄行为

（1）排泄次数。牛日排尿 9 次，排粪 12～18 次。牛排泄的次数和排泄量，与饲料的性质和数量、环境温度以及牛个体状况有关。荷斯坦牛在 24h 可排放粪尿 40kg。

（2）排粪姿势。牛为了减少排泄物对自身的污染，排粪时尾巴从尾根处弯曲向上拱起，背部拱起，后腿稍向外侧叉开进行排泄。边行走边排泄时并无明显的排粪姿势。

（3）粪便状况。健康牛的粪便像叠饼状不干不稀，表面有光泽，尿液清亮。

牛的排粪、排尿不受时间、地点的约束，难以调教定点排泄。在自由采食时会造成饲槽、水槽等被污染。

7. 休息行为 牛需要休息和平静。牛的睡眠时间很短，每日 1～1.5h。

犊牛每天的躺卧次数为 30～40 次，总时间达到 16～18h。牛的躺卧时间会随着年龄的增大而减少，成年母牛每天的躺卧时间约为 10～14h，躺卧次数为 15～20 次。如果牛没有足够的空间躺下，或者躺卧的地方不够舒服，就会使牛紧张和应激。

8. 清洁行为 牛喜欢清洁干燥的环境，喜欢在松软处卧地反刍，不喜欢硬质的运动场。

9. 牛的生理指标 神态自如、机灵活泼、皮肤有弹性、粪尿正常以及体温、脉搏、呼吸正常是牛健康的标志。

牛的主要生理指标：平均体温 38.5℃，变化范围 37.5～39.1℃，犊牛体温比成年牛高 0.5℃左右；呼吸：犊牛为 20～50 次/min，成年牛 10～30 次/min。脉搏：初生犊牛 90～110 次/min，青年牛 70～90 次/min，成年牛 40～70 次/min。

10. 牛异常行为 反刍减少甚至停止，鼻镜干裂、食欲下降、精神不振、呼吸困难、姿态改变、异食癖、脱离牛群等均为牛异常行为。

（三）牛的泌乳特征

1. 乳房的结构特点

（1）乳房的形态结构。奶牛乳房的外形呈扁球状，附着于后躯腹下，重 11～50kg。乳房内部纵向中央有一条中悬韧带将乳房分为左右两部分，每部中间横向又有一条结缔组织将乳房分为前后两个乳区，因此乳房被分为前后左右 4 个乳区，每个乳区都有各自的独立分泌系统，互不相通。其分泌的乳汁贮存在各自的乳池内，经乳头管排出。通常后面两个乳区比前面两个乳区发育更为充分，泌乳量比前面两个乳区高出 20%。

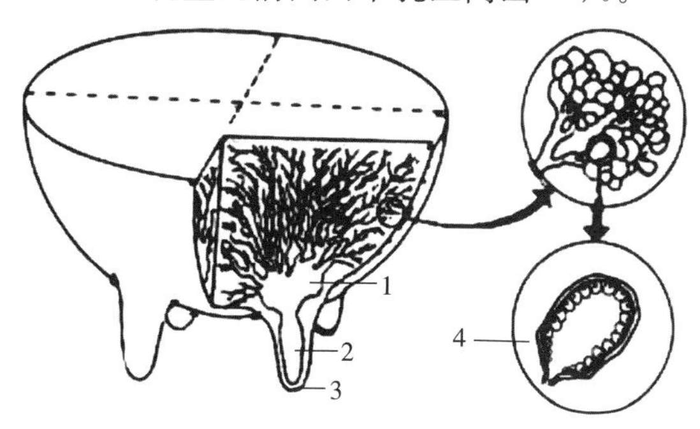

图 3-1-1 牛乳房的剖面

1. 乳腺泡池 2. 乳头乳池 3. 乳头管 4. 乳腺泡

（梁学武，2002. 现代奶牛生产）

（2）乳房的组织结构 乳房的外部是皮肤及皮下组织，乳房内部组织分为腺体组织和间质两种。腺体组织是由乳腺泡和导管组成，乳腺泡分泌乳汁，导管负责储存和运送乳汁。间质是由结缔组织和脂肪组织构成，具有支持和保护腺体组织的作用。

2. 乳腺的发育 乳房内部腺体组织和间质组织这两种组织并不是同时发育的。乳腺间质是随着母犊牛的生长而生长的。而腺体组织中的导管基本要到初情期才开始发育，腺泡在母牛妊娠后开始发育，到妊娠后期，腺泡开始具有分泌机能，临产前腺泡分泌初乳，分娩后，乳腺开始正常的泌乳活动。在泌乳初期和泌乳高峰期，腺体组织活动机能逐渐增强，泌乳量呈由低到高的变化趋势；在泌乳后期，腺体组织逐渐萎缩，泌乳量逐渐降低至停乳，乳房体积变小，结缔组织和脂肪组织代替了腺体组织。干乳后，乳腺组织得以休养生息，乳腺细胞更新，泌乳机能恢复，进入到下一个泌乳期。

3. 乳汁的合成 泌乳是指乳腺组织的分泌细胞从血液摄取营养物质生成乳汁后，分泌进入腺泡腔内的生理过程。

乳汁的形成是乳腺细胞有选择地从血液中吸收各种养分，经过一系列复杂的生理生化反应而合成的。乳中的蛋白质是由乳腺上皮细胞合成的，其原料来自血液中的游离氨基酸；而乳糖则来源于血液中的葡萄糖；乳脂肪的形成比较复杂，甘油部分主要由葡萄糖转变而来。乳腺工作强度很大，每生产 1kg 乳约需 500L 血液流经乳腺，所以乳静脉粗大而多弯曲是选择高产奶牛的重要依据之一。

4. 排乳 母牛排乳是一个复杂的生理过程，受神经控制，激素调节。当乳房受到犊牛吸吮、拭洗按摩、挤压乳头等刺激时，引起神经、激素的反射性活动，导致催产素分泌，使乳房内压增加，迫使乳汁通过乳导管流入乳头乳池，同时乳头管开放，乳汁排出体外，这个过程不到 1min 的时间，但是维持乳汁分泌的催产素的浓度在 6～8min 后会急剧下降。因此，要在 1min 之内做完挤乳的准备、按摩，并进行挤乳，且应在 6～8min 完成整个挤乳过程。否则拖延挤乳时间会降低产乳量。虽然可能有第 2 次排乳反射，但其效果通常较第 1 次弱。

5. 泌乳生理的实践意义 乳腺的机能活动受中枢神经系统支配。乳汁的形成与分泌通过复杂的神经活动与激素调节来实现。条件反射对泌乳起着直接和主导的作用。

（1）良好的条件刺激能促使奶牛正常泌乳，提高产乳量。正确、熟练的挤乳技术，固定挤乳时间和顺序，固定挤乳场所，挤乳员不经常更换，稳定工作程序和环境条件，温和地对待奶牛，不打骂，不使其感到恐惧、兴奋、疼痛等，对提高产乳量都极为有利。

（2）不良的条件刺激会阻碍奶牛正常泌乳，降低产乳量。经常更换挤乳员，挤乳技术不良，挤乳时间、顺序和方法任意变更，工作日程突然变更，环境嘈杂、反常，对牛粗暴、打骂，突然的意外刺激（如噪声、异物）等都会影响母牛正常泌乳，使其产乳量降低。在日常的饲养管理中尽力克服和避免。

任务 2 牛的消化特点

一、瘤胃的微生物消化

牛是草食性反刍动物，有瘤胃、网胃、瓣胃和皱胃 4 个胃，前 3 个胃合称前胃，前胃无消化腺，以物理消化和微生物消化为主；皱胃有胃腺，能分泌消化液，又称之为真胃。牛胃容积较大，成年奶牛的胃最大容量可达 250L，成年肉牛约为 100L，其中瘤胃容积占胃总容量的 80%。

牛的瘤胃是一个巨大的发酵罐，其中寄居着大量的细菌、纤毛虫和真菌，每毫升瘤胃液中微生物数约为 10^9～10^{10} 个，起着储存、加工和发酵饲料的巨大功能。饲料进入瘤胃后，70%～80%的可消化干物质和 50%～90%的粗纤维在瘤胃内被分解、消化。瘤胃微生物的主要作用如下：

1. 瘤胃微生物能够大量利用粗纤维，为机体提供主要的能量来源 瘤胃微生物中的淀粉酶、果聚糖酶、半纤维素酶和纤维素酶等，可将各类纤维素以及可溶性糖逐级分解至葡萄糖，再经发酵最终产生挥发性低级脂肪酸（主要为乙酸、丙酸和丁酸）、乳酸、甲烷、二氧化碳等产物。甲烷和二氧化碳等气体主要由口腔排出体外，挥发性脂肪酸大部分在瘤胃内被吸收利用。在泌乳期间，可以利用所吸收的乙酸与丁酸合成乳脂。微生物还能利用分解纤维素所产生的单糖和双糖合成自身的糖原，贮存于菌（虫）体内，在微生物进入皱胃和小肠后，这些糖原又可成为牛的葡萄糖来源之一。

2. 蛋白质的分解与合成 食物中的蛋白质有一半以上可被瘤胃中微生物的蛋白酶分解为氨基酸，后者在微生物的脱氨酶作用下生成氨、二氧化碳和有机酸。最后，微生物利用糖、挥发性脂肪酸和二氧化碳构成碳架，在有能量供应的条件下，与氨合成氨基酸，再转变为微生物蛋白质，随后，再被牛消化和利用。瘤胃微生物也可直接利用氨、非蛋白氮（如尿素和铵盐等）合成氨基酸，转变为菌（虫）体蛋白质。瘤胃微生物总体积约占内容物的 3.6%，瘤胃内大量的微生物随食糜进入真胃被消化液分解，可为牛提供大量的优质单细胞蛋白质营养。

3. 合成维生素 瘤胃微生物在其生长发育过程中能够合成 B 族维生素和维生素 K，在瘤胃机能正常的情况下，牛不会缺乏 B 族维生素和维生素 K。

二、反刍

牛采食粗糙，不进行充分咀嚼，仅混以大量唾液形成食团就匆匆吞咽进入瘤胃，在休息时将胃内容物逆呕到口腔，重新咀嚼，再次混入唾液后咽下，这一过程称为反刍。反刍时饲料要经过逆呕、再咀嚼、再混唾液和再吞咽这四个过程，反刍后的饲料直接进入网胃。粗糙的饲料刺激瘤胃前庭是产生反刍活动中的关键因素，因此牛饲料不易加工过细。反刍的功能如下：

（1）通过反刍可以增加唾液的产生，弱碱性的唾液可以中和瘤胃内的部分有机酸，维持瘤胃内环境的稳定。

（2）降低饲料体积，并增加饲料颗粒的密度。

（3）有助于将饲料颗粒按大小分开，使较大的颗粒饲料可在瘤胃中停留足够的时间得以完全消化，而小颗粒物质即刻被排入网胃。

（4）增加饲料颗粒与微生物的接触面积，以提高纤维饲料的消化率。

犊牛出生后第 3 周开始出现反刍活动。成年牛采食后 0.5～1.0h 开始反刍，每次 40～50min，然后间歇一段时间再开始第 2 次反刍。每天反刍 8～16 次，每天用于反刍时间为 5～9h。

自由采食情况下，反刍均匀地分布在一天之中。白天放牧、舍饲或正在使役的牛反刍主要分布在夜间。反刍减弱甚至停止，可能是发生了疾病。此外，环境嘈杂、发情期及分娩前后反刍也会减弱。

三、嗳气

瘤胃内的微生物发酵不断产生大量的CO_2、CH_4和NH_3气体，这些气体由食道经口腔排出体外，这一过程称为嗳气。牛平均每小时嗳气17～20次。如果日粮配合不当则易发生嗳气障碍，引起瘤胃臌胀。当牛过量采食易发酵的牧草（如豆科牧草）时，瘤胃发酵作用急剧上升，所产生的气体在瘤胃内集聚出现臌气，如不及时救治，就会使牛窒息而亡。

四、食管沟反射

食管沟实际是食道的延续，一直到网瓣口，当犊牛吮乳时，吸吮动作引发食道沟反射性收缩呈管状，使乳汁或其他液体饲料越过瘤胃和网胃，直接进入瓣胃和皱胃。在人工哺乳时，应注意不要让犊牛吸吮乳汁过快，以免食管沟闭合不全或超过食管沟的容纳能力，导致乳汁进入瘤胃，引起不良发酵，造成犊牛腹泻甚至酸中毒。

任务3 牛生产的认知

实训3-1 参观牛场

【实训目的】通过参观奶（肉）牛场，了解牛场生产的类型、牛舍的类型、奶（肉）牛场建设及环境控制的方法、牛场配套设施、牛的饲料及其加工方法以及牛只的饲喂、饮水过程，对奶牛场要了解挤乳过程。

【材料用具】规模化养牛场。

【实训内容】

（1）了解牛场建筑物的布局。

（2）了解牛舍的类型和配套设施及设备。

（3）观察牛的外貌特征，了解牛的生产性能。

（4）了解牛的饲喂、饮水过程，观察牛的采食、饮水行为。

（5）观察挤乳过程。

（6）了解饲料加工场地及饲料的加工技术。

（7）了解饲养员和技术人员的岗位职责。

（8）了解牛场的防疫措施。

（9）了解牛场的经济效益。

【实训报告】根据参观内容，写出实习报告。

复习思考题

一、填空题

1. 牛的睡眠时间每日总共________h。

2. 犊牛出生后第________周开始反刍。反刍的 4 个阶段是________、________、________、________。

3. 成年牛采食后开始反刍，每次________ min，每天进行反刍________次。每日用于反刍时间约________ h。

4. 牛嗳气产生的气体有________、________、________，平均每小时嗳气________次。

5. 反刍时牛每个食团约咀嚼________次。

6. 瘤胃微生物能产生酶，可以消化饲料中的________、________。

7. 成年奶牛的胃最大容量可达________ L，成肉牛约为________ L，其中瘤胃容积占胃总容量的________。

8. 乳腺工作强度很大，每生产 1kg 乳，约需________ L 血液流经乳腺。

9. 成年母牛每天的躺卧时间约为________ h，躺卧次数为________次。

10. 牛的体温为________。

二、判断题

(　　) 1. 牛过量采食易发酵的牧草（如豆科牧草）时，易发生瘤胃臌胀。

(　　) 2. 牛饲喂尿素后要立即饮水。

(　　) 3. 整粒的谷物可以直接喂牛。

(　　) 4. 夜间放牧会影响牛的休息。

(　　) 5. 牛的四个乳室是相通的。

(　　) 6. 牛的乳腺没有乳池，不能贮存牛乳。

(　　) 7. 乳中的免疫球蛋白是乳腺细胞合成的。

(　　) 8. 排乳是个条件反射过程。

(　　) 9. 牛四个乳区的泌乳量相等。

(　　) 10. 热应激会导致牛的产乳量、繁殖力、抗病力下降。

(　　) 11. 挥发性脂肪酸是牛的主要能量来源。

(　　) 12. 挥发性脂肪酸中的乙酸和丁酸是合成乳脂肪的原料。

(　　) 13. 牛分泌的唾液没有什么生理功能。

(　　) 14. 牛反刍减少甚至停止，可能是发生了疾病。

(　　) 15. 牛的鼻镜干燥，说明牛是健康的。

三、选择题

1. 牛有四个胃，有胃腺的是（　　）。

A. 瘤胃　　B. 网胃　　C. 瓣胃　　D. 皱胃

2. 在自由采食的情况下，牛全天的采食时间为（　　）h。

A. 1～3　　B. 4～9　　C. 10～12　　D. 12～15

3. 当牧草的高度低于（　　）cm 时，牛难以吃饱，并会因“跑青”消耗大量体力。

A. 1～5　　B. 5～10　　C. 10～15　　D. 15～20

4. 一般放牧牛群以（　　）头以下为宜。

A. 50　　B. 60　　C. 70　　D. 80

5. 微生物蛋白提供奶牛蛋白需求量的（　　）。
A. 10%　　B. 20%　　C. 50%　　D. 80%

6. 挤乳应在（　　）min 完成整个过程。
A. 6～8　　B. 10～12　　C. 12～15　　D. 15～20

7.（多选）牛要补充的维生素是（　　）。
A. 维生素 A　　B. 维生素 E　　C. B 族维生素　　D. 维生素 K

8.（多选）牛喜欢采食带（　　）的饲料。
A. 酸味　　B. 甜味　　C. 咸味　　D. 苦味

9.（多选）当气温高于（　　）时，牛的采食量、产乳量、日增重都明显下降。
A. 15℃　　B. 20℃　　C. 27℃　　D. 35℃

10.（多选）瘤胃微生物的种类主要有（　　）。
A. 细菌　　B. 原虫　　C. 真菌　　D. 病毒

四、简答题

1. 为什么在牛的饲料中要特别注意剔除铁器及尖锐物?
2. 瘤胃微生物的作用有哪些?
3. 泌乳生理的实践意义是什么?
4. 牛的反刍有哪些功能?
5. 初生犊牛因哺乳不当造成腹泻，甚至酸中毒，请解释原因，并提出防治措施。

【参考答案】

一、填空题

1. 1~1.5
2. 3、逆呕、再咀嚼、再混唾液、再吞咽
3. 0.5~1.0h、40~50、9~16、5~9
4. CO_2、CH_4、NH_3、17~20
5. 94
6. 纤维素分解酶纤维素、半纤维素
7. 250、100、80%
8. 500
9. 10~14、15~20
10. 38.5℃

二、判断题

1~5. √××√×
6~10. ××√×√
11~15. √√×√×

三、选择题

1~5. DBACD　6. A　7. AB　8. BC　9. C　10. ABC

项目二 牛的品种与选择

【学习目标】

1. 识记主要奶牛、肉牛及兼用品种的外貌特征与生产性能。
2. 能熟练指出牛体各部位名称。
3. 能理解并会描述乳用、肉用牛的典型外貌特征。
4. 能熟练进行牛的体尺测量。
5. 了解牛的年龄鉴定方法。
6. 掌握犊牛、母牛的选择方法。
7. 掌握牛的二元、三元杂交方法。

【学习任务】

任务1 牛的品种

一、乳用牛品种

1. 荷兰荷斯坦牛 荷斯坦牛原产于荷兰北部的北荷兰省和西弗里生省，故称荷斯坦-弗里生牛，俗称黑白花牛。荷斯坦牛是世界上分布范围最广泛的牛品种。由于各国对荷斯坦牛选育方向不同，分别育成了以美国、加拿大等国为代表的乳用型和以荷兰、德国为代表的乳肉兼用型两大类型。

外貌特征：荷斯坦牛体格高大，结构匀称，皮薄骨细，皮下脂肪少，乳房庞大，乳静脉明显，后躯较前躯发达，具有典型的乳用型外貌。被毛细短，毛色呈黑白花斑，额部有白星，腹下、四肢下部（腕、跗关节以下）及尾帚为白色。乳用型成年公牛体重900～1 200kg，体高145cm，成年母牛650～750kg，体高135cm；犊牛初生重40～50kg。乳肉兼型成年公牛体重900～1 100kg，母牛550～700kg，犊牛初生重35～45kg（图3-2-1）。

生产性能：乳用型年平均产乳量5 000～8 000kg，乳脂率3.6%～3.8%，产乳量高、饲料转化率高；乳肉兼用型年平均产乳量4 000～6 000kg，乳脂率可达4.2%以上，经育肥的荷斯坦牛屠宰率可达55%～62.8%，且产肉量多，增重速度快，肉质好。

图3-2-1 荷斯坦牛（左公、右母）
（张申贵，2001. 牛的生产与经营）

适应性和杂交效果：荷斯坦牛适应性强，对饲料条件要求较高，较耐寒，耐热性稍差。用荷斯坦牛与本地黄牛杂交，其毛色呈显性，对于提高产乳量效果非常明显，杂交一代、二代、三代产乳量分别为2 000kg、3 000kg、4 000～5 000kg。

2. 中国荷斯坦牛 又称中国黑白花牛，是我国奶牛的主要品种，分布全国各地。中国荷斯坦牛有南北两个系，体格分大、中、小3个类型。

外貌特征：中国荷斯坦牛体型外貌多为乳用体型，华南地区的偏兼用型，毛色多呈现黑白花，额部多有白斑，腹下和四肢膝关节以下及尾端呈白色。体质细致结实，体躯结构匀称；有角，多数由两侧向前向内弯曲，色蜡黄；尻部平、方、宽，乳房发育良好，质地柔软，乳静脉明显，乳头大小分布适中。大型成年母牛体高135cm，体重600kg左右；中型成年母牛体高133cm以上；小型成年母牛体高130cm左右。

生产性能：据21 905头品种登记牛的统计数据显示，中国荷斯坦牛305d各胎次平均产乳量为6 359kg，乳脂率3.56%；未经育肥的淘汰母牛屠宰率为49.5%～63.5%，净肉率40.3%～44.4%，肉质良好。

3. 其他乳用牛品种

表3-2-1 其他乳用牛品种简况

品种名称	原产地	外貌特征	生产性能	适应性
娟姗牛	英国 泽西岛	体质紧凑、额部凹陷，两眼突出，角中等，颈细长，中后躯发育良好，乳房形态好，毛色以褐色为主	平均产乳量：3 000～3 600kg 乳脂率5%～7% 成年体重：公650～700kg 母360～400kg	耐寒耐热性均好，饲料利用率高
更赛牛	英国 更赛岛	头小额宽，角长颈薄，体躯宽深，后躯发育好，乳房发达，毛色浅黄为主	平均产乳量：3 500～4 500kg 乳脂率：4.48%～4.86% 成年体重：公750kg 母500kg	性情温顺，容易管理，适应炎热环境，但抗病力较差
爱尔夏牛	英国 爱尔夏郡	体格中等，结构匀称，额短角长，颈垂皮小，胸深较窄，关节粗壮，乳房匀称，毛色黑白花	平均产乳量：4 000～5 000kg 乳脂率：4.0%～5.0% 成年体重：公800kg 母550 kg	适应性好，早熟，耐粗饲

二、兼用牛品种

1. 西门塔尔牛 西门塔尔牛原产于瑞士，现已分布到世界上许多国家。原品种属于乳肉兼用大型品种，我国育成了乳肉兼用的中国西门塔尔牛。

外貌特征：体格粗壮结实，头部轮廓清晰，嘴宽眼大，角细致，前躯较后躯发育好，胸深、腰宽、体长、尻平，体躯呈圆筒状，肌肉丰满，四肢粗壮，蹄圆厚，乳房发育中等；被毛多为淡红白花和黄白花，一般为白头，肩胛和十字部常有白色条带，胸部、四肢下部、尾帚为白色；成年公牛体重 1 000～1 300kg，母牛 650～800kg（图 3-2-2）。

图 3-2-2 西门塔尔牛（左公、右母）
（张申贵，2001. 牛的生产与经营）

生产性能：生长速度较快，产肉性能好，公犊牛日增重 1 596g，1.5 岁活重 440～480kg，3.5 岁公牛活重 1 080kg，母牛 634kg，公牛育肥后屠宰率 65%，母牛半育肥屠宰率 54%。产乳性能远高于一般肉牛品种，一个泌乳期产乳量 4 000～5 000kg，乳脂率 3.9%～4.2%。

适应性与杂交效果：西门塔尔牛适应性强，耐粗饲，易饲养，饲料转化率高，遗传性能稳定。与我国黄牛杂交效果好，杂交牛外貌特征趋向父本西门塔尔牛，生长发育快，育肥效果好，产乳性能提高。

2. 三河牛 三河牛是我国培育的优良乳肉兼用牛品种，由多品种杂交育成，其父系多为西门塔尔牛，因产于内蒙古呼伦贝尔市的三河地区而得名。

外貌特征：体大结实，四肢强健，肢势端正，蹄质坚实，乳房中等大小，质地良好，乳静脉明显，乳头大小适中；毛色为红（黄）白花，花片分明，头白色或额部有白斑，四肢膝关节下、腹部下方及尾尖呈白色；角稍向上向前方弯曲。成年公牛体重约 1 050kg，母牛约 550kg。

生产性能：三河牛乳用性能好，一级母牛 5 胎平均产乳量达 4 000kg，乳脂率 4%；其产肉性能方面，2～3 岁公牛屠宰率 50%～55%，肉质良好，瘦肉率高。

适应性：耐粗饲、耐严寒、抗病力强，宜放牧，遗传性能稳定。

3. 中国草原红牛 中国草原红牛是用乳肉兼用短角牛与蒙古牛杂交选育，于 1985 年育成的一个乳肉兼用新品种。吉林省白城地区、内蒙古赤峰市及河北张家口市为主产区。

外貌特征：草原红牛大部分有角，角多伸向前外方、呈倒八字形、略向内弯曲。全身被毛为紫红色或红色，部分牛的腹下或乳房有小片白斑，其余为沙毛和少数胸、腹、乳房有白毛者。角呈蜡黄褐色。成年公牛平均体高 137.3cm，体长 177.5cm，体重 760.0kg，成年母牛分别为：124.2cm，147.4cm，453.0kg。

生产性能：在以放牧为主的条件下，经短期育肥后，屠宰率可达53.8%，净肉率达45.2%。在放牧加补饲的条件下，平均产乳量为1 800～2 000kg，乳脂率4.0%。

适应性：适应性强，耐粗饲，对严寒、酷热气候的耐力很强。抗病力强，发病率低。

4. 其他兼用牛品种（表3-2-2）

表3-2-2　其他兼用牛品种简况

品种名称	原产地	外貌特征	生产性能	适应性
瑞士褐牛	瑞士	被毛为深浅不等的褐色，鼻镜四周有一浅色或白色带，头宽短，颈短粗，垂皮不发达，四肢粗壮结实，乳房发育良好	年产乳量：2 500～3 800kg 乳脂率：3.2%～3.9% 屠宰率：50%～60%，肉质好	耐粗饲，适应性强
短角牛	英国	被毛多暗红色或赤白花。角短小或无角，颈短，垂皮发达，体躯宽阔丰满，体质强健，早熟易肥	年产乳量：3 000～4 000kg 乳脂率：3.9% 屠宰率：65%～72%，肉质肥美	性情温顺，适应性强，与我国黄牛杂交改良效果良好

三、肉用牛品种

1. 夏洛莱牛　夏洛莱牛原产于法国夏洛莱省，我国于1964年和1974年曾大批引入。

外貌特征：体大力强，被毛白色或乳白色，头短宽，角圆长，颈粗短，胸宽深，肋骨弓圆，背宽肉厚，体躯圆筒，荐部宽长而丰满，大腿肌肉向后突出，常见“双肌臀”。成牛公牛体重1 100～1 200kg，母牛700～800kg（图3-2-3）。

图3-2-3　夏洛莱牛（公）
（陈幼春，1999. 现代肉牛生产）

生产性能：生长速度快，饲料转化率高，育肥期日增重可达1 880g，12月龄体重可达500kg，屠宰率60%～70%。

适应性与杂交效果：耐寒耐粗，对我国各地都适应，改良本地黄牛效果好，杂一代毛色乳白或浅黄，初生体重较本地黄牛提高30%，周岁体重提高50%，屠宰率提高5%。

2. 海福特牛　海福特牛原产于英国，被广泛引入许多国家，我国于1965年后陆续引入，主要分布于东北、西北地区。

图3-2-4　海福特牛（公）
（张申贵，2001. 牛的生产与经营）

外貌特征：具有典型的肉用牛体型，颈粗短，垂皮发达，体躯圆筒，腰宽平，臀宽厚，肌肉发达，四肢短粗，侧望呈矩形，毛色橙黄或黄红色，有“六白”的特征，即头、颈下、鬐甲、腹下、尾帚和四肢下部为白色，鼻镜粉红，分有角和无角两种。公牛成年重850～1 100kg，母牛600～700kg（图3-2-4）。

生产性能：生长速度快，7～8月龄日增重800～1 300g，9～12月龄日增重1 400g，周岁体重达410kg，屠宰率60%～65%，肉质优。

适应性与杂交效果：耐粗饲，耐寒耐热，适于放牧，繁殖力强，与我国黄牛杂交后代体格加大，体型改善，日增重可提高29%。

3. 安格斯牛 安格斯牛原产地为英国的安格斯和阿伯丁地区，亦称阿伯丁-安格斯牛，现分布于许多国家，我国于1974年从英国、澳大利亚引入。

图3-2-5 安格斯牛（公）
（陈幼春，1999. 现代肉牛生产）

外貌特征：被毛黑色、无角为主要特征，故亦称无角黑牛，头小额宽，颈短，体躯圆筒形，四肢短粗，全身肌肉丰满，皮松而富有弹性，体型低矮，属小型品种。公牛成年体重800～900kg，母牛500～600kg（图3-2-5）。

生产性能：早熟易肥，8月龄平均日增重900～1 000g以上，育肥牛屠宰率60%～65%，牛肉质优味美。

适应性与杂交效果：适应性强，耐严寒，耐粗饲，繁殖性能好，极少难产，遗传稳定，与蒙古牛杂交一代育肥期日增重较母本高13.79%，适合作山区小型黄牛的改良父本。

4. 皮埃蒙特牛 皮埃蒙特牛原产意大利皮埃蒙特地区，被20多个国家引进，我国于1987年和1992年先后从意大利引入冻胚和公牛，河南省是主要供种区。

图3-2-6 皮埃蒙特牛（公）
（张申贵，2001. 牛的生产与经营）

外貌特征：毛色不一，浅灰色或白色居多，鼻镜、眼圈、口轮、腹下、阴部、耳尖、尾尖等部位为黑色，体型中等，体躯圆筒形，胸部宽阔，胸、腰、尻部和大腿肌肉发达，“双肌臀”明显。公牛成年重850kg，母牛570kg（图3-2-6）。

生产性能：平均日增重1 380g，18月龄体重600kg，屠宰率70%，净肉率66.2%，瘦肉率高，肉质量优良。

适应性与杂交效果：皮埃蒙特牛能适应多种气候环境，性情温顺，易于饲养管理，是目前肉牛终端杂交的理想父本。

5. 利木辛牛 利木辛牛原产于法国中部利木辛高原，世界许多国家有分布，我国1974年起从法国引入，广泛分布于全国各地。

图3-2-7 利木辛牛
（陈幼春，1999. 现代肉牛生产）

外貌特征：体型中等偏大，头短小，额宽，胸部宽深，体躯较长，后躯肌肉丰满，四肢粗短。毛色由红到黄，深浅不一。口鼻、眼圈周围、四肢内侧及尾帚毛色较浅，角为白色，蹄为红褐色。公牛成年体重950～1 200kg，母牛600～800kg（图3-2-7）。

生产性能：产肉性能高，胴体质量好，出肉率高，在肉牛市场上很有竞争力。生长速度快，哺乳期平均日增重为860～1 100g，屠宰率63%以上，肉质优良，大理石纹状明显。

适应性与杂交效果：利木辛牛适应性强，对牧草选择性不严，耐粗饲，喜放牧；与黄牛杂交后代外貌好，体型改善，肉用性能提高。

6. 德国黄牛 德国黄牛也称为格菲牛，产于德符次堡地区，是由瑞士褐牛与当地黄牛杂交育成，原属肉乳兼用型。近年来趋向纯肉用选育。

外貌特征：德国黄牛毛色为黄色或棕黄色，眼圈周围颜色较浅，体躯长而宽阔，胸深，背直，四肢短而有力，后躯发育好，全身肌肉丰满，蹄质坚实，呈现黑色。成年公牛体重1 000～1 300kg，母牛700～800kg。

生产性能：体重大、比较早熟，增重快，屠宰率高，犊牛平均日增重985g，育肥期日增重为1 160g，平均屠宰率为63.7%，净肉率56%以上。

适应性与杂交效果：德国黄牛性情温顺，耐粗饲，适应范围广。作为经济杂交的第一父本或第二父本，在辽宁、河南、广西等地试验，收到较理想的效果。

四、我国主要黄牛品种

1. 秦川牛 秦川牛产于陕西省的关中平原，在河南西部、山西南部、甘肃庆阳地区也有分布，是我国著名的役肉兼用品种。

外貌特征：全身被毛细致光泽，以紫红色和红色居多；体型大，头部大小适中，角短而钝，公牛颈粗短，颈峰隆起，垂皮发达，胸宽深，背腰平直，骨骼粗壮，肌肉丰满，四肢粗大，蹄质坚实。成年公母牛平均体重分别为594kg、381kg，公母牛平均体高分别为141.5cm、124.5cm。

生产性能：秦川牛役用性能好，容易育肥，中等饲养条件平均日增重公牛700g，母牛550g，平均屠宰率可达64%，肉质细致，大理石纹明显，肉味鲜美，主要指标已经达到国外专用肉牛品种的标准。

2. 南阳牛 南阳牛原产于河南省南阳市，是我国著名的役肉兼用型品种。

外貌特征：南阳牛毛色以深浅不一的黄色居多，腹下及四肢毛色较淡，鼻镜淡红色；体格高大，肌肉发达，结构紧凑，皮薄毛细，体质结实，行动迅速，鬐甲较高，肩部宽厚，胸骨突出，肋间紧密，背腰平直，腹部较小，荐尾略高，四肢端正，蹄质坚实。成年公母牛平均体重分别为710kg、464kg，公母牛平均体高分别为153cm、132cm。

生产性能：役用能力强，肉用性能也较好，育肥期平均日增重813g，屠宰率55.6%，优质牛肉比例高。

对现代肉牛业来说，南阳牛仍存在生长慢，产肉量少等缺点，为了克服这些缺点，我国科技工作者采用了本品种选育以及用夏洛莱杂交的方法，于2007年培育出我国第一个肉牛品种——夏南牛。

3. 晋南牛 晋南牛原产于山西省晋南盆地，在我国属大型役肉兼用品种。

外貌特征：毛色以枣红色居多，黄色、褐色次之，体格粗大，前躯发达，胸围大，背腰宽阔，后躯较窄；头较长，顺风角，肩峰不明显。成年公母牛平均体重分别为607kg、339kg，成年公母牛平均体高分别为138cm、117cm。

生产性能：役用能力强，挽力大；断乳后育肥6个月平均日增重961g，强度育肥屠宰率达60.95%，净肉率51.37%，与夏洛莱牛杂交效果良好。

4. 鲁西牛 鲁西牛原产于山东省菏泽、济宁等地，是我国著名的大型役肉兼用品种。

外貌特征：被毛以黄色居多，具有“三粉”特征，即口轮、眼圈、腹下和四肢内侧毛色较浅；体型分大型和中型两种，大型牛又称高辕牛，特点是四肢长，胸围小，体略短；中型牛又称“抓地虎”，特点是四肢短胸深广，腹围大；结构较为细致紧凑，肌肉发达，角多为“龙门角”，后躯发育较差。成年公母牛平均体重分别为645kg、365kg，成年公母牛平均体高分别为146cm、124cm。

生产性能：肉用性能良好，一般育肥屠宰率为55%～58%，净肉率为45%～48%，肉质细致，大理石纹明显，是生产高档牛肉的首选国内品种。

5. 延边牛 延边牛原产地为吉林省延边朝鲜族自治州，分布于东北三省，是役肉兼用牛。

外貌特征：毛色呈不同浓度的黄色，鼻镜一般呈淡褐色。体格粗壮结实，公牛头大小适中，角基粗，向外后方伸展，呈倒八字，颈峰隆起，肌肉发达，母牛角细长，多为“龙门角”，乳房发育良好。成年公母牛平均体重分别为465.5kg、365.2kg，成年公母牛平均体高分别为130.6cm、21.8cm。

生产性能：18月龄平均屠宰率57.7%，母牛产乳量500～700kg，乳脂率5.8%～6.6%。

五、水牛、牦牛品种

1. 摩拉水牛 摩拉水牛原产于印度，属河流型水牛；分布于东南亚各国，我国1957年引入，南方各省均有饲养，尤以广西较多。

外貌特征：体型高大，四肢粗壮，体型呈楔形，头较小，前额稍微突出，角呈螺旋形，如绵羊角，耳薄下垂，胸深宽，尻扁斜，蹄质坚实；皮薄而软，富光泽，被毛稀疏，皮肤黝黑，尾帚白色或黑色；母牛乳房发育良好，乳静脉弯曲明显，乳头粗长。我国繁育的摩拉水牛，成年牛平均体高132.8cm，成年公牛体重969.0kg，母牛647.9kg（图3-2-8）。

图3-2-8 摩拉水牛（左公、右母）

生产性能：摩拉水牛是世界著名的乳用水牛品种，专门化牛群平均产乳量2 700～3 600kg，乳脂率7.6%。

适应性与杂交效果：具有耐粗饲、耐热、抗病力强、繁殖率高、遗传稳定的优点，集群性强，性情敏感，宜在水源多的地方饲养。与我国本地水牛杂交的后代体型加大，生产发育快，役力强，产乳量比我国水牛高出一倍。

2. 尼里-拉菲水牛 尼里-拉菲水牛原产于巴基斯坦，属河流型水牛。我国1974年引进，分布在广西、湖北、广东、江苏、安徽等省。

外貌特征：外貌近似摩拉水牛，皮肤被毛为黑色，额部、尾帚为白色，显著特征是玉石眼（眼虹膜缺乏色素），体型高大，体躯侧望呈楔形，头长角短，角基粗，螺旋角，鼻梁和前额骨突起，体躯深厚，前躯较窄，后躯宽广，尾毛长。母牛乳房发达，乳区分布均匀，乳静脉明显。成年公牛体重800kg，母牛600kg（图3-2-9）。

图3-2-9 尼里-拉菲水牛（左公、右母）

生产性能：年平均产乳量为2 000～2 700kg，乳脂率为6.9%。肉用性能优良，平均日增重890～960g，屠宰率50%～55%。

适应性与杂交效果：性情温和，合群性强，耐粗饲料，牧饲性强，抗病力强，繁殖率高，遗传稳定，与我国本地水牛杂交效果较好。

3. 中国水牛 目前我国水牛存栏量为2 200多万头，居世界第二位。中国水牛属于沼泽型水牛，主要分布在淮河以南，尤以广东、广西、湖南、湖北、四川及云贵等省区较多。中国水牛可分为4个类型：滨海型（主要分布于东海海滨，如上海水牛和海子水牛等，属大型水牛）、平原湖区型（主要分布于长江中下游平原湖区，如湖南的滨湖水牛、湖北的江汉水牛、江西的鄱阳湖水牛，体型中等）、高原平坝型（主要分布于高原平坝地区，如四川的德昌水牛、云南的德宏水牛等，体型中等）、丘陵山地型（主要分布在长江中下游及以南低山丘陵地带，如广东的兴隆水牛、广西的西林水牛等，体型较小）。

外貌特征：头部长短适中，前额平坦，眼大突出，口方大，鼻镜黑色（白牛肉色），耳大小中等，角呈新月形或弧形，鬐甲隆起宽厚，胸宽而深，背腰宽广，腰角粗大突出，尻斜，后躯发育较差，尾粗短，四肢粗壮，系部干燥，角度适中。公牛睾丸不大、紧实，第二性征不明显。母牛乳房呈碗形，乳头短小，乳静脉不够明显。全身被毛长而稀疏，毛色为深灰色或淡灰色，少数白色。成年公牛体重600kg，母牛550kg（图3-2-10）。

生产性能：役力强，持久力强，乳、肉性能潜力大，平均屠宰率46%～50%，净肉率35%，母牛平均产乳量770kg，乳脂率7.4%～11.7%。

适应性及杂交效果：耐热不耐寒，耐粗饲，适应性好，抗病力强；以性情温顺，易调教、耐粗、耐劳著称。中国水牛是我国重要的畜种资源，但乳肉生产性能较低，今后应在坚持本品种选育的基础上，适当引入河流型水牛，培育新品种，以提高生产性能。

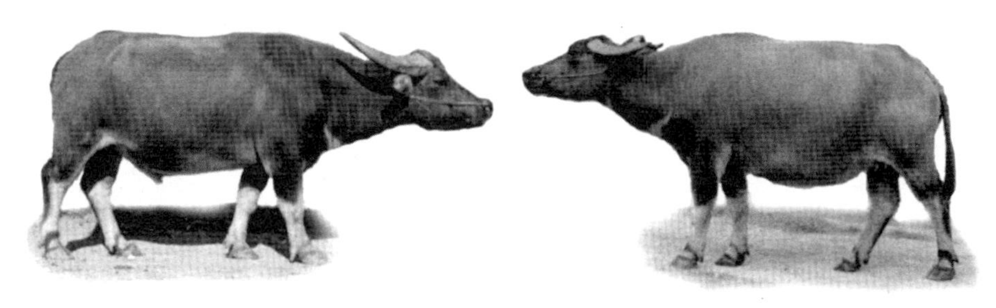

图 3-2-10 中国水牛（左公、右母）

4. 中国牦牛 牦牛是牛属动物中唯一生活在海拔 3 000m 以上的特有牛种资源，是高原牧区的主要家畜之一，被称为“高原之舟”。中国牦牛数量有近 1 300 万头，约占世界总数的 93%，主要分布在青藏高原、川西高原和甘肃南部及周围高寒地区。中国牦牛大体可分为“高原型”和“高山型”，如青海高原牦牛、天祝白牦牛、麦洼牦牛等属高原型，西藏高山牦牛、九龙牦牛属高山型。

外貌特征：牦牛外貌粗糙，体躯强壮，被毛长而密，毛色以黑色居多，其次为深褐色、黑白花、灰色及白色。头小颈短，有的有角，有的无角，角细长，鬐甲稍隆起，背腰呈波浪形，腹侧丛生密而长的被毛，形似“围裙”，尻部短而斜，尾短而毛长，四肢短而结实。成年公牛体重为 300～450kg，母牛为 200～300kg。

生产性能：牦牛具有多种经济用途，肉、乳、皮、毛、绒、役用均可，牦牛毛和绒是我国传统特产，具有很高的经济价值。产肉性能方面，屠宰率 55%，净肉率 41.4%～46.8%；泌乳性能方面，产乳量 240～600kg，乳脂率 5.65%～7.49%；产毛、绒，公牛产毛 3.6kg、绒 0.4～1.9kg，母牛产毛 1.2～1.8kg、绒 0.4～0.8kg；役用力强，驮重量为体重的 1/4，耐力好。

实训 3-2 牛的品种识别

【实训目的】 通过实训，能根据牛的外貌特征识别一些引入牛和本地牛的主要品种，并熟悉各品种的产地、经济类型、主要优缺点及杂交利用情况。

【材料用具】

1. 材料：不同品种牛的图片、照片、幻灯片、影盘片、模型或实体活牛。
2. 用具：幻灯机、配电脑的投影机、影碟机以及记录用的表格、纸张等。

【方法步骤】

1. 教师事先准备好不同品种牛的图片、照片、幻灯片、影盘片或模型，并排好序号。
2. 教师通过不同方式一一介绍各品种的产地、外貌特点、生产性能和适应性。
3. 学生反复观看，默记各品种的产地、外貌特点、生产性能和适应性。
4. 由教师随机抽出 3～4 个品种考核，把考核内容填写到表 3-2-3。

表 3-2-3 牛的品种识别考核记录表

序号	品种名称	原产地	外貌特点	生产性能	适应性
1					

（续）

序号	品种名称	原产地	外貌特点	生产性能	适应性
2					
3					
4					
5					

【实训报告】 调查本地区饲养的牛品种，描述其品种特征和生产性能，并作鉴别比较说明。

任务 2 牛的选择

一、牛的外貌

1. 牛体各部位名称 牛的整个体躯分为头颈部、前躯、中躯和后躯 4 部分，各部位具体名称见图 3-2-11。

（1）头颈部。以鬐甲和肩端连线与躯干分界，包括头、颈两部位。

（2）前躯。在颈之后，肩胛骨后缘垂直切线之前，包括鬐甲、前肢、胸等部位。

（3）中躯。肩、臂之后，腰角与大腿之前的中间段，包括背、腰、胸（肋）、腹等部位。

（4）后躯。腰角前缘之后的体躯后部，包括尻、臀、后肢、尾、乳房和生殖器官等部分。

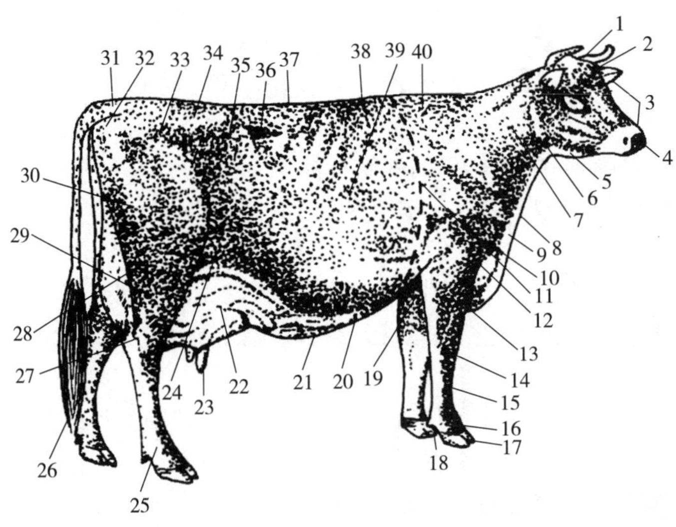

图 3-2-11 牛体表各部位名称

1. 额顶 2. 前额 3. 面部 4. 鼻镜 5. 下颌 6. 咽喉 7. 颈部 8. 肩 9. 垂皮 10. 胸部 11. 肩后区 12. 臂 13. 前臂 14. 前膝 15. 前管 16. 系部 17. 蹄 18. 悬蹄 19. 肘 20. 乳井 21. 乳静脉 22. 乳房 23. 乳头 24. 后肋 25. 球节 26. 尾帚 27. 飞节 28. 后膝 29. 大腿 30. 乳镜 31. 尾根 32. 坐骨端 33. 髋（臀角） 34. 尻 35. 腰角 36. 肷 37. 腰 38. 背 39. 胸侧 40. 鬐甲

2. 不同经济用途牛的理想外貌 牛的外貌是体躯结构的外部表现，是品种的重要特征，也与生产性能和健康程度有密切关系，不同经济用途的牛对外貌有不同的要求。掌握不同经济用途牛的理想外貌对选牛、购牛有重要的意义。

（1）奶牛的理想外貌。

①整体要求。全身清秀，皮薄骨细，轮廓分明，血管显露，被毛细短，皮肤有光泽，后躯较前躯发达，侧望、前望、上望均呈楔形（图 3－2－12），体质属细致紧凑型。

②各部位要求。头部较小，狭长而清秀，额宽，眼大而活泼，耳薄而柔软灵活，口方正，口岔深，角细致而富于光泽。颈部狭长而薄，垂肉小而柔软，颈侧多细小的纵行皱褶，与头部、肩部结合良好。鬐甲要平或稍高。胸要深，肋骨宽而长，肋间隙大。背腰要平直，结合良好。腹部要饱满，呈圆桶状，为充实腹，不宜下垂成“草腹”或向上收缩成“卷腹”。腰角显露，尻部宽平；外生殖器大而肥润，闭合良好；尾细长直达飞节，尾根与背腰在同一水平线。四肢发育健全，姿势端正，蹄部致密而坚实。

③乳房要求。奶牛的乳房要求大而延伸，附着良好，呈浴盆状；乳区匀称；乳头大小适中，呈柱状垂直，松紧适宜，无漏乳，无赘生乳头；乳静脉粗大弯曲，多分枝；乳镜宽大；乳房质地要求为“腺质乳房”，这样的乳房富有弹性，内部腺体组织发育良好。而“肉质乳房”属不良乳房挤乳前后乳房体积变化大，挤乳后，像泄了气的皮球。

总之，奶牛的理想外貌要求是“三宽三大”，即“背腰宽，腹围大；腰角宽，骨盆大；后裆宽，乳房大”。

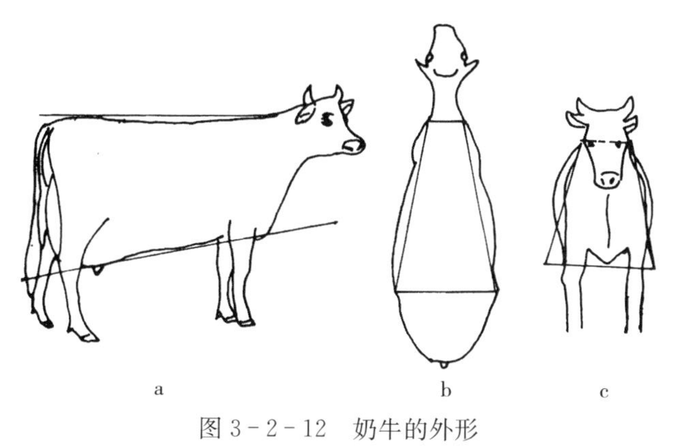

图 3－2－12 奶牛的外形

a. 侧望 b. 俯望 c. 前望

（2）乳肉兼用牛的理想外貌。

①整体要求。体质结实，骨骼健壮，结构匀称，各部位结合良好，全身被毛细短，肌肉丰满，体躯略呈长方砖形。

②各部位要求。头部大小适中，眼大而有神，头颈结合良好；颈肩结合良好；前躯较发达，鬐甲宽平，胸宽深，肋骨开张；背腰平直，腹部充实，大小适中；尻部长、宽、平，荐尾结合良好；乳房附着紧凑，前伸后延，呈盆状，质地柔软而富有弹性，乳静脉粗长弯曲，乳头长短适中，分布均匀；四肢结实，大腿肌肉丰满，肢势端正，蹄质坚实。

（3）肉牛的理想外貌。

①整体要求。全身被毛细短，皮薄骨细，肌肉丰满，皮下脂肪发达，体格充实，前后躯均发达，中躯短，体躯呈圆筒形，上观、侧观呈长方砖形（图 3－2－13），体质属细致疏

松型。

②各部位要求。头短、额广、面宽而多肉，口岔深，角细致；颈短而宽厚，垂肉发达；鬐甲低平，宽厚多肉，与背腰在同一水平线上；前胸饱满，突出于两前肢之间；肋骨长而弯弓大，肋间隔小；背腰宽广平直，多肉；肷窝浅，腰角丰圆而不突出；尻宽长平直，富于肌肉；四肢相对较短，上部宽而多肉，下部短而结实，左右两肢间距离大，蹄质细致而有光泽。

总之肉牛的理想外貌要求是“五宽五厚”，即“额宽颊厚，颈宽垂厚，胸宽肩厚，背宽肋厚，尻宽臀厚”。

图 3-2-13 肉牛的外形
（杨和平，2001. 牛羊生产）

实训 3-3 牛的体尺测量与体重估测

体尺是指牛体各部位长、宽、高、围度等数量化的指标。通过测量牛的体尺和体重可以随时掌握牛的生长发育情况，以便及时调整饲养管理措施。

【实训目的】 通过训练使学生掌握牛的体尺测量部位和测量方法；学会用体尺指标来估测不同类型牛的体重。

【材料用具】

1. 材料 不同年龄或体重的实习牛若干头，并进行简单的编号。

2. 用具 测杖、圆形触测器、皮卷尺、牛鼻钳及记录用的表格、纸张等。

【方法步骤】

1. 牛的体尺测量 测量时，将牛拴于宽敞平坦、光线充足的场地上，使牛四肢直立，头自然前伸，姿势正常，然后按要求对各部位测量。每项测量 3 次，取平均值。测量操作应迅速准确，注意安全。

（1）用测杖测量。

体高（鬐甲高）：鬐甲最高点到地面的垂直距离。

荐高（尻高）：荐骨最高点到地面的垂直距离。

十字部高：两腰角前缘隆凸连线，交于腰线一点到地面的垂直距离。

体斜长：肩端前缘到坐骨端外缘的距离（估测体重时用卷尺测量）。

体直长：肩端前缘与坐骨端外缘的两条垂线之间水平距离。

（2）用圆形触测器测量。

胸深：鬐甲后缘到胸基垂直的最短距离。

胸宽：两侧肩胛骨后缘的最大距离。

腰角宽：两腰角隆凸间的距离。

坐骨宽：两坐骨外凸的水平最大距离。

髋宽：两髋关节外缘的直线距离。

尻长（臀长）：腰角前缘到坐骨端外缘的长度。

（3）用皮卷尺测量。

胸围：肩胛骨后缘体躯的垂直周径。

腹围：腹部最大的垂直周径。

后腿围：后肢膝关节处的水平周径。

管围：前肢掌部上 1/3 最细处的水平周径。

上述测量部位如图 3-2-14。

奶牛体尺测量

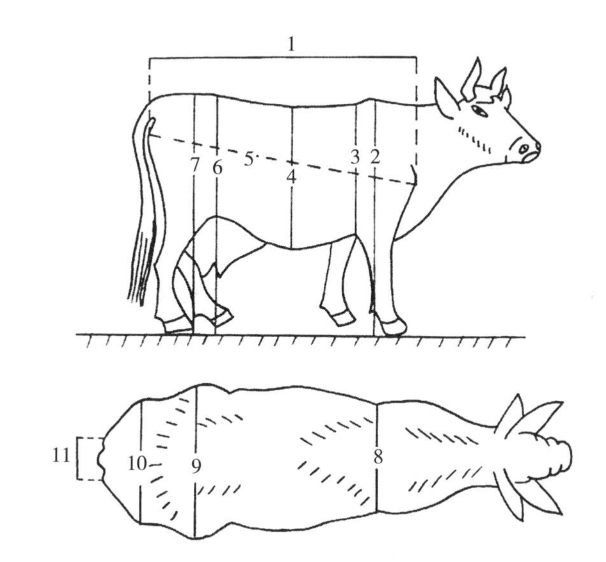

图 3-2-14 牛体尺测量部位

1. 体直长 2. 体高 3. 胸深 4. 腹围 5. 体斜长 6. 十字部高
7. 荐高 8. 胸宽 9. 腰角宽 10. 髋宽 11. 坐骨宽

2. 牛的体重估测 如果没有条件称重，则可采用估测的方法。估测的方法见下表 3-2-4。

表 3-2-4 牛的体重估测

（王根林，2014. 养牛学）

牛的品种	不同阶段估重公式
奶牛	6～12 月龄 体重＝胸围^2×体直长×98.7
	16～18 月龄 体重＝胸围^2×体直长×87.5
	初产到成年 体重＝胸围^2×体直长×90.0

（续）

牛的品种	不同阶段估重公式
肉牛	育肥牛 体重=胸围^2×体斜长÷10 800 未育肥牛 体重=胸围^2×体斜长÷11 420 6 月龄 体重=胸围^2×体斜长÷12 500 18 月龄 体重=胸围^2×体斜长÷12 000
水牛	体重=胸围^2×体斜长÷12 700
黄牛	体重=胸围^2×体斜长÷估测系数 其中：估测系数=胸围^2×体斜长÷体重

注：体重以千克（kg）计；奶牛的胸围、体直长以米（m）计；肉牛、水牛、黄牛的胸围、体斜长以厘米（cm）计。

根据实习牛测量的体尺数据，利用上述公式估测牛的体重。

【实训报告】根据实训内容，写出实训报告。并将结果填入下表 3-2-5。

表 3-2-5 体尺测量和体重估测结果

牛号	品种	性别	体高	荐高	十字部高	体斜长	体直长	胸宽	胸深	腰角宽	坐骨宽	髋宽	尻长	胸围	腹围	后腿围	管围	估测体重

实训 3-4 牛的年龄鉴定

根据产犊记录是确定牛年龄最准确的方法。在购买牛时，若无记录可查，则可根据门齿的变化和角轮情况鉴别其年龄，其中牙齿鉴别较为可靠。

【实训目的】通过实训，初步掌握根据牙齿鉴定牛年龄的方法。

【材料用具】

1. 材料 不同年龄的实习牛若干头。

2. 用具 牛门齿挂图、牛门齿变化简表、不同年龄牛门齿标本（或模型）、牛鼻钳及记录表格、纸张等。

【方法步骤】

1. 牛牙齿的种类、数目和齿式 牛的牙齿分乳齿和永久齿两类。最早长出的称为乳齿，随着年龄的增长，由于磨损、脱落而逐渐换生为永久齿，永久齿不再脱换。乳齿和永久齿在颜色、形态、排列、大小等方面均有明显区别（表 3-2-6）。

表 3-2-6 牛乳齿与永久齿的区别

特征	乳齿	永久齿
齿形	小、薄，有齿颈	粗壮，齿冠长
齿间空隔	有而且大	无

（续）

特征	乳齿	永久齿
颜色	洁白	齿根呈棕黄色，齿色白而微黄
排列	不整齐	整齐

牛的乳齿有 20 枚，永久齿有 32 枚。乳齿和永久齿均包括切齿和臼齿，无上切齿和犬齿，乳齿还缺乏后臼齿。牛的下切齿有 4 对，当中的 1 对称为钳齿，其两侧的 1 对称为内中间齿，再向外 1 对称为外中间齿，最外边的 1 对称隅齿，他们又分别被称为第 1、第 2、第 3、第 4 对门齿。牛的齿式为：

$$牛乳齿(20)=\frac{003(上切齿+上犬齿+前臼齿)}{403(下切齿+下犬齿+前臼齿)}\times 2$$

$$牛永生齿(32)=\frac{0033(上切齿+上犬齿+前臼齿+后臼齿)}{4033(下切齿+下犬齿+前臼齿+后臼齿)}\times 2$$

2. 牛的年龄变化与门齿变化的规律

（1）5 岁以前的年龄鉴定永久齿的对数+1=年龄。

犊牛出生时，3 对乳门齿就已经长成，出生后 2～3 周龄，第 4 对乳门齿及其他乳臼齿长出。待第 1 对乳门齿脱换为永久齿时，1.5 岁左右，长齐还需半年，此时 1.5～2 岁，此后每年脱换 1 对乳门齿。当长出第 2 对永久齿时，为 2.5～3 岁；长出第 3 对永久齿时为 3.5～4 岁；到 4 对乳门齿长出，乳门齿全部脱换为永久齿，此时的牛为 4.5～5 岁，俗称“齐口”。

（2）5 岁以后的年龄鉴定根据门齿磨损进行判断。

5 岁时，第 1 对开始磨损，6 岁时第 2 对磨损，7 岁时第 3 对磨损，8 岁时第 4 对磨损。其中，门齿的磨损面由开始的长方形或横椭圆形逐渐变为椭圆形，到 9 岁时第 1 对门齿磨损面齿面略有凹陷（由于磨损，齿髓腔暴露，称之为齿星），呈圆形。其余各对门齿都依次比第 1 对门齿的变化晚 1 年，规律一致。

10 岁时第 2 对门齿凹陷，齿星近圆形，11 岁时第 3 对门齿凹陷，齿星近圆形。12 岁时第 4 对门齿凹陷，齿星近圆形。13～14 岁时门齿变短，磨损变大，齿间隙变宽，有的已脱落，年龄不易鉴别，统称为老牛。

由于环境条件、饲养管理状况以及畸形齿等因素影响，牛的门齿常有不规则磨损。一般早熟品种永久齿的更换较早，反之则较晚。采食粗硬饲料和放牧为主的牛，门齿磨损较快。我国水牛比较晚熟，其门齿的出生、更换均较晚。一般相同的门齿脱换和磨损特征水牛的相应年龄要比黄牛约增加 1 岁。

（3）按角轮鉴定年龄。母牛每分娩 1 次，角上即生 1 凹轮。所以角轮数加 2，即为该牛的年龄。由于角轮是营养不足而形成的。当营养充足时角轮浅，因此该方法并不十分准确。

3. 鉴定方法 鉴定人员站在被鉴别牛头部左侧附近，用左手或鼻钳捏住牛鼻中隔最薄处（鼻软骨前缘），将牛头抬起，使之呈水平状态。随后，迅速将右手从牛的左侧嘴角与舌头呈直角方向插入嘴中，通过无齿区，用拇指尖顶住上颚，其余四指握住牛舌，将牛舌拉向左口角外，使牛口张开，用右手拇指剥开下嘴唇，露出门齿。然后观察齿式，判断乳齿与永久齿及脱换顺序、磨损情况，确定年龄。

【实训报告】根据观察情况，确定牛的年龄，写出实训报告。并将结果填入下表3-2-7。

表3-2-7　牛的年龄鉴定报告表

品种	性别	牛号	门齿更换及磨损情况	鉴定年龄	实际年龄	误差原因分析

二、牛的选择

牛的选择是指从牛群中选出优秀的个体留作种用或其他用途，是养牛生产中一项十分重要的工作。

1. 犊牛的选择　对犊牛的选择首先可以通过系谱鉴定进行。根据其祖先情况，估测其今后的生产性能而决定选留。系谱选择应以近三代祖先记录为主。其次，按生长发育选择，以体尺、体重为依据，主要测定初生、6月龄、12月龄体尺和体重，初生重是最主要的指标，一般要求达到该品种成年体重的5%～7%。最后，根据体型外貌选择，要求符合本品种特征，体躯结构匀称，四肢端正，各部位、器官组织无畸形，方可留用。

经以上方法初步选留的犊牛，仍需进一步观察，发现不足应及时淘汰。

2. 乳用母牛的选择　乳用生产母牛除了系谱选择外，主要根据本身表现进行选择。母牛本身表现包括体质外貌、体重与体型、产乳性能、繁殖力、早熟及长寿性等。最主要是根据生产性能进行评定，在正常情况下，要求母牛1年产1犊，泌乳期305d，而且产乳量、乳脂率、乳蛋白率高，排乳速度快，泌乳均匀性好。

3. 种公牛的选择　种公牛是影响奶牛群遗传品质的重要因素，俗话说“母牛好，好一线；公牛好，好一片”，种公牛的选择非常重要，选择的标准也十分严格。种公牛选择，首先要审查系谱，其次审查公牛外貌表现及发育情况，最后还要根据种公牛的后裔测定成绩，以判断其遗传性能是否稳定。

（1）根据系谱选择。备选种公牛父亲必须是经后裔测定并证明为优良的种用公牛，外祖父也必须是经过后裔测定的种公牛。另外，祖先生产性能应一代胜于一代，3代以上祖先记录必须清楚、完整。

（2）根据本身表现选择。种用公犊初生重要求在38kg以上；6月龄达200kg以上；12月龄达350kg以上；体质健壮，外貌符合品种特征，结构匀称，无明显缺陷；14～16月龄采精，精液品质符合国家标准，外貌评分不得低于一级，种子公牛要求特级。

（3）根据后裔测定进行选择。先根据系谱、本身表现选出待测定的后备公牛，于12～14月龄开始采精，3个月内随机给80～200头以上胎次为1～5胎的母牛配种，配种后公牛停止采精，待18月龄时再继续采精，但不能参加生产上的配种，精液只能冷冻保存。然后根据被测定公牛女儿的生产成绩由研究单位对公牛进行育种值的估计，根据育种值的大小给公牛排出名次，评出优劣。最后评定为优秀的公牛可在生产中推广使用，对评为劣质的公牛及其精液则全部淘汰。

种公牛后裔测定要耗费大量人力、物力和时间，但根据后裔测定选择种公牛，是最直接的方法，效果最为可靠。目前已成为国际上绝大多数国家选择优秀种公牛的主要手段。我国在奶牛业中已经应用，未经后裔测定的种公牛禁止留作种用。

任务3 杂交改良

牛杂交是指用不同种或不同品种的个体进行交配。

一、杂交改良的意义

牛杂交改良的目的是为了提高牛的生产能力，提高养牛的经济效益。由于传统原因，我国本地牛的乳用、肉用性能较差。牛的役用功能已逐渐降低，而随着生活水平提高，人们对牛乳、牛肉的消费需求急剧增加。合理地利用我国现有品种资源，用杂交改良的方法培育出适应我国特点的优良品种，使本地品种向乳用、肉用或兼用方向发展成为我国养牛生产的核心任务。

二、杂交方法

牛的育种工作中常用的杂交方法有级进杂交、导入杂交、育成杂交、经济杂交等，根据不同杂交目的可采用不同的杂交方法。

1. 级进杂交 又称为改造杂交。其方法是利用优良品种公牛与本地品种母牛交配，经过逐代的级进过程，后代表现理想时，进行横交固定，培育出新品种。其特点是在保留本地品种适应性强等优点的同时，彻底改造原有品种。我国奶牛就是用引进的荷斯坦公牛与本地母黄牛级进杂交发展起来的。其杂交模式如图3－2－15。

本地黄牛♀×荷斯坦牛♂
↓
F_1♀×荷斯坦牛♂
↓
F_2♀×荷斯坦牛♂
↓
F_3♀×荷斯坦牛♂
↓
…
横交固定，自群繁育

图3－2－15 级进杂交模式图

2. 引入杂交 又称导入杂交或改良性杂交。当某一个品种绝大部分性状已经满足生产需要，但还存在个别的较为显著的缺陷或在主要经济性状方面需要在短期内得到提高，而这种缺陷又不易通过本品种选育加以纠正时，可利用另一品种的优点纠正其缺点，而使牛群趋于理想。一般导入交配一次，以后将符合要求的杂种牛互相交配或根据需要进行1～2次回交，即导入外血在后代血缘中占12.5%～25%。导入杂交的特点是在保持原有品种牛主要特征特性的基础上通过杂交克服其不足之处，进一步提高原有品种的质量而不是彻底改造。

3. 育成杂交 通过杂交来培育新品种的方法称为育成杂交，又称为创造性杂交。它是通过两个或两个以上的品种进行杂交，使后代同时结合几个品种的优良特性，以扩大变异的范围，显示出多品种的杂交优势，并且能创造出来亲本所不具备的有益性状，提高后代的生活力，增加体尺、体重，改进外形缺点，提高生产性能，有时还可以改善引入品种不能适应当地特殊自然条件的生理特点。

4. 经济杂交 经济杂交也称为生产性杂交。经济杂交包括两品种或两品种以上杂交、轮回杂交、轮回-终端公牛杂交体系等。

（1）二元杂交。即用两个品种的公母牛进行杂交，所产杂种一代，无论公母均不留作种用，全部作商品肉牛育肥出售。一般多以本地黄牛为母本，选择理想的引入品种作父本，杂交优势率可高达20%。

（2）三元杂交。是先用两个品种杂交，后代中公牛育肥作商品肉牛用，母牛留种，再和第三个品种的公牛杂交，所产生的杂种二代，无论公母，全部育肥的方法。三元杂交可比二元杂交获得高出2%～3%的杂种优势。

（3）轮回杂交。指用两个或两个以上品种的公母牛不断轮流进行杂交，使逐代都能保持一定的杂交优势，以获得较高而稳定的生产性能。轮回杂交可以大量使用轮回杂种母牛，只需引进少量纯种父本即可连续进行杂交。

（4）轮回-终端公牛杂交体系。在两品种或三品种轮回杂交后代母牛中保留45%的母牛用于轮回杂交，其余55%的母牛选用生长快、肉质好的品种公牛（“终端”公牛）配种，以其取得更大杂种优势。轮回-终端公牛杂交是一种兼顾留种和商品生产的杂交方法。轮回-终端杂交模式如图3-2-16。

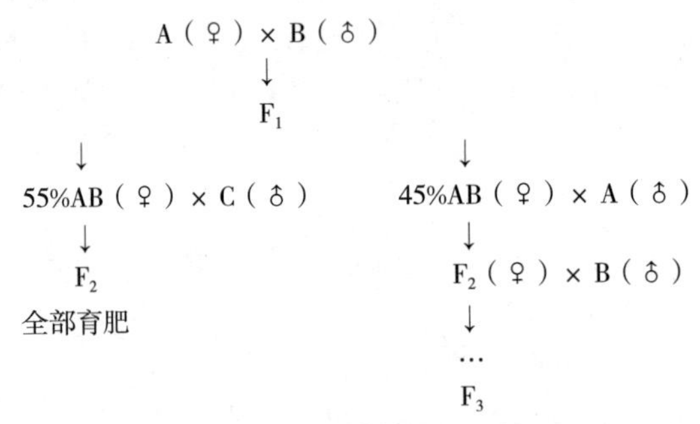

图3-2-16 轮回-终端杂交模式图

5. 种间杂交 指不同种（属）间公母牛的杂交，也称远缘杂交。现代养牛业常采用种间杂交。如澳大利亚利用欧洲黄牛与瘤牛杂交，培育出具有良好抗热性和抗病力的新品种（抗旱王牛、婆罗福特牛等）。20世纪50年代，美国利用美洲野牛与欧洲肉牛杂交育成了著名的肉牛新品种“比法罗牛”。

种间杂交杂种优势明显，但杂交不育是其主要障碍。黄牛与其他牛种间杂交的可行性及结果如下：

黄牛×瘤牛——完全可行，后代能育

黄牛×牦牛——可行，但后代中雄性不育

黄牛×水牛——不可行，不能获得后代

种间杂交不育的根本原因在于牛种间染色体数目、形态和结构的差异所致。

三、杂交组合的选定

牛的最佳杂交组合需进行配合力测定，配合力是指不同牛种群通过杂交能够获得杂种优势的程度，一般用杂种优势率表示杂种优势的程度，杂种优势率越高，杂交组合的效果越好。

$$H=\frac{\overline{F}-\overline{P}}{\overline{P}}\times 100\%$$

式中，H表示杂种优势率，$\overline{F}$表示子代平均值，$\overline{P}$表示亲本平均值。

复习思考题

一、名词解释

1. 级进杂交 2. 引入杂交 3. 种间杂交 4. 配合力 5. 杂种优势

二、填空题

1. 世界著名的乳用牛品种有________、________，其中分布最广泛的是________。
2. 世界著名的肉用牛品种有________、________、________、________等。
3. 我国主要黄牛品种有________、________、________、________、________。
4. 中国水牛主要分布在我国南方，可分为________、________、________、________四种类型。
5. 奶牛的理想体型侧望呈________形；肉牛的理想体型侧望应为________形。
6. 经济杂交的方式有________、________、________、________。
7. 表示杂种优势率计算公式中的 $\overline{P}$、$\overline{F}$ 分别表示________、________。

三、选择题

1. 下列属于乳肉兼用牛的品种是（　　）。
   A. 西门塔尔牛　B. 荷斯坦牛　C. 夏洛莱牛　D. 利木赞牛
2. 下列牛中，属于肉牛品种的是（　　）。
   A. 夏洛莱牛　B. 西门塔尔牛　C. 南丹黄牛　D. 摩拉水牛
3. 对成年奶牛进行选择，侧重点应在（　　）。
   A. 体型外貌　B. 系谱成绩　C. 生产性能　D. 生长发育
4. 黄牛更换第 1 对门齿的年龄是在（　　）岁。
   A. 1.5～2　B. 2.5～3　C. 3.5～4　D. 4.5～5
5. 黄牛换生第 2 对门齿的年龄是（　　）岁。
   A. 2　B. 3　C. 4　D. 5
6. 黄牛换生第 3 对门齿的年龄是（　　）岁。
   A. 2　B. 3　C. 4　D. 5
7. 黄牛换生第 4 对门齿的年龄是（　　）岁。
   A. 2　B. 3　C. 4　D. 5
8. 培育新品种适合的杂交方式是（　　）。
   A. 级进杂交　B. 育成杂交　C. 导入杂交　D. 种间杂交
9. 种间杂交不能获得后代的是（　　）。
   A. 黄牛×水牛　B. 黄牛×瘤牛　C. 黄牛×牦牛　D. 瘤牛×牦牛
10. （　　）是一种可兼顾留种和商品生产的杂交方法。
    A. 级进杂交　B. 导入杂交　C. 二元杂交　D. 轮回-终端杂交

四、判断题

（　　）1. 利木赞牛是专门的乳用牛品种。
（　　）2. 西门塔尔牛为我国优良役用黄牛品种。
（　　）3. 荷斯坦牛的耐热性优于耐寒性。
（　　）4. 我国是世界上牦牛数量最多的国家。
（　　）5. 从侧面看肉用牛呈楔形。

（　　）6. 奶牛的乳房要求以“肉质乳房”为好。
（　　）7. 本地黄牛换第3对门齿时年龄为4岁左右。
（　　）8. 牛的体高是指牛头到地面的垂直高度。
（　　）9. 我国规定乳用种公牛必须参加后裔测定。
（　　）10. 黄牛与水牛杂交不能获得后代。
（　　）11. 引入杂交能改造原有品种的生产方向。
（　　）12. 凡是杂交都可以获得杂种优势。
（　　）13. 高代杂种个体的生产性能一定优于低代杂交个体。
（　　）14. 杂交组合的筛选要进行配合力测定。
（　　）15. 用西门塔尔牛改良我国黄牛，杂种牛外貌特征趋向父本。

五、问答题

1. 画出牛的外貌，并标出各部位名称。
2. 如何通过外貌选择高产奶牛？并画出奶牛典型外貌特征。
3. 如何通过外貌选择肉牛？并画出肉牛典型外貌特征。
4. 什么是二元杂交？请画出图示。
5. 什么是三元杂交？请画出图示。

【参考答案】

一、名词解释

1. 又称为改造杂交。其方法是利用优良品种公牛与本地品种母牛交配，经过逐代的级进过程，后代表现理想时，进行横交固定，培育出新品种。

2. 又称导入杂交或改良性杂交。当某一个品种绝大部分性状已经满足生产需要，但还存在个别的较为显着的缺陷或在主要经济性状方面需要在短期内得到提高，而这种缺陷又不易通过本品种选育加以纠正时，可利用另一品种的优点纠正其缺点，导入交配一次，以后将符合要求的杂种牛互相交配或根据需要进行1～2次回交，即导入外血在后代血缘中占12.5%～25%，而使牛群趋于理想。

3. 不同种（属）间公母牛的杂交，也称远缘杂交。种间杂交杂种优势明显，但杂交不育是其主要障碍。

4. 不同牛种群通过杂交能够获得杂种优势的程度。

5. 不同种群杂交所产生的杂种往往在生活力、生长势和生产性能方面在一定程度上优于两个亲本种群平均值的现象。

二、填空题

1. 荷兰荷斯坦牛、娟姗牛荷斯坦牛　2. 夏洛牛、海福特牛、安格斯牛、利木辛牛　3. 秦川牛、南阳牛、晋南牛、鲁西牛、延边牛　4. 淮河滨海型、平原湖区型高原平坝型、丘陵山地型　5. 楔长方砖　6. 二元杂交、三元杂交、轮回杂交、轮回—“终端”公牛杂交体系　7. 子代平均值、亲本平均值

三、选择题

1～5. AACAB　6～7. CD　8. AB　9～10. AD

四、判断题

1～5. ×××√×　6～10. ×√×√√　11～15. ×××√√

牛的繁殖

【学习目标】

1. 了解繁育舍工作职责。
2. 掌握母牛发情、配种和妊娠的相关理论知识。
3. 通过实训掌握母牛的查情、人工授精、配种计划的制订、早期妊娠诊断等技术。
4. 通过实训掌握公牛的人工采精技术。
5. 掌握繁育舍生产报表的填写方法。

【学习任务】

任务1　牛场繁育岗位工作职责

（1）按照标准做好繁育舍的日常生产工作（投料、喂水、清洁等）。
（2）按照上级制订的繁育计划落实繁育任务。
（3）对母牛进行发情鉴定、妊娠诊断等工作。
（4）对发情母牛及时进行配种。
（5）对妊娠母牛进行有效的分阶段分群护理。
（6）做好母畜分娩时的接生、犊牛的护理等工作，确保成活率。
（7）及时填写牛发情记录、配种记录、妊娠检查记录等各类报表。
（8）配合兽医等部门做好免疫、防疫及疾病的治疗工作。
（9）做好繁育舍内环境卫生清洁。
（10）结合生产实际情况及时向上级部门提出意见和建议。

任务2　牛的发情

一、母牛的发情排卵规律

1. 初情期　指母牛第1次出现发情或排卵的年龄。一般情况下，母黄牛的初情期为6～

12月龄，黑白花母牛为6～8月龄，母水牛为10～15月龄。

2. 性成熟 指母牛生殖器官发育成熟，可排出能受精的卵子，形成了有规律的发情周期，具备繁殖后代能力，称为性成熟。一般情况下，母黄牛性成熟年龄为8～15月龄，黑白花母牛为8～10月龄，水牛为15～20月龄。

3. 发情周期 母牛的发情是有规律的周期性生理现象。母牛初情期后（除妊娠期及分娩后一段时期），每隔一段时间就会发情一次。两次发情间隔的天数，称为一个发情周期。母黄牛的一个发情周期平均为21d（18～25d），母水牛一般为18～30d。根据每个周期中母牛的外部行为表现和内部生理变化，可将发情周期分为发情前期、发情期、发情后期、休情期4个时期。

4. 产后发情 牛产后第1次排卵时间平均在产后16.5d，但没有发情征状；第2次排卵时间平均在产后33d，有发情征状；第3次排卵时间平均在产后54d，有发情征状。

5. 发情持续期 母牛发情持续时间平均为18h，范围为6～36h，青年牛约为15h，范围为10～21h。因此，要勤于观察母牛发情，以免错过配种机会。

6. 排卵规律 黄牛排卵时间在发情结束后6～15h，水牛排卵时间在发情结束后5～24h。

二、母牛的发情征状

正常情况下，母牛除妊娠期和产后一定时期（20～40d）之外，一般平均每21d发情一次。青年母牛较经产母牛发情周期更短，变化范围为18～24d。

母牛的发情周期可分为发情前期、发情期、发情后期和休情期4个阶段。

1. 发情前期 是发情的准备阶段。卵巢内黄体萎缩，有新的卵泡发育，卵巢增大，生殖器官开始充血，黏膜增生，子宫颈口稍有开放，分泌物稍微增加，此期母牛无发情表现。

2. 发情期 根据发情期不同时间的外部征候及表现，又可划分为3个时期：

（1）发情初期。在发情前期经过12～17h，卵泡迅速发育，雌激素含量增加，母牛兴奋不安、哞叫、游走少食，并逗引同群母牛尾随之。但当公牛爬跨时，又不接受。生殖器官的变化表现为外阴肿胀充血，阴道壁潮红，但黏液分泌量不多，稀薄，牵缕性差，子宫颈口开放。

（2）发情盛期。母牛接受爬跨并驻立不动，臀部向后抵，举尾，交配欲强烈。生殖道分泌物显著增多，黏稠透明，从阴户流出时具有高度的牵缕性（俗称吊线），很易粘于尾根、臀端和飞节处被毛上。

（3）发情末期。母牛逐渐转入平静，不再接受爬跨。生殖道黏液量减少，牵缕性差。母牛发情期的时间较短，3期总共平均为20h。

3. 发情后期 此期母牛变得安静，无发情表现。生殖器官的主要变化是卵巢已经排卵，并出现黄体，因而产生了孕激素，改变中枢神经的兴奋性，于是母牛发情结束。此期间母牛无明显发情表现，部分成年母牛会从阴道内流出少量血液。

4. 休情期 又称为间情期。此时母牛没有性欲要求，精神状态已完全恢复正常。

三、母牛的异常发情

1. 隐性发情 又称为安静发情或静默发情，指母牛发情表现不明显，但卵巢上有卵泡发育并排卵。这种发情时间短，不易观察到，很容易漏情失配。

2. 假发情 母牛有发情的表现，但无卵泡发育，也不排卵，称为假发情。假发情有两种情况：一是妊娠4～5个月的母牛或临产前1～2个月的重胎母牛，突然有性欲表现，爬跨其他牛。阴道检查，子宫颈口收缩，无发情黏液；直肠检查可摸到胎儿。二是母牛具备发情的各种外部表现，但卵巢内无发育的卵泡，也不排卵。这种情况在育成母牛群较为多见；患子宫内膜炎或阴道炎的母牛也常有这种表现。前者容易误配，引起流产；后者则屡配不孕，因此应认真检查，不可疏忽大意。

3. 持续发情 母牛正常的发情持续时间很短，但有的母牛连续2～3d或更长的时间发情不止，称为持续发情。主要原因有以下两种：

（1）卵泡囊肿。卵泡囊肿时由于卵泡不断发育，分泌过多的雌激素，所以母牛发情不止。卵泡囊肿在奶牛中发病率最高。若不经治疗，这类母牛很难妊娠。

（2）卵泡交替发育。由于母牛两侧卵巢上有两个或更多卵泡交替发育，交替产生雌激素，而使母牛持续发情。这类母牛一般是后发育的卵泡成熟排卵，配种能妊娠。

4. 乏情 引起母牛不发情的原因较多，常见的有以下几种：

（1）持久黄体。在卵巢上有一个或数个应该消失而没有消失的黄体。这类牛只要没有子宫和输卵管的并发症，在黄体除去或消失后，多数病牛于2～10d出现发情，配种后能妊娠。

（2）黄体囊肿。整个卵巢增大，有波动，大小与卵泡囊肿相似，但壁较厚、较软。仅作直肠检查容易发生误诊，配合进行血液或乳汁的孕酮测定能提高诊断的准确性。

（3）泌乳性不发情。常见于高产奶牛，在泌乳盛期影响内分泌不平衡，出现隐性发情或不发情。也有母牛在哺乳期间，因犊牛吸乳刺激抑制了促性腺激素的释放而不发情。

（4）其他原因。如母牛营养不良、疾病、年龄过大、异性孪生（雌雄同胎）母犊等，都可能使母牛不能正常发情。

实训3-5 查情训练

【实训目的】通过实际操作训练使学生学会母牛的发情鉴定。

【材料用具】处于不同发情阶段的后备母牛和空怀母牛群、试情公牛。

【方法步骤】

（1）认真观察母牛的食欲和精神变化：每日喂料时，仔细观察母牛是否出现食欲减退，兴奋不安，不时哞叫等现象，是否有母牛引起其他母牛跟随或爬跨等现象。

（2）认真观察母牛阴户的变化：是否有母牛外阴肿胀、流出黏液。

（3）每日用试情公牛早、晚二次寻查发情母牛，观察试情公牛是否紧随某只母牛，母牛是否接受试情公牛的爬跨。

综合上述3个方面进行判断，若发现发情母牛则做好记号等待配种。

【实训报告】将鉴定结果填于表3-3-1。

表3-3-1 母牛发情鉴定结果

母牛耳号	母牛品种	征状表现					结果
		食欲、精神变化	外阴变化	阴道黏液	试情	是否接受爬跨	

任务3 牛的配种

配种是指使雌雄两性动物的生殖细胞结合以繁殖后代，达到扩大种群的目的。牛的配种，需要注意配种适期和配种方式两大方面的问题。

一、配种适期

配种适期就是指牛适合配种的时期。生产中主要依据牛的年龄、体况、体重和发情状况来判断配种适期。

（一）青年母牛初次配种的年龄

青年母牛的初配年龄应该在母牛达到体成熟之后才开始配种比较适宜。母牛的初配年龄因品种、发育情况、营养状况等不同而异。一般早熟品种15～18月龄、中熟品种18～20月龄、晚熟品种20～23月龄，可进行第1次配种；小母牛体重达到成年牛体重的70%～75%时就可配种。在一般情况下，小型牛体重达到300～320kg、中型牛340～360kg、大型牛380～440kg时就可配种。配种过早影响母牛自身发育，所生犊牛体重小、体质弱，还容易难产；配种过迟增加了饲养成本。不同品种牛初次配种理想年龄参考表3-3-2。

表3-3-2 青年母牛初次配种的理想年龄

品种	年龄（月）
荷斯坦牛	15～16
黄牛	18～24
西门塔尔牛	16～18
夏洛莱牛	14～15
水牛	30～36
牦牛	30～36

（二）发情母牛适宜的配种时间

把握好配种的时机，是提高受胎率的关键。适时配种（输精）的时间可从3个方面判断。一是母牛发情开始后12～18h，如9：00以前发现发情，当日午后配种；9：00—14：00发情，当日晚配种；下午发情，次日早晨配种。二是母牛发情征状刚消失到消失后5h，这时发情母牛已不接受爬跨，表现安静，阴道黏液黏稠，用食指和拇指拈取黏液再拉缩7～8次不断。三是作直肠检查，触摸卵巢表面卵泡的变化来判断，如摸到卵泡突出于卵巢表面，泡壁薄、紧张波动明显，有一触即破之感，此时配种最合适。在配种后10～12h再进行1次排卵检查，如果卵泡仍没有破裂排卵，应再配种1次。

正确掌握发情配种时机，还要考虑母牛的年龄、健康状况、环境条件等因素。对于年老体弱的母牛，配种时间应适当提前。在炎热的夏季，尽量避免在气温较高的时候配种。

为了不错过配种的最佳时期，要求繁殖工作人员认真负责，能够及时发现发情母牛，同时详细记录好每头母牛的发情特点，不错过最佳配种时间。

（三）母牛产后配种时间

成年母牛产后第1次发情时间受品种、子宫复旧程度、产前产后饲养管理水平等条件影响，一般出现在母牛产后第 30～72 天。若母牛产后超过 60d 仍不发情，则应及时对母牛进行检查，如发现问题应尽早治疗，以降低经济损失。

母牛产后再次配种应遵循不影响母牛的健康、延长母牛生产年限和经济效益最大化的原则。依据此原则，结合牛的生理特点和生殖特点，最理想的情况是每年能够正常生产一胎，因此需要在母牛产后的 70～90d 内再次配种。配种过迟，则加长了生产间隔，使生产效率和经济效益下降；而配种过早，由于经产母牛子宫还未完全恢复，受胎率会降低。

二、配种方式

牛的配种方式可分为自然交配和人工授精两大类。其中，自然交配又可分为自由交配和控制交配两种方式。

（一）自由交配

自由交配，是将公牛常年放养在母牛群内，或在一定的配种时期放入母牛群内，让公牛和母牛自然交配。该方法的优点是简便、节省人力、可减少漏配、增加产犊数。但该方法的缺点也较多：牛群的血统不清，易发生近亲交配和过早交配，影响牛群整体质量；配种日期不清楚，预产期无法计算；种公牛利用率低，良种公牛使用年限缩短，增加生产成本；易造成母牛损伤、传染疾病。

（二）控制交配

控制交配是指人为控制公牛与母牛交配的一种方法。控制交配本质上虽仍属于自然交配，但与自由交配相比，有明显的优越性。例如控制交配能对参与交配的公母牛进行人为选择，能准确控制交配条件等。控制交配为分群交配、人工辅助交配两种不同的方式。

1. 分群交配　在适宜的配种时期内，将经选择的公牛按 1∶25 的比例放入母牛群中，任其自由交配。

2. 人工辅助交配　公牛与母牛日常分群隔离饲养，当母牛发情需要配种时，根据配种计划选择优良公牛与该发情母牛交配，交配完毕将公牛与母牛分别放回原群。人工辅助交配在人工授精条件不达标的情况下更为适用。

总的来说，控制交配既保留了自由交配的优点，也在某种程度上改善了自由交配的不足，尤其是人工辅助交配更契合现代化的生产理念；但存在易传播一些传染性疾病、容易造成母牛损伤、对优良种公牛利用率不高等缺点。

（三）人工授精

人工授精指借助专门器械，用人工的方法采集公畜的精液，经过体外检查和特定处理后，注入发情母畜生殖道内的特定部位，使其受胎的一种繁殖技术。人工授精具有方便育种计划实施、加速牛群改良、提升种公牛的利用率、节约生产成本、减少疾病传染等突出优点，在牛的繁殖中被广泛应用。人工授精所采用的精液主要分为新鲜精液和冷冻精液两种，以冷冻精液的使用较多。

实训 3－6　人工采精训练

采精是牛人工授精的第一步，只有认真做好采精的准备工作，合理规划采精时间，熟练掌握采精方法，才能采集到数量更多、品质更好的精液。

【实训目的】通过实际操作训练使学生学会对公牛的采精方法。

【材料用具】健康公牛、牛用假阴道、集精杯、台牛、医用凡士林，消毒液、手套等。

【方法步骤】

(1) 假阴道、集精杯等器材，在采精前必须充分洗涤，玻璃器材应高温干燥消毒。

(2) 安装假阴道，在假阴道内壁适量涂抹医用凡士林以增加润滑度，润滑剂涂抹深度不超过假阴道内壁的1/2。采精时要调节假阴道内壁的温度至39℃左右，并维持适当的压力。

(3) 集精杯温度应保持在34～35℃，防止温度变化对精子的危害。

(4) 将公牛牵至台牛或采精架前，让其进行1～2次空爬跨，以提高其性欲。

(5) 采精员立于台牛右侧，公牛爬跨时，右手持假阴道，左手托包皮，将公牛的阴茎导入假阴道内。公牛的后躯向前冲即射精，公牛射精后随即将假阴道集精杯向下倾斜，使精液完全流入集精杯内。

(6) 当公牛下台牛时，采精人员应持假阴道随阴茎后移，将假阴道外筒的开关打开，放掉内部的温水，当阴茎自行从假阴道脱出后迅速自然地将其取下。

(7) 取下集精杯，盖上集精杯盖，立即送往精液处理室。

在采精训练时，采精员必须耐心细致，充分掌握不同公牛个体习性，做到诱导采精；不能粗暴对待采精不顺利的公牛，以防公牛产生对抗情绪；采精场所应保持安静、卫生、温度适宜。在夏季要避免高温影响公牛的生精机能、精液性状以及公牛的性欲；在冬季应避免精液温度的急剧下降，宜将采精杯置于保温瓶或利用保温杯直接采精。

成年公牛采精频率一般每周不得超过2次，每次不得超过2回。

【实训报告】描述采精的方法和体会。

牛的人工授精技术

实训3-7 牛的直肠把握法输精训练

【实训目的】通过实训，基本掌握牛的直肠把握输精技术。

【材料用具】

1. 材料 发情母牛若干头、牛冷冻精液、0.1%高锰酸钾溶液、一次性直肠检查手套等。

2. 工具 牛输精枪、开膣器、手电筒、水浴锅、剪刀、水桶、抹布。

【方法步骤】

1. 观察发情情况 先用消毒过的开膣器打开母牛阴道，在手电筒灯光下观察母牛阴道、子宫颈的色泽、形态和分泌物等。

2. 输精准备 输精人员要将指甲剪短磨光，戴上直肠检查专用的长臂手套；输精器具充分消毒，干燥；冷冻精液解冻后检查活率应在0.3以上，温度在35℃左右；确定好母牛发情时间，并保定在配种架内。

3. 操作方法 将母牛尾部拉向一侧，用0.1%高锰酸钾溶液擦洗外阴，并擦干。将冷冻精液解冻，细管剪去封口端，剪口端向前放外套管中，输精器通针向后拉出约15cm，将外套管套在输精器上装好。左手（或右手）戴上长臂手套涂少量液状石蜡伸入直肠，掏出宿粪。左手伸至直肠狭窄部后，将直肠向后移，向骨盆腔底下压，找到子宫颈（棒状，质地较硬有肉质感，长10～20cm）。手移至子宫颈后端（子宫颈阴道部），使子宫颈呈水平方向，并用力将子宫颈向前推，使阴道壁拉直，方便输精器向前推进到子宫颈外口附近；左右手配合，使输精枪前端对准子宫颈外口，上下调整，使输精器前端进入子宫颈内。待确认输精器到达子宫体时（短距离前后移动时，没有明显阻力）将精液缓慢注入，再慢慢抽出输精器（图 3-3-1）。

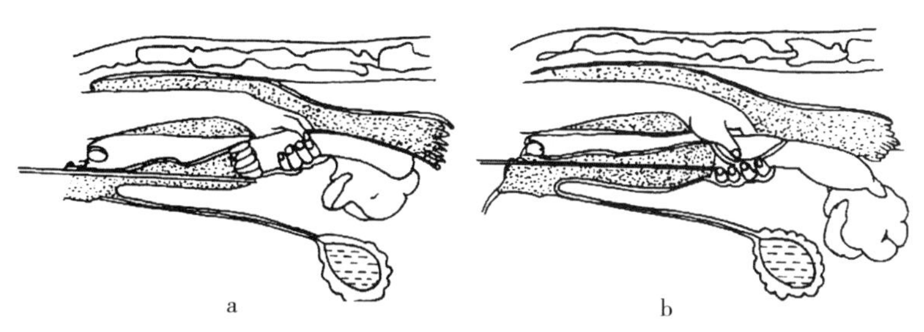

图 3-3-1 直肠把握输精法

a. 不正确的术式 b. 正确的术式

4. 直肠把握输精注意事项 输精器插入阴道时，应向前上方插入。当遇到阻力时，切忌用蛮力。输精器插入子宫颈管时，推进力量要适当，以免损伤子宫颈、子宫体黏膜。整个过程要做到“适深、慢插、轻注、缓出、防止逆流”。

【实训报告】描述操作过程，写出实训心得体会。

任务 4 牛的妊娠

一、母牛的妊娠征状

母牛妊娠后受精卵在体内生长发育，逐渐成为一个成熟的胎儿，在这个过程中母牛的生殖器官、乳房及全身状态会发生明显的变化。

1. 生殖器官变化 母牛妊娠后，卵巢上会形成妊娠黄体，并以最大体积持续存在于整个妊娠期。子宫和子宫角随胎儿的生长发育而相应扩大。子宫的血液量增加，血管扩张变粗，子宫中动脉产生妊娠脉搏。阴道黏膜变成苍白色，阴门收缩紧闭，直到临分娩前因水肿而变得柔软。

2. 乳房变化 母牛妊娠后，在孕酮和雌激素的作用下，乳房腺泡和乳腺管开始发育，到妊娠中后期，这种变化尤为明显。到分娩前 2～3 周，乳房体积明显增大，能挤出少量乳汁。

奶牛的妊娠诊断

3. 畜体变化 母牛妊娠后，新陈代谢旺盛，食欲增加，消化功能增强，毛色光亮，体重增加。妊娠母牛一般性情温驯，行动谨慎，喜欢安静的环境。随着胎儿逐渐增大，母牛排粪、排尿及呼吸次数增加，常见腹底部和后肢出现水肿。

二、妊娠诊断

妊娠诊断就是根据母畜配种后发生的一系列生理变化，采取相应的检查方法，来判断母畜是否妊娠的技术。妊娠诊断可以提高母牛繁殖率，防止母牛出现空怀，降低生产成本，因此在实际生产中有着重要的意义。经过妊娠诊断，对已受胎的母牛，按照妊娠母牛进行饲养管理；对未妊娠母牛，找出未妊娠原因，及时采取有效技术措施进行治疗，注意下次发情时间并及时配种；对长期不能妊娠的母牛应及时育肥淘汰。

常见的妊娠诊断方法有以下几种：

1. 外部观察法 母牛妊娠以后，周期性发情停止，性情变得安静、温顺，行动缓慢；食欲和饮水增加，被毛发亮，膘情变好；放牧或驱赶运动时常落在牛群之后，不参与角斗和追逐。计算母牛下一个发情期到来时间，是否再次发情，若不发情，说明母牛可能已经妊娠。

要注意的是，外部观察法虽然简单易行，但是存在着一定的不准确性，并且不能够进行早期的妊娠诊断，只能作为一种参考。

2. 直肠检查法 直肠检查法是妊娠诊断普遍采用的方法，可以较准确地判断妊娠初期的母牛妊娠情况。具体操作方法同发情鉴定的直肠检查法，但要更加仔细，严防粗暴操作。检查顺序是先摸到子宫颈，然后沿着子宫颈触摸子宫角、卵巢，最后触摸子宫中动脉。

母牛妊娠60d时，孕角比非孕角增粗1～2倍，波动明显。胎儿长6～7cm。

母牛妊娠90d时，子宫颈向前移至耻骨前缘，子宫开始下垂进入腹腔，孕角波动明显，有时还可摸到胎儿，在胎膜上可以摸到蚕豆大小的子叶，可摸到子宫中动脉有特异搏动，这一特征是牛妊娠的重要依据。

3. 孕酮水平测定法 通过测定母牛乳汁或血浆中孕酮含量的方法判断母牛是否妊娠。

除上述妊娠检查方法外，还有阴道检查法、妊娠辅助糖蛋白测定法、超声波检查法、免疫学诊断法等。

实训3-8 妊娠诊断实训

【实训目的】根据妊娠母牛外部特征变化和生殖器官及胎儿的发育情况判断是否妊娠，熟练掌握妊娠诊断的方法。

【材料用具】不同阶段妊娠母牛、开膣器、润滑剂、消毒液、长臂手套、盆、手电筒、毛巾、保定架等。

【实训内容】

教师边讲解边演示，然后由学生动手练习，教师在学生练习过程中要及时给予指导，以确保学生掌握方法和要领。

1. 外部观察法 处于妊娠阶段的母牛发情周期停止，性情温驯，食欲增加，毛色有光泽，行动谨慎安稳；妊娠中后期的母牛腹围增大，右侧腹壁突出，乳房增大。

2. 直肠检查法 直肠检查的方法请参考本单元项目三任务2牛的发情。

在用直肠检查法的时候需注意下列几项内容：

（1）卵巢的位置、大小，是否存在黄体。

（2）子宫角的大小、形状，是否对称以及子宫角的位置。

（3）子宫阜的状态（有无、大小等）。

（4）胎儿的大小。

（5）子宫中动脉的变化和是否存在特异妊娠搏动。

【实训报告】根据检查结果完成实习报告。

三、妊娠期

妊娠是母牛特有的一种生理状态。由受精卵开始，经过发育，一直到成熟胎儿产出为止所经历的时间，称为妊娠期。妊娠期的长短，受品种、年龄、饲养管理、季节等因素影响，黄牛的妊娠期平均为 280d。

表 3-3-3 不同种（品种）母牛的妊娠期

品种	平均妊娠期
荷斯坦牛	278
黄牛	280
西门塔尔牛	285
夏洛莱牛	288
水牛	313
牦牛	255

四、预产期推算

为了做好分娩前的准备，必须推算出母牛的预产期。推算预产期的方法是的：黄牛、奶牛，配种月份减 3，日数加 6；牦牛，配种月份减 4，日数加 11；水牛，配种月份减 2，日数加 9。如果配种月份小于所减数，需借 1 年（加 12 个月）再减。若配种日期相加后超过 1 个月，则减去本月天数，余数移到下月计算。

例 1：某母黄牛 2013 年 6 月 18 日配种受胎，预产期为：

月数：6－3＝3（月）

日数：18＋6＝24（日）

预计该牛可在 2014 年 3 月 24 日产犊。

例 2：某母黄牛 2013 年 2 月 28 日配种受胎，预产期为：

月数：2＋12－3＝11（月）

日数：28＋6＝34（日），减去 11 月的 30 日，即 34－30＝4（日）再把月份加 1 个月，即 11＋1＝12（月）

预计该母牛可在 2014 年 12 月 4 日产犊。

因此，根据妊娠期的天数，结合配种日期，就可以推算出母牛的预产期。这样方便设计产犊计划，提前准备安排母牛的分娩工作。

任务 5 牛的分娩

分娩指发育成熟的胎儿及其附属物（胎盘、脐带等）自母体产道排出的过程。

在实际生产中，母牛分娩时，应有严格的消毒措施、必要的助产措施和适当的护理手段。否则很容易导致母牛生殖器官疾病或产后长期不孕，严重时会导致母牛死亡或丧失繁殖能力，造成巨大的经济损失。

一、分娩预兆

在母牛妊娠后期，随着胎儿逐渐生长发育成熟，直到临产前，母牛会发生一系列生理上的变化，以满足分娩、哺乳的需要。可以根据这些变化预计分娩时间，做好接产的准备工作。

母牛分娩之前主要有以下特点：

（1）临产前母牛表现不安，食欲减退或废绝，常回头顾腹，踢腹，起卧不安，举尾。此时应有专人看护，做好接产和助产的准备。

（2）母牛产前 4 周体温会逐渐上升，但产前 12h 左右体温下降 0.4～1.2℃。

（3）阴道和子宫颈阴道部黏膜潮红。在临产时子宫颈口开张，子宫颈内的黏液会流入阴道，因此可以观察到有透明黏液从阴门流出。

（4）分娩前约 1 周，外阴开始逐渐肿胀、充血，外阴上的皱纹逐渐开始展平。

（5）乳房在分娩前体积增大，乳头膨起，充满初乳。

二、分娩过程

分娩是指母畜借子宫和腹肌的收缩，把胎儿及其附属胎膜（胎衣）排出体外。分娩过程指从子宫颈口开张开始到胎衣排出为止，可分为子宫颈口开张期、胎儿产出期和胎衣排出期，此一系列过程平均时间约为 9h。

母牛的分娩过程

1. 子宫颈口开张期 从子宫收缩开始，到子宫颈口完全开张，子宫颈与阴道间的界限消失为止。子宫颈口开张期平均约为 4h，头胎母牛时间较长，经产母牛则耗时稍短。

在此时期内，母牛食欲减退，起卧不安，环顾四周，拱背举尾，回头顾腹，频尿。

在子宫颈口开张期，胎儿在母体子宫内会转变成分娩时的胎位和胎势。

2. 胎儿产出期 从子宫颈口完全开张，胎儿进入产道开始，直到胎儿全部娩出为止，这一段时间被称为胎儿产出期。胎儿产出期一般持续 0.5～4h，根据母牛胎次和自身生理状况略有变动，初产牛耗时略长。

在此时期内，母牛子宫阵缩的时间逐渐增长，间隔时间则越来越短。当犊牛的前躯产出之后，母牛可迅速站立使犊牛的后躯快速地产出。

3. 胎衣排出期 从胎儿产出后到胎衣全部排出的这段时间称为胎衣排出期。此段时期一般持续 4～6h。

牛胎盘属于子叶绒毛膜胎盘，胎儿胎盘（胎衣）与母体子宫肉阜结合紧密，排出时间比其他家畜长，时常发生胎衣不下的现象。若母牛产犊后 12h 仍未排出胎盘，称为胎衣不下。

实训 3－9 助产实训

【实训目的】根据母牛分娩不同时期的临产表现选择合适的助产手段。

【材料用具】脸盆、肥皂、刷子、毛巾、细绳、脱脂棉、镊子、剪刀、产科绳、消毒药品等。

【方法步骤】

（1）母牛生产前应选择专用产房，产房要求清洁、宽敞、安静、通风良好，有照明设备。产房在使用前要进行清扫消毒，并铺上干燥、清洁、柔软的垫草。

（2）当母牛表现不安等临产征状时，用温肥皂水将母牛肛门、尾根、外阴部及后臀部擦洗干净，再用消毒液消毒。

（3）当母牛努责行为开始出现时，若胎膜已经露出，应及时检查胎儿的方向、位置和姿势是否正常，如果位置不正常应及时矫正，正常则可以自然分娩。

（4）若当胎儿嘴、头大部分已经露出但羊膜未破时，可撕破羊膜绒毛膜，及时露出牛犊鼻和口，同时擦去鼻腔、口腔内的黏液，以便其呼吸。

（5）当犊牛全部产出以后，用毛巾擦干口腔、鼻腔内的黏液。犊牛多数情况下在出生时脐带可自然断开，如没有断开，可先将脐带消毒，然后用消毒的剪刀将其剪断，剪断位置为距犊牛腹部 10～12cm 处，剪断脐带后注意用碘酊消毒。

（6）犊牛称重、编号，将犊牛信息详细记录在出生卡片中，并将卡片放入犊牛保育栏内。

（7）确保犊牛 1h 内吃到初乳。

（8）注意事项，当母牛分娩过程中出现以下情况时，应及时处理：

①当母牛努责无力时，可用手或产科绳将犊牛的两前肢系部固定，同时手握犊牛下颌，伴随着母牛努责顺着产道将犊牛缓慢拉出。

②当犊牛倒生时，在犊牛后肢娩出母体时及时将犊牛拉出。但要注意不能过快，防止将母牛子宫一并拉出。

③当犊牛产出后有窒息现象时，要立即清理呼吸道、口腔中的黏液，并进行人工呼吸。

【实训报告】助产的用具、步骤与注意事项。

三、产后管理

母牛分娩后，子宫内残留羊水、淤血、脱落的子宫黏膜、黏液等经阴道排出，称为恶露。正常情况下，产后 2～5d 大部分恶露即排出，量先多后少，色泽由暗红逐渐转变为淡白，产后 10～15d 天基本排尽，表明母牛子宫基本恢复到了正常状态，这是子宫自净作用。如 15d 以后母牛阴道仍流出淡红色或暗红色污浊液且量较多，即为恶露不尽。

如果产后 10d 内恶露仍未流出，则表明恶露可能在子宫中滞留，会引发生子宫内膜炎。如果母牛分娩后恶露中出现脓液或恶臭物质，表明母牛已经发生子宫内膜炎。出现以上情况应当及时治疗，避免影响母牛繁殖性能。

任务 6　提高牛繁殖力的措施

繁殖力是牛生产中一项重要的经济指标，良好的饲养管理、正确的疾病防控和先进的繁殖技术都能提高牛的繁殖力。

一、家畜繁殖力的评定方法

母畜的繁殖力是以繁殖率来表示的。母畜达到适配年龄一直到丧失繁殖力期间，称为适繁母畜。在一定的时间范围内，如繁殖季节或自然年度内，母畜发情、配种、妊娠、分娩、最后经哺育的仔畜断乳至具有独立生活的能力，即完成了母畜繁殖的全过程。通常以下列几种主要方法和指标表示家畜繁殖力。

1. 母畜受配率 指在本年度内参加配种的母畜占畜群内适繁母畜数的百分率，主要反映畜群内适繁母畜的发情和配种情况。

$$受配率=\frac{配种母畜数}{适繁母畜数}\times 100\%$$

2. 母畜受胎率 指在本年度内配种后妊娠母畜数占参加配种母畜数的百分率。在生产中为了全面反映畜群的配种质量，在受胎率统计中又分为总受胎率、情期受胎率、第一情期受胎率和不返情率。

（1）总受胎率。指本年度末受胎母畜数占本年度内参加配种母畜数的百分率，反映了畜群中母畜受胎头数的比例。

$$总受胎率=\frac{受配母畜数}{配种母畜数}\times 100\%$$

（2）情期受胎率。指在一定期限内，受胎母畜数占本期内参加配种母畜的总发情周期数的百分率，反映母畜发情周期的配种质量。

$$情期受胎率=\frac{受胎母畜数}{配种情期数}\times 100\%$$

（3）第一情期受胎率。第1个情期配种后，此期间妊娠母畜数占配种母畜数的百分率。第一情期受胎率更便于及早做出统计、发现问题、改进配种技术。

$$第一情期受胎率=\frac{受胎母畜数}{第一情期配种母畜数}\times 100\%$$

（4）不返情率。指在一定期限内，经配种后未再出现发情的母畜数占本期内参加配种母畜数的百分率。不返情率又可分为30d、60d、90d和120d不返情率，30～60d的不返情率一般高于实际受胎率7%左右，随着配种后时间的延长，不返情率就越接近于实际受胎率。

$$X天不返情率=\frac{配种后X天未返情母畜数}{配种母畜数}\times 100\%$$

3. 母畜分娩率和母畜产仔率

（1）母畜分娩率。指本年度内分娩母畜数占妊娠母畜数的百分率，反映母畜维持妊娠的质量。

$$分娩率=\frac{分娩母畜数}{妊娠母畜数}\times 100\%$$

（2）母畜产仔率。指分娩母畜的产仔数占分娩母畜数的百分率。

$$产仔率=\frac{产出仔畜数}{分娩母畜数}\times 100\%$$

单胎家畜如牛、马、驴、绵羊（单胎品种）只使用分娩率，因为单胎家畜1头母畜产出1头仔畜，产仔率不会超过100%，所以单胎家畜的分娩率和产仔率是同一概念。多胎家畜如猪、山羊、兔等1头母畜大多产出多头仔畜，产仔率均会超过100%，故多胎家畜所产出的仔畜数不能反映分娩母畜数，所以对多胎家畜应同时使用母畜分娩率和母畜产仔率。

4. 仔畜成活率 指在本年度内，断乳成活的仔畜数占本年度产出仔畜数的百分率，可以反映仔畜的培育成绩。

$$仔畜成活率=\frac{成活仔畜数}{产出仔畜数}\times 100\%$$

5. 母畜繁殖率 指本年度断乳成活的仔畜数占本年度畜群适繁母畜数的百分率。

$$繁殖率=\frac{断奶成活仔畜数}{适繁母畜数}\times 100\%$$

根据母畜繁殖过程的各个环节，繁殖率应该是包括受配率、受胎率、母畜分娩率、产仔率及仔畜成活率等5个内容的综合反映。因此繁殖率又可用下列公式表示：

$$繁殖率=受配率\times受胎率\times分娩率\times产仔率\times仔畜成活率$$

另外，除上述指标以外，还有产仔窝数，窝产仔数和产犊指数，分别为：

（1）产仔窝数。一般指母猪在一年之内产仔的窝数。

$$产仔窝数=\frac{总产仔窝数}{分娩母畜数}$$

（2）窝产仔数。指母猪每胎产仔的头数（包括死胎和死产）。一般用平均数来比较个体和畜群的产仔能力。

$$窝产仔数=\frac{总产仔数}{产仔窝数}$$

（3）产犊指数。指母牛两次产犊所间隔的时间，以平均天数表示，反映不同牛群的繁殖效率。

$$产犊指数=\frac{每两次产犊间隔的天数总和}{总产犊胎次}$$

二、提高牛繁殖力的措施

1. 加强饲养管理

（1）加强营养。为了提高牛的繁殖力，应当加强牛的营养供给，特别是对于高产牛（如奶牛）妊娠期的营养水平。为牛提供均衡、全面、适量的各种营养成分，以满足牛本身维持和胎儿生长发育的需要。

初情期的母牛，重点注意补充蛋白质、矿物质和维生素。尽可能提供优质的青饲料或牧草给初情期前后的牛，来满足牛生长发育和生殖器官发育的需求。妊娠期母牛，应注意营养的均衡，避免过于肥胖造成难产，也要避免过于瘦弱导致胎儿发育不良。种公牛，重点注意补充优质蛋白质和维生素，充足的蛋白质和维生素可以提升种公牛的精液品质，维持其性欲。

加强饲料品质的控制，平衡饲料营养指标；加强饲料储存管理，避免饲料发霉变质或遭到化学药品污染；注意饲料中的有毒有害物质；尽量避免饲喂变质或污染的饲料。

（2）改善管理。注意牛场环境的控制，避免夏季温度过高，冬季温度过低。尤其是在夏季，高温对于牛的繁殖性能影响极为显著，要注意避免高温，必要时可以采取喷雾、淋浴等措施降温。

对于种用牛，要保证其充足的运动，既有利于精液品质，又在一定程度上增强了牛的体质，提高其抗病能力。成年种公牛可以每隔3d采精1次，春冬两季每天可采精2次，夏季每天采精1次。夏季采精最好在早晨，冬季应在下午。通常在饲喂后2～3h进行采精。

对于母牛，应注意其发情规律，及时配种。妊娠母牛应做好保胎工作，防止流产。分娩母牛要做好接生工作，及时处理难产症状，并做好产道的保护。

2. 改进繁殖技术

（1）做好母牛的发情鉴定。母牛发情的持续时间较短，约为18h，且发情时间大都集中在20：00到翌日3：00之间。

每天应在7：00、13：00、23：00对母牛进行定时观察，必要时可用试情法判断母牛的发情状况；或进行直肠检查，通过卵泡的发育状态判断母牛的发情状况。

（2）适时配种。牛一般在发情结束后一段时间才排卵，而牛卵子仅能存活6～12h，因此母牛最佳的配种时间在排卵前6～7h。一般采用母牛上午发情傍晚配种，下午发情第2天早晨配种的方法。若采用人工授精法进行配种，应按照人工授精技术要求严格执行，并选用专业的操作人员，能大幅提高母牛情期受胎率。

3. 控制繁殖疾病 对于公牛和母牛生殖器官发育不正常的情况，如发现幼稚型卵巢、子宫颈狭窄、阴道狭窄、隐睾公牛等，应及时淘汰；对于繁殖力减退的大龄牛，应及时淘汰；对因患传染性疾病而导致繁殖力减退的牛（如布鲁氏菌病），应按照传染病防疫和检疫规定严格处理，采取相应对策，减少传播；对患非传染性疾病而导致繁殖力减退的牛（如子宫内膜炎），应及时治疗；对于产后不发情的母牛，可采用肌内注射孕马血清促性腺素（PMSG）或促卵泡激素（FSH）等方法进行治疗。

4. 推广应用繁殖新技术

（1）提高公牛利用率的新技术。人工授精技术是当前提高种公牛利用率最有效的手段。伴随着牛的精液冷冻保存技术的快速发展，优良种公牛的利用率大大地提高，加速品种改良的同时，生产成本也极大地降低。

（2）提高母牛繁殖潜力的新技术。提高母牛繁殖潜力的新技术主要有超数排卵与胚胎移植技术（MOET）、胚胎分割技术、活体取卵母细胞技术、卵母细胞体外成熟和体外受精技术、胚胎细胞和体细胞克隆技术等。这些技术虽然对提高牛的繁殖效率有着明显的效果，但缺点是成本较为昂贵，不能够大面积推广运用。

任务7　生产报表

繁育舍的生产报表主要有以下几种：

1. 母牛记录表 记录内容：母牛耳号、接收日期、出生日期、免疫的疫苗种类及日期、初情期、死淘日期及原因等。

2. 配种记录表 记录内容：配种员姓名、配种日期、配种时间、母牛耳号、配种公牛号、妊娠检查日期（首测、复测）、预产期、流产情况、返情情况、死亡情况、淘汰情况。

3. 返情及流产记录表 记录内容：返情或流产日期、母牛耳号、原因。

4. 死亡及淘汰记录表 记录内容：死淘日期、耳号、死淘原因。

5. 饲料用量记录表 记录内容：日期、饲料批次、舍号、接受饲料日期、接受饲料数量、用料量、存栏数、饲喂量、剩余量。

6. 存栏记录表 记录内容：日期、昨日存栏数、出栏数、进栏数、今日存栏数。

复习思考题

一、填空题

1. 母牛的发情周期平均为________d。

2. 母牛的发情周期可分为________、________、________和________ 4 个阶段。
3. 母牛的妊娠期平均为________ d。
4. 牛的分娩过程可分为________、________、________ 3 个阶段。
5. 牛的配种方式可分为________和________两大类。
6. 生产上应在分娩后________ h 内让犊牛吃上初乳。
7. 在一个发情期内进行________次配种（输精）能够较好地保证受胎率，配种间隔________为宜。

二、选择题

1. 母牛需要在产后的（　　）d 内再次配种。
   A. 50～70　　B. 60～80　　C. 70～90　　D. 80～100
2. （　　）不属于母牛发情期的表现。
   A. 其他牛嗅发情牛的阴唇　　B. 母牛愿意站立不动接受爬跨
   C. 阴道内有少量血液流出　　D. 人手触摸尾根时无抗拒表现
3. 成年公牛采精一般每周不得超过（　　）次。
   A. 2　　B. 3　　C. 4　　D. 5
4. （　　）不属于母牛分娩前的预兆。
   A. 表现不安，常回顾腹部，坐立不安，举尾
   B. 体温升高，食欲增强
   C. 阴唇开始逐渐肿胀、充血，阴唇上的皱纹逐渐开始展平
   D. 乳房体积增大，乳头膨起，充满初乳

三、简答题

1. 牛的发情鉴定方法主要有哪些？其判断依据是什么？
2. 直肠把握输精法的技术要点和注意事项有哪些？
3. 母牛早期妊娠诊断的方法有哪些？判断依据是分别是什么？
4. 母牛临产前有哪些外部表现和行为变化？
5. 简述牛直肠把握输精技术的步骤。
6. 简述母牛分娩时助产的步骤。

【参考答案】

一、填空题

1. 21　2. 发情前期、发情期、发情后期、休情期　3. 280　4. 子宫开口期、胎儿产出期、胎衣排出期
5. 自然交配、人工授精　6. 1　7. 2，8～12h

二、选择题

1～4. CCAB

犊牛和育成牛的饲养管理

【学习目标】

1. 了解犊牛舍工作职责。
2. 了解育成牛舍工作职责。
3. 学习并掌握乳用犊牛的饲养管理技术，学会耳标的使用及安装。
4. 掌握肉用犊牛的饲养管理技术。
5. 学习并掌握育成牛的饲养管理技术。
6. 掌握犊牛舍和育成牛舍生产报表的填写。

【学习任务】

任务 1　岗位工作职责

（1）注意观察犊牛的发病情况，发现病牛及时找兽医治疗并且做好记录。

（2）犊牛岛内应挂牌饲养，牌上记明犊牛出生日期、母亲编号等信息，避免造成混乱。

（3）新生犊牛在 1h 内必须吃上初乳。

犊牛的饲养管理

（4）犊牛喂乳要做到定时、定量、定温。

（5）及时清理犊牛岛和牛棚内粪便，犊牛岛内犊牛出栏后应将犊牛岛内及时清扫干净并撒生石灰消毒。保持舍内卫生，定期消毒。

（6）喂乳桶每班刷洗，饮水桶每天清洗，保证各种容器干净、卫生。

（7）严格按照规范保证育成牛的饲养。

（8）保证夜班饲草数量充足。

任务 2　犊牛的饲养管理

犊牛是指 0～6 月龄的牛。在这一时期犊牛生长发育很快，且各个器官发育尚不完善，犊牛饲养管理的好坏将影响到成年后的生产性能。因此，要做好犊牛培育工作。

一、犊牛的消化特点和瘤胃发育

犊牛初生时，其瘤胃、网胃容积很小，瘤网胃的容积仅占胃总容积的1/3。瘤胃、网胃生长发育速度很快，在正常的饲养条件下，10～12周龄时犊牛的瘤胃网胃体积即可占到胃总容积的67%，4月龄时达80%，1.5岁时占85%。

新生犊牛虽然有瘤胃室，但功能不完善，没有反刍。随着瘤胃和网胃的发育，在3～4周龄，犊牛开始出现反刍，对青粗饲料的消化力逐渐提高，到6月龄时，犊牛已具备成年牛的消化特点。

1. 犊牛的消化特点 犊牛刚出生时，瘤胃的容积很小，瘤网胃的容积仅占4个胃总容积的1/3，此期的瘤胃虽然也有一个胃室，然而它没有任何消化功能。犊牛在吮乳时体内产生一种条件反射，使食道沟唇闭合成管状，牛乳或液体直接进入皱胃进行消化。

犊牛出生后，由于采食草料，微生物随之经口腔进入瘤胃并栖居繁殖。3～4周龄，瘤胃内的微生物区系开始形成，内壁的乳头状突起逐渐发育，瘤胃和网胃开始增大。由于微生物的发酵，促进了瘤胃的发育，随着瘤胃的发育，犊牛对非乳饲料包括各种粗饲料的消化能力逐渐加强，所以犊牛出生后前3周，其主要消化机能是由皱胃行使。

初生犊牛的皱胃占胃总容积的70%（成年牛皱胃只占胃总容积的8%），食入的牛乳由皱胃分泌的凝乳酶对牛乳中的蛋白质进行初步消化。随着犊牛的发育，胃蛋白酶分泌量逐渐增多，大约在3周龄时，犊牛就能有效地消化非乳蛋白质，如大豆蛋白以及鱼类加工副产品等。在新生犊牛肠道里有足够的乳糖酶，所以新生犊牛能够很好地消化牛乳中的乳糖，随着犊牛年龄的增长，乳糖酶的活力逐渐降低。新生犊牛消化道内缺乏麦芽糖酶，所以出生后的早期阶段不能利用大量的淀粉，到了2周龄左右，麦芽糖酶的活性才逐渐显现出来。初生犊牛几乎或者完全没有蔗糖酶活性，以后也提高得非常慢，因此，牛的消化系统不具备大量利用蔗糖的能力。初生犊牛的胰脂肪酶活力也很低，但随着日龄的增加而迅速地增强起来，8日龄时其胰脂肪酶的活性就达到了相当高的水平，使犊牛能够很容易地利用全乳以及其他动植物代用品的脂肪。

2. 瘤网胃的发育 犊牛的瘤网胃发育与采食植物性饲料密切相关，犊牛从初生至12周龄喂全乳加植物性饲料，瘤网胃的容积和重量分别是单喂全乳的2倍及以上，尤其是瘤胃乳头的发育明显，而仅喂全乳的犊牛，其瘤胃的乳头在哺乳期间一直在退化。在生后及早饲喂植物性饲料，植物性饲料中的糖类在瘤胃的发酵产物乙酸和丁酸可刺激瘤网胃的发育，尤其是瘤胃上皮组织的发育，植物性饲料中的中性洗涤纤维有助于瘤网胃容积的发育。

表3-4-1 饲料对犊牛胃发育的影响

饲料	生后周龄	犊牛头数（只）	胃容积		胃组织重		黏膜乳头状态			
			瘤胃、网胃（mL）	瓣胃、皱胃（mL）	瘤胃、网胃（%）	瓣胃、皱胃（%）	最大高（mm）	平均高（mm）	密度（根/m²）	色调
全奶	3日	4	15.0	24.7	0.48	0.83	2.6	0.99	1 392	白色
	4周	2	42.3	30.2	0.58	0.72	1.6	0.53	601	白色
	8周	2	73.3	21.6	0.58	0.65	1.2	0.48	665	白色
	12周	2	63.0	14.7	0.73	0.78	1.3	0.46	528	白色

（续）

饲料	生后周龄	犊牛头数（只）	胃容积		胃组织重		黏膜乳头状态			
			瘤胃、网胃（mL）	瓣胃、皱胃（mL）	瘤胃、网胃（%）	瓣胃、皱胃（%）	最大高（mm）	平均高（mm）	密度（根/m^2）	色调
全奶	4周	3	86.5	53.7	1.04	0.94	2.5	0.79	529	暗褐色
精料	8周	2	101.5	42.7	1.85	1.09	6.2	1.54	245	暗褐色
干草	12周	2	114.0	39.9	1.78	1.07	6.8	2.46	173	暗褐色

由表3-4-1看出，加喂精料和干草的犊牛，其瘤胃、网胃在4、8、12周龄的容积，比单喂全乳的同龄犊牛分别大1倍、38.5%和81%；而瓣胃、皱胃容积分别大77.8%、97.7%和171%。其他指标也相应地增高，但黏膜乳头的密度则有所减少。

二、乳用犊牛的饲养管理

（一）犊牛的生长发育规律

犊牛身体各部位与组织生长发育规律与其他家畜基本相同，其器官部位的生长顺序依次是头、颈、四肢、胸部和腰部，组织生长发育顺序依次是神经、骨骼、肌肉、脂肪，骨骼生长发育基本顺序是管骨、小腿骨、股骨、盆骨。因此，犊牛具有头大、腿长、身短且扁和后躯较前躯高等特点。

（二）犊牛的培育原则

犊牛的培育直接影响其日后的生产性能发挥。犊牛的培育应注意以下几点：第一，加强妊娠母牛饲养管理，奠定初生犊牛健壮体质；第二，加强犊牛护理，保证成活率；第三，使用优质粗料，促进消化机能；第四，加强运动和调教，运动不但有利于犊牛健康，也有利于增进牛与人的感情。

（三）犊牛的常规饲养

犊牛的常规饲养包括哺喂初乳、哺喂常乳、调教采食植物性饲料和饮水等工作。

1. 哺喂初乳 初乳是指母牛产犊后5～7d内分泌的乳汁。初乳营养丰富，容易被消化吸收，含有大量的免疫球蛋白、溶菌酶和丰富的无机盐，能预防疾病、舒肠健胃，具有不可替代性（表3-4-2）。如果初乳饲喂不及时或初乳质量低或不喂犊牛初乳，会因缺乏母源抗体的保护而造成犊牛体质弱、易生病。

表3-4-2 1～6d初乳成分变化表

成分（%）	初乳挤出天数（d）					
	1	2	3	4	5	6
总固体	23.9	17.9	14.1	13.9	13.6	12.9
蛋白质	14.0	8.4	5.1	4.2	4.1	4.0
酪蛋白	4.8	4.3	3.8	3.2	2.9	2.5
免疫球蛋白	6.0	4.2	2.4	0.2	0.1	0.09
脂肪	6.7	5.4	3.9	4.4	4.3	4.0
乳糖	2.7	3.9	4.4	4.6	4.7	4.9

（续）

成分（%）	初乳挤出天数（d）					
	1	2	3	4	5	6
矿物质	1.11	0.95	0.87	0.82	0.81	0.74
比重	1.056	1.040	1.035	1.033	1.033	1.032

（1）初乳具有较大的黏度。初生犊牛的胃肠空虚，其皱胃及肠壁上无黏液，初乳能代替胃肠壁上的黏液作用，附在胃肠壁上，可阻止细菌侵入血液中。

（2）初乳具有较高的酸度。初乳的酸度为36～53°T，这种酸度能有效地刺激胃黏膜产生消化液，同时还能抑制细菌活动，免受病原菌侵害。

（3）初乳中含有大量的抗体（免疫球蛋白）。初乳抗体的浓度平均为6%，而正常牛乳中的抗体浓度仅为0.1%，初乳中的抗体能够被犊牛直接吸收入血，成为犊牛血液中的抗体。母牛妊娠期间抗体无法通过胎盘屏障进入胎儿体内，因此，新生犊牛的血液中没有抗体，只有吃到优质初乳后，犊牛才具有抵抗各种疾病感染的能力。

（4）初乳含有较多的无机盐类。初乳中的无机盐类主要为镁盐和钙盐，具有轻泻作用，特别是镁盐，有助于胎粪的排出。

初乳中还含有大量激素、促生长因子，可促进犊牛的生长、胃肠道以及其他组织的发育。

犊牛出生后要在1h内喂足初乳。每次喂量应根据犊牛体重大小和健康情况确定，喂量一般不超过犊牛体重的5%，初乳的温度应保持在35～38℃。喂初乳时要用带奶嘴的奶瓶喂，有利于犊牛形成食管沟反射，使乳汁流入皱胃。如条件所限，只能用乳桶喂时，应人工给予引导。

2. 常乳期饲养 在哺喂5～7d的初乳之后，即转入常乳期的饲养。

（1）喂乳量。每天牛乳的饲喂量应为犊牛初生体重的8%～10%。随着犊牛的生长，牛乳的需求量升高，但是限制牛乳的摄入可以促进犊牛尽早地开始摄入固体饲料。

（2）饲喂次数。每天最好饲喂两次相等量的牛乳。每次饲喂量占其初生体重的4%～5%。

（3）饲喂方法。出生后2～3周用奶瓶饲喂。用带奶嘴的奶瓶饲喂可迫使犊牛较慢地吸奶并减少腹泻以及其他消化紊乱。从第4周开始即可训练犊牛直接从乳桶中吃奶。方法是：一手持乳桶，另一手中指和食指浸入奶中使犊牛吮吸；当犊牛吮吸指头时，慢慢将桶提高使犊牛口紧贴牛乳吮吸，习惯后则可将指头从口内拔出，并放入犊牛鼻镜上，如此反复几次，犊牛便会自行哺饮牛乳了。

（4）饲喂牛乳的温度。犊牛出生后前几周控制牛乳的温度十分重要。冷牛乳比热牛乳更易引起消化紊乱。出生后的第1周，所喂牛乳的温度必须与体温接近（38℃左右），但是对稍大些的犊牛所喂牛乳的温度保持在25～30℃。

（5）全乳饲喂计划（哺乳期和哺乳量）。犊牛哺乳期的长短和哺乳量因培育方向、所处的环境条件、饲养条件不同不尽一致。传统的哺喂方案是采用高奶量，哺乳期为5～6个月，哺乳量达600～800kg。过多的哺乳量和过长的哺乳期，虽然能使犊牛增重较快，但对犊牛的消化器官发育不利，而且加大了犊牛培育成本。多数奶牛场已在逐渐减少哺乳量，缩短哺乳期：全期哺乳量300kg左右，哺乳期2个月左右。

3. 尽早补饲精粗饲料 犊牛生后1周左右即可训练采食代乳料，开始每天喂乳后向犊牛嘴周围填抹少量饲料，引诱采食，2周左右开始向食槽内投放优质干草供其自由采食。1个月以后可供给少量块根与青贮饲料。

4. 供给充足饮水 虽然牛乳含有较高水分，但并不能满足犊牛生理代谢的需要，因此要补充饮水。水温、水质要符合要求。

（四）断乳后犊牛的饲养

1. 断乳 犊牛断乳的时间应根据犊牛的月龄、体重和每天精料的摄入量来确定，其中每天精料的摄入量是最主要依据，犊牛连续3d能吃0.7kg以上的犊牛料便可断乳，体格较小或体弱的犊牛应继续饲喂牛乳。

仅给犊牛饲喂少量的牛乳可促使犊牛尽早采食干物质，然后可以立即施行断乳。相反，如果喂大量牛乳，则需要2～3周逐渐断乳，以避免生长减慢。

犊牛在断乳期间对犊牛饲料摄入量不足可造成断乳后的体重下降，无论在那一月龄断乳，体重下降都会发生，因此，不应试图延迟断乳以企图获得较好的过渡期，而应想办法促使犊牛尽早采食犊牛料。

2. 饲养 犊牛刚刚断乳时，它的瘤胃还相当小，胃壁也很薄。此时的瘤胃尚不能容纳足够的粗饲料来满足生长需要。此外，断乳造成的应激也很大。

（1）犊牛断乳后10d仍应放养在单独的畜栏内，直到犊牛没有吃奶要求为止。然后，进行小群饲养，将年龄和体重相近的牛分为一群，每群10～15头。

（2）犊牛断乳后应继续喂犊牛料至3～4月龄（断乳后6～8周）。当犊牛每天摄入1.5kg犊牛料时，应逐渐过渡到（需10～15d）喂犊牛生长料阶段。

（3）粗饲料应让犊牛自由采食，要格外注意粗饲料的品质和适口性，要确保优质、含蛋白量高、无霉菌，饲料要切碎、叶片多、茎秆少。

（4）应尽量选择干物质含量高的饲料来弥补犊牛采食量小的缺点，少喂或不喂发酵过的粗料，如青贮等。

随着断乳后犊牛的生长，其瘤胃功能发育迅速，瘤胃体积不断增加，营养需要也不断变化。此时应不断满足其对蛋白质、能量、矿物质和维生素的需要。

日粮一般可按1.8～2.2kg优质干草，1.4～1.8kg混合精料进行配制，此阶段的日增重一般要求达750g左右。

（五）乳用犊牛的管理

1. 卫生管理 犊牛期卫生管理要做到“三净”，即哺乳工具、饲料干净卫生，栏舍干净卫生，牛体干净卫生。

2. 刷拭和调教 犊牛出生后4～5d，开始刷拭牛体，每天1～2次。既可保持牛体卫生，有利于犊牛健康，也有利于犊牛养成良好的性情。

3. 单栏露天培育 为了提高犊牛成活率，采用单栏露天培育的方法可以有效防止“舔癖”，有利于犊牛健康生长，还可促进其在育成期提早发情。

4. 运动 犊牛正处在长体格时期，加强运动，对增强体质和健康十分有利。生后7～10d的犊牛，即可在运动场上进行短时间运动，到1月龄时可增至2～3h。

5. 编号 犊牛出生后，应立即给予编号，在1周内把标号打到牛体上。编号的方法以耳标法较为常用（图3-4-1、图3-4-2）。

图 3-4-1 塑料耳标及安装工具

1. 耳号牌 2. 安装钳及备用针 3. 标签笔

（梁学武，2002. 现代奶牛生产）

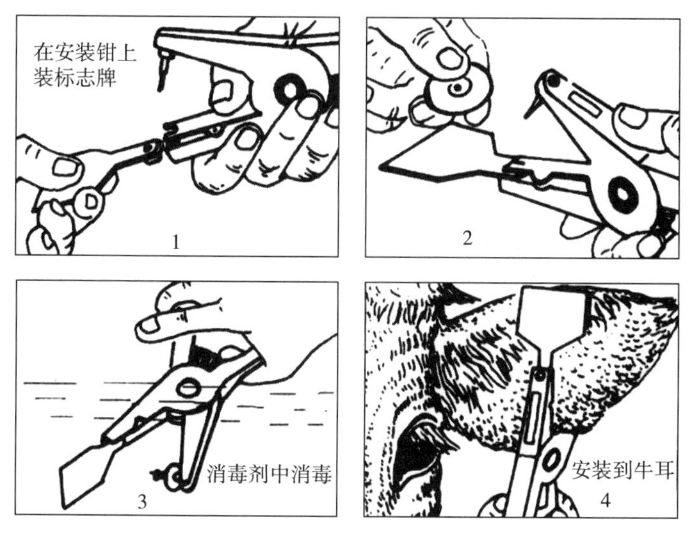

图 3-4-2 耳标安装过程

（梁学武，2002. 现代奶牛生产）

6. 去角 犊牛去角有利于成年后的管理。犊牛去角时间在 5～7 日龄为好。

犊牛去角技术

7. 除副乳头 乳用犊牛要去除副乳头，一般在 2～6 周龄，最好避开夏季。先清洗消毒副乳头周围，再轻拉副乳头，沿着基部剪除，用 2%碘酒消毒手术部位。

三、肉用犊牛的饲养方案

（一）哺喂初乳

在出生后 0.5～1h 内让犊牛吃足初乳。

（二）哺喂常乳

肉用犊牛哺乳的方法有 2 种：一是随母哺乳，犊牛出生后每天跟随母牛哺乳、采食和放牧，哺乳期为 4 个月左右，这样容易管理，节省劳动力，有利于犊牛的生长发育，是目前多数养殖户选用的培育方法；二是人工哺乳法，乳肉兼用和一些因母牛产后泌乳少的犊牛，应采取人工哺乳。

（三）肉用犊牛补饲

肉用母牛的产乳量较低，肉用犊牛早期生长快，仅靠母牛的奶喂养犊牛，不能满足其快速发育的需要，因此，在犊牛哺乳早期就应进行补饲。

1. 干草的补饲　从1周龄开始，在犊牛栏的草架内添入优质干草（如豆科青干草等），训练犊牛自由采食，以促进瘤胃、网胃发育。

2. 精料的补饲　生后10～15 d开始训练犊牛采食精料。由于肉用母牛和犊牛一起生活，所以应采取有效的补饲措施——隔栏补饲，即在牛舍或牛圈内设一个犊牛能够自由进出而母牛不能进入的坚固围栏，内设饲槽并每日添加补饲的饲料。围栏的大小视犊牛的头数而定，进口宽40～50cm、高90～100cm。

开始时日喂干粉料10～20g，到1月龄时，日喂150～300g，2月龄时日喂500～700g，3月龄时日喂750～1 000g。

补充的精料必须是高蛋白和易消化的能量饲料，并添加维生素、矿物质，其营养必须平衡，还需具有较好的适口性。

3. 青绿多汁饲料的补饲　如胡萝卜、甜菜等，犊牛在20d时开始补饲，以促进消化器官的发育。每天先喂20g，到2月龄时可增加到1～1.5kg，3月龄为2～3kg。

4. 青贮饲料的补饲　在2月龄开始饲喂青贮饲料，每天100～150g，3月龄时1.5～2kg，4～6月龄时4～5kg。应保证青贮饲料品质优良，防止用酸败、变质及冰冻青贮饲料饲喂犊牛。

（四）肉用犊牛的管理

肉用犊牛的管理除参考乳用犊牛管理外，还应做好以下管理工作：

1. 断乳　由于利用了人工哺乳，犊牛生后任何时期都可以断乳，一般能采食1kg全价精料时即可断乳。5～6月龄断乳为宜。

2. 去势　公犊牛3～5月龄去势，术后恢复快，不需护理，而且牛肉质量好。设计24月龄出栏的公犊不主张去势。

3. 加强护理，预防疾病　在犊牛饲养中，坚持每天刷拭牛体，并注意观察其食欲、精神、粪便是否正常，发现问题及时采取措施。犊牛最易发生的疾病是腹泻和肺炎。可给犊牛饲料中添加1%的酵母片，以促进其消化；恶劣天气减少犊牛户外活动，晴朗天气多让犊牛进行户外活动，以增强抗病力；做好防寒保暖工作，防止受凉感冒。

育成牛的饲养管理

任务3　育成牛的饲养管理

一、育成牛与育成期

育成牛也称为青年牛，育成母牛是指从7月龄至产犊前的母牛，育成公牛是指从7月龄至配种前的公牛。

给育成牛提供的营养水平过低，则育成牛的发育迟缓，在初配时体格过小，乳腺发育受阻，影响产乳性能；营养水平过高，则导致育成牛过肥，脂肪易沉积在乳腺内，使终身产乳量下降。

饲养育成牛一定要做到适度，既要保证在初配时达到一定的体格、体重，又不要过肥过大；既要满足育成牛生长发育的营养需要，又不要增加饲养成本。要实现这一点，就要了解育成牛的生长发育规律，并做好科学的饲养管理。

二、育成牛生长发育特点

1. 体型、体重的变化 从断乳到性成熟阶段，牛的增重较快，体长变化十分明显，尤其是在体躯宽深、胸围、腹围方面变化最大，因此，在育成阶段，牛的体尺发育应达到一定程度。在育成阶段体躯方面还未发育充分，为使其体躯充分发育，除了注意育成期培育外，还应注意其第一胎及第二胎的饲养管理。

在育成期，体重的增长并不是直线的，一般情况下，在 3 月龄前，日增重约 0.5kg，5～10 月龄间，体重增长迅速，日增重在 0.7kg 以上，高的可达 1kg。10 月龄后，日增重下降到 0.6～0.8kg。

由于育成牛的体重增长在很大程度上受到饲料营养供给的影响，因此，生长速度不是十分稳定，在实际上变化很大。一般早期断乳或早期发育受阻的犊牛都要在该期进行补偿生长，所以，掌握育成牛生长发育规律十分重要。大型黑白花奶牛 6～24 月龄体重变化见表 3-4-3。

表 3-4-3 育成牛发育进度表（体重）

月龄（月）	6	9	12	15	18	24
体重（kg）	150	212	275	340	400	530

2. 繁殖机能的变化 在育成阶段，牛要经历性成熟和体成熟两个过程。

母犊牛生殖器官的发育，随体躯的生长而进行。营养水平和气候条件等因素影响性成熟的早晚。一般情况，低营养水平，性成熟期出现晚；高营养水平，性成熟期出现早。在生产上，可根据育成牛的体重判断其是否进入性成熟期，当小母牛体重达到成年母牛体重的 40%～50%时即认为其进入性成熟期。

体成熟是指育成牛的骨骼、肌肉和各内脏器官的发育基本完成，并且具备了成年牛所固有的体态结构。性成熟早于体成熟。

进入性成熟期后母牛排卵并出现发情征状，但若此时配种，母牛体格小，容易造成难产，泌乳量低。在分娩时，如犊牛体重超过母牛体重的 10%时，难产率可达 4%～5%。而配种过晚，母牛饲养费用增加。

决定配种时间的主要依据是体重，当育成牛的体重达成年牛体重的 70%时即可配种。到产第 1 胎时的体重应达到成年牛的 82%，第 2 胎时为 92%，第 3 胎为 100%。

3. 乳腺的发育 乳腺发育可分为胎儿期、初情前期、初情后期、妊娠期和泌乳期 5 个阶段；激素和营养对乳腺的发育起到了关键作用；在青年母牛乳腺发育的关键时期，调整营养水平进行饲喂，通过利用乳腺发育的基本规律，可以充分发挥奶牛的泌乳潜力。育成期是乳房发育的重要时期，乳腺的导管系统开始生长，形成分支复杂的细小导管系统，而腺泡一般还没有形成。

育成期的营养对乳腺的发育具有很大的影响。尽管乳腺发育和体组织及繁殖机能的变化平行进行，但通过营养供给可有效控制乳腺发育早于性成熟期。但是初情期以前，若体重增长过快，不利于乳腺发育。如果母牛过肥，多余的脂肪会沉积在乳腺内，影响泌乳器官的发育，使得乳房外形虽然很好，但乳腺组织内充填着脂肪，在泌乳前后乳房容积变化不大，产乳量低。

4. 消化机能的增强 犊牛出生时，瘤胃非常小，而皱胃最大，但在断乳后，瘤胃迅速发育，短时间内其位置和形态可达成牛水平。犊牛刚出生时，瘤胃和网胃加在一起，仅占4个胃容积的1/3，到4月龄时，两者占80%。同时，瘤胃乳头的密度和长度明显增加，消化功能亦与初生犊牛具有很大区别。断乳后应增加粗料喂量。

以上是育成牛生长发育规律，在饲养管理时，要充分利用这些规律来科学饲养。

三、育成牛的饲养重点

饲养育成牛的目的是为了补充因不断淘汰而减小的成年牛群。育成牛的特点是生长发育快，体质健壮，活泼好动，是培养和增强体质的有效阶段。育成牛的营养管理好坏，不但影响其生长发育，也将在相当程度上影响到未来的牛群的繁殖力等生产水平。因此，育成牛饲养管理的中心任务是：保证充分生长发育，做到适时配种，顺利产犊。

针对育成牛的特点，对育成牛饲养应分阶段进行。

1. 7～12月龄 该阶段是性成熟期，性器官及第二性征发育快。在饲养上要求供给足够的营养物质，同时，日粮要有一定的容积以刺激前胃的继续发育。此时的育成牛除给予优质的牧草、干草和多汁饲料外，还必须给予一定的精料。

2. 12～18月龄 该阶段为了进一步刺激消化器官增长，日粮应以粗饲料和多汁饲料为主。按干物质计算，粗饲料占75%，精饲料占25%，并在运动场放置干草、秸秆等。不宜过多饲喂青贮饲料和高能量的饲料，以免过于肥胖，影响发情。如条件允许，夏秋季节应以放牧为主，节约培育成本。

3. 18月龄至产犊 此期已配种受胎，生长减慢，体躯向宽、深发展，在丰富的饲料条件下容易沉积大量脂肪。因此，这一阶段的日粮营养水平既不能过高，又不能过低，应以品质优良的干草、青草、青贮料和根茎类为主，精料可以少喂或不喂。到妊娠后期，由于体内胎儿生长迅速，必须另外补加精料，每天2～3kg。按干物质计算，粗饲料要占70%～75%，精饲料占25%～30%。

总之，育成牛饲养的原则应该是：以青粗料为主，适当补充精料；既要保证营养，又要防止过肥。育成公牛原则上应增加日粮中精料给量和减少粗料量，以免形成“草腹”、影响种用性能。

四、育成牛的管理

1. 合理组群 育成牛阶段要根据牛的年龄、体况、生理状况进行组群。根据实际情况确定牛群大小。每群内的个体间年龄相差不超过3个月，体重不超过75kg。

2. 搞好环境卫生 潮湿、寒冷对育成牛的生长发育影响较大。牛舍可以用垫草或锯末除湿，要勤垫、勤换，保持牛舍清洁干燥，通风良好，光线充足。

3. 加强运动 运动与日光浴对于育成牛非常有益，阳光除了促进钙的吸收外，还可以使体表皮垢的自然脱落。因此，全舍饲条件下，每天运动时间不少于2h，在12月龄之前生长发育快的时期更应加强运动。

4. 乳房按摩 按摩乳房，能促进乳腺组织的发育，也能加强人牛亲和，有利于产犊后的挤乳操作。从 12 月到配种前，每天按摩 1 次；配种到产前 2 个月，每天按摩 2 次。

5. 刷拭和调教 为使牛体清洁，促进体表血液循环，应对育成牛进行刷拭，每天 1～2 次，每次 5min 左右。在此期间，要对育成牛进行调教，训练拴系、认槽定位，使牛养成良好的习惯。

6. 制订生长计划 根据本场牛群周转状况和饲料状况，制订不同时期的生长目标，从而确定育成牛各阶段的日粮组成和管理进程。一般在 6 月龄、12 月龄、配种期、18 月龄、初产要进行体重和体尺测量，并详细记录。

7. 初次配种 配种前要进行发情观察、记录发情日期，发情记录有助于下一次配种时的发情预测及预产期计算。

8. 受胎后的管理 妊娠后育成牛的管理要耐心，经常进行刷拭、按摩，要防止牛格斗、滑倒、爬跨，以防流产。为了让育成牛顺利分娩，应在产犊前 7～10d 调入产房，以适应新环境。

任务 4 生产报表

犊牛舍和育成牛舍的生产报表主要有以下几种：

1. 犊牛记录表 记录内容：犊牛耳号、接收日期、出生日期、免疫的疫苗种类及日期、初次饲喂初乳时间、死淘日期及原因等。

2. 育成牛记录表 记录内容：育成牛耳号、转群时间、免疫的疫苗种类及日期、饲料饲喂量、死淘日期及原因等。

3. 犊牛去角记录表 记录内容：牛号、时间、去角人员、去角情况、意外情况。

4. 后备牛发育情况报表 报表内容：犊牛 6 月龄测体重头数，总重，平均重；育成牛 13 月龄测体重头数，总重，平均重。

复 习 思 考 题

一、名词解释

1. 初乳 2. 育成牛

二、填空题

1. 初乳是指母牛在犊牛出生后________ d 分泌的乳汁，犊牛出生后应在________ h 内吃上初乳。

2. 针对育成牛的特点，对育成牛饲养应分________阶段进行。

三、选择题

1. 犊牛开始采食草料的时间为（ ）。

A. 初生时 B. 1 周龄 C. 2～3 周龄 D. 5～6 周龄

2. 奶牛干乳期时间一般为（　　）d。

A. 20～30　　B. 45～60　　C. 282　　D. 305

四、判断题

（　　）1. 乳用犊牛因为较小，所以不用运动。

（　　）2. 肉用、役用犊牛一般是随母牛自然哺乳。

（　　）3. 乳用犊牛，应实行人工哺乳，以节省哺乳量。

（　　）4. 对牛进行饲养管理，应保证其有充足的采食和反刍时间。

（　　）5. 育成公牛的日粮，应增加精料量，减少粗料量，以免形成“草腹”。

（　　）6. 乳用品种的育成牛，放牧是最理想的饲养方式。

五、简答题

1. 牛的采食、消化特点有哪些?

2. 简述犊牛饲养管理要点。

3. 简述育成牛饲养管理要点。

【参考答案】

一、名词解释

1. 初乳是指母牛产犊后5～7d内分泌的乳汁。

2. 育成牛也称为青年牛，育成母牛是指从7月龄至产犊前，育成公牛是指从7月龄至配种前。

二、填空题

1. 5～7，1

2. 三

三、选择题

1. B

2. B

四、判断题

1～6. ×√√√√√

奶牛的饲养管理

【学习目标】

1. 了解奶牛舍工作职责。
2. 掌握个体产乳量的测定与计算方法，群体产乳量的统计方法，乳脂率的测定与计算方法，4%标准乳的换算方法。
3. 学习并了解奶牛的泌乳特点及规律。
4. 掌握奶牛日粮配合的原则，奶牛饲喂技术和管理方法。
5. 通过实训掌握奶牛挤乳技术及乳腺炎检测技术。
6. 了解泌奶牛各阶段的饲养管理。
7. 学习并掌握奶牛干乳期的饲养管理技术。
8. 学习并掌握生产报表的填写。

【学习任务】

任务1　岗位工作职责

（1）根据牛只的不同阶段特点，按照饲养规范进行饲养。爱护牛只，熟悉所管理牛群的具体情况。

（2）严格按照操作规程对挤乳设备、制冷奶罐进行操作。爱护设备，定期检查维护保养，发现异常及时处理，确保正常运转。

（3）保持设备和环境的清洁卫生。按规定拆洗挤乳机、清洗制冷奶罐。输送牛乳的管道、奶泵、乳桶、奶车用前要消毒用后要清洗。

（4）按规定计量每班次的产乳量和鲜奶出库情况，及时上报生产技术办公室。

（5）注意观察上挤乳机的奶牛，发现患乳腺炎牛只，不得上机挤乳，应及时通知班组进行特别护理和治疗。开始挤出的第1～2把乳汁、应用抗生素及停约后5d内的乳汁、血乳、病牛乳、初乳、末乳及变质乳要按规定单独挤，单独存放，严禁混进大罐。

（6）保持个人和挤乳环境的清洁卫生。

（7）按照固定的饲料顺序饲喂。饲料品种有改变时，应逐渐增加给量，一般在一周内达到正常给量。不可突然大量改变饲料品种。

（8）工作期间禁止大声喧哗，严禁打牛。

任务2 奶牛生产性能

一、个体产乳量的测定与计算

1. 测定方法 最精确的方法是将每头母牛每天每次的产乳量进行称量和登记。中国奶牛协会建议用每月测定3d的日产乳量来估计全月产乳量的方法。其具体做法是在一个月内记录产乳量3d，各次间隔为8～11d之后用下列公式估算全月乃至全泌乳期产乳量：

$$全月产乳量（kg）=(M_1 \times D_1)+(M_2 \times D_2)+(M_3 \times D_3)$$

式中，M_1，M_2，M_3 为测定日全天产乳量（kg）；D_1，D_2，D_3 为当次测定日与上次测定日间隔天数。

2. 个体产乳量的统计指标

（1）305d产乳总量。是指自产犊后第1天开始到305d为止的总产乳量。不足305d的，按实际乳量，并注明泌乳天数；超过305d者，超出部分不计算在内。

（2）305d校正产乳量。虽然奶牛的泌乳期要求为305d，但有的奶牛泌乳期达不到305d，或超过305d而又无日产乳记录可以查核。为便于比较，可依据本品种母牛泌乳的一般规律拟订出校正系数（表3-5-1），作为换算的统一标准，再将这些产乳量记录用系数校正为305d的标准乳量。

表3-5-1 荷斯坦奶牛泌乳期不足或超过305d的校正系数

泌乳天数	1胎	2～5胎	6胎以上	泌乳天数	1胎	2～5胎	6胎以上
240	1.182	1.165	1.155	305	1.000	1.000	1.000
250	1.148	1.133	1.123	310	0.987	0.988	0.988
260	1.116	1.103	1.094	320	0.965	0.970	0.970
270	1.086	1.077	1.070	330	0.947	0.952	0.956
280	1.055	1.052	1.047	340	0.924	0.936	0.939
290	1.031	1.031	1.025	350	0.911	0.925	0.928
300	1.011	1.011	1.009	360	0.895	0.911	0.916
305	1.000	1.000	1.000	370	0.881	0.904	0.913

注：使用系数时，如某牛已产乳265d，可使用260d的系数；如产乳266d则用270d的系数进行校正；其余类推。

（3）全泌乳期实际产乳量。是指自产犊后第1天开始到干乳为止的累计奶量。

（4）终生产乳量。个体终生各个胎次实际产乳量的总和。

二、群体产乳量的统计方法

全群产乳量的统计，应分别计算成年牛（应产牛）的全年平均产乳量和泌乳牛（实产牛）的全年平均产乳量。计算方法如下：

$$\text{成年牛全年平均产乳量}=\frac{\text{全群全年总产乳量}}{\text{全年平均每天饲养成年母牛头数}}$$

$$\text{泌乳牛全年平均产乳量}=\frac{\text{全群全年总产乳量}}{\text{全年平均每天饲养泌乳母牛头数}}$$

式中，“全群全年总产乳量”是指从每年 1 月 1 日开始，到 12 月 31 日止全群牛产乳的总量；“全年每天饲养成年母牛头数”是指全年每天饲养的成年母牛头数（包括泌乳、干乳或不孕的成年母牛）的总和除以 365d（闰年用 366d）；“全年每天饲养泌乳母牛头数”是指全年每天饲养泌乳牛头数的总和除以 365d。

三、乳脂率的测定与计算

乳脂率是反映牛乳质量的重要指标，因此必须测定乳脂率。常规的乳脂率测定方法有盖勃氏法和巴布科克氏法或电子乳脂自动检测仪测定。通常在全泌乳期的 10 个泌乳月内，每月测定 1 次，将测定的数据分别乘以各该月的实际产乳量，而后将所得的乘积累加起来，被总产乳量来除，即得平均乳脂率。乳脂率用百分率表示，计算公式是：

$$\text{平均乳脂率}=\frac{\sum(F\times M)}{\sum M}\times 100\%$$

式中，$\sum$为累计的总和；F 为每次测定的乳脂率；M 为该次取样期内的产乳量。

由于乳脂率测定工作量较大，为了简化手续，中国奶牛协会提出 3 次测定法来计算其平均乳脂率，即在全泌乳期中的第 2、5、8 泌乳月内各测 1 次，而后应用上列公式计算其平均乳脂率。

四、4%标准乳的换算

不同个体牛所产的乳，其乳脂率高低不一。为评定不同个体间产乳性能的优劣，应将不同含脂率的乳校正为同一含脂率的乳，然后进行比较。常用的方法是将不同乳脂率都校正为4%乳脂率的标准乳，以便比较。其换算公式为：

$$4\%\text{标准乳(FCM)}=M\times(0.4+15F)$$

式中，FCM 为含脂率 4%的标准乳；M 为乳脂率为 F 的乳量；F 为实际乳脂率。

任务 3　奶牛的泌乳特点及规律

一、奶牛的生产周期和泌乳曲线

奶牛生产周期一般由 305d 泌乳期和 45～60d 干乳期组成。在 305d 的泌乳期内按日产乳量看，开始时低，在产后 60～70d，日产乳量达到高峰，高峰过后，有一个平稳阶段，约在产后 200d 后产乳量下降，直到停乳，这样产乳量的升降就形成一个泌乳曲线（图 3-5-1）。

在正常营养状况下，奶牛不同胎次产乳量受乳房生长发育的影响，第 1 胎产乳量低，随着胎次和年龄的增长，产乳量逐次提高，到第 5～6 胎达到终生最高产乳量，以后各胎次产乳量便持续下降。

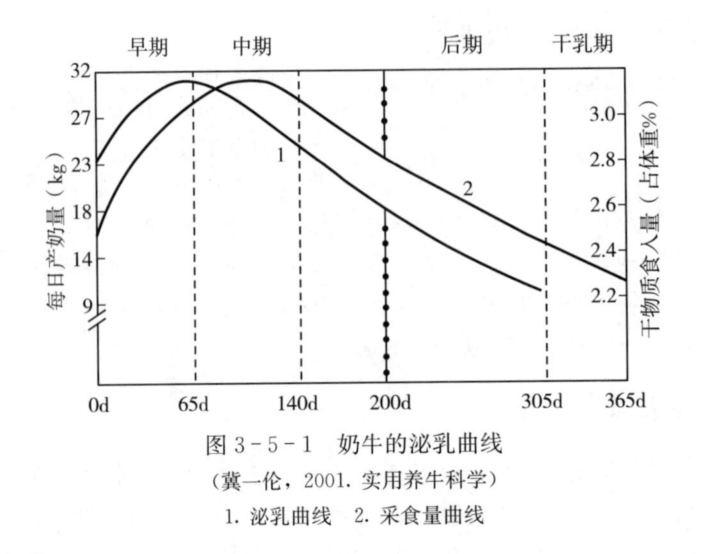

图 3-5-1　奶牛的泌乳曲线
（冀一伦，2001. 实用养牛科学）
1. 泌乳曲线　2. 采食量曲线

二、乳汁的形成与分泌

牛的乳房分左右两半，共 4 个乳室，每个乳室各有一组乳腺，而且互不相通。牛乳是乳腺细胞的代谢产物，是乳腺细胞吸收各种养分，经过一系列复杂的生理生化反应合成的。乳腺的工作强度很大。每生产 1kg 牛乳，需 400～500L 血液流经乳腺。乳汁的形成从母牛妊娠的后半期开始，到妊娠末期，乳腺内已积累了相当数量供转化成乳汁的成分，成为乳的成品、半成品，母牛分娩后便开始泌乳。

任务 4　奶牛的饲养管理

一、奶牛日粮配合的原则

1. 日粮组成应力求多样化　泌乳牛的日粮组成应力求多样化，这是因为泌乳牛的进食量大，高产奶牛每日干物质进食量可达体重的 3.6%～4.0%，如 1 头 650kg 的奶牛，每天进食 23～26kg 干物质，若日粮干物质按 50%计，则其昼夜饲料总进食量可达 46～52kg；为了能使泌乳牛食入泌乳需要的日粮定额，其日粮必须由多种多样的饲料组成，才能保持奶牛有旺盛的食欲。饲料种类单纯，有碍食欲，奶牛也就得不到足够的日粮，势必影响其泌乳性能的发挥。日粮组成多样化能促进食欲，增加采食量，且能使奶牛获得丰富而全面的营养物质。不同饲料的搭配，可起到营养素间的互补作用。例如，玉米籽实蛋白质中的氨基酸不完善，尤其缺赖氨酸，与大豆搭配饲喂，则能弥补玉米的不足，所以必须让奶牛能采食到多种多样的饲料，才能保证其泌乳性能的发挥，保持健康及正常体况。

奶牛的日粮应有 4～5 种以上的谷物类、豆类或其他农副产品组成混合精料（内含矿物质、微量元素等添加剂）、青粗饲料应有青绿饲料、青贮饲料、根茎瓜果类和干草等组成。此外，食品工业副产品、糟渣类也是由常用的日粮组成。每头成母牛主要饲料年需要量见表 3-5-2。

表 3-5-2 成母牛主要饲料年需要量

饲料种类	年需要量（kg）
精料	3 000～4 000
玉米青贮	5 000～8 000
干草	1 200～2 000
糟渣	2 000～2 500
青绿饲料	5 000～6 000
根茎瓜果类	2 500

注：①成母牛按年产乳 7 500～8 000kg，乳脂率 3.1%～3.2%估算。
②对高产奶牛应组织一定比例的优质豆科牧草。
③精料中谷物类占 50%～55%、糠麸类占 10%～12%、蛋白质饲料占 25%～30%、矿物质占 5%左右。

2. 精、粗饲料要合理搭配 泌乳牛的日粮，依其瘤胃消化生理特点所决定，应以青粗饲料为主，适当搭配精料为原则，青粗饲料应尽量让其自由采食。精料的喂给应根据泌乳牛的日产乳量和青粗饲料所含的蛋白质水平和能量浓度而定。一般奶牛每 100kg 体重可采食优质干草 3～4kg，中等品质干草 2.5～3kg，劣质干草 1.5～2.0kg；干草的品质越好，则奶牛的进食量越大。日粮中每添加 4～5kg 青绿多汁饲料，可取代 1kg 干草，每头成母牛干草日喂量不宜少于 4～5kg，青绿多汁饲料也不是饲喂越多越好，一旦采食过量，一方面会降低日粮营养浓度，影响干物质进食量；另一方面，过多会引起排泄过快，粪便过稀，影响饲料的消化吸收，降低利用率。因此也要按一定的比例搭配，一般泌乳牛每 100kg 体重可喂给青绿多汁饲料 8～12kg（其中青贮料占 1/2 以上），在多汁饲料中，青贮饲料是必不可少的主要组成部分，一般多用乳熟期至腊熟期的全株玉米为制作原料，因其能量高，玉米青贮仍为当今舍饲奶牛的主要青粗饲料。

精料的喂量，常依青粗饲料的品质以及产乳水平而定。一般而言，荷斯坦牛和瑞士褐牛，日产乳不足 20kg 的，每生产 2kg 牛乳，饲喂 0.5kg 精料；产乳量为 21～30kg 的，每产 1.5kg 左右，喂给 0.5kg 精料；产乳量超过 30kg 的，每产 1kg 给予 0.5kg 精料。对于牛乳固形物含量较高的奶牛品种，日产乳不足 15kg 的，每生产 1.5kg 牛乳，饲喂 0.5kg 精料；产乳量为 15～30kg 的，每产 1kg 左右，喂给 0.5kg 精料；产乳量超过 30kg 的，每产 0.9kg 喂给 0.5kg 精料，但应注意精料最大喂量不宜超过 15kg，或按日粮总营养价值计，精料给量不超过 65%。如喂给过多的精料，轻则影响乳脂率（表 3-5-3），造成消化障碍、厌食、腹泻，进而出现皱胃移位、慢性酸中毒、蹄叶炎等营养代谢疾病，严重影响奶牛的健康和产乳性能。

表 3-5-3 日粮粗料含量对奶牛瘤胃发酵及生产性能的影响

项目		日粮类型（苜蓿干草：精料）		
		60：40	40：60	20：80
生产性能	体重（kg）	615	609	613
	日产乳量（kg）	21.8	22.3	19.7
	4%标准奶（kg）	20.8	18.8	14.8
	乳脂率（%）	3.4	3.0	2.6

（续）

项目		日粮类型（苜蓿干草：精料）		
		60：40	40：60	20：80
瘤胃发酵	乙酸（mol/100mL）	65.5	60.1	53.9
	丙酸（mol/100mL）	19.7	24.6	29.5
	丁酸（mol/100mL）	10.8	10.9	11.6

二、奶牛饲喂技术

1. 用有限优质粗料饲喂高产奶牛技术

（1）优质粗料与产乳量。高产奶牛的营养年需要量见表3-5-4。

表3-5-4 产乳9 080kg奶牛的营养年需要量

营养	年需要总量
干物质（kg）	7 437
粗蛋白质（kg）	1 271
产乳净能（MJ）	50 208
中性洗涤纤维（kg）	2 179
咀嚼时间（h）	4 700
钙（kg）	70
磷（kg）	68

高产奶牛大约有50%的粗蛋白和产乳净能以及80%～90%的中性洗涤纤维来自粗饲料。奶牛饲喂优质苜蓿干草（中性洗涤纤维含量为40%）及20%精料的产乳性能，较饲喂劣质苜蓿（中性洗涤纤维含量为60%）和70%精料的高（表3-5-5）。对于高产奶牛，饲喂普通甚至低质的粗料，虽然加大精料喂量，能够提高日粮能量水平，但产乳性能达不到饲喂优质粗料的效果，可见优质粗料对奶牛的重要性。

表3-5-5 苜蓿质量与奶牛的产乳性能（4%标准奶）（kg）

干草中性洗涤纤维含量（%）	日粮中精料所占比例（%，以干物质为基础）			
	71	54	37	20
40	39.1	39.6	37.8	36.2
42	35.1	35.1	31.4	30.9
52	29.4	30.1	28.4	26.0
60	31.6	29.4	25.2	23.7

（2）粗料质量与精料需要。奶牛精料的用量与粗料的类型（豆科或禾本科）以及成熟期有关。当苜蓿的相对饲喂价值（RFV）从160（适合于高产牛的质量）降至80时，其粗蛋白含量从21%降为10%，同时，中性洗涤纤维含量增加，粗料的能值降低，其他的牧草也

存在相似的变化情况。随着粗料的老化（相对饲喂价值下降），粗料的适口性降低，采食量减少，详见表 3-5-6。

表 3-5-6 粗料质量对奶牛日粮组成及精料需要的影响

项目		苜蓿相对饲喂价值					牧草质量		
		80	100	120	140	160	低质	较好	优质
原料营养成分（干物质）	粗蛋白质（%）	10	13	16	18	21	8	11	17
	酸性洗涤纤维（%）	48	42	38	31	30	45	40	33
	中性洗涤纤维（%）	60	52	46	43	38	72	63	53
	产乳净能（MJ/kg）	4.70	5.25	5.53	6.08	6.27	5.07	5.53	5.99
	粗料采食量（kg/d）自由采食	8.2	10.0	12.6	14.1	15.0	9.5	11.8	12.7
日粮组成（干物质）	粗料（%）	27	32	36	43	50	28	34	42
	玉米（%）	50	48	47	43	41	48	44	43
	豆饼，44%粗蛋白（%）	20	17	14	11	6	21	19	12
	矿物质-维生素（%）	3	3	3	3	3	3	3	3
日粮营养水平（干物质）	粗蛋白（%）	17.5	17.5	17.5	17.5	17.5	17.5	17.5	17.5
	产乳净能（MJ/kg）	7.2	7.2	7.2	7.2	7.2	7.2	7.2	7.2
	中性洗涤纤维（%）	23.6	25.3	25.0	26.1	26.0	29.2	29.7	28.3
	粗料中性洗涤纤维所占比例（%）	70	71	73	77	81	69	72	79
精料喂量（kg/d）	36kg 奶量	18.2*	17.3*	16.3*	14.5	12.7	16.8*	15.0	14.1
	30kg 奶量	14.1	12.7	11.8	8.6	7.3	12.7	11.8	10.9
	23kg 奶量	11.8	10.0	8.2	5.9	5.0	9.5	8.6	7.7

注：①* 表示相对饲喂价值仅 80～120 的苜蓿以及劣质牧草不适宜于饲养日产乳 36kg 以上的奶牛。
②相对饲喂价值（RFY）＝可消化干物质采食量/1.29
可消化干物质＝88.9－0.779×干物质中酸性洗涤纤维（%）
干物质采食量＝1.2/干物质中中性洗涤纤维（%）
可消化干物质采食量＝可消化干物质×干物质采食量
例如：某干草干物质中含酸性洗涤纤维 32%、中性洗涤纤维 45%，则其相对饲喂价值为：
可消化干物质＝88.9－0.779×32＝63.972
干物质采食量＝1.2/45＝0.026 7
可消化干物质采食量＝63.972×0.267＝1.708
相对饲喂价值（RFY）＝17.08/1.29＝1.324

随着粗料质量的下降，日粮中的玉米和豆饼（或其他的能量和蛋白饲料）需要增加。

当日粮的中性洗涤纤维低于 26%（干物质基础）或来自粗料的中性洗涤纤维少于 75%时，将导致采食量降低、前胃弛缓、产乳量减少以至瘤胃酸中毒等。因此，对于相对饲喂价值仅 80～120 的苜蓿以及劣质牧草，不适宜用于饲养日产乳 36kg 以上的奶牛。

（3）用有限优质粗料的饲养技术。一般泌乳牛日粮的中性洗涤纤维以 28%～30%为宜，若日粮的中性洗涤纤维含量超过 32%～34%或中性洗涤纤维的进食量达到体重的 1.3%时，采食量减少，尤其是泌乳早期的奶牛，将导致产乳量降低、体况消瘦、不易配种。对于品质不良的粗料，可采用以下饲养策略：

①提高精料比例。增加精料用量，在一定程度可以弥补劣质粗料的不足。但精料过量使

用（日粮干物质中的中性洗涤纤维低于25%），将出现反刍减弱、唾液分泌减少、瘤胃酸中毒、乳脂率下降、蹄叶炎、慢性采食波动、产乳量下降、和泌乳早期的奶牛消瘦等。

为了避免奶牛出现这些不良情况，每顿精料的喂量不宜超过3.5kg，或者日粮中精料比例不超过60%。同时，当日粮精料比例较高时，可与一些纤维含量较多的副产品混合，如：带穗玉米、玉米面筋、玉米麸、甜菜渣、玉米穗轴以及豆荚等。这些饲料能有效减少瘤胃酸中毒及食欲减退的发病率。

②增加玉米青贮喂量。玉米青贮可占粗料比例的2/3～3/4，但日粮必须保持有2.5～3.0kg的干草或半干青贮，以防过食玉米青贮，造成肥胖。同时，对于高玉米青贮的日粮还需注意补充豆粕等蛋白饲料和缓冲剂，增加饲喂次数等。

③添加脂肪。对于低质粗料的日粮适当添加一些脂肪，可以提高能量水平，减少由于过食精料导致的瘤胃酸中毒。

④科学的粗料分配方案。适宜的粗料分配系统包括完整的粗料库存清单，并熟悉犊牛、育成牛、泌乳牛等各类牛的需要量，以便将优质粗料用于饲喂高产奶牛、泌乳盛期奶牛、围生期奶牛以及犊牛，质量较差的粗料饲喂干乳牛、育成牛以及低产牛。各类奶牛所需干草的相对饲喂价值分别为：泌乳盛期140～150；泌乳中后期125～145；青年妊娠母牛及干乳牛100～115。

2. 饲喂顺序 规模标准化奶牛场大多已采用全混合日粮（TMR）饲喂技术，一般小规模奶牛场采用分类饲喂，因此，制订科学的饲喂顺序能增进食欲，提高采食量和饲料转化率。奶牛饲喂的顺序通常采用的是“先粗后精，以精带粗，以少带多”的诱饲方式。同时饲喂顺序还应根据不同的季节和不同的饲料品种而有所调整。在夏季，其饲喂顺序可调为先喂精料，而后再喂青草，并让其自由采食，以保证奶牛在食欲不佳的情况下，能采食到应有的营养物质，当然也可先喂青草。从消化生理角度考虑，较理想的饲喂顺序为：粗料—精料—根茎类—粗料，这种喂法既能保持奶牛有旺盛的食欲，保证瘤胃内食团疏松，精粗掺和均匀，增加微生物与食糜的接触面，有利于消化，食完精料定额，又能促进多采食粗料。值得注意的是饲喂顺序一经确定，就应保持相对稳定，以便让奶牛建立采食条件反射。

3. 饲喂数量 奶牛的饲喂数量，一般可参照饲养标准。但是，按饲养标准饲喂的饲料数量毕竟是个理论极限值，它与实际采食有差异，况且饲养标准还受个体、环境、饲料品质和加工等因素的影响。正确而又灵活地掌握适宜的饲喂数量，尤为重要。

（1）料奶平衡法。一般来说，奶牛的产乳量高，饲料的饲喂数量也应相应增加。奶牛的饲喂数量可以用饲养标准来掌握，但在泌乳盛期，奶牛的采食量往往落后于产乳量，而在泌乳中、后期为了稳定产乳量、恢复奶牛体况，又需要多给一些饲料。通常采用的方法是产量试探法，即在保证青粗饲料最大采食量的基础上，逐渐增喂精料，如果奶牛的产乳量也随之上升，其精料喂量尚可继续增加，直到产乳量不再上升为止，这一方法称为料乳平衡法。

（2）饲料剩余法。饲料的剩余量过多，不仅仅是饲喂数量过量的反映，同时也与各种饲料的质量、适口性、加工以及饲喂技术等密切相关。例如：所饲喂的干草剩余量多，很可能是干草过于木质化，也可能是干草因保管不善导致出现霉变。发现饲槽有过多的剩余饲料时，首先应检查饲料的质量、适口性以及加工工艺等，如若这几方面都没有问题，则应立即减少某一种类的饲料数量，并换成其他饲料，以避免饲料浪费。

（3）检查肷部法。每日需观察牛只是否喂饱，可查看左肷窝情况，如该处已接近平坦，则说明已喂饱，如若尚有明显的凹陷，则应继续添喂饲料。

（4）检查粪便法。粪便的稀稠度是奶牛胃肠道对饲料的消化和吸收正常与否的一种指征。

奶牛正常的粪便干厚，落地呈圆盘状，高产母牛粪便相对比较稀薄，落地呈扁平状，但不四溅。如果奶牛粪便稀薄、落地四溅、呈不规则状，并带有青绿色，这是青绿饲料过多的反映；如果粪便稀薄，带有黄绿色，并有许多尚未消化的精饲料颗粒、恶臭，pH小于6，是精料采食过多所致。在饲喂过程中，应随时注意奶牛的粪便的稀稠度和色泽，并由此增减某些饲料的饲喂数量。如粪便呈现灰白色，混有黏液、血液时，应及时请兽医诊治。

（5）检查体况法。从奶牛体况来确定饲喂数量。如果牛群的体况普遍良好，产乳量较大，说明奶牛饲养管理得法，饲喂数量得当。反之，牛群普遍消瘦，产乳量有所下降，则说明在饲喂数量上存在问题，应检查饲料喂量和日粮的营养浓度，并适当减少饲喂数量。

4. 定时定量、少给勤添 定时指每天按固定时间分次饲喂。奶牛在长期的采食过程中可形成条件反射，在采食前消化液就已开始分泌，为采食后消化饲料做准备。如果提早饲喂，由于食欲反射不强，可能会造成奶牛挑剔饲料，加上消化液分泌不足，影响消化；如果饲喂过迟，又会使奶牛饥饿不安，同样会影响消化液的分泌和奶牛对营养物质的消化和吸收。因此，只有定时饲喂，才能保证奶牛消化机能的正常活动。

定量饲喂是每次给予奶牛的饲料数量基本固定，尤其是群饲时，精饲料应定量供给，而粗饲料可以采用自由采食的方式，这样可使奶牛在采食到定量的精饲料后，根据食欲强弱而自行调节粗饲料的进食量。

“少给勤添”指每次供给奶牛的饲料量应在短时间内让其吃完，而后多次少量添喂。这样可以使奶牛经常保持良好的食欲，并使食糜均匀地通过消化道，以提高饲料的消化率和转化率。

5. 逐渐更换饲料 奶牛瘤胃内微生物区系的形成需要30d左右的时间，在更换日粮成分时，尤其是粗饲料，必须有1～2周的过渡期，以便使奶牛和瘤胃内微生物区系能够逐渐适应。奶牛日粮最忌经常变动，饲料供应不稳定，直接影响产乳量，因饲料变化造成产乳量下降，往往不容易再恢复到原有的产量水平。因此，奶牛场必须做到按计划、按质、按量稳定供应饲料。

6. 清除饲料异物 奶牛采食饲料时是将其卷入口内，粗略咀嚼即咽下，故对饲料中的异物反应不敏感。饲喂奶牛的精料要用带有磁铁的筛子进行过筛，或在青粗饲料切草机入口处安装电磁铁，以便除去夹杂的铁钉、铁丝等尖锐异物，亦可在瘤胃中投放磁笼，避免出现网胃心包创伤。对于含泥沙较多的青割饲料，还应将其浸在水中淘洗后再进行饲喂。

7. 饲喂次数 饲喂次数与采食量有直接的关系，每日饲喂4次比3次可增加对青粗饲料的采食量约15%。泌乳牛群的饲喂次数，应与挤乳次数结合进行安排。规模养殖场大多数采用3次饲喂，3次挤乳的工作日程。不同的饲喂次数和挤乳次数对营养物质消化率和产乳量有一定的影响。每天饲喂3次相比饲喂2次，虽然可以提高日粮中营养物质的消化率，但也增加了劳动力成本。对于低产奶牛（泌乳量为3 000～4 000kg），可以采用每日2次饲喂，2次挤乳的工作日程；但对于产乳量较高（6 000kg以上）的奶牛，宜采用3次饲喂，3次挤乳的工作日程，以利于提高产乳量。

三、奶牛管理技术

1. 保持清洁卫生　牛舍内的空气、温度、湿度及舍内卫生情况，对牛的健康及乳产品质量均有直接的影响关系。因此，牛舍、运动场要保持清洁干燥，并定期进行消毒。

2. 刷拭牛体　经常刷拭牛体，保持皮肤清洁，减少体外寄生虫，促进牛体血液循环和新陈代谢；通过刷拭牛体还能使牛养成温驯的性格，利于人工挤乳。奶牛每天应刷拭2～3次。

牛体容易被污染，感染寄生虫的部位是颈、背、腰、尻及尾根，每天必须用毛刷梳理1次，将污物、脱毛等清除干净，夜间尻部、乳房容易受粪便污染，每天应用温水及毛刷进行梳洗。梳刷时精神要集中，随时注意奶牛的动态，以防被牛踢伤、踩伤。正确的刷拭方法为：饲养员左手持铁刷，铁刷只是用来清除毛刷上所粘的牛毛和污泥，刷拭由颈部开始，由前到后，自上而下，一刷紧接一刷，刷遍全身，不要疏漏；先逆毛而刷，后顺毛而刷。刷拭应在挤乳前1h完成。

3. 保证适当运动　奶牛在舍饲时必须保证每日2～3h的自由运动。

4. 肢蹄护理　四肢应经常护理，以防肢蹄疾病的发生。护蹄方法为：牛床、运动场以及其他活动场所应保持干燥、清洁，尤其奶牛的通道及运动场上不能有尖锐铁器和碎石等异物，以免伤蹄。定期用5%～10%硫酸铜溶液或3%福尔马林溶液洗蹄；对长蹄、宽蹄的牛，要及时进行削蹄，否则会使蹄壳延长并向前弯曲，造成蹄踵负重过大，引起趾痛、跛行，严重时行走困难；正常情况每年修蹄2次。夏季用凉水冲洗肢蹄时，要避免用凉水直接冲洗关节部，以防引起关节炎，造成关节肢蹄变形。在有良好的牛舍设施和管理条件下，肢蹄尽可能用干刷，以保持清洁干燥，减少蹄病的发生。

实训3-10　奶牛挤乳技术及乳腺炎检测实训

【实训目的】通过实训，掌握手工挤乳、机械挤乳技术，掌握奶牛乳腺炎的检测技术。

【材料用具】

手工挤乳

1. 动物　泌乳母牛若干头。

2. 材料　CMT奶牛乳腺炎检测试剂、诊断盘、胶头滴管、奶牛乳头消毒剂、过滤纱布等。

3. 用具　挤乳机、乳桶、水盆、毛巾、小凳、工作服等。

【方法步骤】

1. 奶牛挤乳技术

（1）挤乳前的准备。挤乳人员应备齐挤乳工具，剪短指甲，穿上工作服，洗净双手。将牛保定好，清洁牛体和牛乳房，按摩乳房刺激排乳，经过按摩后，奶牛的乳房膨胀，皮肤表面血管怒张，呈淡红色，皮温升高，触之很硬，即可开始挤乳。

（2）挤乳。挤乳的方式有手工挤乳和机器挤乳两种：

①手工挤乳。手工挤乳主要用压榨法，用拇指和食指扣成环状先压紧乳头基部，然后中指、无名指、小指依次压挤乳头，把乳挤出。每分钟压榨80～120次。

②机器挤乳。挤乳时先打开气门，再将集乳器的4个吸杯套于乳头上。在挤乳过程中，

要观察乳流情况，挤乳即将结束时，要用一只手按摩乳房，另一只手稍稍向下压住集乳器，以挤净乳房中的乳。如无乳流通过集乳管，应关闭挤乳桶或真空导管上的开关，轻轻卸下乳杯。

③挤乳后的工作。挤乳完成后，用乳头消毒剂点滴乳头，以防乳头感染。用85℃热水冲洗机器，晾干。

④挤乳应注意的事项。每头牛应在刺激排乳后1min内套上乳杯，5～8min内挤乳完毕；要挤掉“头把乳”，前3～4把乳细菌很多，应弃掉，单挤在一个容器内，避免污染环境；患有乳腺炎或其他疾病的牛不能参与正常挤乳，避免交叉传染；挤乳时注意人畜安全，保持环境安静，避免噪声惊扰。

2. 奶牛乳腺炎的检测

（1）通过肉眼观察乳房和乳汁变化，判断是否有临床型乳腺炎。如有乳房发红、肿胀、发热、疼痛等症状，或乳汁颜色为黄白色或血清样，并含有凝乳块，可做出初步诊断。

（2）隐性乳腺炎的检测（加利福尼亚乳腺炎测定法——CMT法）。将被检牛4个乳区的乳分别挤在诊断盘的4个小室内，倾斜诊断盘，倒出多余的乳，使每个小室内保留2mL乳汁，分别加入2mL试剂于小室内，呈同心圆摇动诊断盘，最后判定，判定标准如表3-5-7。

表3-5-7 CMT反应判定标准

反应	标注	乳汁反应	直观	体细胞数（万个/mL）
阴性	−	液体不黏稠，质地很均匀	无沉淀	0～20
可疑	±	微量极细颗粒，10s后可能消失	有沉淀	15～50
弱阳性	+	有部分沉淀物	有絮状物	40～150
阳性	++	凝集物呈胶状，摇动时呈中心集聚，停止摇动时，沉淀物呈凹凸状附着于盘底	微冻	80～500
强阳性	+++	凝结物呈胶状，表面突出，摇动盘时，向中心集中，凸起，黏稠度大，停止摇动，凝结物仍黏附于盘底，不消失	胶状黏附	>500
碱性乳	P	呈深紫色（pH7以上）	—	—
酸性乳	Y	呈黄色（pH5.2以下）	—	—

【实训报告】

（1）写一份手工挤乳与机器挤乳的比较体会。

（2）检验至少10个乳区的牛乳，记录隐性乳腺炎的检验方法及结果。

四、泌乳牛各阶段的饲养管理

（一）围生期饲养管理

奶牛围生期是指奶牛分娩前后的一个月时间，它包括妊娠后期和泌乳初期。在此期，奶牛从干乳转为泌乳，经受着生理上的极大应激，表现为食欲减退，对疾病易感，容易出现消化、代谢紊乱，如酮病、乳热症、皱胃移位、胎衣滞留、奶牛肥胖综合征等均发生在此期。此外，对乳腺炎的致病因子易感性增加。围生期是奶牛饲养管理过程中极为重要的一个生产环节，如果饲养不当，轻则发病率增加，影响母牛下胎的产乳量，重则造成母牛死亡和胎儿夭折。

1. 妊娠后期的饲养管理

（1）妊娠后期的饲养。奶牛妊娠后期由于胎儿和子宫的急剧生长，压迫消化道，干物质进食量显著降低。应提高日粮营养浓度，以保证奶牛的营养需要。日粮粗蛋白质含量一般较干乳期提高25%，对于体况过肥的牛或有过酮病史的奶牛，宜在日粮中添加6～12g烟酸，以降低酮病和脂肪肝的发病率。供给优质饲草，以增进奶牛对粗料的食欲，并注意逐渐将日粮结构向泌乳期转变，以防产后日粮组成的突然改变，影响奶牛的食欲。如在妊娠后期饲喂4.5～9kg青贮玉米，有助于产后更快适应含有青贮玉米的泌乳期日粮。为了避免乳房过度水肿，日粮中的钠和钾含量应进行控制。对于有乳热症病史的牛场，还应将日粮钙含量降为20～40g/d，磷含量为30g/d，钙磷比调为1∶1。如已发生乳房过度水肿，则需酌减精料量，总之，应根据奶牛的健康状况灵活饲养，切不可生搬硬套。

（2）妊娠后期的管理。妊娠后期的奶牛应转入产房。产房必须事先用2%氢氧化钠溶液或其他消毒液喷洒消毒，然后铺上清洁干燥的垫草，并建立常规的消毒制度。临产奶牛进产房前必须填写入产房通知单（预产期、上胎分娩情况等），并对奶牛后躯及外阴部用2%～3%来苏儿溶液或其他消毒液进行擦洗消毒。

产房工作人员进出产房要穿清洁的工作服，用消毒液洗手。产房入口处设消毒池，进行鞋底消毒。

产房昼夜应有专人值班。发现奶牛表现精神不安、停止采食、起卧不定、后躯摆动、频回头、频排粪尿、甚至哞叫等临产征候时，应用0.1%高锰酸钾液或其他消毒液擦洗肛门、阴门、会阴部及后躯，并备好消毒药品、毛巾、产科绳以及剪刀等接产用器具。

舒适的分娩环境和正确的接产技术，对奶牛护理和犊牛健康都极为重要。奶牛分娩时，环境必须保持安静，并尽量让其自然分娩。一般阵痛开始后需1～4h，犊牛即可顺利产出。如果发现异常、难产等，技术人员及时进行助产。奶牛分娩应使其左侧躺卧，以免瘤胃压迫胎儿，不利分娩。奶牛分娩后应尽早驱赶使其站立，以免因腹压过大而造成子宫或阴道翻转脱出。

2. 泌乳初期的饲养管理

（1）泌乳初期的饲养。奶牛分娩体力消耗很大，分娩后应使其安静休息，并饮喂温热麸皮盐钙汤10～20kg，以利于奶牛恢复体力和胎衣排出。

产后1周内，饲料以优质干草为主，任其自由采食，精料逐日渐增0.45～0.5kg。对产乳潜力大，健康状况良好，食欲旺盛的多加，反之则少加。在加料过程要随时注意奶牛的消化和乳房水肿情况，如发现消化不良，粪便稀或有恶臭，或乳房硬结，水肿迟迟不消，就要适当减少精料；待恢复正常后，再逐渐增加精料。青贮、块根、多汁饲料要适当控制，待奶牛食欲良好、粪便正常、恶露排净、乳房生理肿胀消失的情况下，按标准喂给。

同时，奶牛产后应尽快将其日粮从泌乳后期的阴离子型转变为阳离子型。

（2）泌乳初期的管理。奶牛分娩过程中，卫生状况与产后生殖道感染关系极大。分娩后应及时将躯体尤其后躯、乳房和尾部等部位的污物、黏液用温水洗净并擦干，而后把污染的垫草及粪便清除干净，地面消毒后铺上厚的干垫草。

奶牛在分娩过程中是否发生难产、助产的情况、胎衣排出时间、恶露排出情况以及分娩时奶牛的体况等，均应详细记录。

为了使奶牛早日恢复体质，防止由于大量泌乳而引起乳热症等疾病，对于高产奶牛，在产后2～3d不宜将乳房中的乳完全挤净，特别是产后第1次挤乳。

产后1周内的奶牛，不宜饮用冷水，以免引起胃肠炎，一般最初水温宜控制在37～38℃，1周后方可逐渐降至常温。为了增进食欲，宜尽量让奶牛多饮水，但对乳房水肿严重的奶牛，饮水量应适当控制。

（二）泌乳盛期饲养管理

1. 泌乳盛期的饲养　泌乳盛期一般指产后16～100d。奶牛产后产乳量迅速上升，一般6～8周即可达产乳高峰，产后虽然食欲也逐渐开始恢复，但至产后10～12周干物质进食量才达到高峰，由于干物质采食量的增加跟不上泌乳对能量需要的增加，奶牛能量代谢呈现负平衡，牛体逐渐消瘦，体况下降，体重减轻。

2. 泌乳盛期的管理

（1）分群饲养，细心照料。奶牛泌乳高峰期大约在产犊后第4～5周出现，持续3～4周后开始缓慢下降，下降的幅度大约为每周1.5%～2%。如果产乳量下降幅度过大，总产乳量较泌乳高峰产量预测低时（泌乳高峰平均日产乳量约为整个泌乳期总产量的0.56%），可能在饲养方面出问题。其中，大多是营养和卫生方面的问题。如果泌乳90d后，泌乳下降速度低于1%，表明奶牛或是未孕，或是奶牛泌乳高峰未达到预期产量。若奶牛达到高峰，但不能持续，应检查日粮能量的情况。一般产犊后不足100d的奶牛，其平均最高产乳量波动不应大于2.5kg。而对于奶牛未能达到预期的产乳高峰，应检查日粮的蛋白水平。

在正常情况下，高产奶牛在产后50～70d，体重大约下降35～55kg；初产母牛体重下降15～25kg，如果体重或体况下降过大，可能是由于饲喂不足或慢性疾病所致。

此外，在泌乳盛期，由于乳房容量增大，内压升高，极易发生乳腺炎。在此期间发生乳腺炎，特别是大肠杆菌所引起的乳腺炎，对这一泌乳期的产乳量影响极大，严重的甚至可导致泌乳停止。因此，要加强乳房护理，挤乳要严格按操作规程进行，不可经常更换挤乳人员。

（2）适当增加挤乳次数。泌乳盛期由于脑垂体前叶大量释放促乳素，乳腺分泌机能活动旺盛，此时如能适当增加挤乳次数，如改变原日挤3次为日挤乳4次，将促使泌乳量上升达到峰值，这极有利于提高整个泌乳期的产乳量。对日产35kg以上的高产牛，在人工挤乳条件下，应安排技术最熟练的挤乳员进行挤乳操作，否则将影响产乳量。

（3）及时配种。一般奶牛产后1～1.5个月，其生殖器官基本康复、净化，随之开始发情。此时应详细做好发情日期、发情征候以及分泌物净化情况的记录工作，在随后的1～2个性周期，即可抓紧配种。对于产后45～60d尚未出现发情征候的奶牛，应及时进行健康、营养和生殖系统的检查，发现问题，尽早采取措施。

（三）泌乳中期饲养管理

NY/T 14—1985《高产奶牛饲养管理规范》中规定产后101～200d为泌乳中期。这个时期多数奶牛产乳量开始逐渐下降，下降幅度一般为每月递减5%～8%或更多；奶牛食欲旺盛，采食量达到高峰（采食量在产后12～14周达高峰）。这个阶段精料饲喂过多，极易造成奶牛过肥，影响产乳量和繁殖性能，应根据奶牛的体重和泌乳量，每周或隔周调整精料喂量，在满足奶牛营养需要的前提下，逐渐增大粗料比重，精粗比为40：60，日粮干物质应占体重 3.0%～3.2%，每千克含奶牛能量单位 2.13，粗蛋白含量为 13%，钙 0.45%，磷 0.4%，粗纤维含量不少于 17%。

此期的饲养管理工作重点是：

（1）每月产乳量下降的幅度控制在 5%～7%以内。

（2）奶牛自产犊后 8～10 周开始增重，日增重幅度在 0.25～0.5kg。

（3）饲料供应上，应根据产乳量、体况，定量供给精料，粗饲料则为自由采食。

（4）充足饮水，加强运动，并保证正确的挤乳方法及乳房按摩。

（四）泌乳后期饲养管理

奶牛产后 201d 至干乳之前的这段时间称为泌乳后期。泌乳后期奶牛产乳量开始大幅度下降，每月递减 8%～12%。这个时期应按体况和泌乳量进行饲养，每周或隔周调整精料喂量 1 次。同时，泌乳后期是奶牛增加体重、恢复体况的最好时期（泌乳牛利用代谢能增重的效率为 61.6%，而干乳牛仅 48.3%），凡是泌乳前期体重消耗过多和瘦弱的，此期应适当比维持和产乳需要时期多喂一些，使奶牛在干乳前一个月体况达 3.5 分。这不仅对奶牛健康有利，也对奶牛持续高产有好处。

NY/T 14—1985《高产奶牛饲养管理规范》中要求：日粮精粗料比为 30∶70，日粮干物质应占体重的 3.0%～3.2%，每千克含奶牛能量单位 2.00，粗蛋白含量为 12%，钙 0.45%，磷 0.35%，粗纤维含量不少于 20%。

任务 5　干乳牛的饲养管理

一、干乳的意义

母牛在预产期前 2 个月左右停乳，这段时间称为干乳期。干乳是母牛饲养管理过程中的一个重要环节，在奶牛生产中具有重要意义。

奶牛干乳技术

1. 有利于胎儿的发育　在妊娠后期，胎儿增重加快，需要较多营养供胎儿发育，实行干乳有利于胎儿的发育。

2. 有利于恢复乳腺机能　在干乳期间，乳腺组织得到修复更新，有利于下一个泌乳期的泌乳。

3. 有利于恢复母牛体况　母牛经过长期的泌乳与妊娠，消耗了体内大量营养物质，干乳使其体内亏损的营养得到补充，为下一个泌乳期蓄积营养。

4. 有利于减少消化道疾病、代谢病和传染病

二、干乳期限

干乳期限的长短，依母牛的具体情况而定，一般是 45～75d。初产母牛、早配牛、体弱牛、老年牛、高产牛，需要较长的干乳期（60～75d）；体质强壮、产乳量低、营养状况较好的母牛，干乳期可缩短为 30～45d。

三、干乳方法

当奶牛到达停乳时期，即应采取措施，使它停止产乳。干乳的方法如下：

1. 自然干乳法 奶牛在预定干乳时，日产乳量很低，即可自然干乳而不必人为干预。

2. 逐渐干乳法 此法要求在15～20d内完成干乳。方法是：在预定干乳前的10～15d开始逐渐减少饲喂青饲料、青贮料和多汁饲料，逐渐限制饮水，停止运动和放牧，停止按摩乳房，改变挤乳次数和挤乳时间，也可以改换挤乳地点，当日产乳量降至4～5kg时，即可停止挤乳。

3. 快速干乳法 此法要求在4～5d完成干乳。中低产牛多用这种干乳方法。具体做法是：从干乳的第1天起，减少精料，停喂青绿多汁饲料，控制饮水，减少挤乳次数和打乱挤乳时间，由于母牛在生活规律上突然变化，产乳量显著下降，一般经过4～6d，日产乳量下降到5～8kg时就停止挤乳。最后挤乳要完全挤净，用杀菌液进行消毒后，注入干乳软膏，之后再对乳头表面进行消毒。

4. 骤然干乳法 在预定停乳日的某一班次认真按摩母牛乳房，将乳挤净，并将乳房乳头抹干净后，采用消毒剂浸乳头，注入青霉素或金霉素眼膏，再封闭乳头导管，不再触及乳房，经3～5d后，乳房内积乳即渐被吸收，约10d乳房收缩松软，干乳工作即告结束。一般在最初乳房可能继续充胀，只要不发生红肿、发热、发亮等不良情况，就不必管它。

四、干乳期饲养

干乳期是母牛身体蓄积营养物质时期，此期可按日产乳10～15kg的产乳牛营养标准为基础配制日粮。日粮要求保持适量的粗纤维含量；限制能量和粗蛋白的过多摄入；满足矿物质和维生素的需要。干乳母牛的饲养分2个阶段进行。

1. 干乳前期 从干乳起到预产期前2～3周为干乳前期。为巩固干乳效果，对体况较好的牛要减少精料的饲喂量，以青粗料为主；对于营养良好的干乳母牛，一般只给予优质干草；对营养状况较差的高产母牛，要提高饲养水平，可按日产乳10～15kg的标准饲养，并注意补充钙、磷。

2. 干乳后期 预产期前的2周为干乳后期。此期除准备母牛分娩外，也要对即将开始的泌乳和瘤胃对日粮变化的适应进行必要的准备。因此，日粮中要提高精料水平，这对头胎育成母牛和高产母牛更为必要。饲喂方法可采用泌乳期的“引导饲养法”。

五、干乳期的管理

1. 卫生管理 干乳牛新陈代谢旺盛，每日要加强对牛体的刷拭，以保持皮肤清洁，促进血液循环；保持牛床清洁干燥，勤换垫草，尤其要保持母牛乳房和后躯卫生；尽量减少应激刺激（噪声、酷热、恶劣的态度对待牛等）。

2. 做好保胎工作 防止流产、难产及胎衣滞留。要保持饲料的新鲜和质量，禁止饲喂冰冻饲料、腐败霉变饲料和含有麦角、霉菌、毒草的饲料，冬季不可饮过冷的水（水温不低于12℃）。

3. 坚持适当运动 夏季可在良好的草地放牧，让其自由运动。但必须与其他牛群分开，以免互相挤撞而流产。冬季可在户外运动场自由运动2～4h，产前停止运动。

4. 做好乳房按摩 干乳后要每天进行乳房按摩，促进乳腺组织发育。接摩应开始于干乳成功1周后至临产前2周。

5. 分娩前管理 母牛在预产期前2周左右应转到产房，使之习惯产房环境。产房必须事前清洁消毒，铺好柔软垫草。

任务6 生产报表

1. 牛乳生产记录报表 记录内容：本月共生产鲜乳量、销售量、有抗量、无抗量、损耗量、成母牛平均单产量、泌乳牛平均单产量、平均乳脂率、平均乳蛋白、平均干物质。

2. 各牛舍隐形乳腺炎检测报表 记录内容：牛舍号、被检头数、被检乳区、血乳所在乳区及发生比例。

3. 奶牛干乳情况记录 记录内容：牛舍、牛号、预产期、干前喂料情况、实际干乳日期、封乳药物、干乳期情况、开乳情况等。

4. 死亡及淘汰记录表 记录内容：死淘日期、耳号、死淘原因。

5. 饲料用量记录表 记录内容：日期、饲料批次、舍号、接受饲料日期、接受饲料数量、用料量、存栏数、饲喂量、剩余量。

复习思考题

一、填空题

1. 奶牛生产周期由________和________组成。

2. 根据牛的泌乳规律，奶牛泌乳期可划分为________、________、________、________四个阶段。

3. 奶牛干乳期一般为______ d，干乳方法有______、______、______、______。

二、选择题

1. 成年奶牛305d产乳总量在（　　）kg以上可确定为高产牛。

A. 3 000　　B. 5 000　　C. 8 000　　D. 10 000

2. 奶牛干乳期期限一般为（　　）d。

A. 20～30　　B. 45～60　　C. 282　　D. 305

3. 某奶牛305d产乳总量为5 000kg，乳脂率为3.5%，则校正为乳脂率4.0%的标准乳应为（　　）kg。

A. 4 625　　B. 4 720　　C. 5 000　　D. 5 125

4. 荷斯坦牛最适宜的环境温度是（　　）。

A. 0～5℃　　B. 5～10℃　　C. 10～16℃　　D. 25～30℃

5. 奶牛一般在（　　）胎时产乳量达到最高。

A. 第1　　B. 第3　　C. 第5　　D. 第7

三、判断题

（　　）1. 一般来说，奶牛年龄越大，产乳量越高。

(　　) 2. 在奶牛的泌乳中期，应防止牛采食过多而肥胖。

(　　) 3. 奶牛的泌乳盛期，应以发挥产乳潜力，减轻能量负平衡为主要任务。

(　　) 4. 为防止乳腺炎，每次给奶牛挤乳后应用消毒液消毒乳房。

(　　) 5. 产后母牛产乳量上升很快，因此产后母牛应该多给精料，促进产乳。

(　　) 6. 每次挤乳前应检查奶牛是否患有乳腺炎。

四、简答题

1. 影响牛的乳用性能因素有哪些?

2. 简述以下不同类型牛的特点和饲养管理要点：乳用育成牛、泌乳母牛、高产奶牛、干乳母牛。

3. 什么是奶牛全混合日粮饲养技术?

4. 简述奶牛的泌乳过程。奶牛挤乳有哪些方法，这些技术的优缺点是什么?

5. 怎样进行奶牛乳腺炎的检测?

肉牛的饲养管理

【学习目标】

1. 了解肉牛舍工作职责。
2. 掌握影响牛肉用性能的因素。
3. 熟悉肉牛生产性能评定指标。
4. 掌握肉牛的生长发育规律。
5. 掌握常见肉牛的育肥方法，并通过实训掌握100头肉牛规模的育肥方案设计方法。
6. 掌握肉牛舍生产报表的填写方法。

【学习任务】

任务1　岗位工作职责

（1）每天认真打扫圈舍，保证牛舍、牛栏、饮水设备、饲槽的清洁卫生。

（2）饲喂时要仔细观察牛采食行为和粪便性状，发现异常情况应及时向上级汇报。

（3）做好基础饲养管理工作，发现混栏牛只有顶撞挤压行为，应及时分开，特别注意防止公牛乱配。

（4）投料量严格按照计划执行。发现腐败变质饲料及时捡出，不得喂给牛群。

（5）严格遵守养殖场制订的日常作息制度，按工作程序及技术规程进行操作。

（6）协助技术员做好驱虫、防疫、消毒等工作。

（7）圈舍内设施损坏时须及时维修，尤其要保障饮水器、饲槽等可以正常使用。

（8）每次喂料结束后应将饲槽内剩余的饲料回收，减少浪费。饲喂前清理饲槽，保证饲料的新鲜。投喂饲草料时少加勤添。

（9）爱护牛群，不得打骂；严禁在牛舍内大声喧哗、嬉闹。

（10）认真填写各类报表，字迹工整清晰，不得随意涂改。

任务 2　肉牛生产性能

一、影响牛肉用性能的因素

1. 品种和类型　品种和类型是决定生长速度和育肥效果的重要因素。专门化的肉牛品种在生长速度、屠宰率、净肉率和饲料转化率等方面要高于普通品种，不同品种的肉牛产肉性能也不一致。大型品种如夏洛莱牛增重速度快，成熟迟，出肉率高，肌间脂肪含量少；中小型品种如海福特、安格斯牛增重速度较慢，成熟早，肌间脂肪含量丰富，大理石纹明显。

2. 年龄　牛的年龄对增重影响很大。肉牛在 3～12 月龄生长速度最快，饲料转化率会随着年龄增长、体重增大而呈下降趋势；肉牛的大理石纹在 12 月龄前很少，12～24 月龄迅速增加，30 月龄后变化很小。幼牛的肌纤维细，嫩度好，肉质良好，但香味较差，而且水分多；成年牛屠宰率高，脂肪含量高，味香，肉质好；老龄牛肌纤维粗，嫩度差，肉质劣。肉牛在 18～24 月龄出栏，最迟不超过 30 月龄。

3. 性别和去势　性别会影响牛肉的产量和质量。在相同的饲养条件下，公牛生长速度最快，去势牛次之，母牛最慢；公牛对饲料的转化率和生长率一般要比母牛高。公牛增重快，瘦肉率高，脂肪含量少；去势牛和母牛虽然生长慢，但容易育肥，肉的品质好。公牛应在进入育肥期前去势，但在 24 月龄出栏的公牛一般不去势。

4. 杂交　杂交是提高肉牛生产性能的重要手段。杂交后代生长速度快，饲养效率高，屠宰率和胴体净肉率高，肉质肉量均可超过双亲平均值。

5. 饲养管理　高营养水平可以提高牛的生长速度和肉的品质。在肉牛育肥阶段，精料可提高牛胴体脂肪含量，提高牛肉的等级，改善牛肉风味。粗饲料在育肥前期可锻炼胃肠机能，从而促进营养物的消化和吸收。另外，良好的管理措施对肉牛的育肥速度也具有促进作用。

6. 环境　环境温度会影响肉牛的育肥速度。在高温高湿的夏季，牛的采食量明显下降，影响牛的增重，甚至减重；牛生长和育肥的最适宜温度为 10～21℃，低于 7℃，牛体维持需要量增加，要消耗更多的饲料；环境温度高于 27℃，牛的采食量下降，增重速度降低。

二、肉牛生产性能评定指标

1. 体重和日增重

（1）初生重。犊牛生后吃初乳前的活重。

（2）断乳重。肉用犊牛一般都随母哺乳，断乳时间很难一致。因此，在计算断乳重时，需校正到同一断乳时间，以便比较。断乳时间多校正为 180d、200d 或 210d。

（3）日增重。日增重是衡量育肥速度的标志，是测定牛生长发育和育肥效果的重要指标。计算日增重首先要定期实测各发育阶段的体重，如初生重、断乳重、1 岁、1.5 岁或 2 岁体重。

$$\text{哺乳期平均日增重}=\frac{\text{断奶体重}-\text{初生重}}{\text{哺乳期天数}}$$

$$\text{育肥期平均日增重}=\frac{\text{期末体重}-\text{初始体重}}{\text{育肥期天数}}$$

2. 饲料转化率 饲料转化率是考核肉牛经济效益的重要指标，它与增重速度之间存在正相关。用每增重 1kg 活重所消耗的饲料干物质的数量来表示。其计算公式如下：

$$饲料转化率=\frac{饲养期内共消耗饲料干物质}{饲养期内纯增重}$$

3. 屠宰测定指标

（1）宰前肥度评定。用肉眼观察牛个体大小、体躯宽窄与深浅度、腹部状态、肋骨长度与弯弓度，以及垂肉、下肋、背、肋、腰、臀部、耳根和阴囊等部位（表 3－6－1）。

表 3－6－1 肉牛宰前评膘标准

等级	评定标准
特等	肋骨、脊骨和腰椎横突都不突现。腰角臀端呈圆形，全身肌肉发达，肋骨丰满，腿肉充实，并向外突出和向下延伸
一等	肋骨、腰椎横突不显现。但腰角与臀端末圆，全身肌肉较发达，肋骨丰满，腿肉充实，但不向外突出
二等	肋骨不甚明显，尻部肌肉较多，腰椎横突不甚明显
三等	肋骨、脊骨明显可见，尻部如屋脊状，但不塌陷
四等	各部关节完全暴露，尻部塌陷

（2）宰前重。宰前禁食 24h 后的活重。

（3）胴体重。放血后除去头、尾、皮、蹄（肢下部分）和内脏所余体躯部分的重量，胴体重包括肾脏及肾周脂肪重。

（4）净肉重。胴体除去剥离的骨、脂后，所余部分的重量。

（5）骨重。胴体剔除肉以后的骨骼重量。

（6）屠宰率。胴体占宰前活重的百分率。

$$屠宰率=\frac{胴体重}{宰前活重}\times100\%$$

（7）净肉率。净肉重占宰前活重的百分率。

$$净肉率=\frac{净肉重}{宰前活重}\times100\%$$

4. 胴体质量 肉牛的胴体质量性状主要包括眼肌面积、脂肪厚度、嫩度、大理石花纹、胴体等级等。

（1）眼肌面积。第 12～13 肋骨间眼肌（背最长肌）的横切面积（cm^2）。

（2）背脂厚。第 5～6 胸椎间离背中线 3～5cm，相对于眼肌最厚处的皮下脂肪厚度。

（3）牛肉嫩度。指牛肉在食用时的口感。一般用剪切力值反映，剪切力值越低，表示肌肉越嫩。

（4）大理石花纹。根据眼肌横切处的大理石花纹丰富程度，牛肉的大理石等级共分 7 个等级：1 级、1.5 级、2 级、2.5 级、3 级、3.5 级和 4 级。判断大理石的等级可对照大理石等级图谱来确定。

任务 3 肉牛的生长发育规律

1. 体重增长规律 在比较理想的营养和饲养管理条件下，肉牛的生长很快。肉牛呈缓 S

曲线或近似直线的模式增重。肉牛出生后，最初生长速度比较缓慢，随着年龄的增长和体成熟，生长速度逐渐加快。当肉牛的年龄接近性成熟时，生长速度才逐渐变慢，最终在达到体成熟时停止生长。在 24 月龄以内，肉牛主要增长的是肌肉。性成熟前肉牛器官、骨骼和肌肉生长快；接近性成熟时，肌肉生长速度下降而脂肪的沉积速度加快。

2. 限制生长 在营养供给充足、饲养管理条件良好的情况下，肉牛的增重迅速。营养物质摄入量不足或饲养管理比较粗放时，肉牛的饲料采食量严重不足，其摄入的营养物质不能满足生长或增重的需要，甚至不能满足维持需要，肉牛就动员体内贮存的营养物质用于维持需要，肉牛的体重不但不增加，反而减轻。这样造成肉牛本身的生长潜力不能发挥，生长受到限制，这种状况被称之为限制生长。限制生长的严重程度取决于饲料的组成、饲料的供给量、气温以及肉牛的品种等多种因素。生长潜力越大的肉牛品种，饲养管理条件不合理时，生长受限制的程度越严重。

3. 补偿生长 当饲料营养水平低、饲养条件比较粗放时，肉牛会发生限制生长。架子牛具有较强的生长潜力，当饲养管理条件和营养状况得到改善时，架子牛的肌肉和脂肪的生长速度会显著加快，这种现象称为肉牛的补偿生长。补偿生长是肉牛育肥的理论基础，补偿生长的前提是架子牛在生长的关键时期生长受限制的时间和程度不能过于严重。如果生长受阻发生在胚胎期、初生至 3 月龄时，补偿生长效果不好；生长受阻的时间不能超过 6 个月。

任务 4 肉牛的育肥

一、肉牛育肥的准备

育肥牛引入之前，应准备好圈舍、储备好草料，彻底消毒牛舍。牛进入育肥场后，一般需要经过 15～20d 的适应期，以解除运输应激，使其尽快适应新的环境；对育肥牛进行驱虫、健胃、免疫；对应激反应大甚至出现疾病不能及时恢复、治疗难度大的个体，应尽早做淘汰处理。适应期内的主要工作包括：

1. 及时补水 这是新引进育肥牛到场后的首要工作，因为经过长距离、长时间的运输，牛体内缺水严重。补水方法：第 1 次补水，饮水量限制在 15kg 以下，切忌暴饮；间隔 3h 后第 2 次饮水，此时可自由饮水。在饮水中应适量加入食盐或人工盐，以促进唾液、胃液分泌，刺激胃肠蠕动，提高消化效果。

2. 创造舒适的环境 牛舍要干净、干燥，不要拴系，宜自由采食。围栏内要铺垫草，保持环境安静，让牛尽快消除倦躁情绪。

3. 牛群健康状况检查 每天注意观察牛的精神、食欲、粪便、反刍等状态，发现异常情况及时处理。

4. 分组、编号 根据牛的品种、大小、体重、采食特性、性情、性别等相同或相似者为一群，同时给每个个体重新编号（最简单的编号方法是耳标法），以便确定营养标准，合理配制日粮，提高育肥效果；易于管理和测定育肥成绩。

5. 驱虫 在育肥前 7～10d 进行驱虫。驱虫要根据寄生虫病流行史选用驱虫药物。常用的驱虫药物有：丙硫苯咪唑，片剂口服，每千克体重 10～15mg；左旋咪唑，口服或肌内注射，每千克体重 7.5mg；伊维菌素注射液，颈部皮下注射，每千克体重 0.2mg；阿苯达唑片，每千克体重 10～15mg 口服。

6. 健胃　驱虫 3d 后进行健胃。可每天每头口服人工盐 50～150g 或健胃散 350～450g。

7. 免疫、检疫　免疫主要针对口蹄疫，检疫主要针对布鲁氏菌病和结核病。具体需要免疫检疫疫病的种类，由当地兽医主管部门结合购牛时的记录进行确定并执行。畜主在购牛后要及时告知当地兽医主管部门。

8. 去势　成年公牛于育肥前 10～15d 去势。24 月龄屠宰的公牛不必去势，若去势则应及早进行。

9. 称重　牛在育肥开始前要称重（空腹进行），以后每隔 1 个月称重 1 次，依此测出牛的阶段育肥效果，并可确定牛的出栏时间。

二、青年牛育肥

青年牛育肥又称为持续育肥，是指犊牛断乳后，立即转入育肥期进行育肥，直到出栏。由于持续育肥使牛在饲料转化率较高的生长阶段保持较高的增重，生产周期短，牛肉鲜嫩，肉质好，适应当前市场对高档牛肉的需求，是一种值得推广的育肥方法。

（1）舍饲持续育肥。选择专门化的肉牛品种或改良牛，在犊牛阶段给予合理饲养，断乳后即开始舍饲育肥，采用较高的饲养水平，限制活动，使其日增重在 1kg 以上，18 月龄时体重达到 500～550kg，即可出栏。这种方法较适用于专门化品种或其杂交后代的育肥。育肥的日粮要求含有较高的蛋白质水平，同时日粮中的矿物质和维生素必须满足需要，并让牛能获得最大的采食量及充足的饮水，可获得较为理想的增重。整个育肥期一般分为以下 4 个阶段：

①育肥过渡期。在此阶段让犊牛适应育肥环境条件，并做好相应的准备工作，时间 45～60d，牛自由采食和饮水。日粮中精料与粗料的比例为（30～40）：（70～60）；日粮中粗蛋白水平不低于 14%。

②育肥前期。为肌肉增长阶段，时间 150～165d。日粮中精料比例逐渐提高，精料与粗料比例为（40～55）：（60～45），日粮中蛋白质水平不低于 13%。

③育肥中期。时间 90d。继续提高日粮中精料比例，适当降低饲料中蛋白质水平。精料与粗料的比例为（55～60）：（45～40），日粮中粗蛋白水平 11%～12%。

④育肥后期。肉质改善期，时间 80～90d。继续提高日粮中精料比例，精料与粗料的比例为（60～75）：（40～25）；日粮中粗蛋白水平降为 10%左右。由于各地的饲养条件不尽相同，可以选择适合当地的育肥方案，下列方案供参考。

饲养方案一：7 月龄体重 150kg 开始育肥至 18 月龄出栏，体重达到 500kg 以上，平均日增重 1kg 以上。具体方案见表 3-6-2。

表 3-6-2　青贮+干草类型日粮持续育肥方案

月龄	精料的配方（%）							采食量［kg/（头·d）］		
	玉米	麦麸	豆粕	棉粕	石粉	食盐	碳酸氢钠	精料	青贮玉米	干草
7～8	32.5	24	7	33	1.5	1	1	2.2	6	1.5
9～10								2.8	8	1.5

（续）

月龄	精料的配方（%）							采食量［kg/（头·d）］		
	玉米	麦麸	豆粕	棉粕	石粉	食盐	碳酸氢钠	精料	青贮玉米	干草
11～12	52	14	5	26	1	1	1	3.3	10	1.8
13～14								3.6	12	2.0
15～16	67	4	—	26	0.5	1	1	4.1	14	2.0
17～18								5.5	14	2.0

资料来源：李建国，2003. 肉牛标准化生产技术。

饲养方案二：育肥始重 250kg，育肥期 250d，体重 500kg 左右出栏；平均日增重 1.0kg。日粮按牛的体重增长分 5 个阶段，50d 更换一次日粮配方与饲喂量。粗饲料采用玉米秸秆，自由采食。具体饲养方案见表 3-6-3。

表 3-6-3 精料喂量和组成

体重阶段（kg）	精料喂量（kg）	精料配方（%）					
		玉米	麦麸	棉粕	石粉	食盐	碳酸氢钠
250～300	3.0	43.7	28.5	24.7	1.1	1.0	1.0
300～350	3.7	55.5	22.0	19.5	1.0	1.0	1.0
350～400	4.2	64.5	17.4	15.5	0.6	1.0	1.0
400～450	4.7	71.2	14.0	12.3	0.5	1.0	1.0
450～500	5.3	75.2	12.0	10.5	0.3	1.0	1.0

资料来源：李建国，2003. 肉牛标准化生产技术。

管理措施：①做好卫生。圈舍要保持清洁，定期对牛舍地面、墙壁、过道用 2%氢氧化钠溶液喷洒消毒，牛体和饲养用具用 1%的新洁尔灭溶液消毒。每日刷拭牛体 1～2 次，保持牛体卫生。②拴系定槽。为了减少牛的活动对育肥效果影响，要对育肥牛进行拴系定槽，系牛缰绳以 40～60cm 为宜。③驱除体内外寄生虫。在断乳后、10 月龄、13 月龄各进行 1 次驱虫。④经常观察牛只采食、饮水和反刍情况，做好疫病防治。⑤防暑防寒。育肥牛舍温度以保持在 10～25℃为宜，应采取措施，确保冬暖夏凉。

（2）放牧加补饲持续育肥。在牧草条件好的地区，在犊牛培育完成之后，采取以放牧为主适当补饲精料方法，到 18 月龄体重达 350～450kg 时出栏。此法简单易行，增重较快，适用于本地牛和杂交改良牛的育肥。

饲养方面：犊牛到 6 月龄强制断乳后，立即转入育肥，直到出栏。7～12 月龄，采用半放牧半舍饲，白天放牧，晚上补饲 1 次，补饲量为玉米 0.25kg，人工盐 20g；13～15 月龄在丰草季节只放牧不补饲，在枯草季节则每天每头补饲玉米 1～2kg；16～18 月龄驱虫后开始强度育肥，全天放牧，每日分 3 次补饲青草，以及玉米 1.5kg，人工盐 25g，经过短期育肥，18 月龄体重达 350～450kg 出栏。

管理方面：①放牧季节主要在每年的 5～11 月；②按每群 30～50 头进行组群放牧，每头牛需要 1.5～2hm^2 草场；③在草场附近放置饮水器给牛充足饮水，放置盐砖进行补盐；④注意牛的休息，防止“跑青”；⑤防暑防寒，狠抓秋膘。

三、架子牛育肥

架子牛是指未经育肥或不够屠宰体况，年龄在1.5～4岁左右的成年牛。对架子牛进行屠宰前的3～5个月短期育肥称为架子牛育肥。

（1）架子牛的选购。架子牛一般散养于各地牧民或农户中，售价较低，可从市场购进直接育肥。选购架子牛时应注意以下几点。

①品种。首选良种肉牛与本地牛杂交的后代，这样的牛肉质好、生长快、饲料转化率高。

②体质、体貌。架子牛要求体格高大，四肢粗壮，前躯宽深，后躯宽长，嘴大口裂深，眼大有神、被毛细而亮、皮肤柔软疏松且有弹性。切忌选择头大颈细、体短肢长身窄、臀部尖突的牛。

③年龄和体重。选择架子牛年龄最好在1.2～2.0岁，体重在300kg以上，这样的牛易育肥、肉质好、长得快、饲料转化率高。

④性别。尽量选未去势的公牛，以提高育肥效果。

⑤膘情。膘情好，可以获得品质优良的胴体；膘情差，育肥过程中脂肪沉积少，会降低胴体品质。

⑥健康状况。逐头检疫，有病的牛不得购入。

（2）架子牛的育肥方法。根据育肥期的长短，架子牛育肥可分三阶段进行：

①育肥前期（适应期）。约需15d。首先让刚进场的架子牛充分饮水，自由采食粗料。上槽后仍以粗料为主，每天每头1kg精料，与粗料拌匀后饲喂，逐渐增加到2kg。此期精粗料的比例为30∶70，日粮蛋白水平12%，日增重可达到0.8～1kg。精料配方：玉米粉45%、麦麸40%、豆饼12%、尿素2%、预混料1%，每头牛日喂磷酸氢钙100g，食盐40g。

②育肥中期（过渡期）。通常为30d左右。此期应选用全价、高效、高营养的饲料，让牛逐渐适应精料型日粮，干物质采食量要达到8kg，日粮粗蛋白水平为11%，精粗料比为60∶40，日增重可达到1.7kg左右。精料配方：玉米65%、大麦10%、麦麸14%、菜籽饼10%、预混料1%，每头牛日喂磷酸氢钙100g，盐40g。

③育肥后期（催肥期）。约需45d。适当增加饲喂次数，并保证充足饮水。日粮以精料为主，干物质采食量达到10kg，日粮粗蛋白水平10%，精粗料比为70∶30，日增重1.9kg。精料配方：玉米面75%、大麦10%、菜籽饼8%、麦麸6%、预混料1%，每头牛日喂磷酸氢钙80g，盐40g。

（3）架子牛的管理。

①新购架子牛管理。新购牛运输前肌内注射维生素A、维生素D、维生素E，以减轻运输应激。装运前2～3h不能过量饮水。到达牛场后，第1次饮水限制为15～20kg，每头牛还应补充100g人工盐；隔3～4h后第2次自由饮水，水中加入麸皮。第2次饮水后，每头饲喂4～5kg干草；2～3d逐渐增加饲喂量，5～6d后自由采食。精料的饲喂从第4天开始，按体重的0.5%喂给，第5天后按体重的1%～1.2%喂给，14d后按体重的1.6%喂给。到达育肥场后应隔离1周，待精神、采食、饮水正常后，及时进行免疫注射。合理分群，根据架子牛的大小、强弱、性别进行分群饲养，在夜间分群较易成功，防止牛斗架造成损失，每

头牛占地面积4～5m²，佩戴耳标，驱虫健胃。适应期结束，进入育肥期饲养管理。

②育肥架子牛管理。一般采取单槽舍饲，短缰拴系，限制活动。拴系的缰绳长40～60cm。饲喂时要定时定量，精料按要求饲喂，粗料自由采食，日喂2～3次。增加或变更饲料时要逐渐进行。每次饲喂0.5h后饮水，高温季节可适当增加饮水次数。每天刷拭牛体1～2次，以促进血液循环，并预防体表寄生虫的滋生。卫生管理做到五净，即草料净、饮水净、饲槽净、牛舍净、牛体净。舍内要及时清除粪便，保持干燥，每月消毒1次。做好防暑保温工作，低于0℃时需采取保温措施，高于27℃时应降温。饲养人员要细心观察牛的采食、饮水、反刍、排便、精神状态等情况，发现异常及时采取治疗措施。

架子牛经过3个月左右育肥后，总增重量达70～150kg时，应适时出栏。

四、乳用小公牛育肥

乳用小公牛育肥，就是利用奶牛饲料转化率高、产犊成本低这一特点生产优质牛肉，它是牛肉生产的一个重要来源，已成为国外肉牛业发展的一大热点。英国、荷兰等国家把奶牛和肉牛的使用途径密切结合起来，市场上40%的牛肉来自乳用公犊育肥。我国每年生产大量奶公犊，但利用奶公犊生产牛肉尚未形成商品生产，潜力很大，应尽予以推广。乳用公犊生产的牛肉有两种，即小白牛肉和犊牛肉。

小白牛肉生产：乳用公犊出生后90～100d，完全用全乳或代乳粉饲养，不喂其他饲料，体重达到100kg左右出栏屠宰。因所用饲料含铁量极低，故牛肉颜色为白色，称为小白牛肉。这种育肥方法，虽然用乳量较多，但生产周期短，资金周转快，产品质量高，肉价比一般牛肉高近10倍，如能把握好市场，坚持以质论价，还是有较高利润的。小白牛肉的生产方案见表3-6-4。

表3-6-4 小白牛肉生产方案（kg）

日龄	期末体重	日给乳量	日增重	需乳总量
1～30	40.0	6.40	0.80	792.0
31～45	56.1	8.30	1.07	133.0
46～100	103.0	9.50	0.84	513.0

实训3-11 肉牛的育肥方案设计（100头）

【实训目的】 通过本实训，能根据当地饲料资源及育肥牛资源，制订合理的育肥方案，并应于生产。

【材料用具】 实训条件：当地饲料资源；牛源条件：养殖场地、资金条件能支持100头肉牛育肥牛的规模。

【方法步骤】

（1）调查了解当地饲料资源、牛源的具体情况。

（2）制订育肥计划，包括1年中牛群的周转、育肥批次等。

（3）制订育肥方案，包括选择育肥方法等。根据牛的体重、预期日增重及季节的不同配合日粮，预算各种饲料的用法用量。

【实训报告】写出一份100头肉牛的育肥方案。

五、饲料添加剂在肉牛业中的应用

在肉牛育肥期使用饲料添加剂，可补充肉牛营养成分，提高日粮中营养的消化利用率。许多研究实践证明，使用添加剂，可使日增重提高10%～20%，饲料转化效率提高8%～20%。肉牛常用的饲料添加剂有以下几种。

1. 碳酸氢钠 在肉牛饲料中添加碳酸氢钠0.7%，使瘤胃的pH保持在6.2～6.8，符合瘤胃微生物增殖的需要，使瘤胃具有最佳的消化机能，减少前胃疾病的发病率。

2. 莫能菌素（瘤胃素） 应用莫能菌素能增加丙酸的产生，减少蛋白质在瘤胃中的降解，增加氮的利用率，有利于营养吸收，促进生长发育。每头牛每天用100～360mg混饲于精料，日增重可提高15%～20%。

3. 稀土 主要为镧系元素及钇钪共17种元素的总称。在育肥牛的日粮添加稀土1 000 mg/kg，日增重可提高26.63%，饲料转化率提高23.39%。

4. 益生素 是一种平衡胃肠道内菌群的微生物剂，如乳酸杆菌剂、双歧杆菌剂、枯草杆菌剂等，能激发自身菌种的增殖，抑制别种菌系的生长，产生酶、合成B族维生素，提高机体免疫功能，促进食欲，具有催肥作用。添加量一般为牛日粮的0.02%～0.2%。

5. 非蛋白氮 用得最普遍的是尿素。牛能利用尿素氮合成菌体蛋白质，为牛所用。每1kg尿素的营养价值相当于5kg豆饼或7kg亚麻籽饼的蛋白质营养价值。尿素常用量为肉牛精料混合料4%～6%或占日粮的1.5%～2.5%。

6. 沸石 能吸附牛胃肠道有害气体，并将吸附的铵离子缓慢释放，供牛瘤胃微生物合成菌体蛋白，提高消化率，为牛体提供多种微量元素。

六、高档牛肉的生产

高档牛肉是指对育肥达标的优质肉牛，经特定的屠宰和嫩化处理及部位分割加工后，生产出的特定优质切块，一般包括牛柳、西冷和眼肉等切块。在生产高档牛肉的同时，还可以分割出优质切块，如尾龙扒、大米龙、小米龙、膝圆和腱子肉。随着我国人民生活水平的不断提高，市场对高档牛肉的需求日益增多，高档牛肉生产将成为牛肉生产的主流方向。

1. 育肥牛只的要求

（1）品种。我国现有的地方良种黄牛或地方良种黄牛与引入的国外兼用、肉用品种的杂交牛都可以作为生产高档牛肉的牛源。大型肉牛品种及其改良牛生产效率更高。

（2）年龄。屠宰年龄一般控制在30月龄内。

（3）性别：采用去势牛育肥。

（4）体重：宰前活重在500kg以上。

（5）肥度：膘情满膘（即看不到骨头突出点）；体型外貌为长方型，腹部不下垂，头方正而大，四肢粗壮，蹄大，尾根下平坦无沟，背平宽；手触摸肩部、胸垂部、背腰部、上腹部、臀部皮较厚，并有较厚的脂肪层。

（6）卫生：符合各项卫生标准，不得含有药物残留等。

2. 育肥期确定 生产高档牛肉的育肥期，要根据育肥开始的年龄、体重以及不同地区对肉质的不同要求来确定。开始育肥年龄为12～18月龄，育肥期一般为8～10个月。育肥期可分为增重期和肉质改善期。增重期主要是增加体重，以加大优质肉块为目的，生产西方高档牛肉需4个月，生产东方高档牛肉需8个月；肉质改善期主要以填充和沉积脂肪为主，西方和东方高档牛肉分别需2个月和4个月。

3. 饲养管理

（1）饲养。生产高档牛肉对牛的饲养管理要求较高，不同牛种对饲养要求也不尽相同。育肥高档肉牛，应采取高能量饲料平衡日粮、强度育肥技术及科学的管理。用于生产高档牛肉的优质肉牛，在犊牛及架子牛阶段可以放牧饲养，也可以围栏或拴系饲养，日粮干物质以精料为主。在增重期，按每70～80kg体重喂1kg混合精料，占日粮的60%～70%；在肉质改善期，每60～70kg体重喂给1kg混合精料，占日粮的70%～80%。育肥期精料配方见表3-6-5。

表3-6-5 优质肉牛育肥期精料配方（%）

阶段	玉米面	豆饼	棉籽饼	油脂	磷酸氢钙	食盐	添加剂	小苏打
增重期	72	8	16	—	1.3	1.2	1.5	—
肉质改善期	83	12	—	1	1.2	0.8	1.5	0.5

（2）管理。饲养期内做到保持牛舍、牛体、环境卫生。每月称重1次，每次连续2d早饲前空腹进行，2d称重结果的平均数为该次的实际体重。根据体重调整精粗饲料的喂量。适时进行肥度评定，当肉牛达到550～600kg体重，平均日增重效益低于饲料成本时尽快出栏。

4. 屠宰加工 屠宰与分割是达到优质高档牛肉的重要生产环节，应按照我国《鲜、冻分割牛肉》（GB/T 17238—2008）标准进行肉牛屠宰、肉块分割或根据出口要求工艺进行加工。

（1）宰前准备。包括宰前检验、称重、赶挂等。卸车前经检验合格，证货相符时准予卸车。卸车后应观察牛的健康状况，合格的牛送待宰圈；待宰的牛只宰前应停食静养12～24h，宰前3h停止饮水，由专用通道牵到地磅上称重。称重后由赶牛人员及时把牛驱赶进屠宰车间。

（2）屠宰。通常按商业常规程序，倒挂屠宰，放血，剥皮，去内脏，胴体劈半为二分体，再冲洗修整，转挂称半胴体重。

（3）排酸。二分体胴体吊挂于排酸间48h，以增加牛肉的多汁性和嫩度。排酸间温度0～4℃，相对湿度85%～90%。

（4）分割。根据用户的需求，一般进行12～17部位分割，高档肉块主要是牛柳、西冷、眼肉，其他优质肉块如会扒、尾龙扒、针扒、膝园、腰肉按部位分割修整。

牛柳：又称里脊。分割方法是，首先剥去肾脂肪，然后沿耻骨的前下方把里脊头剔出，再由里脊头向里脊尾，逐个剥离腰椎横突，取下完整的里脊。里脊重量占牛活重的0.83%～0.97%。

西冷：也称为外脊。分割方法是，沿最后腰椎切下，沿眼肌腹壁一侧（离眼肌5～8cm向前）用切割锯切下，在第9～10胸肋处切断胸椎，逐个把胸、腰椎剥离。外脊重量占活牛重的2.0%～2.15%。

眼肉：眼肉的一端与外脊相连，另一端在第5～6胸椎处。分割方法是，先剥离胸椎，在眼肌距腹侧8～10cm切下。眼肉重量占牛活量的2.3%～2.5%。

(5) 包装。分割后的肉块，用塑料袋抽真空包装，贴上标签，标明部位、重量等级，进行速冻或0℃保鲜速运销售。

5. 高档牛肉生产模式 高档牛肉一般出口或销往国内涉外宾馆、饭店以及高级西餐厅，这些用户均要求高档牛肉生产经营者在保证牛肉品质的前提下，均衡地提供数量。要做到常年供应，满足用户对高档牛肉的数量和质量的要求，应实行一体化的生产经营模式，包括肉牛的饲养配套技术、肉牛屠宰配套技术、产品销售检测体系等。

任务5 生产报表

肉牛舍的生产报表主要有以下几种：

1. 肉牛屠宰测定指标报表 记录内容包括：宰前肥度评定、宰前重、胴体重、净肉重、骨重、屠宰率、净肉率。

2. 肉牛胴体质量评定报表 记录内容主要包括：眼肌面积、脂肪厚度、嫩度、大理石花纹、胴体等级等。

3. 肉牛生产性能报表 记录内容包括：牛耳标号、初生重、断乳重、日增重、饲料转化率。

4. 死亡及淘汰记录表 记录内容包括：死淘日期、耳号、死淘原因。

5. 饲料用量记录表 记录内容包括：日期、饲料批次、舍号、接受饲料日期、接受饲料数量、用料量、存栏数、饲喂量、剩余量。

复习思考题

一、名词解释

1. 补偿生长 2. 架子牛 3. 高档牛肉

二、填空题

1. 牛的育肥方式主要有________、________、________。
2. 高档牛肉的切块是指________、________、________。

三、选择题

1. 下列各种牛中，生长速度最快的是（ ）。
   A. 公牛 B. 去势公牛 C. 母牛 D. 阉母牛
2. 肉牛适宜屠宰时间应在（ ）岁。
   A. 1～1.5 B. 2～3 C. 3～5 D. 5～6
3. 肉牛育肥最适宜的环境温度是（ ）。

A. 0～5℃　　B. 5～10℃　　C. 10～25℃　　D. 25～30℃

四、判断题

(　　) 1. 相同饲养条件下，公牛的生长速度快于去势牛。

(　　) 2. 优质牛肉应该含脂肪越少越好。

(　　) 3. 专门化肉牛采用放牧加补饲的育肥方法较好。

五、简答题

1. 影响牛肉用性能的因素有哪些？
2. 牛育肥前要做好哪些准备？

牛场的后勤保障

【学习目标】

1. 理解牛场后勤保障的重要性。
2. 学会制订牛场的饲料供应计划。
3. 了解牛常常用设备的种类。
4. 了解粪污处理的模式。

【学习任务】

任务1　牛场饲料供应计划的制订

做好牛场饲料供应计划的制订，保证饲料的充足供给，同时保证营养的均衡化、多样化，才能最大限度地发挥牛的经济效益，提高养殖收益。

饲料供应计划的制订主要从生产规模、原料价格两个方面进行考虑。饲料供应计划应相对灵活，在保证牛的营养需求前提下，可根据市场价格、季节特征、料仓储量等灵活选择应季饲料替代某些价格较高的饲料，以降低生产成本。

一、肉牛全年各种饲料的计划储备量

表3-7-1　肉牛全年各种饲料的计划储备量（kg）

饲料种类	头日均量	成母牛年总量	育成牛年总量	犊牛年总量	育肥牛年总量	备注
干草或秸秆	4～5	1 500～1 900	2 000～2 500	500		
青贮饲料	15	5 500	1 000	500	1 500	
块根、茎、瓜皮类	4～6	1 500～2 200	1 000			
糟渣类	5～10	1 800～3 700	500		2 000	
混合精饲料	3～5	1 095～1 825	400	100	900	
矿物质	0.18～0.2					混合料3%计

二、奶牛各种饲料的日平均参考需要量

表 3-7-2 奶牛各种饲料的日平均参考需要量（kg）

类别	混合精饲料	青饲料	玉米青贮	干草	多汁料	矿物质饲料
成年母牛	基础料＋产乳料	40～50	25	6	20	按混合精饲料量的3%～5%供给
育成牛	3	30	15	4		
犊牛	1.5	15	6	2		

注：①多汁料只应用于产乳母牛，使用期6个月。
②如饲喂青饲料则不用饲喂玉米青贮，当青饲料供应不足时须使用玉米青贮。
③成年母牛基础料量为2kg，产乳料量按每生产4kg乳多供应1kg精饲料为标准。

平均饲养头数为一段时间内各阶段牛的平均存栏数，用各阶段牛的平均饲养头数×计划天数×对应阶段各饲料的日均需要量即可得到饲料需求量。据此可以完成饲料供应计划表。

表 3-7-3 饲料供应计划表

类别	平均饲养头数	精料	干草	青贮玉米	多汁料	矿物质饲料
干乳牛						
泌乳牛						
妊娠牛						
育成牛						
犊牛						
合计						
计划量						

任务2 牛场常用生产设施与设备

牛生产常用设备包括牛栏设备、喂饲设备、饮水设备、挤乳设备、环境控制设备以及其他相关设备。

一、牛栏设备

1. 牛床 牛床必须保证牛舒适、安静地休息，牛床排列要便于生产操作，应有适宜的坡度，通常为1%～1.5%。牛床一般采用混凝土面层，并在后半部做防滑处理。在牛床上加铺垫物，可增加牛只的舒适性，最好采用橡胶等材料铺作牛床面层。

2. 拴系设备 拴系设备用来限制牛在床内的活动范围。牛的拴系方式有硬式和软式两种。硬式多为自锁式，采用钢管制成（图3-7-1），软式多用铁链（图3-7-2）。

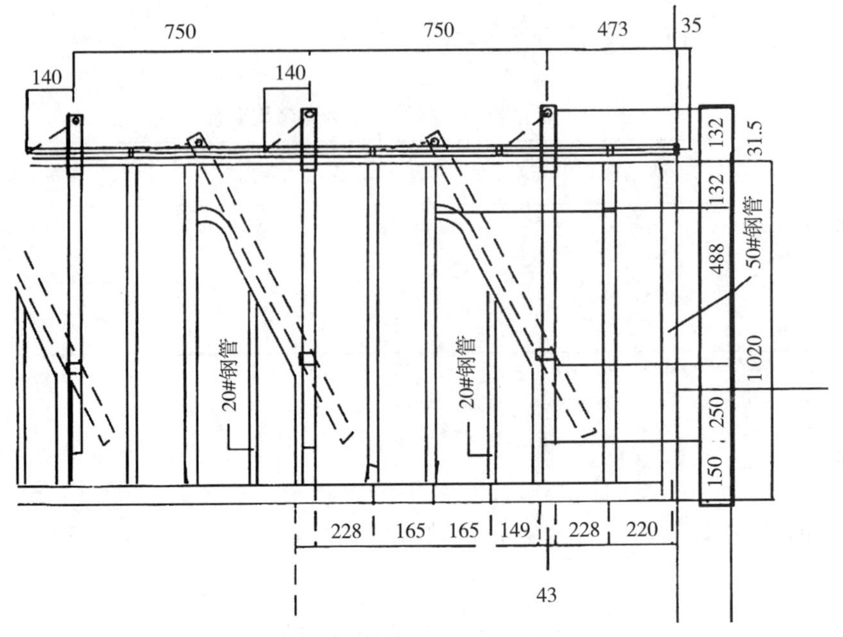

图 3-7-1 成母牛自锁式颈枷（单位：cm）

（秦志锐，2000）

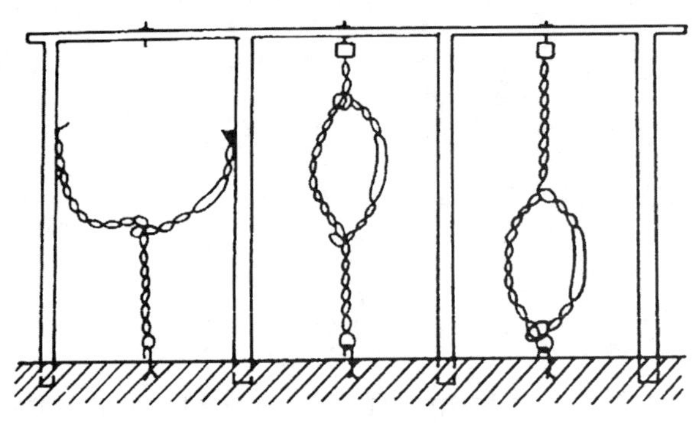

图 3-7-2 直链式颈枷

（覃国森，2005. 养牛与牛病防治）

3. 牛床隔栏 牛床的隔栏由 2～4 根横杆组成，顶端横杆高 1.2m，底端横杆与牛床地面的间隔以 35～45cm 为宜。隔栏的式样主要有大间隔隔栏（图 3-7-3）、稳定式隔栏（图 3-7-4）等。

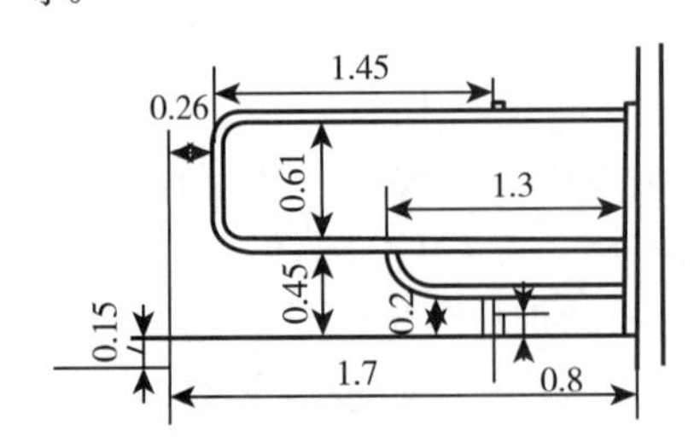

图 3-7-3 大间隔隔栏（单位：m）

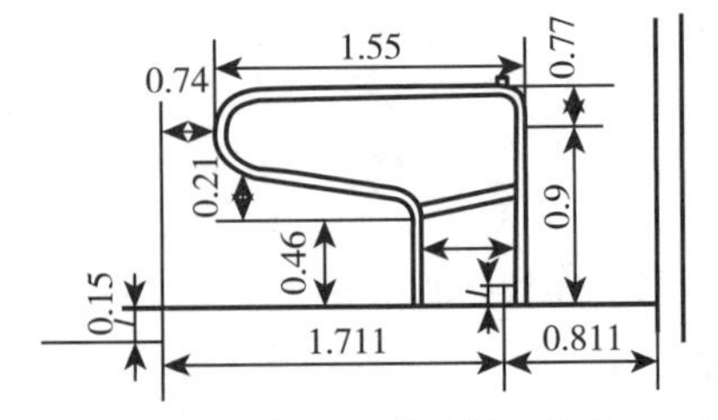

图 3-7-4 稳定短式隔栏（单位：m）

（覃国森，2005. 养牛与牛病防治）

二、饲喂设备

牛的饲喂设备包括饲料的装运、输送、分配设备，饲槽以及饲料通道等。

1. 饲料输送设备 常用的饲喂方式有两种：一是传统的饲料分类饲喂法，这种饲喂方式要用到的饲喂设备是拖拉机或斗车；二是采用全混合日粮饲喂（TMR），这种饲喂方式要用到的输送设备是TMR喂料车或固定式混料机+传送带。

2. 饲槽 饲槽在牛床前，饲槽主要形式有传统高位式饲槽和平地式饲槽。平地式饲槽更适合牛的生活习性，更方便喂料，也有利于机械化喂料。

3. 饲料通道 设置在饲槽的前端，一般以高出地面10cm为宜，宽度一般为1.5～2.0m（人工操作）；3.6～4.5m（机械操作）。

三、饮水设备

水槽可以采用自动饮水器，也可以采用装有水龙头的水槽。寒冷地区水槽要求防寒抗冻，必要时冬季可以采用电热恒温水箱。

四、挤乳设备

挤乳设备主要有提桶式、移动式、管道式以及挤乳厅式。选择何种类型的挤乳装置，主要取决于奶牛场的规模和饲养工艺方式。

1. 提桶式 主要用于中小型养牛场的拴系牛舍中，由挤乳器和真空装置组成。

2. 移动式 适用于30～80头泌乳奶牛的小规模养殖户。双位移动式挤乳机配2套挤乳器，每次能同时挤2头奶牛，1个人操作，每小时可挤20～24头奶牛。

3. 管道式 适于中型奶牛场的拴系牛舍中。由真空系统、真空管道、牛乳管道、挤乳杯组、牛乳收集系统和清洗消毒系统等6部分组成。

4. 挤乳厅式 挤乳厅式挤乳系统适用于规模化、散栏式饲养的奶牛场。主要由固定式挤乳器、牛乳计量器、牛乳输送管道以及喂饲设备、乳房自动清洗和乳杯自动摘卸等系统装置组成。挤乳厅配置不同形式和不同挤乳栏位的挤乳台。常见的挤乳台有并列式、转盘式、鱼骨式等（图3-7-5，图3-7-6）。

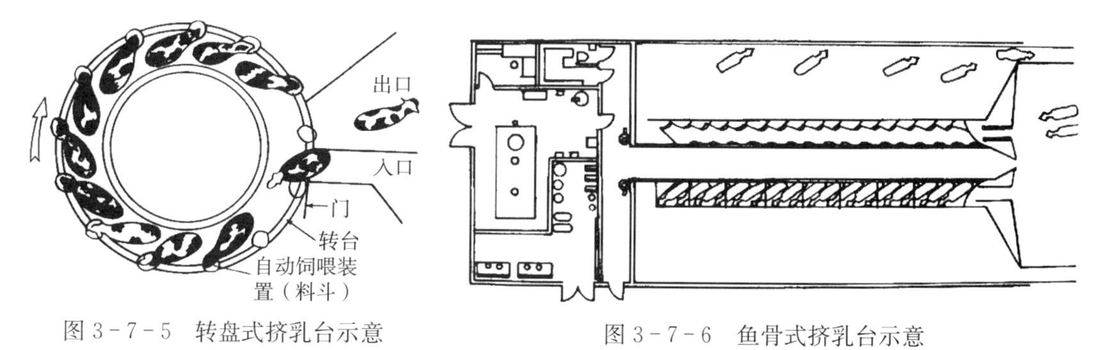

图3-7-5 转盘式挤乳台示意
（王根林，2000. 养牛学）

图3-7-6 鱼骨式挤乳台示意
（王根林，2000. 养牛学）

五、环境控制设备

1. 降温系统 该系统由电机驱动风扇以特定的流量将牛舍外的干燥空气吹入牛舍内，在导流翼片的作用下，对下层的空气产生气旋，喷嘴在高压下将水雾化喷出。喷出的湿冷空气通过导流罩弥散开，水雾在下落过程中即被蒸发，有的雾滴集结在一起，落在牛毛上，润湿的体表在流动空气的作用下可增加奶牛体表和周围水分的蒸发速度，因而更有效降温，且不会将地弄湿。

2. 清粪设备 牛舍的清粪形式有机械清粪、水冲清粪、人工清粪。机械清粪中采用的主要设备有连杆刮板式，适于单列牛床；环行链刮板式，适于双列牛床；双翼形推粪板式，适于舍饲散栏饲养牛舍。人工清粪牛舍一般在牛床和通道之间设置粪尿沟，粪尿沟要求不渗漏，壁面光滑并有一定坡度。

3. 清粪通道 清粪通道同时也是牛只出入的通道，清粪通道一般需设置一定的坡度，并设置防滑凹槽。

六、其他常用设备

1. 蹄浴设备 蹄浴池直接设置在奶牛返回通道上，奶牛场可根据实际需要每周进行1～2次蹄浴。

2. 管理设备 主要包括刷拭牛体器具、拴系器具、清理畜舍器具、体重测试器具，另外还需要配备耳标、无血去势器、体尺测量器械等。

3. 消毒防疫设备 喷雾机、熏蒸机等。

实训3-12 牛生产设备观测并标记参数

【实训目的】 通过参观奶牛场或肉牛场，测量和记录牛生产设施设备参数，掌握不同生产设备的设计要求。

【材料用具】 各种生产设施设备、皮卷尺、直尺、测杖、量角器、绘画纸、铅笔等。

【方法步骤】 分组对各种设施设备进行测量，并记录相关参数于下表3-7-4中。

表3-7-4 牛生产设施设备参数（cm）

序号	项目名称	测量数据	序号	项目名称	测量数据

【实训报告】 根据测量数据，分组讨论测量是否准确，测得数据是否合理？写出实习报告。

任务3 牛场粪污的处理

随着养牛业的规模化、机械化、集约化，在为人们提供大量优质肉、乳的同时，也不可避免地产生了大量的粪尿、污水等污染物。这些污染物如果处理不当，将会对环境造成巨大的污染，甚至会造成疾病传染。因此，在生产过程中必须对粪污进行无害化处理，达标之后才能进行排放。

对粪污的处理应该本着减少总量，无害化，资源化和因地制宜等原则，尽量将粪污转化为具有可再次利用价值的次级产品，达到既保护环境，又废物利用的目的。

一、牛舍内粪尿及污水的清除

1. 机械清除 当粪便与垫草混合或粪尿分离，呈半干状态时，常采用此法。包括人力小推车、地上轨道车、单轨吊罐、牵引刮板、铲车等。采用机械清粪时，为使粪便与尿液及生产污水分离，通常在牛舍中设置污水排出系统。液形物经排水系统流入粪水池贮存，而固形物则借助人力或机械直接用运载工具运至粪便堆放场。

2. 水冲清除 当舍内不使用垫草而使用漏缝地面时，牛舍的清粪方式多为水冲清除。这种清除系统由舍内的漏缝地面、粪沟和舍外的粪水池组成。漏缝地面可用钢筋编织网、焊接的金属网或塑料漏缝地板、铸铁漏缝地板，也可用钢筋混凝土制成板条状地板。漏缝地面分为局部漏缝和全漏缝两种形式。当粪尿落到地面上，液形物从缝隙流入地面下的粪沟，固形粪便则被牛踩入沟内，少量残粪用人工略加冲洗进行清理。粪水池分地下式、半地下式及地上式三种形式。粪水池必须防止渗漏，以免污染地下水源。池内的污水须由污水泵和专用槽车清理。

二、牛场粪尿的处理措施

1. 土地还原法 牛粪尿的主要成分是粗纤维以及蛋白质、糖类和脂肪类等物质，易于在自然环境中分解，经土壤、水和大气等分解、稀释和扩散，逐渐得以净化，并通过微生物、动植物的同化和异化作用，又重新形成动、植物性的糖类、蛋白质和脂肪等（图 3-7-7）。

2. 氧化塘法 氧化塘亦称生物塘，是一种构造简单、易于维护的粪污处理设施。按塘水中氧的存在状态不同，可分为好氧塘、厌氧塘和兼性塘。好氧塘较浅（0.2～0.5m），塘水中溶解氧浓度较高（大于 1.5mg/L），通过好氧微生物来实现分解塘水中的粪污。厌氧塘用于粪污水的预处理，厌氧时间一般达 20d 或更长；兼性塘比好氧塘深，一般深 1.0～2.5m，上层是好氧层，下层是厌氧层。

3. 厌氧处理与生物氧化相结合的方法 这种方法首先进行厌氧发酵生产沼气，其发酵过程为厌氧菌和兼性菌在无游离氧的条件下，分解有机质产生有机酸、醛、酮和醇等，再继续分解生成甲烷、二氧化碳和水，然后将沼液经沉淀池沉淀后，流入生物氧化塘，经生物氧化处理后再进行灌溉或养鱼。

三、牛场粪尿利用的基本方式

1. 用作肥料 发酵过程是将粪便与其他有机物如秸秆、杂草、垃圾等混合、堆积，在适宜的相对湿度（70%左右）下，创造一个好氧发酵的环境，微生物大量繁殖，导致有机物分解、转化成为植物能吸收的无机物和腐殖质。堆肥过程中产生的高温（50～70℃）能杀灭病原微生物及寄生虫卵，达到无害化处理的目的，从而获得优质肥料。堆肥发酵过程可分为 3 个阶段。

（1）温度上升期。一般 3～5d。好氧微生物大量繁殖，使简单的有机物质分解，放出热量，使堆肥增温。

(2) 高温持续期。温度达 50℃，此温度持续 1～2 周，可杀死绝大部分病原菌、寄生虫卵和害虫。

(3) 温度下降期。温度下降到 50℃以下，堆肥的体积减小，堆内形成厌氧环境，厌氧微生物的繁殖，使有机物转变成腐殖质。

经高温堆肥法处理后的粪便呈棕黑色，松软、无特殊臭味，不招苍蝇，卫生无害。

2. 生产沼气 沼气可用作能源，是利用厌氧细菌（主要是甲烷细菌）对粪尿、杂草、秸秆、垫料等有机物进行厌氧发酵而产生的一种混合气体，其主要成分为甲烷（占总体积的 55%～70%），其次为二氧化碳（占总体积 25%～40%），还有少量的氧、一氧化碳、硫化氢等，一般只占 2%左右。用于生产沼气的设施为沼气池，为一密闭不透气的容器，上有封盖和沼气导出管。粪尿经厌氧发酵后的沼渣含有丰富的有机质、腐殖酸、氮、磷、钾及其他微量元素，沼渣中的主要养分含量有：30%～50%的有机质、10%～20%的腐殖酸、0.8%～2.0%的氮、0.4%～1.2%的磷、0.6%～2.0%的钾，是优质有机肥料。沼液可用于养鱼或用于牧草地灌溉等。

3. 用作饲料 利用牛粪养殖蚯蚓和蝇蛆等蠕虫类动物，生产蝇蛆等动物蛋白质，然后再用其作为家禽类饲料，其剩余物料再用于沼气发酵或直接作为肥料还田。利用粪便生产蝇蛆的方式，使资源得到综合利用，避免饲料污染风险，使生产的产品安全性大大增加。因此，就饲料化利用而言，粪便的蠕虫处理方式将是其未来发展趋势。

此外，利用牛粪作原料，种植食用菌也取得了较好的经济效益和生态效益。

复 习 思 考 题

一、填空题

1. 牛舍粪尿清除主要有________和________两种方法。
2. 牛场的粪尿处理主要有________、________和________。
3. 挤乳设备主要有以下几种类型：________、________、________和________。
4. 牛的饲槽主要形式有________和________。

二、判断题

(　　) 1. 平地式饲槽有利于机械化饲喂。
(　　) 2. 挤乳厅式挤乳装置适用于散栏式的奶牛场。

三、问答题

1. 简述用牛场粪尿产生沼气的原理。
2. 常用养牛设备有哪些?

四、技能题

设计 200 头泌乳牛 6 个月的饲料供应计划。 （参考答案见 295 页）

牛场建设

【学习目标】

1. 掌握牛场场址选择的注意事项。
2. 掌握牛场规划布局的原则。
3. 了解常见的牛舍建筑形式。

【学习任务】

牛场的规划与设计

任务1　牛场场址的选择

牛场场址选择应根据生产特点，将农牧业发展规划、农田基本建设规划以及今后牛场的发展等因素结合起来，进行统筹安排和长远规划。牛场选址需注意以下几方面：

1. 地势和地形　要选择在地势高干燥、背风向阳，地下水位2m以下，具有缓坡的北高南低、总体平坦的地方。地形要开阔整齐，方形最为理想，避免狭长或多边形。

2. 饲草饲料来源　应选择牧地广阔，牧草种类多、品质好的场地。牛场附近有每头牛0.13～0.2 hm^2 可种牧草的土地，以弥补天然饲草的不足。

3. 土质和水源　土质以沙壤土最理想，沙土较适宜，黏土最不宜。牛场要有充足的合乎卫生要求的水源，保证生产、生活及人畜饮水。

4. 气候条件　要综合考虑当地的气候因素，如温度、湿度、年降雨量、主风向、风力等，以选择有利地势。

5. 交通、防疫与环境保护　牛场应便于防疫，距村庄居民点500m下风处，距交通主干道500m，距化工厂、畜产品加工厂等1 500m以外，且尽量避免周围有养殖场、兽医院、屠宰场等。新建场区周围应有建设排污设施的场地，且满足无害化处理粪尿、污水的要求，以免造成环境污染。不准在水源保护区、风景名胜区、自然保护区的核心及缓冲区等环境敏感区建场；也不准在居民区、文教科研区、医疗区等人口集中地区，以及县级人民政府依法划定的禁养区和国家或地方法律、法规规定需特殊保护的其他区域建场。

6. 水电设备　牛场应建设在供电方便，水源充足，水质良好的地方。特别是集约度较高的大型牛场，必须有可靠的电力供应做支持。尽量减少输电线路的铺设距离，降低供电成本。

任务2 牛场的规划布局

一、牛场分区规划

牛场按功能分为4个区：即职工生活区、管理区、生产区、隔离区。牛场场区规划应本着因地制宜和科学饲养的要求，合理布局，考虑地势和主风方向进行合理布局（图3-8-1）。

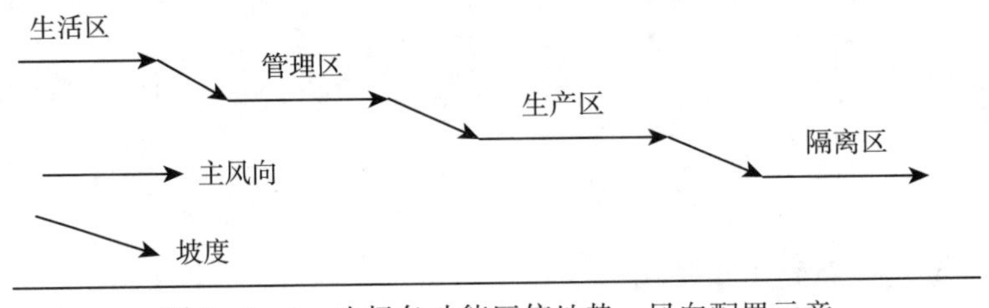

图3-8-1 牛场各功能区依地势、风向配置示意

1. 职工生活区 职工生活区应在全场上风向和地势较高的地段，并与生产区保持100m以上距离。

2. 管理区 包括经营管理、产品加工销售有关的建筑物，应位于牛场大门口。汽车库、饲料库以及其他仓库也应设在管理区。管理区与生产区应隔离，保持50m以上距离。

3. 生产区 生产区是牛场的核心，对生产区的布局应给予全面细致的考虑。应根据牛的生理特点，分牛舍饲养，牛舍前应设置运动场。与饲料运输有关的建筑物，原则上应规划在地势较高处，并保证防疫安全。

4. 隔离区 包括粪尿污水处理、病畜管理区，设在生产区下风向地势低处，与生产区保持300m间距。病牛管理区应便于隔离，具有单独通道，便于消毒和污物处理，防止污水、粪尿、废弃物蔓延污染环境。

二、牛场建筑布局

牛场建筑的布局，应根据具体条件，在遵循下列基本原则的基础上，尽可能做到因地制宜，切忌生搬硬套（图3-8-2）。

1. 根据生产环节确定建筑物之间的最佳生产联系 养牛生产过程由许多生产环节组成，这些生产环节需在不同的建筑中进行。场内建筑的布局应按照彼此间的功能和相互联系进行统筹安排，以免影响生产的顺利进行，造成严重的后果。

2. 遵守兽医卫生和防火安全的规定 综合考虑防疫、防火、通风、采光等因素，牛舍间应保持20m以上的间距。从兽医卫生方面考虑不安全的区域应位于地势低处及下风向。此外，应保证运料道、牧道与清粪道不交叉。

3. 为减轻劳动强度、提高劳动效率创造条件 在遵守兽医卫生要求和防火要求的基础上，按建筑物之间的功能联系，尽量使建筑物配置紧凑，以保证最短的运输、供电和供水线路，并为实现生产过程机械化，减少基建投资、管理费用和生产成本创造条件。

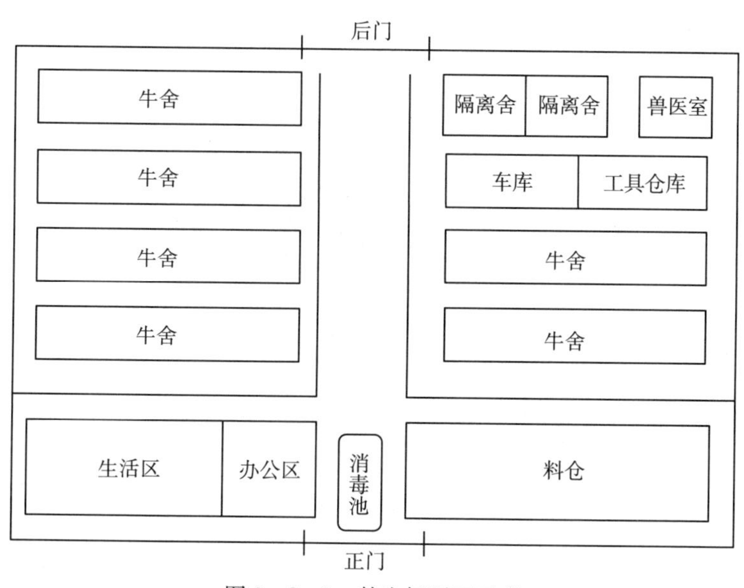

图 3-8-2 某牛场平面示意

三、牛舍建筑形式

适宜的环境是提高牛生产性能的重要因素。修建牛舍应遵守冬季防寒保暖，夏季防暑降温的原则。按国内常用的建筑形式，（牛舍墙壁）可分为开敞式、半开敞式、封闭有窗式和塑料暖棚等几种形式。

1. 开敞式 这种牛舍四面无墙或在背面有墙，依靠立柱设顶棚，顶棚多为双坡式。开敞式牛舍采光好，空气流通好，造价低廉，但舍内温度、湿度不易控制。开敞式牛舍多用于气候温和的南方地区或后备牛舍。

2. 半开敞式 这种牛舍北面及东西两侧有墙和门窗，南面有半堵围墙，有 1/2～2/3 顶棚，夏季要敞开部分顶棚，以利于散热，冬季敞开部分可以采光，但要制作塑料暖棚加强保温。半开敞式牛舍多用于北方地区，成年奶牛舍也多采用这种牛舍。

3. 封闭有窗式 这种牛舍四面都有墙和门窗，顶棚全部覆盖，可以防止冬季寒风的侵袭。这样的牛舍造价高，但寿命长，有利于冬春季节的防寒保暖，但在炎热的夏季必须注意开窗通风和防暑降温。封闭有窗式牛舍多用于产房，北方寒冷地区也多采用这种牛舍。

4. 塑料暖棚牛舍 我国北方地区应推行塑料暖棚养牛。

（1）塑料暖棚的采光设计。建造塑料暖棚时首先要解决冬季采光问题。进行采光设计时主要考虑以下几个方面。

暖棚方位：在冬季，为使阳光最大限度地射入棚内，我国高纬度地区的暖棚应采用坐北朝南，东西延长的方位。偏东或偏西角度最多不要超过 10°，棚舍南面至少 10m 应无高大建筑物及树木遮蔽。

棚舍式样：暖棚式样很多，有单斜面式、双斜面式、半拱圆形、拱圆形等，最适合农户养牛的是半拱形暖棚（图 3-8-3）。

棚面坡度与封盖时间：以中原地区为例，塑料棚面坡度可掌握在 40°～60°。暖棚薄膜封盖的适宜时间是 11 月中旬至翌年 3 月上旬，依各地气候条件，灵活调整。

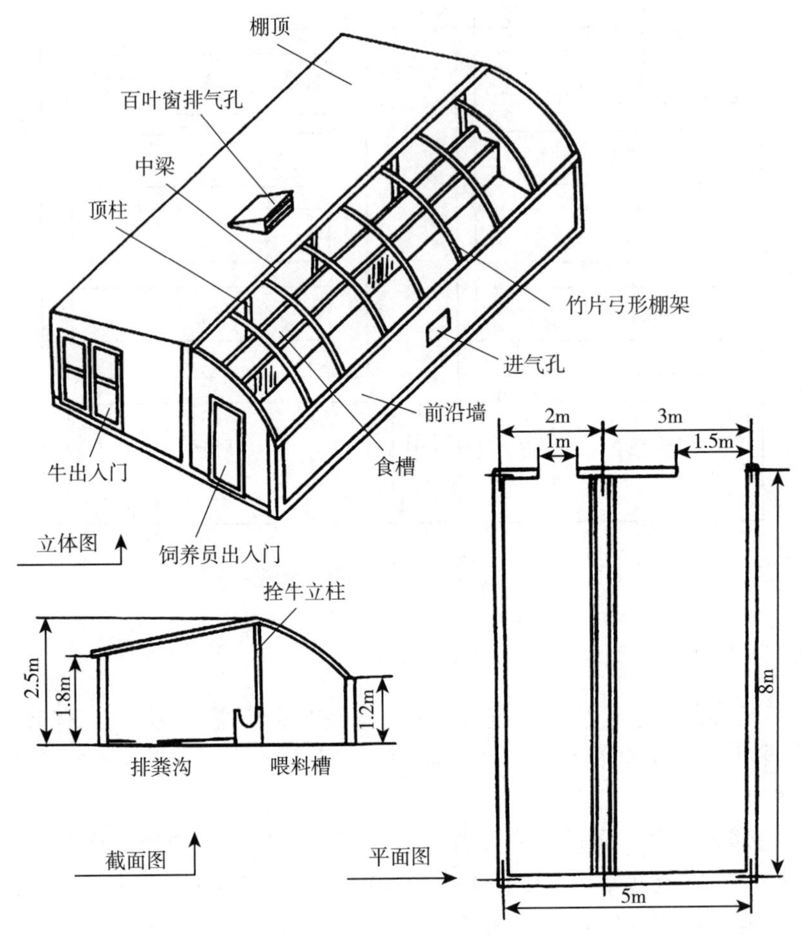

图 3-8-3 半拱形暖棚

（张申贵，2001. 牛的生产与经营）

塑料薄膜：根据实际应用效果看，应选择厚度在 0.1～0.12mm，宽度为 3～4m 的聚氯乙烯薄膜。

通风换气口：棚舍的进气口应设在南墙，其距地面高度以略高于牛体高为宜，排气口应设在棚舍顶部的背风面，上设防风帽，排气口的面积以 20cm×20cm 为宜，进气口的面积是排气口面积的 1/2，每隔 3m 设置一个排气口。

（2）塑料暖棚设计的基本参数。

跨度与长度比：冬季雨雪多的地区以窄为宜，雨雪少、晴天多的地区可较宽，一般跨度以 5～8m 为宜。同时应考虑所养牛的大小类型，合理利用棚内面积。

棚的长宽比与棚的坚固性关系密切，面积一定时，长宽比大，周边总长度大，地面固定部分多，抗风力强，反之则弱，所以长宽比要合理。

高度与高跨比：暖棚高度是指屋脊高度。在跨度确定的情况下，高度增加，暖棚的屋面角度增大，从而提高采光效果。因此，适当增加高度，在搞好保温的同时，能提高采光效果，增加蓄热量。高度一般以 2.2～2.6m 为宜，高跨比（2.4～3.0）：10。

棚面弧度：棚面弧度与棚面摔打现象有关。若弧度合理，可减少风速对棚膜的冲击，而减轻棚面摔打现象。合理弧线点高计算公式如下。

$$Y=\frac{4f}{L^2}(L-x)x$$

式中，Y 为弧线点高；f 为中高；L 为跨度；x 为各弧线点至原点的水平距离。

保温比：暖棚的保温比，即牛床面积/围护面积。保温比越大，热效能越高。一般保温比为 0.6～0.7。

后墙高度与后坡角度：后墙矮，后坡度大，保温比大，冬至前后太阳可照到坡内表面，有利于保温，但棚内作业不便；后墙高，后坡度小，保温比小，保温差，但有利于棚内作业。综合考虑，牛棚后墙高 1.8m 为宜。

四、牛舍基本结构

牛舍可采用砖混结构或轻钢结构，棚舍可采用钢管支柱结构。

1. 地面和基础 牛舍的地面要求致密坚实，除槽道应光滑外，其他地面均应粗糙，以防牛滑倒，既温暖有弹性，又易清洗消毒，一般用 10～20cm 厚的混凝土地面。牛舍的基础应有足够强度和稳定性，防止下沉和不均匀沉降，使建筑物发生裂缝和倾斜。

2. 墙壁和门窗 牛舍墙壁要求坚固结实、抗震、防水、防火，具有良好的保温、隔热性能，便于清洗和消毒，多采用砖墙。半开敞式和封闭有窗式牛舍还必须设置门窗。门的设置要符合生产工艺要求，其大小为：泌乳牛舍门宽 1.8～2.0m，门高 2.0～2.2m；犊牛舍门宽 1.4～1.6m，门高 2.0～2.2m。窗的大小和数量要符合通风透光的要求，一般窗户宽 1.5～2m，高 2.2～2.4m，窗台距地面 1.2m。窗户面积与舍内地面面积之比，成牛为 1∶12，小牛为 1∶（10～14）。

3. 屋顶 牛舍屋顶要求质轻、坚固结实、防水、防火、保温、隔热，能抵抗雨雪、强风等外力影响。牛舍屋顶常见形式有双坡式、钟楼式、半钟楼式等屋顶高度可视各地最高温度和最低温度而定。

4. 运动场 在每栋牛舍南面应设置运动场，大小以牛的数量而定。每头占用面积，成年牛为 15～20m^2，育成牛 10～15 m^2，犊牛为 5～10 m^2。运动场围栏要结实，高度为 150cm。运动场内要设置饮水槽和凉棚。

实训 3－13 参观调研某规模化肉牛场并绘制牛舍立体图、平面图和剖面图

【实训目的】 通过参观规模化肉牛场，掌握肉牛牛舍建筑设计方法。

【材料用具】 规模肉牛场牛舍、皮卷尺、直尺、测杖、量角器、绘画纸、碳素笔、铅笔、圆规及三角板等。

【方法步骤】

（1）参观规模化肉牛场，了解场区规划布局，了解牛舍设计要求。

（2）分组测量一栋牛舍建筑参数，记录入表 3－8－1。

表 3-8-1 牛舍建筑参数（cm）

序号	项目名称	测量数据

（3）测量牛舍内各种设施的参数，记录入表 3-8-2。

表 3-8-2 肉牛舍设施参数（cm）

序号	项目名称	测量数据

（4）各组根据测得的数据进行讨论，另外用纸按一定比例绘制出本次测量的肉牛舍立体图、平面图和剖面图。

【实训报告】完成本次参观测量的肉牛舍立体图、平面图和剖面图。

复习思考题

一、填空题

1. 牛场按功能分为 4 个区：即________、________、________、________。
2. 牛舍间应保持________ m 以上的距离。
3. 按常用的建筑形式或牛舍墙壁，牛舍可分为________、________、________和________塑料暖棚等几种形式。
4. 牛舍屋顶常见形式有________、________、________等。

二、选择题

1. 考虑交通和防疫因素，牛场距离交通主干道（　　）左右为宜。
   A. 100m　B. 300m　C. 500m　D. 1 000m
2. 应该在牛场下风向，地势最低处的是（　　）。
   A. 职工生活区　B. 管理区　C. 生产区　D. 隔离区
3. 隔离区应与生产区保持间距（　　）。
   A. 50m　B. 100m　C. 200m　D. 300m
4. 下列哪种牛舍散热效果最好？（　　）
   A. 开敞式　B. 半开敞式　C. 封闭有窗式　D. 塑料暖棚
5. 下列哪种牛舍适用于我国北方地区？（　　）
   A. 开敞式　B. 半开敞式　C. 封闭有窗式　D. 塑料暖棚

三、判断题

（　　）1. 牛场选址只要考虑生产需要，而不用考虑农牧业发展规划的需要。

（　　）2. 隔离区应处于地势较高的位置，防止疾病扩散。

（　　）3. 通过良好设计，修建饲料、粪污公用通道，可降低铺路成本。

（　　）4. 牛场土质以黏土为最佳。

（　　）5. 封闭有窗式牛舍适用于我国南方地区。

四、问答题

1. 牛场选址要考虑哪些因素？
2. 牛场建筑布局要考虑哪些因素？
3. 简析各种牛舍的适用特点。

【拓展学习】

NY/T1242—2006　《奶牛场 HACCP 饲养管理规范》

NY 5128—2002　《无公害食品　肉牛饲养管理准则》

畜禽养殖化示范场建设及卫生控制的相关标准

【参考答案】

一、填空题

1. 职工生活区、管理区、生产区、隔离区
2. 20
3. 开敞式、半开敞式、封闭有窗式
4. 双坡式、钟楼式、半钟楼式

二、选择题

1～5. CDDAD

三、判断题

1～5. ××√××

羊 生 产

项目一 羊的生物学特性与生产认识

【学习目标】

1. 掌握绵羊和山羊的生物学特性。
2. 了解羊的消化特点。
3. 通过参观羊场，初步对目前羊生产有所认知。

【学习任务】

任务1　羊的生物学特性

1. 绵羊的生物学特性

（1）合群性强。绵羊具有较强的合群性。绵羊的合群性主要通过视、听、嗅等感官活动，来传递和接受各种信息，以保持和调整群体成员之间的活动。放牧时，虽很分散，但不离群，一有惊吓或驱赶便马上集中；行走时，头羊前进，众羊就会跟随前进，适于大群放牧。因此，利用绵羊合群性强的特点，便于驱赶、管理和组建新群。不同品种的羊合群性亦不一致，粗毛羊最强，毛用羊次之，肉用羊较差。

（2）采食性强。绵羊是反刍动物，能较好地利用粗饲料，农副产品如秸秆、荚皮，甚至树叶、嫩枝等亦能利用。在能吃饱青草的季节或有较好的青干草补饲的情况下，绵羊不需补饲精料，就可以保证正常的生理活动和育肥工作。

绵羊的嘴尖唇薄且灵活，切齿向前倾斜，能拣食遗留的谷穗及田埂上的杂草，啃食低矮的牧草。在马、牛放牧过的草场，或马、牛不能利用的低矮草场，绵羊仍能采食。

（3）适应性强。绵羊比其他家畜有更强的适应性。绵羊的耐寒性、耐粗性及抗病力强。细毛羊对干燥、寒冷的环境比较适应，对湿热的环境则不适应；早熟长毛种的绵羊具有较好的抗湿热、抗腐蹄病的能力，对寒冷、干燥的气候和缺乏多汁饲料的饲养条件则不能很好地适应。

（4）性情温顺，胆小易惊。绵羊较其他家畜温顺，易于放牧管理。绵羊胆小，突然的惊吓容易“炸群”四处乱跑，遇到狼等敌害毫无反抗能力。所以，放牧时应加强管理。

2. 山羊的生物学特性 山羊与绵羊有许多共同的特性，但也有其独特性。

（1）活泼、喜登高。山羊活泼好动，行动敏捷，爱斗架、玩耍，喜欢攀墙或直立的物体，山羊喜欢在高出地面的物体上活动。放牧时善于游走，能在陡坡和树枝下直立羊身采食高处的野草或树枝上的嫩叶，因而可以充分利用其他家畜不能达到的山坡、陡坎上的牧草。

（2）合群性强。大群放牧时，训练好的头羊可以按照发出的口令，带领羊群按指定的路线移动，个别羊离群后，只要给予适当的口令就会很快使它跟群，放牧极为便利。

（3）爱清洁，喜干燥。山羊在采食前，先嗅气味，如草料被污染，宁愿挨饿也不吃。放牧时经常轮换草场，供给清洁饮水，避免其饮脏水、污水。南方雨水较多，栏舍内应安置羊床，保持清洁卫生，防止地面潮湿。

山羊喜欢干燥的生活环境，舍饲的山羊常常站立在较高燥的地方休息。长期潮湿低洼的环境会使山羊感染肺炎、蹄炎及寄生虫病。因此，山羊舍应建立在地势高燥、背风向阳、排水良好的地点。

（4）山羊嘴尖、唇薄，牙齿锐利。山羊的采食能力强，利用饲料的种类也广，尤其对粗饲料的消化利用较其他家畜高。山羊特别喜欢采食树叶、树枝，很适宜在灌木林地放牧，对充分利用自然资源有着特殊的价值。

（5）适应性广、抗病力强。山羊对不良的自然环境条件有很强的适应性。从热带、亚热带到温带、寒带地区均有山羊分布，许多不适于饲养绵羊的地方，山羊仍能够很好生长。耐暑热，在天热高温情况下能继续采食。耐饥寒，在越冬期内同一不良环境条件下，山羊的死亡率低于绵羊，抗病力极强。

任务 2　羊的消化特点

羊是反刍动物，其胃由瘤胃、网胃、瓣胃和皱胃组成。其中瘤胃容积最大，内有大量纤毛虫和细菌等有益微生物。羊的瘤胃如一个巨大的生物发酵罐，具有贮藏、浸泡、软化粗饲料的作用。瘤胃内环境为微生物的繁殖创造了有益的条件，瘤胃微生物可分解粗纤维，提高粗饲料的转化率；可将饲料中的非蛋白氮合成菌体蛋白；微生物能合成维生素 B_1、维生素 B_2、维生素 B_{12}及维生素 K 等。

反刍是羊只消化生理特征。当饲料进入瘤胃后，经过浸软、混合和生物分解后，在羊休息时，又一团一团返回口腔，嚼后再次咽下。反刍是周期性地进行，每次间隔 40～60min，有时可达 1～2h，每天反刍的时间约为放牧时间的 3/4。任何外来的干扰都能影响反刍，甚至使其停止。因此，在放牧和舍饲时，应保证羊只反刍的时间和安静的反刍条件。反刍是羊只健康与否的重要标志，反刍异常是羊生病的表现。

初生的羔羊，瘤胃微生物区系尚未形成，没有消化粗纤维的能力，不能采食和利用草料，所吮母乳直接进入真胃，进行消化。羔羊在出生 10d 以后逐渐训练采食干草，可促进瘤胃的发育；羔羊在 20d 左右时开始出现反刍活动，对草料的消化分解能力开始加强。绵羊的消化道细而长，小肠长度与体长比为（25～30）：1。食物在消化道内停留时间较长，有利于营养的充分吸收。

实训 4-1 观察羊的反刍现象

【实训目的】 通过对羊的反刍现象进行实际观察，对反刍的机理及实践意义有深刻的认识。

【材料用具】 健康成年羊若干只、计时器、摄像机、记录本、计数器等。

【方法步骤】

（1）选取成年羊若干只。可以直接选取规模化羊场的健康成年羊群。

（2）观察单位时间内羊反刍的次数。设定一定的时间段，观察羊每次反刍的持续时间，咀嚼次数以及在本时间段内的反刍次数，一般以一昼夜的次数为记录。

（3）整理原始数据。每个实训小组认真、客观记录相关数据，并独立填写专门的实训记录表。

【实训报告】 将整理好的数据填入表 4-1-1。

表 4-1-1 羊反刍观察记录表

品种和耳号	开始反刍时间	每次反刍持续的时间	咀嚼次数	一昼夜的反刍次数

任务 3 羊生产的认知

实训 4-2 参观羊场

【实训目的】 通过对规模较大、管理规范的养羊场进行参观，在该场技术管理人员的指导下，了解养羊生产中饲养管理的关键环节，初步了解羊的分群管理、分阶段饲养、饲喂技术、日粮配合方法等。

【材料用具】 规模化羊场。

【方法步骤】

（1）了解羊场整体概况（包括场址的选择、规划布局、常用设备等）。

（2）了解羊场的消毒防疫情况。

（3）了解羊场的日常工作流程。

（4）了解种公羊、妊娠母羊、产羔母羊、羔羊、育成羊的饲养管理措施。

（5）观看饲料加工和调制的过程。

【实训报告】 每人写一份参观羊场的实习报告。带队教师在参观实训过程中，对每个学生进行实训考核。

复 习 思 考 题

一、填空题

1. 羊属于________动物，其胃部结构由________、________、________和________ 4个部分组成。

2. 反刍是周期性地进行，每次约为________。

3. 羔羊开始出现反刍活动的时间是________左右，通常在________时开始训练其采食干草以促进瘤胃的发育。

4. 绵羊的小肠与体长比为________。

5. 瘤胃内________和________是主要的有益微生物。

二、简答题

1. 简要叙述绵羊的生活习性。

2. 简要叙述羊瘤胃微生物的作用。

3. 简要描述正常的反刍现象，以及反刍的作用。

羊的品种与引种

【学习目标】

1. 了解绵、山羊品种不同的分类方法和品种类型。
2. 学会识别绵、山羊的主要品种，并说出原产地和经济类型。
3. 学会羊的齿龄判断。
4. 了解不同用途羊的外形特点，能正确地进行外形鉴定。
5. 了解羊只体尺测量项目并能准确测量羊的体尺。
6. 初步掌握羊的引种方法。

【学习任务】

任务1　羊的经济类型

世界现有绵羊品种600多个，山羊品种和品种群150多个。由于羊的品种繁多，为了便于人们研究和掌握羊的特性和饲养管理，有必要对众多的羊品种进行科学的分类，这样有助于我们正确认识、评价和有效地利用品种资源。

一、绵羊的经济类型分类

根据绵羊主要产品及经济用途，将绵羊分为细毛羊、半细毛羊、粗毛羊、肉用羊、羔皮羊和裘皮羊等类型。每个类型中又包括许多不同品种。

1. 细毛羊　这类羊的共同点是主要生产同质细毛，全身白色，被毛是由同一类型的细毛纤维组成，被毛呈毛丛结构。毛纤维细度60支以上，毛丛长度要求7cm以上。绝大部分细毛羊品种的公羊有发达的螺旋形角，母羊无角；公羊颈部有1～2个横皱褶，母羊有纵皱褶。头毛着生至两眼连线，四肢盖毛前肢到腕关节，后肢至飞节或飞节以下。腹毛着生良好，整个被毛的细度与长度基本整齐一致，有一定的弯曲度，毛色洁白，是毛纺工业精纺织品的重要原料。

细毛羊根据其生产毛、肉的主次不同，又分为毛用细毛羊、毛肉兼用细毛羊和肉毛兼用细毛羊等3个类型。

（1）毛用细毛羊。如澳洲美利奴羊、中国美利奴羊。

（2）毛肉兼用细毛羊。如新疆毛肉兼用细毛羊、东北毛肉兼用细毛羊、内蒙古毛肉兼用细毛羊等。

（3）肉毛兼用细毛羊。如德国美利奴羊、泊力考斯羊等。

2. 半细毛羊 这类羊的共同点是生产同质半细毛，毛纤维细度在32～58支，直径为25.1～67.0μm，毛长度要求9cm以上。半细毛羊根据其生产毛、肉的主次，又分为肉毛兼用型和毛肉兼用型。例如：

（1）肉毛兼用半细毛羊。如罗姆尼羊、考力代羊等。

（2）毛肉兼用半细毛羊。如青海半细毛羊、茨盖羊等。

3. 粗毛羊 粗毛羊的共同点是被毛不同质，由粗毛、绒毛、两型毛及死毛等几种不同类型的毛纤维组成，因而被毛细度、长度及毛色不一致。其特点是抗逆性强，对当地的自然环境条件具有很强的适应能力。如蒙古羊、哈萨克羊、西藏羊等。

4. 肉用羊 肉用羊以产肉为主，其他产品为辅。我国的阿勒泰羊、乌珠穆沁羊、寒羊、兰州大尾羊是以产肉脂为主的地方良种。国外有许多早熟肉用品种，如夏洛莱肉用羊、道赛特羊、萨福克羊、林肯羊等。

5. 羔皮羊 羔皮羊是专门生产羔皮的品种，其毛皮的毛卷、图案美观，经济值很高，是羔皮大衣、皮帽、衣领的高级原料。如卡拉库尔羊、湖羊等。

6. 裘皮羊 裘皮羊是以生产裘皮为主的品种，其皮板轻薄柔软，毛穗美观洁白，光泽好，毛皮具有保暖、轻便、结实等优点。宁夏回族自治区的滩羊是我国独特的裘皮品种。

二、山羊的经济类型分类

根据山羊产品的生产方向和经济用途分为7个类型：

1. 肉用山羊 以产肉为主的山羊，如波尔山羊、马头山羊、南江黄羊等。

2. 奶用山羊 以产乳为主的山羊，如关中奶山羊、崂山奶山羊等。

3. 绒用山羊 以产绒为主的山羊，如辽宁绒山羊、内蒙古绒山羊等。

4. 毛用山羊 以产毛为主的山羊，如安哥拉山羊等。

5. 羔皮用山羊 以生产羔皮为主的山羊，如济宁青山羊等。

6. 裘皮用山羊 以生产裘皮为主的山羊，如中卫山羊等。

7. 普通山羊 又称兼用山羊。如新疆山羊、西藏山羊等。

任务2 羊的品种

一、我国绵羊品种

我国幅员辽阔，绵羊品种资源十分丰富。目前已列入国家品种志的绵羊品种有30多个。现将我国主要绵羊品种介绍如下。

1. 细毛羊品种 我国细毛羊品种主要有中国美利奴羊、新疆毛肉兼用细毛羊、东北毛肉兼用细毛羊、青海毛肉兼用细毛羊、内蒙古细毛羊、甘肃细毛羊、山西细毛羊、敖汉细毛羊、鄂尔多斯细毛羊等。

（1）中国美利奴羊。中国美利奴羊，简称中美羊。中美羊是在1972—1985年间于新疆维吾尔自治区巩乃斯种羊场、紫泥泉种羊场和内蒙古自治区嘎达苏种畜场以及吉林省查干花种畜场联合育成。主要是用澳洲美利奴公羊与波尔华斯母羊杂交，在新疆地区还选用了部分新疆细毛羊和军垦细毛羊的母羊参与杂交育种。经过13年的育种工作，培育出我国第一个毛用细毛羊品种，1985年原国家经委将其命名为“中国美利奴羊”。中美羊按育种地区分为新疆型、新疆军垦型、科尔沁型和吉林型。

外貌特征：体质结实，体躯呈长方体状。头毛密、长而着生至两眼连线，鬐甲宽平，胸宽深，背平直，尻宽平，后躯丰满。四肢有力，肢势端正。公羊有螺旋形角，少数无角；母羊无角。公羊颈部有1～2个横皱褶，母羊颈部有发达的纵皱褶，公母羊体躯均无明显的皱褶（图4-2-1）。

图4-2-1 中国美利奴羊（左公、右母）

羊毛品质：被毛呈毛丛结构，闭合性良好，密度大，有明显的大、中弯曲羊毛。油汗含量适中，呈白色或乳白色。各部位毛丛长度和细度均匀，前肢着生至腕关节，后肢至飞节，腹毛着生良好，呈毛丛结构，羊毛平均细度60～64支。

生产性能：成年公羊污毛产量17.37kg，净毛率为59%，剪毛后体重91.8kg；成年母羊污毛产量6.4～7.2kg，体侧部毛净毛率为60.84%，剪毛后体重40～45kg。

（2）新疆毛肉兼用细毛羊。新疆毛肉兼用细毛羊是我国育成的第1个细毛羊品种。1934年，我国于新疆维吾尔自治区巩乃斯种羊场开始新疆细毛羊的育种工作。当时，从苏联引进一批高加索和伯力斯考细毛羊作为父本，用当地哈萨克羊和蒙古羊为母本，经过杂交而成。1954年正式命名为新疆毛肉兼用细毛羊，简称新疆细毛羊。目前，新疆细毛羊被推广到全国各地，用于杂交改良粗毛羊，适应性和生产性能表现良好，对我国绵羊改良育种起到重要作用。

外貌特征：公羊大多数有螺旋形角，母羊无角；公羊鼻梁微隆起，母羊鼻梁平直；公羊颈部有1～2个横皱褶，母羊有一个横皱褶或发达的纵皱褶。新疆细毛羊体格大，体质结实，结构匀称，颈短而圆，胸宽深，背腰平直，腹线平直，体躯长深，后躯丰满，四肢端正而有力，个别个体眼圈、耳、唇皮肤有小色斑（图4-2-2）。

羊毛品质：全身被毛白色，闭合性良好，毛密度中等以上，毛丛弯曲正常，毛细度为60～64支，毛的长度和细度均匀。油汗含量适中，分布均匀，呈白色或浅黄色。净毛率

42%以上。细毛着生至两眼连线，前肢至腕关节，后肢至飞节或飞节以下，腹毛着生良好，呈毛丛结构，无环状弯曲。

图 4-2-2 新疆毛肉兼用细毛羊（左公、右母）

生产性能：成年公羊剪毛后体重 88.01 kg；母羊 48.61kg。成年公羊剪毛量平均 12.42kg，净毛率平均 50.88%；母羊剪毛量平均 5.46kg，净毛率 52.28%。成年公羊毛长平均 11.2cm；母羊为 8.74cm。屠宰率为 48.61%，净肉率为 31.58%，经产母羊产羔率为 130%左右。

（3）东北毛肉兼用细毛羊。简称东北细毛羊，产于我国东北三省，内蒙古、河北等华北地区也有分布。东北细毛羊是用苏联美利奴、高加索、斯达夫洛波、阿斯卡尼和新疆等细毛公羊与当地杂种母羊育成杂交，经多年培育，严格选择，加强饲养管理，于 1967 年培育而成。

外貌特征：体质结实，体型大、匀称。体躯无皱褶，皮肤宽松，胸宽紧，背平直，体躯长，后躯丰满，肢势端正。公羊有螺旋形角，颈部有 1～2 个完全或不完全的横皱褶。母羊无角，颈部有发达的纵皱褶（图 4-2-3）。

图 4-2-3 东北毛肉兼用细毛羊（左公、右母）

被毛品质：被毛白色，闭合良好，有中等以上密度，细度 60～64 支，弯曲明显而均匀。油汗含量适中，呈白色或浅黄色。细毛着生到两眼连线，前肢至腕关节，后肢达飞节，腹毛长度较体侧毛长度相差不少于 2cm，呈毛丛结构，无环状弯曲。

生产性能：成年公羊剪毛后体重 99.31kg，成年母羊为 50.62kg。成年公羊剪毛量 14.59kg，成年母羊 5.69kg。成年公羊毛长 9.1cm，成年母羊 7.06cm。净毛率为 30.27%～38.26%，屠宰率 48%，净肉率 34%，产羔率 124.2%。

东北细毛羊善游走，耐粗饲，抗寒暑，采食力较强。引进各地的东北细毛羊适应能力良好，但有净毛率偏低和体型外貌欠整齐等不足之处，需进一步加强选育。

（4）青海毛肉兼用细毛羊。简称青海细毛羊，是用新疆细毛羊、高加索细毛羊、萨尔细毛羊为父本，当地的西藏羊为母本，采用复杂育成杂交于1976年培育而成。

外貌特征：体质结实，结构匀称，公羊多有螺旋形的大角，母羊无角或有小角，公羊颈部有1～2个横皱褶，母羊颈部有纵皱褶。

被毛品质：细毛着生头部到眼线，前肢至腕关节，后肢达飞节。被毛纯白，油汗呈白色或淡黄色。弯曲正常，被毛密度密，细度为60～64支。

生产性能：成年种公羊剪毛前体重80.81kg，剪毛量8.6kg，成年母羊剪毛前体重64kg，剪毛量6.4kg。成年公羊毛长9.62cm，成年母羊8.67cm。产羔率102%～107%。羯羊屠宰率在45%以上。

青海细毛羊有适应高寒牧区饲养、善于登山远距离放牧、遗传性较稳定和放牧抓膘快等优点。

2. 半细毛羊品种 在此仅介绍青海高原毛肉兼用半细毛羊。

青海高原毛肉兼用半细毛羊，简称青海半细毛羊。青海高原毛肉兼用半细毛羊是我国育成的第1个半细毛羊品种。该羊是在青海省英得尔种羊场和河卡种羊场以新疆细毛羊、茨盖羊及罗姆尼羊为父本，以当地西藏羊和部分蒙古羊为母本，经育成杂交于1987年培育而成。同年被青海省政府命名为“青海高原毛肉兼用半细毛羊品种”。

外貌特征：青海半细毛羊因含罗姆尼羊血液不同，分为罗茨新藏（蒙）型和茨新藏（蒙）型。罗型羊头稍宽短，体躯较长，四肢稍矮，公、母羊均无角；茨型羊在体型外貌上近似茨盖羊，体躯粗深，四肢较高。公羊大多有螺旋角，母羊无角或有小角（图4-2-4）。

图4-2-4 青海半细毛羊（左公、右母）

被毛品质：被毛呈白色，羊毛同质，密度中等，呈大弯曲状，油汗白色，羊毛强度好。羊毛细度48～58支，以56～58支较多。具有纤维长、弹性强、光泽好、含杂草少、洗净率高等特点。

生产性能：成年公、母羊剪毛前体重分别为76.89kg和36kg。成年公、母羊平均剪毛量分别为5.98kg和3.1kg。成年公、母羊平均毛长分别为11.72cm和10cm。公、母羊净毛率分别为55%和60%。

青海半细毛羊对严酷的高寒生态条件具有良好的适应性，抗逆性好，对饲养管理条件的改善反应明显。毛肉性能和羔羊的成活率正在逐步提高。

3. 粗毛羊品种

（1）蒙古羊。为我国三大粗毛羊品种之一。是我国分布最广的一个绵羊品种。原产于蒙古高原，除主要分布在内蒙古自治区之外，还广泛分布于华北、东北、华中和西北等地，是我国数量最多的绵羊品种。内蒙古细毛羊、敖汗细毛羊和东北细毛羊的育成，都是用蒙古羊作为基础母本的。

外貌特征：由于蒙古羊分布地域广，各地自然、经济条件的差异使得蒙古羊的体格大小和体型外貌也有所差异。但其基本特点是：体质结实，骨骼健壮，头中等大小，鼻梁稍隆起，公羊有螺旋形角，母羊无角或有小角，耳稍大、半下垂，脂尾较大，呈椭圆形，尾中有纵沟，尾尖细小呈S状弯曲。胸深，背腰平直，四肢健壮有力，善于游牧。体躯被毛白色，头、颈、四肢部黑、褐色的个体居多。被毛异质，有髓毛多（图4-2-5）。

图4-2-5 蒙古羊（左公、右母）

生产性能：蒙古羊耐粗放，抗逆性强，适合常年放牧饲养，抓膘能力强，饲养成本低。蒙古羊体重，因地而异，在内蒙古呼伦贝尔草原和锡林郭勒草原的蒙古羊体尺、体重较其他地区的大，成年公羊平均体重69.7kg，母羊54.2kg；甘肃河西地区的成年公羊体重47.4kg，母羊35.5kg，羯羊屠宰率50%以上，母羊产羔率为103%。

（2）西藏羊。西藏羊又称藏羊、藏系羊。原产于青藏高原，形成历史悠久，主要分布在西藏、青海、甘肃南部和四川西北部，是世界上海拔最高地区的绵羊品种。其数量仅次于蒙古羊，在我国三大粗毛羊品种中居第2位。西藏羊体躯被毛以白色为主，被毛异质，两型毛含量高，毛辫长，弹性大，光泽好，以“西宁大白毛”而著称，是织造地毯、提花毛毯、长毛绒等产品的优质原料，在国际市场上享有很高的声誉。

外貌特征：西藏羊的外形特征极不一致，按其所处地域可分为高原型（草地型）、山谷型、欧拉型。其中以高原型藏羊为代表，西藏羊的基本特点是头小，呈三角形，鼻梁隆起，公羊和大部分母羊均有角，角长而扁平，呈螺旋状向上、向外伸展，头、四肢多为黑色或褐色，被毛白色，修长而有波浪形弯曲。尾瘦小，呈圆锥形（图4-2-6）。

生产性能：成年公羊体重44.03～58.38kg，成年母羊38.53～47.75kg。成年公羊剪毛量1.18～1.62kg，成年母羊0.75～1.64kg。净毛率为70%左右。屠宰率43%～48.68%。母羊每年产羔1次，每次产羔1只，双羔率极少。

西藏羊由于长期生活在高寒较恶劣的环境下，具有顽强的适应性、体质健壮、耐粗放的饲养管理等优点，同时善于游走放牧，合群性好。但产毛量低，繁殖率不高。

图 4-2-6 西藏羊（左公、右母）

（3）哈萨克羊。哈萨克羊主要分布于新疆天山北麓、阿尔泰山南麓和准噶尔盆地以及塔城等地。属肉脂用肥臀羊，是我国三大粗毛羊品种之一。

图 4-2-7 哈萨克羊（公）

外貌特征：哈萨克羊鼻梁隆起，公羊有粗大角，母羊多数无角。体质结实，后躯发达，十字部高于前躯，臀尾部沉积大量脂肪，宽大而厚的脂尾高附于臀部，尾下端分成两瓣。四肢较高而粗壮，善于远走游牧和爬山越岭。哈萨克羊毛色较杂，多数为棕褐色，被毛异质，干死毛多（图 4-2-7）。

生产性能：成年公羊平均体重 60.34kg，成年母羊 45.8kg。羯羊屠宰率为 50%。剪毛量成年公羊 2.03kg，母羊 1.88kg。成年公、母羊的净毛率分别为 57.8%和 68.9%。母羊产羔率为 101.95%。哈萨克羊体大结实，耐寒、耐粗饲，适应山地牧场放牧，抓膘能力强，产肉性能好。

4. 裘皮羊品种 以生产裘皮为主的品种。在此仅介绍滩羊。

滩羊是我国独特的裘皮品种。主要产于宁夏贺兰山东麓的银川市附近各县，与宁夏毗邻的陕西、甘肃、内蒙古西南部也有滩羊分布。

外貌特征：体格中等大小，体躯较窄长，公羊有螺旋形角，母羊无角或有小角，体躯被毛白色，部分个体头部有黑、褐色斑。四肢较短，尾长下垂，尾根部宽、尖部细圆，至飞节以下（图 4-2-8）。

图 4-2-8 滩羊（左公、右母）

生产性能：春季成年公羊平均体重47.0kg，母羊35.0kg。滩羊二毛裘皮，主要是指羔羊出生后1个月左右时宰杀所剥取的毛皮，是滩羊的主要产品。二毛裘皮毛股紧实，8～9cm长，有波浪形小弯曲，毛穗美观，光泽悦目，色泽洁白，具有轻便、保暖、结实等特点。

滩羊被毛中两型毛占43.3%，细度为33.79μm；绒毛占37.1%，细度为19.49μm；有髓毛占19.6%，细度为44.8μm。成年公羊毛长8.0～15.5cm，母羊毛长8.5～14.0cm。每年春秋各剪1次毛，全年剪毛量公羊1.6～2.2kg，母羊0.7～2.0kg。成年羯羊屠宰率为45%，母羊产羔率为101%～103%。

5. 羔皮羊品种 指专门生产羔皮的羊，在此仅介绍湖羊。

湖羊主要产于浙江省西部嘉兴、桐乡、吴兴、德清等地和江苏省南部的常熟、吴江、沙州等地。湖羊是我国特有的羔皮用绵羊品种，也是目前世界上少有的白色羔皮品种。

外貌特征：湖羊头狭长、鼻梁隆起，耳大下垂，公、母羊均无角，肩胸不够发达，背腰平直，后躯略高，体躯呈扁长型，全身被毛白色，四肢较细长（图4-2-9）。

图4-2-9 湖羊（母）

生产性能：成年公羊平均体重48.6kg，母羊36.5kg，剪毛量公羊2.0kg，母羊1.2kg，被毛异质，主要由有髓毛和绒毛组成，两型毛少。产肉性能一般，屠宰率为40%～50%。湖羊繁殖率高，母羊四季发情，可以2年3产，每胎2羔以上，产羔率平均230%。

羔羊出生后1～2d内宰杀剥取羔皮。湖羊羔皮洁白光润，皮板轻柔，有波浪形花纹，毛卷紧贴皮板，坚实不散。羔皮在国内外市场上享有很高声誉，有“软宝石”之称。

湖羊对产区的潮湿、多雨气候和常年舍饲的饲养管理方式适应性强。

6. 肉用粗毛羊品种 主要有阿勒泰大尾羊、乌珠穆沁羊、小尾寒羊、同羊、兰州大尾羊等。

（1）阿勒泰大尾羊。阿勒泰羊主要分布在新疆维吾尔自治区北部阿勒泰地区的福海县、阿勒泰市和富蕴县，是我国著名的肉脂兼用型品种。

外貌特征：阿勒泰羊体格高大，体质结实，公羊鼻梁明显隆起，母羊稍隆起，耳大下垂，公羊有较大的螺旋形角，母羊多数有角。胸宽深，鬐甲宽平，背平直，全身肌肉发育良好，后躯略高于前躯，股部肌肉丰满，脂肪大量沉积于臀尾部，形成隆起的臀脂和大脂尾，尾下缘有一纵沟将脂尾分成对称的两半。阿勒泰羊被毛多为棕褐色，部分个体花色，全白色者少，被毛异质，干死毛多。四肢较高而健壮，善于游牧和登山（图4-2-10）。

图4-2-10 阿勒泰大尾羊（公）

生产性能：阿勒泰羊体格大，产肉多，羔羊生长速度快，较早熟。4个月龄公羔平均体重达 38.9kg，母羔 36.7kg；1.5 岁公羊体重 61.1kg，母羊 52.8kg；成年公羊 85.6kg，母羊 67.4kg。5 个月龄羯羊宰前活重 37.1kg，胴体重 19.5kg，屠宰率为 52.7%。肉用性能好，适合肥羔生产。阿勒泰羊对高寒地区、山地牧场具有良好的适应性，母羊产羔率为 110%。

（2）乌珠穆沁羊。乌珠穆沁羊是我国著名的肉用型粗毛羊品种。主要分布在内蒙古锡林郭勒盟东乌珠穆沁旗和西乌珠穆沁旗以及周边地区，毗邻的蒙古国苏和巴特省也有乌珠穆沁羊分布。乌珠穆沁羊以体大肉多、生长发育快、肉质鲜美和无膻味而著称。乌珠穆沁羊是在当地特定的自然环境和放牧饲养条件下，经过长期精心选育而成。1986 年由内蒙古自治区人民政府验收命名。

外貌特征：乌珠穆沁羊头中等大小，鼻梁微隆起，耳稍大，公羊多数有螺旋形角，母羊一般无角。乌珠穆沁羊体格大，体质结实，体躯深长，胸宽深，肋骨拱圆，背腰宽平，后躯发育较好，尾大而厚，四肢端正有力。头部以黑、褐色居多，体躯白色，被毛异质、死毛多（图 4－2－11）。

图 4－2－11　乌珠穆沁羊（左公、右母）

生产性能：乌珠穆沁羊在全年放牧饲养条件下，抓膘增重快，产肉性能好。成年公羊平均体重 84.9kg，成年母羊 68.5kg，成年羯羊屠宰率达 55.9%。6 个月龄公羔体重达 39.6kg，母羔 35.9kg，平均日增重达 200～250g。乌珠穆沁羊抗逆性强，遗传性稳定，母羊产羔率为 102%。

羔羊品质：乌珠穆沁羔羊，生长发育快，成熟早，放牧育肥性强，产肉力高，胴体品质好，可当年育肥出栏，适合肥羔生产。在完全草原放牧饲养条件下，6 个月龄羯羔平均体重达 35.6kg，胴体重 17.83kg，屠宰率为 50%，产净肉 14.2kg，净肉率为 40%。

乌珠穆沁羊具有多肋骨、多腰椎的解剖学特点。普通羊正常肋骨数为 13 对、腰椎 6 节，而乌珠穆沁羊具有 14 对肋骨的个体占种群的 20%；有 7 节腰椎的个体占种群的 39.6%；既有 14 对肋骨，又有 7 节腰椎的羊占种群的 14.9%。多肋骨、多腰椎羊的体长、体重和胴体重等产肉力指标均明显高于 13 对肋骨、6 节腰椎的对照组个体。选种选配效果证实，乌珠穆沁羊多肋骨、多腰椎这一解剖学性状，遗传力较高，选种选配效果显著。

（3）小尾寒羊。小尾寒羊是我国地方优良品种之一，属于肉脂兼用型短脂尾羊。主要分布在气候温和、雨量较多、饲料丰富的黄河中下游农业区，河北省南部的沧州、邢台，山东省西部的菏泽、济宁以及河南省新乡、开封等地分布较多。

外貌特征：鼻梁隆起，耳大下垂，公羊有螺旋形角，母羊有小角或无角。公羊前胸较深，鬐甲高，背腰平直，体格高大，四肢较高、健壮。母羊体躯略呈扁形，乳房较大。被毛多为白色，少数个体头、四肢部有黑、褐色斑。被毛异质，主要由绒毛、两型毛组成，死毛少。尾呈椭圆形，下端有纵沟，尾长至飞节以上（图 4-2-12）。

图 4-2-12 小尾寒羊（左公、右母）

生产性能：小尾寒羊生长发育快，肉用性能好，早熟，多胎，繁殖率高。小尾寒羊生产性能因不同产区而异。山东省西部地区小尾寒羊品质好，周岁公羊平均体重 60.8kg，母羊 41.3kg；成年公羊体重 94.1kg，母羊 48.7kg；3 个月龄断乳公羔体重达 20.8kg，母羔 17.2kg。小尾寒羊性成熟早，5～6 个月龄开始发情，母羊常年发情，可以 2 年 3 产，1 胎多羔。经产母羊产羔率达 270%。剪毛量成年公羊 3.5kg，母羊 2kg，毛长 11～13cm，净毛率为 63%。20 世纪 80 年代以来，小尾寒羊被推广到许多省区，用于肉羊品种培育。

我国其他绵羊品种见表 4-2-1。

表 4-2-1 我国其他绵羊品种简介

品种	产地、用途、特点和主要生产性能
敖汉细毛羊	育成于内蒙古敖汉旗种羊场（1952—1982 年）。剪毛后体重，成年公羊 91.0kg，母羊 50.0kg；毛丛长度分别为 9.8cm 和 7.5cm；剪毛量分别为 16.6kg 和 6.9kg；净毛率为 34%～42%，羊毛细度以 64 支为主，屠宰率为 46%，母羊产羔率为 120%
内蒙古细毛羊	育成于内蒙古锡林郭勒盟五一种羊场和白音希勒种畜场（1952—1976 年）。毛肉兼用型。剪毛后平均体重公羊 91.4kg，母羊 45.9kg；毛丛长度分别为 10.0cm 和 8.5cm；剪毛量分别为 11.9kg 和 5.5kg；净毛率为 36%～45%，羊毛细度 60～64 支，屠宰率 48.4%，母羊产羔率为 110%～120%
山西细毛羊	育成于山西省介休种羊场和寿阳县、襄垣县（1983 年）。肉毛兼用型。剪毛后体重成年公羊 94.7kg，母羊 54.9kg，剪毛量分别为 10.23kg 和 6.64kg；毛丛长度分别为 8.9cm 和 7.6cm；羊毛细度 60～64 支，净毛率 40%，屠宰率 45.0%，母羊产羔率 103%
同羊	分布在陕西省关中渭南、咸阳地区。全身被毛纯白，脂尾大。公、母羊均无角，成年公羊体重 44.0kg，母羊 39.0kg。被毛品质好，接近同质，毛长 8cm，体侧毛细度 56 支左右，净毛率 55.4%，羯羊屠宰率 50%以上。母羊年产 1 羔。同羊属肉毛兼用脂尾羊
兰州大尾羊	主要分布在甘肃兰州郊区及毗邻县。全身被毛纯白、异质，脂尾大。成年公羊体重 59.0kg，母羊 45.0kg。生长发育快，易育肥，产肉性能好。羯羊屠宰率 55%
和田羊	主要分布在新疆和田地区。体躯白色而头肢杂色者占群体的 61%左右。成年公羊春季体重 48.5kg，母羊 34.7kg。被毛异质，主要由绒毛、两型毛组成，有髓毛、死毛很少。8 个月毛股长度 16～18.5cm。平均产毛量 1.5～1.7kg，屠宰率 45%左右。母羊产羔率 102%。和田羊属于地方良种，所产羊毛是地毯的良好原料

二、国外引入绵羊品种

1. 细毛羊品种

（1）澳洲美利奴羊。澳洲美利奴羊是世界上最著名的细毛羊品种，从 1788 年开始，经过 100 多年有计划的育种工作和闭锁繁育，培育而成。

外貌特征：澳洲美利奴羊体型近似长方体状，腿短，体宽，背部平直，后躯肌肉丰满，公羊颈部有 1～3 个发育完全或不完全的横皱褶，母羊有发达的纵皱褶。该品种羊的毛被、毛丛结构良好，毛密度大，细度均匀，油汗白色，弯曲均匀、整齐而明显，光泽良好。羊毛覆盖头部至两眼连线，前肢至腕关节或以下，后肢至飞节或以下（图 4-2-13）。

图 4-2-13 澳洲美利奴羊（公）

根据其体重、羊毛长度和细度等指标的不同，澳洲美利奴羊分为超细型、细毛型、中毛型和强毛型 4 种类型（表 4-2-2），而在中毛型和强毛型中又分为有角系与无角系 2 种。

表 4-2-2 不同类型澳洲美利奴羊的生产性能

类型	成年羊体重（kg）		成年羊剪毛量（kg）		羊毛细度（支）	羊毛长度（cm）	净毛率（%）
	公	母	公	母			
超细型	50～60	32～38	7.0～8.0	3.4～4.5	70～80	7.0～7.5	65～70
细毛型	60～70	33～40	7.5～8.5	4.5～5.0	64～70	7.5～8.5	63～80
中毛型	70～90	40～45	8.0～12.0	5.0～6.5	64	8.5～10.0	65
强毛型	80～100	43～68	9.0～14.0	5.0～8.0	58～60	8.8～15.2	60～65

数据来源：丁洪涛，2004. 畜禽生产。

我国从 1972 年以来，先后多次引进澳洲美利奴羊，用于新疆细毛羊、东北细毛羊、内蒙古细毛羊品种的导血杂交和中国美利奴羊的杂交育种之中，对于改进我国细毛羊的羊毛品质和提高净毛产量方面起到重要作用，取得了良好效果。

（2）波尔华斯羊。波尔华斯羊原产于澳大利亚维多利亚州。林肯品种公羊与澳洲美利奴母羊杂交而育成。属于毛肉兼用型品种。对许多地区放牧饲养条件都有良好的适应性。

外貌特征：波尔华斯羊体质结实，结构匀称，背部平宽，体型外貌近似美利奴羊，但公母羊颈部一般无皱褶。公羊少数有角，母羊无角，多数个体在鼻端、眼眶和唇部有色斑，体躯宽广，被毛长。

生产性能：成年公羊剪毛后体重 56～77kg，母羊 45～56kg。剪毛量成年公羊 5.5～9.5kg，母羊 3.6～5.5kg。毛长 10～15cm，毛细度 58～60 支，净毛率 55%～65%。毛丛有大、中弯曲，油汗为白色或乳白色，腹毛较好，呈毛丛结构。母羊泌乳性能好，产羔率为 120%。

我国 1966 年起从澳大利亚引进该品种，饲养在新疆、内蒙古和吉林等地，对东北细毛羊和新疆细毛羊的羊毛长度的提高和羊毛品质的改善有明显的效果。

(3) 高加索细毛羊：产于苏联斯达夫洛波地区。

外貌特征：该品种羊具有良好的外形，结实的体质，颈部有1～3个发育良好的横皱褶，头部及四肢羊毛覆盖良好，油汗呈黄色或淡黄色。

高加索细毛羊1949年前就输入我国，是改造我国粗毛羊较为理想的细毛羊品种之一。

2. 半细毛羊品种 引进的半细毛羊品种，有毛肉兼用半细毛羊和肉毛兼用半细毛羊。

(1) 茨盖羊。茨盖羊是古老的培育品种的后代，体质结实，耐粗放的饲养管理，分布十分广泛，所产羊毛是毛织品和工业用呢的良好原料，我国1950年起从苏联引入，饲养在内蒙古、青海、甘肃、四川和西藏等省（区）。

外貌特征：茨盖羊体型较大，公羊有螺旋形角，母羊无角或只有角痕。胸深，背腰较宽直。成年羊皮肤无皱褶，被毛覆盖头部至眼线，前肢达腕关节，后肢达飞节。毛色纯白，但有些个体在脸部、耳及四肢有褐色或黑色的斑点。

生产性能：成年公羊体重80～90kg，成年母羊50～55kg。成年公羊剪毛量6～8kg，成年母羊3.5～4kg。毛长8～9cm，毛细度46～56支。净毛率50%左右，产羔率115%～120%，屠宰率50%～55%。

茨盖羊对我国多种生态条件都表现出良好的适应性。它是青海高原半细毛羊、内蒙古半细毛羊新品种的主要父系品种之一。

(2) 罗姆尼羊。原产于英国东南部的肯特郡，又称肯特羊（图4-2-14）。

图4-2-14 罗姆尼羊（公）

外貌特征：四肢较高，体躯长而宽，后躯比较发达，头型略显狭长。头、四肢被毛覆盖较差。体质结实，骨骼坚强，放牧游走能力好。新西兰罗姆尼羊肉用体型好，四肢矮短，背腰平直，体躯长，头、肢被毛覆盖良好，但放牧游走能力差，采食能力不如英国罗姆尼羊。澳大利亚罗姆尼羊介于以上二者之间。

生产性能：成年公羊体重90～100kg，成年母羊60～80kg。成年公羊剪毛量6～8kg，成年母羊3～4kg。毛长11～15cm，毛细度48～50支，净毛率60%～65%，产羔率120%。

1966年起，我国先后从英国、新西兰和澳大利亚引入数千只，经过多年饲养实践，在东南沿海及西南各省的繁育效果较好，而饲养在甘肃、青海、内蒙古等省（区）的效果则比较差。

(3) 林肯羊。原产于英国东部的林肯郡。

外貌特征：体质结实，体躯高大，结构匀称。头较长，颈短，前额有绺毛下垂，背腰平直，腰臀宽广，肋骨开张良好，四肢较短而端正，脸、耳及四肢为白色，但偶尔出现小黑点。公、母羊均无角。毛被呈辫形结构，有大波浪形弯曲和明显的丝样光泽。

生产性能：成年公羊平均体重120～140kg，成年母羊70～90kg。成年公羊剪毛量8～10kg，成年母羊6～6.5kg。毛长20～30cm，毛细度36～40支。净毛率60%～65%，产羔率120%，屠宰率50%～55%。

林肯羊曾经广泛分布在世界各地，我国1966年起先后从英国和澳大利亚引入。林肯羊要求良好的饲养条件，在江苏、云南等省繁育效果比较好，在我国北方，适应性较差。

（4）考力代羊。原产于新西兰，是肉毛兼用品种，又能生产优质半细毛。

外貌特征：考力代羊头宽而小，头毛覆盖额部。公、母羊均无角，颈短而宽，背腰宽平，肌肉丰满，后躯发育良好，全身被毛及四肢毛覆盖良好，颈部无皱褶，体型似长方体，具有肉用体况和毛用羊被毛。四肢结实，长度适中，头、身、四肢偶尔有黑色斑点。

生产性能：成年公羊体重100～115kg，母羊60～65kg。剪毛量成年公羊10～12kg，母羊5.0～6.0kg。毛长12～14cm，毛细度50～56支，净毛率为60%～65%。母羊产羔率125%～130%。考力代羊早熟性好，4个月龄羔体重可达35～40kg。

我国从新西兰和澳大利亚引进考力代羊，在我国东部、西部和东北地区适应性较好，贵州、山东、安徽以考力代羊为父本正在培育细毛羊品种，考力代羊是东北细毛羊的主要父本。

3. 肉用羊品种

（1）无角陶赛特羊。无角陶赛特羊产于澳大利亚和新西兰。该品种是用考力代羊为父本，以雷兰羊和英国有角陶赛特羊为母本进行杂交繁育而成。无角陶赛特羊既是肉用品种，又能生产半细毛。

外貌特征：全身被毛白色，成熟早，羔羊生长发育快，母羊产羔率高，母性强，能常年发情配种，适应性强。公、母羊均无角，颈粗短，胸宽深，背腰平直，躯体呈圆桶状，四肢粗壮，后躯丰满，肉用体型明显（图4-2-15）。

图4-2-15 无角陶赛特羊（公）

生产性能：成年公羊体重85～115kg，母羊55～80kg。毛长6.0～8.0cm，毛细度50～56支，剪毛量2.5～3.5kg；净毛率55%～60%。产肉性能高，胴体品质好。2个月龄羔羊平均日增重公羔392g，母羔340g。4个月龄羔羊胴体重可达20～24kg，屠宰率50%以上。母羊产羔率为130%～140%，高者达170%。

无角陶赛特羊是澳大利亚、新西兰和欧美许多国家公认的优良肉用品种，是生产肥羔的理想父本品种。20世纪80年代以来，新疆、内蒙古和中国农业科学院北京畜牧兽医研究所等单位，先后从澳大利亚引入无角陶赛特羊，这些羊除进行纯种繁殖外，还用来与当地蒙古羊、哈萨克羊和小尾寒羊杂交，杂种后代产肉性能得到显著提高，适应性和杂交改良效果较好。

（2）夏洛莱羊。夏洛莱羊原产于法国，1974年被正式命名。夏洛莱肉羊具有成熟早，繁殖力强，泌乳多，羔羊生长发育迅速，胴体品质好，瘦肉多，脂肪少，屠宰率高，适应性强等特点。夏洛莱羊是生产肥羔的理想肉羊品种。

外貌特征：公、母羊均无角，耳修长，并向斜前方直立，头和面部无覆盖毛，皮肤粉红或灰色，有的个体唇端或耳缘有黑斑。颈短粗，肩宽平，体长而圆，胸宽深，背腰宽平，全身肌肉丰满，后躯发育良好，两后肢间距宽，呈倒挂U形，四肢健壮，肢势端正，肉用体型好。全身白色，被毛同质（图4-2-16）。

生产性能：成年公羊体重100～140kg，母羊75～95kg。4个月龄羔羊胴体重达20～22kg。

屠宰率55%以上。夏洛莱羊性成熟早，母羔6～7个月龄可配种，公羊9～12个月龄可采精。初产母羊产羔率为135%，经产母羊为182%。被毛平均长度7.0cm，毛细度50～58支，产毛3.0～4.0kg。

图4-2-16　夏洛莱羊（公）

20世纪80年代以来，内蒙古、河北、河南等省（区），先后数批引入夏洛莱羊。实践证明，夏洛莱羊在我国许多地区能够表现出良好的适应性和生产性能。根据饲养观察，夏洛莱羊采食力强，不挑食，易于适应变化的饲养条件。除进行纯种繁育外，也用来杂交改良当地绵羊品种。杂交改良效果显著，杂种后代产肉性能得到大幅度提高。

图4-2-17　萨福克羊（母）

（3）萨福克羊。萨福克羊原产于英国，于1859年育成，属于肉用短毛品种。

外貌特征：萨福克羊公、母羊均无角，头、面部、耳和四肢下端黑色，体躯被毛白色，含少量有色纤维。头较长，耳大，颈短粗，胸宽，背腰和臀部长、宽而平，肌肉丰满，后躯发育好，四肢粗壮结实（图4-2-17）。

生产性能：萨福克羊早熟，生长发育快，产肉性能好，母羊母性强，繁殖力较强。成年公羊体重100～110kg，母羊60～70kg。4个月龄公羔胴体重达24.2kg，母羔19.7kg。肉嫩、脂少。成年羊毛长度7.0～8.0cm，毛细度56～58支，剪毛量3.0～4.0kg，产羔率130%～140%。英国、美国在生产肥羔中用萨福克羊作为杂交终端父本。为了克服萨福克羊被毛中含有黑色纤维和皮肤上有黑斑点的缺点，澳大利亚新南威尔士大学已培育出白萨福克羊品种。

我国新疆和内蒙古及中国农科院北京畜牧兽医研究所在20世纪80年代和90年代初从澳大利亚引入萨福克羊，除用于纯种繁育外，还用于地方绵羊的杂交改良，发展肉羊生产。

（4）特克塞尔羊。特克赛尔羊原产于荷兰，是用林肯羊和来斯特羊与当地绵羊杂交选育而成，属被毛同质的肉用型品种。

外貌特征：特克赛尔羊体格大，产肉和产毛性能好，具有多胎、早熟、羔羊生长迅速、母羊繁殖力强等特点。全身被毛白色、同质，头、面部和四肢下端无长毛着生。颈粗短，前胸宽，体躯较长，背腰平直，四肢健壮，体质结实。

生产性能：成年公羊体重110～140kg，母羊70～90kg。平均产毛量5.0～6.0kg，毛长10～15cm，毛细度50～56支。4～5个月龄羔羊体重达40～50kg，屠宰率达55%。羔羊3月龄内日增重公羔367g，母羔293g。

我国黑龙江省大山种羊场于1995年首次引进10只公羊和50只母羊进行纯种繁育。据报道，适应性和生产性能表现良好。14月龄公羊平均体重达100.2kg，母羊73.3kg，母羊产羔率达到200%，30～70日龄羔羊日增重为330～425g，母羊平均剪毛量5.5kg。

三、山羊品种

(一) 我国山羊主要品种

已列入国家品种志的山羊品种有 23 个。现将我国主要山羊品种介绍如下：

1. 绒用山羊

(1) 辽宁绒山羊。原产于辽宁省辽东半岛，分布于盖州、岫岩、复县、庄河、凤城、宽甸及辽阳等地。

外貌特征：辽宁绒山羊颌下有髯，公、母羊均有角。颈宽厚，颈肩结合良好，背平直，后躯发达，四肢较高而粗壮，尾短瘦小。毛被全白色，外层为粗毛，具有丝光光泽，无弯曲，毛长，内层为纤细柔软的绒毛组成（图 4-2-18）。

图 4-2-18 辽宁绒山羊（公）

生产性能：成年公羊平均体重 53.5kg，成年母羊 44.0kg，每年清明节前后抓绒 1 次。成年公羊平均产绒量 540g，最高纪录 1 375g；成年母羊 470g，最高 1 025g。山羊绒自然长度 5.5cm，伸直长度 8～9cm，毛细度 16.5μm，净绒率 70%以上，屠宰率 50%左右，产羔率 148%。

辽宁绒山羊产绒量高，绒毛品质好，遗传力强。不仅是我国的珍贵山羊品种，而且在世界绒用山羊中亦是高产的白色绒用品种。今后在加强选育的基础上，应改善绒毛的细度，提高绒毛产量及品质。

(2) 内蒙古绒山羊。内蒙古白绒山羊原产于内蒙古自治区西部的鄂尔多斯市、巴彦淖尔市和阿拉善盟等地。按产区分为“阿尔巴斯”“二郎山”和“阿拉善”3 个地方类型。内蒙古白绒山羊是在当地蒙古山羊优良类型的基础上，自 20 世纪 60 年代，经过多年本品种选育为主，并适当导血的方法育成的绒肉兼用型新品种。1988 年，内蒙古自治区组织品种鉴定委员会进行鉴定验收，同年正式命名为“内蒙古白绒山羊”。

图 4-2-19 内蒙古绒山羊（公）

外貌特征：内蒙古白绒山羊毛厚而纤细。体质结实，结构匀称；头清秀，有额毛，鼻梁平直或微凹，眼大明亮；体长大于体高，后躯略高，体躯呈长方体状；公母羊均有角，向后上外方伸展，公羊角大，母羊角小；尾瘦短；四肢端正有力，蹄质坚硬，行动敏捷、善于远牧登高（图 4-2-19）。

生产性能：成年公羊平均产绒量 400g，抓绒后平均体重 39.2kg，秋季体重 45.1kg；成年母羊平均产绒量 360g，抓绒后平均体重 32.6kg。羊绒细度 14.2～15.6μm，强度 4.24～5.45kg，绒长度 40.5～50.4mm，净绒率为 60.6%～64.6%，产羔率为 103%～110%。成年羯羊屠宰率为 46.2%，遗传性稳定，抗逆性强，耐粗饲，抗病力强，对半荒漠草原的干旱、寒冷气候具有较强的适应性。

内蒙古白绒山羊的羊绒细而洁白，光泽好，手感柔软而富有弹性，综合品质优良。在国际市场上被誉为珍品，1985—1987 年连续 3 年荣获意大利“柴格那”国际山羊绒奖。

（3）柴达木绒山羊。主要分布在青海省的柴达木盆地。培育工作始于 1983 年，是以辽宁绒山羊为父本，柴达木山羊为母本进行级进杂交，后代经严格选择培育而成，于 2000 年 5 月通过鉴定验收，并由青海省畜禽品种审定委员会在 2001 年初命名为“柴达木绒山羊”。

柴达木绒山羊被毛纯白，公、母羊均有角，体质结实紧凑，对高寒、干旱生态环境有较强的适应性。每年 5 月初抓绒 1 次，平均细度 15μm。成年公羊产绒量 487g，成年母羊 397g，育成公羊产绒量 340g，育成母羊 378g。成年公羊体重 35.86kg，成年母羊 27.16kg。育成公羊体重 19.23kg，育成母羊 16.24kg。

2. 毛皮用山羊

（1）济宁青山羊。原产于山东省西南部的菏泽和济宁两地区。现分布于东北、西北华南 10 余个省（区），大部分地区饲养效果良好。

外貌特征：济宁青山羊体格小，公羊额部有卷毛，颌下都有髯。公母羊均有角，公羊角粗，向上略向后方伸展；母羊角细短，向上略向外伸展。两耳向前外方伸展，外形与毛色有“四青一黑”的特征，即背毛、嘴唇、角和蹄均为青色，两前膝为黑色。毛色随年龄的增长而变深。按照被毛的长短和粗细分为长细毛、短细毛、长粗毛和短粗毛 4 种类型。长细毛和短细毛类型的羊所产羔皮的质量较好。

生产性能：成年公羊平均体重 30kg，成年母羊 26kg，产绒量 30～100g；粗毛产量，成年公羊 230～330g，成年母羊 150～250g。产绒量 30～100g。成年羯羊屠宰率为 50%。主要产品是猾子皮，羔羊出生后 1～2d 屠宰剥取的皮张，具有天然色彩和花纹的特点，板皮轻、美观，是制翻毛皮和帽领等的优良原料，为国际市场上的著名商品。济宁青山羊繁殖力强，常年发情，母羊 6 月龄初配，年产 2 胎或 2 年 3 胎。1 胎多羔，平均产羔率为 293.65%，作为羔皮山羊，这是非常宝贵的经济性状。

（2）中卫山羊。又称为沙毛山羊，为裘皮羊品种，是我国独特而珍贵的裘皮山羊品种。主要产于宁夏西部和西南部、甘肃省中部。主要分布于宁夏的中卫、中宁、同心、海原 4 个县，甘肃的景泰、靖远、皋兰 3 个县和兰州市的白银区以及内蒙古的阿拉善右旗。

外貌特征：中卫山羊体质结实，体格中等大小，身短而深，近似方形。头清秀，额部着生头绺，垂到眼部，颌下有髯。公、母羊大多有角，公羊角大呈捻曲状向上、向后外方伸展，长度 35～48cm；母羊角小，呈现刀状，向后下方弯曲，角长 20～25cm。被毛多为白色，少数呈现纯黑色或杂色，光泽悦目，初生羔羊全身着生波浪形弯曲的毛被，成年羊毛被的毛股由略带弯曲的粗毛和两型毛组成（图 4-2-20）。

图 4-2-20　中卫山羊（公）

生产性能：春季成年公羊平均体重 42.68kg，成年母羊 27.55kg；秋季成年公羊平均体重为

44.6kg，成年母羊34.1kg。产绒量，成年公羊164～200g，成年母羊140～190g；粗毛产量，公羊400g，母羊300g，毛长15～20cm，光泽良好。其羔羊生后35日龄左右，毛股紧实，自然长度在7cm以上，具有美丽的花穗。适时宰杀剥取的二毛皮，具有美观、轻便、结实、保暖和不擀毡等特点，是世界上珍贵而独特的山羊裘皮。屠宰率40%～45%，产羔率103%。

目前，中卫山羊个体之间差异较大，平均生产力低。育种工作以提高沙毛皮的质量为主，选择培育扩大优秀种公羊的利用率，使毛皮的质量不断提高。在适应山地、干旱、荒漠和半荒漠的条件下增大体重，提高肉脂产量。

3. 肉用山羊 肉用山羊在此仅介绍南江黄羊。

南江黄羊原产于四川省南江县，是1995年培育而成的肉用山羊品种。1998年4月，农业部（现农业农村部）正式命名为“南江黄羊”。南江黄羊具有较强的适应性。它是我国产肉性能较好的山羊品种之一。

外貌特征：南江黄羊被毛黄色，沿背脊有一条明显的黑色背线，毛短、紧贴皮肤、富有光泽。分有角与无角两种类型，其中有角者占61.5%，无角者占38.5%；耳大微垂，鼻拱额宽；体格高大，前胸深宽，颈肩结合良好；背腰平直，体呈圆桶状（图4-2-21）。

图4-2-21 南江黄羊（公）

生产性能：成年公羊平均体重66.87kg，成年母羊45.64kg。成年羊屠宰率55.65%。6月龄胴体重11.89kg，8月龄14.67kg，10月龄16.31kg，12月龄18.70kg，成年公羊37.21kg。最佳适宜屠宰期为8～10月龄，肉质好，肌肉中粗蛋白质含量为19.64%～20.56%。南江黄羊性成熟早，3月龄就有初情表现，但母羊最佳初配年龄为8月龄，公羊为12～18月龄，产羔率205.42%。

南江黄羊现已推广到福建、浙江、湖南、湖北、江苏等18个省（区），纯种繁育表现优秀，杂交改良其他山羊品种效果显著，是目前我国培育的优良肉用山羊新品种。

4. 奶用山羊 奶山羊品种较多，在此仅介绍关中奶山羊。关中奶山羊原产于陕西的渭河平原。主要分布在关中地区。

图4-2-22 关中奶山羊（母）

外貌特征：关中奶山羊体质结实，乳用型明显，头长额宽，眼大耳长，鼻直嘴齐。母羊颈长、胸宽、背腰平直，腹大而不下垂，尻部宽长，有适度的倾斜。乳房大，多呈方圆形，质地柔软，乳头大小适中。公羊头大颈粗，胸部宽深，腹部紧凑。公母羊四肢结实，肢势端正，蹄质结实，呈蜡黄色。毛短色白，皮肤粉红色，部分羊耳、鼻、唇及乳房有大小不等的黑斑，老龄更甚。体形外貌与萨能山羊相似（图4-2-22）。

生产性能：成年公羊体重≥65kg，成年母羊≥45kg。在一般饲养条件下，优良的个体羊平均产乳量：一胎450kg，二胎520kg，三胎600kg，高产个体>700kg，含脂率3.8%～4.3%，总干物质为12%。饲养条件好，产乳量可提高15%～20%。一胎产羔率平均为130%，二胎以上平均为174%。因此，今后应注意选育和加强饲养管理，充分挖掘关中奶山羊的生产潜力。

5. 普通山羊

（1）新疆山羊。分布在新疆境内。该品种公、母羊多有长角。被毛有白色、黑色、棕色及杂色。北疆山羊体型大，成年公羊平均体重50kg，成年母羊38kg。屠宰率41.3%。成年公羊抓绒量552g，成年母羊229.4g。南疆山羊体型较小。新疆山羊日平均产乳500g左右。秋季发情，产羔率110%～115%。

（2）西藏山羊。产于青藏高原，分布在西藏、青海、四川等地。该品种羊体型较小，公、母羊均有角，被毛颜色较杂，多为黑色、青色以及头肢花色，纯白者很少。成年公羊体重23.95kg，成年母羊21.56kg。成年公羊抓绒量211.8g，成年母羊183.8g，羊绒品质好。成年公羊粗毛产量418.3g，成年母羊339g。年产1胎，多在秋季配种，产羔率110%～135%。成年羯羊屠宰率48.31%。

（二）国外引入山羊品种

1. 萨能山羊 原产于瑞士泊尔尼州西南部的萨能地区。萨能山羊（图4-2-23）是世界著名的奶山羊品种。

图4-2-23 萨能山羊（母）

外貌特征：萨能山羊具有乳用家畜特有的楔形体型。结构紧凑、细致，被毛白色或淡黄色。公羊的肩、背、腹和股部着生有较长的粗毛。皮薄，呈粉红色。头平直，较长，额宽，眼大凸出。耳大直立，母羊颈部细长，公羊颈粗而短，背腰平直而长，后躯发育良好，肋拱圆，尾部略显倾斜。母羊乳房发达，四肢坚实。

生产性能：母羊头胎多产单羔，经产羊多为双羔或多羔，繁殖率为160%～220%。泌乳期为10个月左右，以产后2～3个月产乳量最高，305d的产乳量为500～1 200kg，乳脂率为3.2%～4.0%。萨能奶山羊产乳量的高低，受日粮营养因素影响很大，只有在良好的饲养条件下，乳用性能才能得到充分发挥。1只高产乳羊一般在1个泌乳期的产乳量应达1 400～1 800kg，产乳量按体重比例计算比奶牛高1倍。成年公羊体重75～100kg，成年母羊50～65kg。

该羊种从1904年开始引入我国，以后又从加拿大、德国、英国和日本等国分批引入，在国内分布较广。利用萨能奶山羊改良地方奶山羊，提高产乳能力，取得了良好效果。

2. 吐根堡山羊 原产于瑞士东北部圣加冷州的吐根堡盆地。广泛分布于英国、美国、法国、奥地利、荷兰以及非洲，与萨能奶山羊同享盛名。

外貌特征：毛色呈浅褐色或深褐色，分长毛和短毛两种类型。头部面两侧各有一条灰色条纹，耳呈浅灰色，沿耳根至嘴角部有一块白斑，颈部到尾部有一条白色背线，四肢下部、腹部及尾部两侧灰白色，四肢上的白色和浅色乳镜是本品种的典型特征。

生产性能：成年公羊体重60～80kg，成年母羊45～60kg。泌乳期8～10个月，平均产乳量 600～1 200kg，乳脂率 3.5%～4.0%，产羔率 201.9%。

20 世纪 30 年代和 80 年代我国引入吐根堡奶山羊，生长良好，耐粗饲，抗病力强，繁殖正常。舍饲或放牧均能很好地适应。遗传稳定，与当地山羊杂交均能将其毛色和较高的泌乳性能遗传给后代。乳膻味比萨能羊低。

3. 波尔山羊 原产于南非的干旱亚热带地区。目前，它是世界上最受欢迎的肉用山羊品种，引进到了许多国家和地区。

外貌特征：波尔山羊毛色为白色，头颈为红褐色，并在颈部存有一条红斑。波尔山羊耳宽下垂，被毛短而稀。四肢强健，后躯丰满，肌肉多(图 4-2-24)。

图 4-2-24 波尔山羊（公）

生产性能：100 日龄的公羔体重为 22.1～36.5kg，母羔为 19～29kg；9 月龄公羊体重为 50～70kg，母羊为 50～60kg；成年公羊平均体重 90kg，母羊平均体重 65～75kg。羊肉脂肪含量适中，胴体品质好，体重平均 41kg 的羊，屠宰率为 52.4%（未去势的公羊可以达 56.2%）。羔羊胴体重平均为 15.6 kg。波尔山羊四季发情，母羊产羔率为 150%～190%，优良个体产羔率达 225%。

波尔山羊性成熟早，多胎率较高。体质强壮，四肢发达，善于长距离采食。1995 年以来，我国先后从德国、澳大利亚和南非引入波尔山羊，饲养在山东、江苏、陕西、北京等地，适应性较好。该品种的生产性能在我国表现为初生重大，生长快，繁殖力高，群聚性及恋仔性强，性情温和，易管理，与我国一些地方山羊品种杂交，选育效果较好。

4. 安哥拉山羊 原产于土耳其的安哥拉地区，它是世界上最著名的生产“马海毛”的毛用山羊品种。安哥拉山羊所产的毛在国际市场上称“马海毛”（即阿拉伯语“非常漂亮”的意思）。毛纤维表面光滑，光泽强，具有丝光，易染色，强度大，可纺性好，是一种高档的纺织原料，主要用于纺织呢、绒、精纺织品及窗帘、沙发巾等室内装饰品和高档提花毛毯、地毯等，还可用于制作假发，与其他天然纤维、人造纤维混纺，织品具有不起皱褶、式样经久不变、光亮、经穿耐脏等特点。

图 4-2-25 安哥拉山羊（公）

外貌特征：安哥拉山羊公、母羊均有角，全身白色，体型中等，颜面平直，唇端或耳缘有深色斑点，耳大下垂，颈部细短，被毛长由螺旋状或波浪状毛辫组成（图 4-2-25）。

生产性能：成年公羊平均体重 50.83kg，成年母羊为 32.88kg。3 岁公羊剪毛量为 3.09 kg，5 岁公羊为 4.35kg。成年公羊毛长 19.55 cm，成年母羊 18.22cm。成年公羊羊毛细度 34.47μm，成年母羊为 34.06μm。多数个体被毛中没有死毛，有些个体被毛中死毛含量为 3.57%。母羊产羔率 85%～90%，双羔率为 2%～3%。

我国于 1984 年起从澳大利亚引进安哥拉山

羊，目前主要在内蒙古、山西、陕西和甘肃等省（区）饲养，用来改良当地的土种山羊，效果良好。

实训 4－3 羊的品种识别与种羊选择训练

【实训目的】 通过对实际观察，识别不同品种，了解品种名称、用途、主要外貌特征和优缺点。

【材料用具】 不同品种的种羊和经济类型的绵、山羊品种图谱（片）以及模型、照片、录像带、幻灯片、放像机、幻灯机等。

【方法步骤】

（1）有条件的地区教师带领学生到附近的种羊场、羊群，在技术人员指导下，现场观察绵羊品种。

（2）在教师的讲解指导下，借助实习用羊观察该品种羊的外貌特征。如头角、毛色、体躯、被毛、外形特征方面的区别。

（3）借助观看录像片、幻灯、照片、图谱或现有的资源观察、识别。边观察识别，边听指导老师介绍各品种的经济类型、分布、育成史、外貌特征、在当地的改良情况及取得的效益，加强对各个品种的外貌特征的理解。

（4）现场观察不同经济类型羊的外貌特征，包括毛色、皱褶、羊毛着生、头角、体型、乳房等方面，仔细观察并加以区别。重点是观察细毛羊和半细毛羊、粗毛羊和细毛羊、肉用品种和毛用品种、土种羊和良种羊的区别。

【注意事项】

（1）在现场观察活羊品种或观察图片、录像、幻灯时，须由技术人员或指导教师进行讲解和指导。

（2）录像和幻灯放映速度要慢，给学生一定的观察和谈论时间，可以反复观察。

（3）比较不同品种间的区别。

【实训报告】

（1）借助试验用羊（活羊）或图片、幻灯片，让学生识别不同品种，说出品种名称、用途和主要外貌特征，确定对种羊选择的结果。

（2）将实训的结果，借助所掌握的知识，写成书面报告。

（3）描述饲养在本地区主要绵羊、山羊品种的经济类型、外貌特征、优缺点。

任务 3 羊的选择

一、羊的外貌识别

（一）羊体各部位名称的识别

羊的体型外貌在一定程度上能反映出生产力水平的高低，为区别、记载每个羊的外貌特征，就必须识别羊的外貌部位名称（图 4－2－26）。

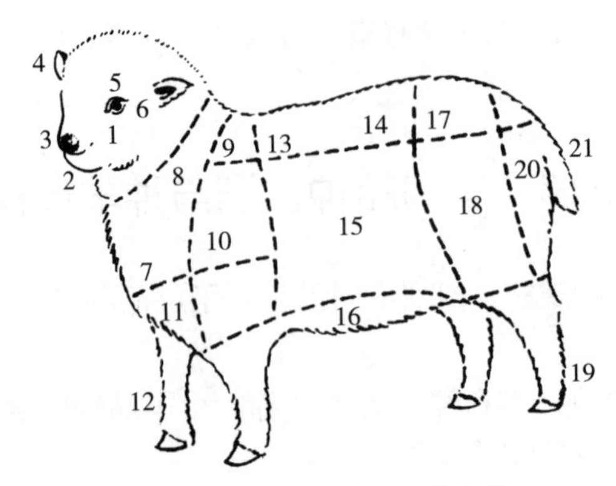

图 4-2-26　羊体各部位名称

1. 脸　2. 口　3. 鼻　4. 耳　5. 额　6. 眼　7. 颈　8. 肩前沟　9. 鬐甲　10. 肩部　11. 胸部　12. 前肢　13. 背部　14. 腰部　15. 体侧部　16. 腹部　17. 荐部　18. 股部　19. 后肢　20. 尻部　21. 尾

实训 4-4　羊的外貌识别

【实训目的】 羊的外貌识别是羊的鉴定、改良和育种的基础。只有熟悉和掌握鉴定技术，才能组织选种工作。通过本项技能操作，使学生熟悉绵羊的鉴定方法、操作步骤及注意事项，进一步了解鉴定工作的组成和不同品种的鉴定标准。

羊外貌评定与年龄鉴定

【材料用具】 供外貌识别的羊只、钢卷尺、个体登记表、羊毛细度标本。

【方法步骤】

（1）由指导老师按部位，逐步进行示范讲解。然后，学生在教师指导下进行操作，熟悉羊只各部位的名称和特征。

（2）学生按 4～6 人分组，每人轮流进行保定羊、操作和记录。教师巡回指导。

（3）在基本熟悉和掌握要领的基础上，按划分的小组每人独立识别 2～3 只羊。然后，彼此相互对照，并分析研究。

【实训报告】 写出绵羊的外貌特征以及识别时的注意事项。

（二）羊的外貌选择

羊的外貌指羊的外表形态。外形不仅能表明羊的外部形态，也反映其内部机能、生产性能和健康状况，它们之间有着密切的关系。因此，根据羊的外形，可以判断它的用途、生产性能和健康状况。羊的用途不同，外形特征也有所不同，不同用途羊的外貌特点如下：

1. 肉用羊的外貌特征　肉羊的体型外貌评定是以品种和肉用类型特征为主要依据而进行的。就肉用型绵、山羊来说，其外形结构和体躯部位应具备以下特征：

（1）整体结构。体格大小和体重达到品种的月（年）龄标准，躯体粗圆，长宽比例协调，各部结合良好；臀、后腿和尾部丰满，其他产肉部位肌肉分布广而多；骨骼较细，皮薄而富有弹性，被毛着生良好且富有光泽；具有本品种的典型特征。

（2）头、颈。按品种要求，口方，眼大而明亮，头型较大，额宽丰满，耳纤细、灵活。颈部较粗，颈肩结合良好。

（3）前躯。肩丰满、紧凑、厚实，前胸宽而丰满。前肢直立结实，腿短且间距宽，管部细致。

（4）中躯。胸宽、深，胸围大。背腰宽而平，长度适中，肌肉丰满。肋骨开张良好，长而紧密。腹底成直线，腰荐结合良好。

（5）后躯。臀部长、平、宽而开展，大腿肌肉丰满，后裆开阔，小腿肥厚。后肢短、直而细致，肢势端正。

（6）生殖器官与乳房。生殖器官发育正常，乳房明显，乳头粗细、长短适中。

2. 毛用羊的外貌特征

（1）体型特点。毛用羊头一般较长，颈长，鬐甲高但窄，胸长而深但宽度不足，背腰平直但不如肉用羊宽，中躯容积大，后躯发育不如肉用羊好，四肢相对较长。

（2）被毛覆盖。理想型的毛肉兼用细毛羊的头毛着生至两眼连线，并有一定长度，呈毛丛结构，似帽状；四肢毛着生，前肢到腕关节，后肢达飞节。超过上述界限者倾向毛用型，达不到者倾向肉用型。但现代细毛羊育种的趋势是要求绵羊面部为“光脸”。面部毛长易形成“毛盲”，不利于绵羊本身的采食及自我保护。

（3）颈部及皮肤皱褶。毛用羊公羊颈部有2～3个发育完整的横皱褶，母羊为纵皱褶。体躯上也有较小的皮肤皱纹；毛肉兼用羊颈部有1～3个发育完整或不完整的横皱褶，母羊为纵皱褶。躯干上没有皮肤皱纹。体表无皱褶的绵羊剪毛容易，刀伤少，较少受蚊蝇侵袭，而且羊毛长度大，产羔率高，剪毛量也往往比多皱褶羊高。

二、羊的体尺测量

不同的体尺部位构成不同的外形特征，不同的外形特征又反映羊不同的生产用途和生产能力。例如，毛用羊的头表现粗重，肉用羊的头较小而清秀。因此，了解羊的体尺部位及发育情况是必要的。羊的主要体尺部位如下：

（1）头长。由顶骨的突起部到鼻镜上缘的直线距离。

（2）额宽。两眼外突起之间的直线距离。

（3）体高。由鬐甲最高点到地面的垂直距离。

（4）体长。由肩胛骨前端到坐骨结节后端的直线距离。

（5）胸宽。左右肩胛中心点的距离。

（6）胸深。由鬐甲最高点到胸骨底面的距离。

（7）胸围。在肩胛骨后端，绕胸一周的长度。

（8）尻高。荐骨最高点到地面的垂直距离。

（9）尻长。由髋骨突到坐骨结节间的距离。

（10）腰角宽（十字部宽）。两髋骨突间的直线距离。

（11）管围。管骨上1/3的圆周长度（一般以左腿上1/3处为准）。

（12）肢高。由肘端到地面的垂直距离。

（13）尾长。由尾根到尾端的距离。

（14）尾宽。尾幅最宽部位的直线距离。

测定时，使羊在平坦的地面上自然站立，姿势要端正。

三、羊的年龄鉴定

羊的鉴定是羊育种工作中的一个重要环节，是选种的基础。通过鉴定，为选种、选配提供依据。

1. 羊的年龄识别 羊的年龄识别，一般有两种方法：

(1) 耳标识别法。这种方法多用于种羊场或一般羊场的育种群。为了做好育种工作记录，每只羊都有耳标。编号方法是，前两个号码代表出生年份，年号的后面才是个体编号。如“1923”，即表示2019年出生的23号羊。因此，可通过前两个号码来推算羊的年龄。

(2) 牙齿识别法。羊的门齿根据发育阶段不同分作乳齿与永久齿两种。

幼年羊乳齿共有20枚，随着羊的生长发育，逐渐更换为永久齿，到成年时达32枚。乳齿小而白，永久齿大而微黄。上、下颚各有臼齿12枚（每边各6枚）。

羔羊初生时，在下颚有乳门齿（钳齿）1对，生后不久长出第2对乳门齿，生后2～3周长出第3对门乳齿，生后3～4周长出第4对乳门齿。乳齿换为永久齿的年龄：更换第1对门齿时年龄为1～1.5岁，更换第2对门齿为1.5～2.0岁，更换第3对门齿为2.25～2.75岁，更换第4对门齿为3～3.5岁。

4对乳门齿完全更换永久齿时，一般称为“齐口”或“满口”。绵羊牙齿生长、更换时期见表4-2-3。

表4-2-3 绵羊牙齿生长、更换时期表

牙齿	羔羊				成羊			
	1周	3～4周	3月	9月	1～1.5岁	1.5～2岁	2.25～2.75岁	3～3.75岁
门齿	钳齿长出	其余门齿长出	—	—	钳齿更换	内中间齿更换	外中间齿更换	隅齿更换
臼齿	—	第1、2、3前臼齿长出	第1臼齿长出	第2臼齿长出	第3臼齿长出	第1、2、3前臼齿更换	—	—
齿数	2	20	24	28	32	32	32	32

4岁以上的羊，根据门齿磨损程度来识别年龄。5岁牙齿出现磨损，称为“老满口”。6～7岁牙齿松动或脱落，称为“破口”。牙床只剩下点状齿时，称为“老口”，年龄已在8岁以上。但羊的牙齿更换时间及磨损程度受很多因素的影响，如品种、个体与所采食饲料的种类等。因此，以牙齿识别年龄只能提供参考（图4-2-27）。

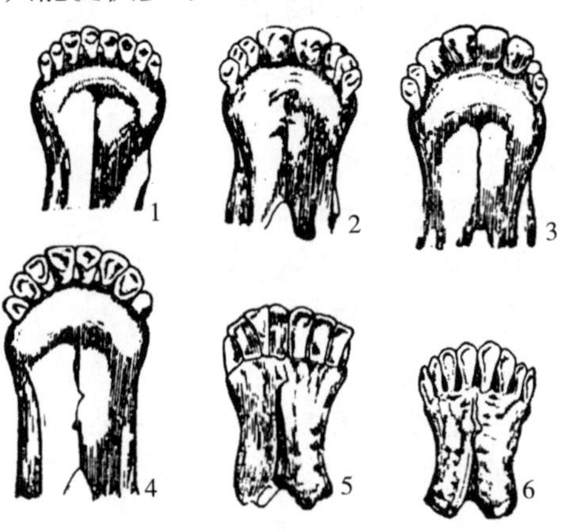

图4-2-27 不同年龄绵羊的牙齿变化

1. 羔羊在1岁以前的门齿 2. 1～1.5岁大时的门齿 3. 1.5～2.5岁大时的门齿 4. 3～4岁大时的门齿 5. 6岁以前的门齿 6. 6岁以上的门齿

实训 4-5 羊的体尺测量和齿龄鉴定训练

【实训目的】 通过实训，准确掌握羊的体尺测量的部位和测量方法，并能够熟练的进行测定操作，其次了解掌握羊的齿龄鉴定的方法。

【材料用具】 羊用测杖、卷尺、圆形测量器、羊牙齿模型和标本、待测羊若干只、记录本。

【方法步骤】

（1）熟练掌握羊体各部位的名称。

（2）选择地势平坦处将待测羊保定，使羊自然站立并肢势端正。

（3）由一人先确定体尺测量项目与部位，再进行准确测量。具体测量项目见本节体尺测量。

（4）根据不同的测量项目分别用测杖、卷尺、圆形测量器逐一测量，要求部位准确、读数精确，力争减少人为造成的误差，并由一人进行记录。

（5）徒手打开羊口腔，使门齿充分暴露。

（6）通过羊牙齿模型和标本的对照观察齿式（具体标准见本节内容）。

（7）鉴定羊的齿龄。

【实训报告】

（1）列表填写体尺测量和齿龄鉴定结果。

（2）进行实训讨论分析和总结。

任务 4 羊的引种

一、羊的引种

我国农牧区分布有 30 多个绵、山羊品种。虽然品种数量多，分布广泛，适应性强，耐粗饲，繁殖力高，但普遍存在个体小、生产性能低，尤其是产肉性能低的问题。这种局面在一定程度上制约了农牧区养羊业的发展。因此，引进一些适合各地生态条件的优良绵、山羊品种，进行杂交改良，对提高当地羊种的生产性能，增加养羊收益具有重要作用。

搞好引种和纯繁，就应当根据各地的生态条件和经济发展方向，引入适合本地的国内外优良品种。如德国肉用美利奴羊、无角陶赛特羊、萨福克羊、夏洛莱羊、特克赛尔羊、波尔山羊、南江黄羊、小尾寒羊、乌珠穆沁羊等。加强种公羊的选择和培育，大力推广人工授精技术，不断改善饲养管理条件，搞好优良品种的选育提高，建立和健全良种繁育体系，促进养羊业的可持续发展。

二、羊的引种技术措施

随着市场经济的发展，羊的经济价值日益受到人们的重视与利用，为发展羊生产和改良本地羊，就要进行羊的引种。掌握羊引种的主要技术措施，对引种成功具有重要的指导意义。羊引种的主要技术措施如下：

1. 制订引种计划 首先要认真研究引种的必要性，明确引种目的，制订引种计划，要确定引进品种、数量及公母比例。国外引入品种及育成品种应从大型牧场或良种繁殖场引进，地方良种应从中心产区引进。

2. 选择引种季节 影响品种的自然因素较多（如：纬度、海拔等），而气温对品种的影响最大，要选择好引种季节，尽量避免在炎热的夏季引种。同时，要考虑到有利于引种后风土驯化，使引种羊尽快适应当地环境。从低海拔向高海拔地区引种，应安排在冬末春初季节；从高海拔向低海拔地区引种，应安排在秋末冬初季节，在此时间内两地的气候条件差异小，气温接近，过渡气温时间长，特别在秋末冬初引种还有一个更大的优点，此时羊只膘肥体壮，引进后在越冬前还能够放牧，只要适当补充草料，种羊就能够安全保膘越冬。

3. 落实引种计划 引种前，对所引品种的种质特性、繁殖、饲养管理方式、饲料供应、疫病防治等情况作全面了解。确定从某地引种后，于引种日的前几天派引种小组人员赴该地，调查当地种羊价格，按计划保质保量选购种羊，并寻找场地集中饲养等待接运，以便接运车辆随到随运。

4. 种羊选择 要根据外形外貌来选择种羊，有条件的要查阅系谱，繁殖种羊应健康无病，个体外形特征要符合品种要求。

（1）种母羊的选择。繁殖母羊要求体格结实健壮，结构匀称，胸宽深、背腰长；四肢端正；乳房发育良好，手摸有弹性无硬块，乳头粗长；外生殖器官发育良好。若查系谱要选择产双羔或多羔的母羊，以 2～4 岁的经产母羊比较理想，此时正是母羊的生产高峰期，成年母羊以不低于 20kg 为宜。

（2）种公羊的选择。选好种公羊十分重要，俗话说："公羊好，好一坡；母羊好，好一窝"。根据育种理论，种公羊应选留多胎母羊的后代，要求无任何发育外形缺陷，单睾及隐睾公羊均不能作种用，成年公羊活重应不低于 25kg。

5. 严格检疫 种羊选购后，要进行严格检疫，临时注射传染病预防疫苗，在当地动物防疫检疫主管部门办理种羊的防疫、检疫证明。

三、羊引种应注意的问题

近年来，我国北方地区畜牧业发展迅速。特别是养羊龙头企业极大地带动了养殖户积极性。为配合养殖发展的需要，部分养羊企业和规模养殖户纷纷引进新的羊品种，如波尔山羊、美利奴羊、萨福克羊、夏洛莱羊、杜泊羊等。这无疑对地方羊的品种改良和新品种的繁殖能起到很好的促进作用。但引种时有几个问题应引起注意。

1. 引种要避免盲目性 随着经济的发展，羊产品的需求越来越大。但由于市场价格的波动和对羊产品需求的变化，引种前要搞好市场调查，盲目引种只能导致养殖失败。尤其是引进新培育或从国外引进的品种，应认真查阅资料，听取各方面意见，特别是专业技术人员的意见。如果本地条件适宜生长，可适当引进少部分试养，条件成熟后再批量引入，切不能轻信广告和产品介绍盲目批量引入，进而造成经济损失。同时，引种时要选择有资质、信誉好的正规场家，不要图便宜而引进假良种。

2. 引种要讲方法 无论从国外还是从国内引种，一般有 3 种方法。一是直接引进纯种个体；二是引进胚胎，进行胚胎移植：三是引入冻精，进行人工授精。3 种方法各有利弊。胚胎和精液（冻精）便于携带和运输，但所需繁殖时间要长。直接引进纯种，虽然运输较困难，但可省去妊娠和部分生长期时间，这样引进的纯种利用时间大为提前。如果是单纯为改良本地品种，一般直接引进纯种个体较好；如果是引进新品种进行纯种繁殖，胚胎移植较好。而人工授精是纯种繁殖和品种改良的很好途径。

3. 养殖规模与资金要相配套 规模养殖通常是前期投资较大，维持投资虽然比重较小，但这较小的投资一旦受阻，往往会造成巨大的经济损失，甚至前期投资白白浪费，这就造成养殖失败。

4. 引种要找信誉好的单位 提供纯种的单位或中介单位的信誉也十分重要。

5. 慎重考虑引进品种的经济价值 一旦引进就会产生大量花费，加上引进者如果缺乏足够的考查了解，盲目听信他人说教，有时引进之后与自己所想象的相差甚远。比如波尔山羊是国内外公认的较好的肉羊品种，但单纯从产肉性能上来说，肉山羊远不如肉绵羊净肉率高，增重快，从经济效益上远不如肉绵羊高。如果从改良地方山羊品种的角度考虑，引进波尔山羊较适合；如果从肉羊发展角度考虑，还是应发展肉用绵羊。从地理角度来讲，北方宜引进绵羊，南方宜引进山羊。

6. 引种应因地而宜 考虑本地的地理环境，特别是本地的地貌、气候和饲草资源，应慎重引进品种。引种时原则上应选择气候、地形、植被、饲养方式和饲养管理水平与本地差异不大的地区引种，这样羊才能尽快适应新环境，缩短驯养时间，降低发病率和死淘率。北方选择引进较耐寒的绵羊品种或绒山羊为宜。南方山区多因地形因素选择善于登山的山羊品种，半山区和丘陵地带如果气候条件适宜，引进品种多很随便，而南方一般高温高湿而不适应细毛羊的生长。

总之，引进纯种由于投资较大，所以各方面的问题都应引起注意，一旦一个或者几个环节失误往往会造成巨大损失。

实训 4-6 模拟设计引种方案

【实训目的】通过模拟为羊场设计引种计划的实训，基本掌握羊的引种原则以及应该注意的问题。

【材料用具】电脑、记录本。

【方法步骤】

1. 确定引种时间 通常最好的引种时间是每年的 3—5 月或 9—10 月，该时间段既避免了羊价最高的时间段，也避开了不利于羊生长发育的高温和寒冷季节。

2. 选定品种 尽量选择生产性能高、抗病力强、耐粗饲的品种，并且具备本品种明显特征。

3. 年龄鉴定 根据耳标、牙齿的情况判断真实年龄，避免选择老龄个体。

4. 调查血缘系谱 向种羊场索要种羊血缘系谱资料。

5. 检查健康状况 由兽医技术人员进行健康检查，并请供种单位或当地兽医部门开具检疫合格证书。

6. 确定合适的数量 根据自身技术、资金等条件确定合适的引种数量和规模。

7. 减少运输应激 对运输车辆进行严格消毒，根据路途的长短准备好防寒暑器具、防雨雪器具、药品、饲料等，减少因运输而造成的应激。

8. 隔离饲养　新引进的羊应饲养在特定的隔离舍内，不得立刻与本场羊群进行混养。通过隔离观察期确认健康无病后，方可转群、混群。

【实训报告】走访调查当地规模化羊场，依据其提供的相关资料，为该场模拟制订引种方案。

复 习 思 考 题

一、名词解释

1. 体高　2. 体长　3. 胸围　4. 管围

二、填空题

1. 根据绵羊主要产品及经济用途，将绵羊分为________、________、________、________、________和________等类型。

2. 细毛羊根据其生产毛、肉的主次不同，又分为________、________和________等3个类型。

3. 根据羊毛长度和细度等指标的不同，澳洲美利奴羊分为________、________、________和强毛型四种类型。

4. 我国引进的国外优良肉用羊品种主要有________、________、________等。

5. 我国独有的名贵裘皮羊品种是________。

6. “马海毛”是指________生产的羊毛。

7. 无角陶赛特羊原产于________。

8. 我国培育的第一个肉用山羊品种是________。

9. “四青一黑”是指________羊的外貌特征。

10. 我国三大粗毛羊品种是指________、________和________。

三、简答题

1. 我国培育的细毛羊品种有哪些？简述其主要的优缺点。

2. 简述我国引进的国外绵羊品种的主要特点。

3. 比较澳洲美利奴各个类型的生产性能。

4. 简述乌珠穆沁羊的特点。

5. 简述确定羊实际年龄的方法。

四、论述题

1. 假如你是某羊场技术人员，你如何为本场引进较为理想的种羊品种？

2. 走访调查所在地区主要饲养哪些绵羊品种以及其经济效益，分析一下这些品种经济效益不同的原因。

（参考答案见 315 页）

羊的繁殖

【学习目标】

1. 明确配种员岗位工作职责。
2. 掌握母羊发情、配种和妊娠的理论知识。
3. 通过实训学会母羊的发情鉴定、配种、早期妊娠诊断。
4. 了解提高羊繁殖力的措施。
5. 学会配种和妊娠的操作规程和生产报表的填写。

【学习任务】

任务1　岗位工作职责

羊场配种员岗位工作职责：

(1) 做好日常羊群的健康护理（保健、免疫等），发现病羊及时隔离治疗。

(2) 按目标落实完成生产繁育任务（安排配种计划、完成生产目标等）。

(3) 做好日常繁殖母羊的发情鉴定、配种。

(4) 对空怀或妊娠母羊进行有效护理。

(5) 做好对分娩母羊的接生，以及羔羊的有效护理，确保成活率。

(6) 配合协调各部门做好卫生、防疫、转群、巡察等管理和监督工作。

(7) 填写数据统计报表。

(8) 培训员工，使之工作协调配合，以取得最佳工作效率。

(9) 共同分析生产问题，并向上级提出工作建议。

任务2　羊的发情

一、羊的性成熟和初配适龄

1. 性成熟　羊生殖器官发育成熟称为性成熟。性成熟时，公羊开始有性行为，母羊出现发情征状。绵羊性成熟的年龄受品种、饲养管理及自然条件及其他因素的影响。肉用、肉毛兼用及奶山羊，在良好的饲养管理条件下，达性成熟的年龄较早，一般为5～7月龄；毛用羊性成熟较晚，一般为8～10月龄。小尾寒羊性成熟较早，4～5月龄就能配种受胎。

山羊的生殖生理与绵羊相同，但山羊的性成熟比绵羊早，一般4～6个月，有的山羊3～4月龄即发情。如青山羊的初情期为90～126日龄，马头山羊为137～171日龄。

羊的发情鉴定与配种

2. 初配年龄 羊在达到性成熟时，身体其他器官还在发育，如果这时进行配种，不仅阻碍其本身的生长发育，而且也影响到胎儿的生长发育和后代体质及生产性能。因此，为了防止过早配种繁殖而影响身体的发育，公、母羔羊应在出生后的3月龄左右进行分群饲养管理。

羊的初配年龄要在体成熟之后，体重达到成年羊体重的70%以上时进行。绵羊一般在18月龄左右，山羊宜在10月龄以上。饲养管理条件和本身生长发育较好的羊，配种年龄可提前；饲养管理条件较差、生长发育不良的，配种时间适当推迟。

绵羊在3～6岁时繁殖能力最强，7岁以后下降。大多数羊场的种母羊在8岁左右淘汰，某些特别优秀的个体或育种价值较高的种母羊，通过加强饲养管理，利用年限可达10岁以上。

山羊的繁殖年龄较绵羊长，可达8～9岁，但山羊在3～5岁时繁殖力最强，7～8岁渐渐衰退。一般以7～8岁时淘汰为宜，优秀的个体可以延长到10岁以上。公山羊5岁以后淘汰。

二、羊的发情

1. 羊的发情征状 母羊发情时，通常表现为喜欢接近公羊，在公羊追逐或爬跨时站立不动，食欲减退，阴道黏膜红肿，阴门充血肿胀有黏性分泌物流出，行动迟缓，目光迟钝，神态不安等。处女羊发情不明显，且多拒绝公羊爬跨。

绵羊发情周期为14～21d，平均17d，每次发情的持续时间一般24～36h，平均30h。母羊在发情接近终止时排卵，即在发情开始后20～30h，卵子排出后的12～24h内保持受精能力，精子在母羊生殖道内保持受精能力的时间为30～48h，因此，绵羊最适宜的配种（授精）时间为母羊开始发情后的12h左右。一般在清晨试情后挑出发情的母羊，当即配种（输精）1次；为了保证受胎率，下午天黑前进行第2次配种（输精）。稀释后的输精剂量为0.5～1.0mL，输精部位在子宫颈口内0.5～1.0cm处。

绵羊在一个发情期内，若未经配种，或虽经配种而未妊娠时，则间隔14～19d（平均16～17d）再次发情。

山羊的发情表现比绵羊明显，发情时咩叫，行动不安，摇尾，外阴潮红肿胀，阴门流露黏液，特别是乳用山羊更为明显。山羊发情周期为16～25d，平均20d，发情持续期1～2d。母羊分娩后10～14d即表现发情征状，但不明显。

2. 羊的发情鉴定 发情鉴定的目的是及时发现发情母羊，正确掌握配种或人工授精时间，防止误配漏配，提高受胎率。母羊发情鉴定一般采用外部观察法、阴道检查法和试情法等。

（1）外部观察法。绵羊的发情期短，发情母羊主要表现为喜欢接近公羊，并强烈摇动尾部，当被公羊爬跨时站立不动，外阴肿胀，阴门流出少量黏液。山羊发情表现明显，发情母山羊兴奋不安，食欲减退，反刍停止，外阴部及阴道充血、肿胀、松弛，并有黏液排出。

（2）阴道检查法。阴道检查法是用阴道开膣器来观察阴道的黏膜、分泌物和子宫颈口的变化来判断发情与否。发情母羊阴道黏膜充血，表面光亮湿润，有透明黏液流出，子宫颈口充血、松弛、开张并有黏液流出。

进行阴道检查时，先将母羊保定好，外阴部清洗干净。开膣器经清洗、消毒、烘干后，涂上灭菌过的润滑剂或用生理盐水浸湿，鉴定人员左手横向持开膣器，闭合前端慢慢插入，轻轻打开开膣器，通过反光镜或用手电筒检查阴道变化，检查完后稍微合拢开膣器，抽出。

（3）试情法。鉴定母羊是否发情多采用公羊试情的办法。

试情公羊的准备：试情公羊必须是体格健壮、无疾病、性欲旺盛、2～5周岁的公羊。为了防止试情时公羊偷配母羊，要给试情公羊绑好试情布，也可做输精管结扎或阴茎移位术。

试情方法：试情公羊与母羊的比例要合适，以1∶（40～50）为宜。试情公羊进入母羊群后，工作人员不要打骂羊群，只能适当驱赶母羊群，使母羊不要拥挤在一处。发现有站立不动并接受公羊爬跨的母羊，表示该母羊已发情。

实训 4-7　羊的发情鉴定训练

【实训目的】通过在规模化羊场开展实训，准确掌握羊发情鉴定的方法（外部观察法、阴道检查法、试情法），并能够在生产实践中熟练的进行操作。

【材料用具】成年能繁母羊若干只、试情公羊2只、消毒药品、保定器械、开膣器、记录本。

【方法步骤】通过对外部观察、阴道检查和公羊试情的方法，把观察结果分别填入表4-3-1、表4-3-2和表4-3-3。

表 4-3-1　外部观察结果

母羊的精神表现	母羊的行为表现	生殖器官的变化

表 4-3-2　阴道检查结果

母羊的保定		母羊阴道黏膜色泽	
母羊外阴的消毒		黏液性状	
器械的消毒		子宫颈口开张情况	

表 4-3-3　试情结果

试情公羊的准备		试情公母羊的比例	
试情的时间与次数		母羊的发情鉴定	
试情圈的面积与场所要求			

【实训报告】

（1）各小组详细填写各自的上述列表。

（2）进行实训讨论分析和总结羊发情鉴定的规律。

任务 3 羊的配种

一、羊的配种季节

母羊集中发情的季节称为羊的配种季节，也称为繁殖季节。母羊的发情季节，因地区气候与品种的不同而异，多在秋季和冬季。生长在寒冷地区的或品种原始的绵羊多呈季节性发情，我国大多数绵羊品种属于此类。而生长在温暖地区或经过培育的品种，其发情往往没有严格的季节性。绵羊发情一般是 7 月至翌年 1 月间，以 8～9 月发情较多；山羊的发情以秋季较多；奶山羊的发情多为春、秋两季；青山羊一年四季均可发情，但以秋季最集中，每隔 20d 左右发情 1 次；处于温热带的山羊，往往是全年均可发情受胎，1 年可产 2 胎或 2 年 3 胎。公山羊全年都可配种，没有严格的季节性，只不过秋季性活动比较强烈。

影响繁殖季节的主要因素是光照。母羊的发情要求由长变短的光照条件，因此在秋、冬两季发情的较多。营养状况、气温条件对繁殖季节也有影响。种公羊没有明显的繁殖季节，全年都能配种，但在气温高的季节，性欲减弱或者消失，精液品质下降。

二、产羔季节的确定

确定羊的配种时期，既要符合羊的繁殖规律，又要有利于产羔和羔羊的生长发育。羊的配种期多集中在秋季，产羔季节多在早春。一般年产 1 胎的情况下，有冬季产羔和春季产羔两种。7～9 月配种，12 月至翌年 1～2 月所产的羔羊为冬羔。春季产羔又可分为早春羔和晚春羔。早春产羔在 2～3 月，配种时间在 9～10 月。晚春产羔在 4 月，配种时间在 11 月。

1. 产冬羔的优缺点及所需条件

（1）产冬羔的优点。①产冬羔可利用当年羔羊生长快、饲料效益高的特点，进行肥羔生产，肥羔当年出售，不仅能够加快羊群周转，提高商品率，还可减轻草场压力，保护草原资源。②母羊配种期在 8～9 月，是青草茂盛季节，母羊膘情好，母羊发情明显，受胎率较高。③母羊妊娠期在秋季和冬初，由于营养条件比较好，膘肥体壮，有利于胎儿的生长发育，羔羊初生重大，体质结实，成活率高。④冬羔哺乳期母羊膘尚好，产羔后乳汁充足，羔羊生长快，发育好。⑤羔羊断乳（4～5 月龄）后，正好牧草萌发，羔羊能吃到青草，利用青草期充分抓膘，生长发育快，秋末冬初获得较大体重，降低饲养成本，公羔可以当年出栏，母羔越冬能力强，能安全越冬。⑥产羔季节气候比较寒冷，肠炎和羔羊痢疾等疾病的发病率比春羔低，羔羊成活率比较高。⑦冬羔的剪毛量比春羔高。

（2）产冬羔的缺点。①产冬羔必须贮备足够的饲草饲料。②因哺乳后期仍是枯草季节，母羊容易缺乳，影响羔羊生长发育，而且要有保温良好的羊舍。

产冬羔此时因气候寒冷，需要准备接羔暖棚并贮备一定的饲草饲料，准备好足够的劳动力，安排夜间接羔值班。产冬羔适合于农区和气候较好的半农半牧区。

2. 产春羔的优缺点

（1）产春羔的优点。①产后不久，青草即将萌芽，母羊和羔羊便可吃到青草，母羊乳汁足，羔羊发育快，节省饲草，断乳体重比冬羔大。②产春羔时严寒已过，气候转暖，对圈舍的要求不高，易于大群接羔，节省劳动力。

（2）产春羔的缺点。①母羊在整个妊娠期处在饲草饲料不足的冬季，营养不良，因而胎儿的发育较差，初生重小，体质弱。羔羊虽经夏秋季节的放牧可以获得一些补偿，紧接着是冬季的到来，比较难于越冬度春，当年死亡较多。②春季气候多变，母羊及羔羊容易患病，尤其是羔羊抵抗力弱，发病率更高，影响成活率。③春羔在4—6月处于哺乳期，不能充分利用青草期的丰盛草场，春羔断乳时已是秋季，对以后的发情配种有影响，也不利于母羊的抓膘复壮。④春羔断乳后不久进入秋末冬初，草场枯黄，牧草营养价值低，不利于放牧抓膘，羔年生长发育受阻。

一般说来，冬羔的优越性大于春羔，而早春羔比晚春羔好，有条件的地区，可以多产冬羔。

三、配种方法

母羊在发情后期就有卵子排出，卵子排出后12～24h内具有受精能力，羊发情开始后12h配种或输精较为适宜。羊的配种方法有自然交配、人工辅助交配和人工授精等。

1. 自由交配 将公羊与母羊同群放牧饲养，到配种期时随着母羊出现发情，公羊便随时与母羊交配。这种方法虽然省事省力，简便易行，但由于完全不加控制，存在许多缺点。在一个配种季节里1只公羊只能配25～35只母羊，不能充分发挥优良种公羊的作用，种公羊利用率很低，不能利用优良品种的公羊对土、杂羊进行大面积杂交改良；较难掌握产羔具体时间，羔羊系谱混乱等。

2. 人工辅助交配 人工辅助交配是人工控制、有计划地安排公、母羊交配，这种方法被广泛采用。公、母羊全年分群放牧和管理，到配种期间，利用试情公羊将发情母羊识别出来，再与指定的良种公羊或品质优良的公羊进行交配。这种方法可以准确记载母羊的配种时间和与配公羊，同时种公羊的利用率比起自然交配有所提高，每只种公羊在一个配种季节可配母羊50只左右。人工辅助交配减少种公羊体力消耗，不干扰整个羊群的放牧采食。这种方法适合于有一定数量的良种公羊，开展人工授精较困难的情况下采用。

3. 人工授精 人工授精是借助专门的器械和方法，采取公羊的精液，在体外经过检查和适当处理后，把精液输入发情母羊的子宫颈口内，使其受胎的方法。

绵羊人工授精的优点：扩大优秀种公羊的利用率，迅速改良绵羊品种质量；提高母羊受胎率，减少疾病传播；节省种公羊的购买经费和饲养费用。

（1）配种前的准备工作。配种开始前1～2个月，要做好各项准备工作。具体准备工作如下：

①母羊群的整顿与抓膘。在配种前的1.5～2个月，做好羔羊断乳工作，并给母羊驱虫、疫苗接种，使母羊有休息和复壮抓膘的时间。根据选配计划整顿母羊群，淘汰老龄和不育的母羊，对瘦弱母羊给予优饲，使母羊达到中上等膘情，确保发情整齐，尽量缩短配种期。

②公羊的准备。种公羊在配种前的1.5个月开始喂给配种期的日粮，开始时按标准喂量的60%～70%逐渐增加喂量，直至全部变为配种期日粮。为了使种公羊保持健壮的体质和

性活动机能，生产品质良好的精液，日粮中必须含有丰富的粗蛋白质、矿物质和维生素。日粮组成为：能量饲料占 50%，最好有 2～3 种，如玉米、燕麦、大麦等；豆类和饼粕占 40%，麸皮 10%。还应喂给胡萝卜、青贮料或其他青绿多汁饲料 1.0～1.5kg，动物性蛋白饲料鱼粉、牛乳、鸡蛋等适量，食盐自由舔食，优质青干草足量。精料量 1.0～1.5kg，每天分 2 次喂给。

种公羊每天饮水 2～3 次，早晨采精前驱赶运动 30～60min。上、下午放牧运动各 2～3h。种公羊要求专人管理，羊舍、运动场羊体保持清洁卫生。定期进行驱虫、药浴和各种预防注射。配种前 10d，种公羊应采精检测，直到精液品质符合输精要求为止。

③试情公羊的准备。试情公羊必须选择体质结实、健康无病、性欲旺盛、行动灵活的 2～5 岁公羊。试情公羊的选留数量，一般为参加配种母羊数的 2%～4%。试情公羊在配种前 1 个月加强饲养管理，除放牧采食外，每天应补饲 0.5kg 精料。

试情布的准备：取长 60cm、宽 40cm 的白棉布，四角缝上布带备用。其数量按试情羊的数量而定。

④做好选种选配计划。选种要根据本身、亲代和后代三方面生产性能，选择优秀的种公羊。选配要掌握“两配四不配”的原则，两配是指同质选配和异质选配，四不配是指有共同缺点的不配、近亲的不配、公羊等级低于母羊等级的不配、极端矫正的不配。采用自然交配的羊群，也应进行等级选配，特别注意避免近亲交配，定期更换种公羊。

⑤人工授精配种站地址的选择及房舍准备。配种站应选择交通方便、地势平坦干燥、背风向阳的地方。羊舍应有种公羊舍、试情公羊舍、试情圈等；房舍应有采精室、精液处理室和输精室，并互相连接便于工作。采精室要求宽敞明亮、清洁、干燥，地面平坦，内设采精架；精液处理室要求清洁、干燥、无菌、无异味，温度保持在 18～25℃。

⑥建立输精点。在羊群分散、交通不便和缺乏种公羊的地方，建立输精点。由配种站统一供应精液，进行人工授精。输精点设精液处理室和输精室，装有横杆式输精架。

⑦器械、药品、记录表格的准备。人工授精所需的各种器械、药品必须在配种开始前准备齐全。易损坏的玻璃器材，假阴道内胎等要有备用品。做好公羊采精记录、母羊配种记录，还需准备做临时标记的各种涂料等。

羊的精液采精

(2) 人工授精的主要技术程序。人工授精技术包括采精、精液品质检查、精液处理、输精和运输等主要环节。

①采精。采精前，应做好上述各项准备工作。采精为人工授精的第 1 个步骤，为保证羊的性反射充分，射精顺利、完全，精液量多而洁净，必须做到稳当、迅速、安全。采精前应选好台羊，台羊的选择应与采精公羊的体格大小相适应。

安装假阴道时，注意内胎不要有皱褶，装好后用 75%酒精棉球消毒，再用生理盐水棉球擦洗数次。采精前的假阴道应保持有一定的压力、温度和滑润度。安装好的假阴道内温度为 40～42℃。为保证一定的滑润度，用清洁玻璃棒蘸少许灭菌凡士林均匀涂抹在内胎的前 1/3 处，也可用生理盐水棉球擦洗保持滑润。通过气门活塞吹入气体，使假阴道保持一定的松紧度，以内胎的内表面呈三角形而不向外鼓出为适度。

采精操作是将台羊保定后，引公羊到台羊处，采精人员蹲在台羊右后方，右手握假阴道，贴靠在台羊尾部，入口朝斜下，与地面成 35°～45°。当公羊爬跨时，轻快地将阴茎导入假阴道内，保持假阴道与阴茎呈平行。公羊用力向前一冲即为射精，此时操作人员应随同公羊跳下母羊背，并将假阴道紧贴包皮退出，迅速将集精瓶口向上，稍停，放出气体，取下集精瓶。

②精液品质检查。精液品质和受胎率有直接关系，必须经过检查与评定方可输精。通过精液品质检查，确定能否用于输精，以及合适的稀释倍数，这是保证输精效果的一项重要措施，也是对种公羊种用价值和配种能力的检验。精液品质检查要快速准确，取样要有代表性。检精室要洁净，室温保持 18～25℃。检查项目如下：

外观检查：正常精液为浓厚的乳白色或乳酪色混悬液体，略有腥味。其他颜色或有腐臭味的均不能用来输精。

精液量：用灭菌输精器抽取测量。肉用羊精液量为 0.5～2mL。

精子活率：精子活率是评定精液的重要指标之一。精子活率的测定是检查在 37℃左右条件下精液中直线前进运动的精子百分率。检查时，以灭菌玻璃棒蘸取一滴精液，滴在载玻片上加盖片，放大 300～500 倍观察。全部精子都作直线前进运动活率评为 1，90%的精子作直线前进运动为 0.9，依此类推，活率在 0.3 以上方可用于输精。采精后和稀释后，以及保存的精液在输精前都要进行活率检查。

精子密度：密度是指单位体积中的精子数。常用的方法是显微镜观察评定法。即取一滴新鲜精液在显微镜下观察，根据视野内精子多少将精子密度分以下几等：

密：视野中精子密集，无空隙，看不清单个精子运动。

中：精子间距离相当于一个精子的长度，可以看清单个精子的运动。

稀：精子数不多，精子间距离很大。

无：没有精子。

通常精子密度在“中”以下就不能用于输精。

羊精液品质检查

精子形态：精液中变态精子过多，会降低受胎率。凡是精子形态不正常的均为畸形精子，如头部过大、过小，双头，双尾，断裂，尾部弯曲等。

③精液的稀释。稀释精液的目的在于扩大精液量，提高优良种公羊的配种效率，促进精子活力，延长精子存活时间，使精子在保存过程中免受各种理化和生物因素的影响。

人工授精所选用的稀释液要力求配制简单，费用低廉，具有延长精子寿命、扩大精液量的效果。最常见的稀释液有以下几种：

脱脂乳（牛乳或羊乳）稀释液：新鲜脱脂乳 100mL，青霉素 10 万～20 万 IU。乳汁脱脂方法：新鲜乳汁用 4 层纱布过滤后，装入三角瓶中，水浴煮沸 10min（乳汁温度保持 95℃左右），趁热将乳汁装入空的葡萄糖输液瓶内，加盖胶塞，将瓶倒置，在凉处静置 12～24h 后脂肪即浮在乳汁的上层，由胶塞插入注射器针头，抽取脂肪层下部的乳汁即可。

葡萄糖柠檬酸钠卵黄稀释液：蒸馏水 100mL，葡萄糖 3g，柠檬酸钠 1.4g，青霉素 10 万～20 万 IU，卵黄 20mL。

柠檬酸钠蜂蜜稀释液：蒸馏水 100mL，柠檬酸钠 2.3g，蜂蜜 10g，氨苯磺胺 0.5g。将葡萄糖、柠檬酸钠、蜂蜜加入蒸馏水中，充分搅拌溶解，用滤纸过滤。水浴加热 10min 消毒。凉到室温后加入卵黄、青霉素和氨苯磺胺即可。

④精液的保存。为扩大优秀种公羊的利用效率，需要有效地保存精液，延长精子的存活时间。为此必须降低精子的代谢，减少能量消耗。可采用降低温度、隔绝空气和稀释等措施，抑制精子的运动和呼吸，降低能量消耗。保存精液的方法有：

常温保存：精液稀释后，保存在 20℃以下的室温环境中。保存期限 1～2d。

低温保存：在常温保存的基础上，进一步缓慢降低至 0～5℃。保存的有效时间为 2～3d。

冷冻保存：羊的精子不耐冷冻，受胎率较低。

⑤输精。输精是羊的人工授精的最后一个技术环节，是保证母羊受胎、产羔的关键。

输精前所有的器材要消毒灭菌，对于输精器及开膣器最好进行蒸煮或在高温干燥箱内消毒，输精人员穿工作服，手指甲剪短磨光，手洗净擦干，用 75%酒精消毒，再用生理盐水冲洗。

母羊的保定：正规操作应设输精架，若没有输精架，可以采用横杠式输精架。在地上埋两根木桩，相距 1m，绑上一根直径 5～7cm 粗的圆木，距地面高约 70cm，将输精母羊的两后肢担在横杠上悬空，前腿着地，一次可使 3～5 只母羊同时担在横杠上，输精时比较方便。另一种较简便的方法是由一人提举母羊后肢保定，抬起高度以输精人员能较方便地找到子宫颈口为宜。

输精前将母羊外阴部用来苏儿溶液擦洗消毒，再用水洗擦干净，或以生理盐水棉球擦洗。输精人员将用生理盐水湿润过的开膣器闭合按母羊阴门的形状慢慢插入，之后轻轻转动 90°，打开开膣器。如在暗处输精，要用额灯或手电筒光源寻找子宫颈口。子宫颈口的位置不一定正对阴道，子宫颈在阴道内呈一小凸起，发情时充血，较阴道壁膜的颜色深，容易寻找。如找不到，可活动开膣器的位置，或变化母羊后肢的位置。输精时，将输精器慢慢插入子宫颈口内 0.5～1cm，将所需的精液量注入子宫颈口内。输精量应保持有效精子数在 7 500 万个以上，即原精液量需要 0.05～0.1mL。有些处女羊，阴道狭窄，开膣器无法充分展开，找不到子宫颈口，这时可采用子宫颈口处输精，但精液量至少增加 1 倍。

应在母羊开始发情后的 12～24h 输精。由于绵羊发情期短，当发现时，母羊可能已发情一段时间。早上发现的发情羊，当即输精 1 次，傍晚再输精 1 次。

输精的关键是严格遵守操作规程，操作要细致，子宫颈口要对准，精液量要足够。输精后的母羊要登记，按输精先后组群。加强饲养管理，为增膘、保胎创造条件。授精母羊做好标记，便于识别。

实训 4－8　羊的人工授精训练

【实训目的】要求基本掌握人工授精各主要环节操作技术。

【材料用具】种公羊、发情母羊、洗涤剂、70%酒精、0.9%氯化钠溶液、2%来苏儿溶液、假阴道、集精瓶、输精器、开膣器、药棉、纱布、盆子、消毒锅、显微镜、载玻片、盖玻片、稀释液等。

【方法步骤】由教师在实地进行技术指导和讲解，由当地技术人员介绍各技术环节操作要领及注意事项。

（1）器械用具的洗涤和消毒。凡供采精、输精及与精液接触的器械、用具都应做到清洁、干净，并经消毒后使用。假阴道用热肥皂水反复洗刷后，用清水冲洗 2～3 次，最后用 70%酒精棉球消毒，放在有灭菌盖布的搪瓷盘内。集精瓶、输精器首先用 70%酒精或蒸汽消毒，再用稀释液或 0.9%氯化钠溶液冲洗 3～5 次。开膣器、镊子、搪瓷盘、搪瓷缸等可用酒精火焰消毒或用蒸汽消毒。其他玻璃器皿、胶质品用 70%酒精消毒。毛巾、纱布、盖布等洗涤干净后用蒸汽消毒。擦拭母羊外阴部和公羊包皮的纱布，用肥皂水洗净，再用 2%来苏儿溶液浸泡消毒，最后用清水漂净晒干。

（2）采精。首先安装、检查假阴道，使假阴道内胎松紧适度、不漏气、不漏水，表面平滑无扭折，灌入50～55℃热水约150mL于假阴道夹层内。在假阴道的一端安装集精瓶，并包裹双层消毒纱布，在另一端深度为1/3～1/2的内胎上涂一薄层白凡士林0.5～1g。吹气加压，检查温度，以40～42℃为适宜。

采精时，选择发情旺盛、个体大的母羊做台母羊，保定在采精架上，引导采精的种公羊到台母羊附近，拭净包皮。采精员右手紧握假阴道，用食、中指夹好集精瓶，使假阴道活塞朝下方，蹲在台母羊的右侧后方。待公羊爬跨台母羊、伸出阴茎时，采精员用左手轻拨公羊包皮，细心而迅速地将阴茎导入假阴道内，假阴道与地平线应呈35°。当公羊纵身向前（射精）后，应及时将假阴道安装集精瓶的一端向下（以免精液流失），稍停后放出空气，擦净外壳，取下集精瓶送精液检室检查。

（3）精液品质检查。

肉眼观察：羊的射精量一般为1～1.5mL，最高可达3mL，正常精液颜色为乳白色，外观呈回转滚动的云雾状，无味或稍具腥味。如颜色、气味异常者，不能用于输精。

显微镜检查：精液经检查，密度为“密”或“中”，活力达到“5”或“4”者方可用于输精。

（4）精液的稀释。精液稀释用0.9%氯化钠溶液或2.9%柠檬酸钠溶液，也可用葡萄糖卵黄稀释液。一般稀释倍数以1∶1为宜，最高不超过1∶3。

（5）输精。保定发情母羊，用小块消毒纱布擦净外阴部，左手握开膣器，右手持输精器，先将开膣器慢慢插入阴道，轻轻旋转，打开开膣器，找到子宫颈，然后把输精器前端通过开膣器，插入子宫颈口内0.5～1cm，再用右手拇指轻轻推动输精器活塞，输入0.05～0.1mL精液。输精后，先取出输精器，然后使开膣器保持一定的开张度后取出，以免夹伤阴道黏膜。

当天输精工作完毕后，将用过的全部器械、用具洗净、消毒，放在搪瓷盘里，盖上灭菌盖布，以备下次使用。

【实训报告】写出输精的过程及体会。

任务4　羊的妊娠

一、羊的妊娠期

妊娠是从受精卵开始一直到胎儿发育成熟后与胎衣一起排出母体以前，母体体内一系列复杂的生理过程。

羊的妊娠期一般为144～155d，平均150d。早熟肉毛兼用品种妊娠期较短，平均为145d；细毛羊多为150d左右；山羊的妊娠期范围为140～160d。

实训4-9　妊娠母羊预产期的推算

【实训目的】为了做好母羊分娩前的准备，必须要推算出母羊的预产期。通过实训，准确掌握预产期的推算方法，并能够熟练的指导生产实践。

【材料用具】母羊配种记录表、计算器、日历、记录本。

【方法步骤】养羊生产中一般较为常用的推算预产期的方法是公式法。具体算法如下：

（1）配种月份加 5，配种日期数减 2。

例：如某待配母羊在 2019 年 3 月 6 日配种，则它的预产期为 3＋5＝8（月），6－2＝4（日），即该母羊预产期是 2019 年 8 月 4 日。

（2）如果配种月份加 5 超过一年 12 个月者，应将年份推迟到下一年，即把该年的月份加 5 再减去 12，余数就是来年预产期月份，配种日期数同样减 2。

例：如某待配母羊在 2019 年 11 月 12 日配种，则它的预产期为 11＋5－12＝4（月），12－2＝10（日），即该羊的预产期就是 2020 年 4 月 10 日。

【实训报告】

（1）列表填写各妊娠母羊预产期并与实际结果进行比对。

（2）实训教师组织学生进行实训讨论分析和总结。

二、妊娠诊断

为母羊实施早期妊娠诊断，不仅可以使母羊得到有效的饲养管理、降低饲养成本，而且还可以预防产科疾病，提高羔羊成活率。生产实践中对于母羊的妊娠诊断一般分为临床诊断和实验室诊断两类：

（一）临床诊断方法

1. 外部观察法 母羊受胎后，发情周期停止，食欲增强，毛色光亮润泽，性情较为温顺。

2. 触摸诊断法 母羊自然站立时，操作者两手以抬抱的方式在母羊乳房的前上方、腹壁前后滑动，当触摸到有胚胎包块时可初步判定妊娠。

3. 阴道检查法 用开膣器打开阴道后，通过观察阴道黏膜颜色、阴道所分泌黏液的状态以及子宫颈口的开张情况来判断是否妊娠。妊娠后打开阴道，在很短时间内阴道黏膜由苍白色变为粉红色（空怀则无变化）。黏液颜色呈透明状，量少浓稠，能在手指间牵拉成线，而未妊娠则颜色呈灰白色，量多稀薄，不能在手指间牵拉成线。妊娠后子宫颈口紧闭，色泽苍白，并有黏块堵塞。

实训 4－10 母羊的妊娠（临床诊断法）鉴定训练

【实训目的】通过在规模羊场开展实训，使学生准确掌握羊的妊娠鉴定的基本方法（外部观察法、触摸检查法、阴道检查法），并能够在生产实践中的进行熟练操作和综合应用。

【材料用具】成年能繁未配种母羊若干只、配种 1 月龄母羊若干只（根据学生人数而定）、试情消毒药品、保定器械、开膣器、记录本。

【方法步骤】

（1）观察母羊精神表现以及食欲、毛色等。

（2）触摸母羊乳房的前上方、腹壁前后感受是否有胚胎包块。

（3）通过观察阴道黏膜颜色、阴道分泌黏液的状态以及子宫颈口的开张情况来判断是否妊娠，把观察结果填入表 4－3－4。

表 4-3-4 母羊妊娠鉴定（临床诊断法）记录表

被检母羊编号	外部观察与描述	触诊与描述
母羊阴道黏膜色泽	黏液性状	子宫颈口开张情况

【实训报告】

（1）各小组详细填写母羊妊娠鉴定记录表。

（2）进行实训讨论分析后总结母羊妊娠鉴定规律。

（3）教师进行评价。

（二）实验室诊断

1. 免疫学诊断法 妊娠母羊血液、胚胎、子宫、黄体中含有特异性抗原，该抗原能结合血液中的红细胞，用它制备的抗体血清和待查母羊血液混合时，如果红细胞出现凝集现象，则可判定妊娠。相反，如果未发生红细胞凝集则判定未妊娠。

2. 超声波探测法 利用超声波的反射对母羊子宫进行检查。该方法是目前诊断母羊妊娠最可靠的方法之一，不仅可以进行妊娠诊断，而且可以检测胎儿数量、监测胎儿的生长发育情况等。应用多普勒超声波探测仪，通过探听脐带血管、胎儿血管和心脏中的血流情况，就可以成功测出妊娠 26d 的胚胎，如果到 42d 时，其诊断准确率可达到 99%以上。因此，用超声波诊断母羊早期妊娠的最佳时机是配种 42d 以后。

任务 5 羊的分娩

分娩也称为产羔，是指发育成熟的胎儿和胎衣排出体外的生理过程。产羔期内，羊群在白天出牧前应仔细观察，把有临产征兆的母羊留下，或根据母羊预产期，把临产母羊留在分娩栏内，并加强护理，做好产羔前的准备。

一、分娩征兆

母羊在分娩前，机体的某些器官发生显著的变化，母羊的全身行为也与平时不同，这些变化是为适应胎儿产出和新生羔羊哺乳的需要而作的生理准备。对这些变化的全面观察，往往可以大致预测分娩时间，以便做好助产准备。

1. 乳房的变化 乳房在分娩前迅速发育，腺体充实，临近分娩时，可从乳头中挤出少量清亮胶状液体或少量初乳，乳头增大变粗。

2. 外阴部的变化 临近分娩时，外阴逐渐柔软、肿大，外阴皱襞展开稍变红。阴道黏膜潮红，黏液由浓厚黏稠变为稀薄滑润，排尿频繁。

3. 骨盆的变化 骨盆的耻骨联合、荐髋关节以及骨盆两侧的韧带松弛，在尾根两侧明显下陷。用手握住尾根做上下活动，荐骨向上活动的幅度增大。

4. 行为变化 母羊精神不安，食欲减退，回顾腹部，时起时卧，不断努责和咩叫，肷窝下陷，应立即送入产房。

二、正常接产

母羊产羔时，最好让其自行产出。接产人员的主要任务是监视分娩情况和护理初生羔羊。正常接产时，首先剪净临产母羊乳房周围和后肢内侧的羊毛，然后用温水洗净乳房，挤出几滴初乳，再将母羊的尾根、外阴部、肛门洗净，用1%来苏儿溶液消毒。一般情况下，经产母羊比初产母羊分娩快，羊膜破裂数分钟至30min，羔羊便能顺利产出。正常羔羊一般是两前肢先出，头部附在两前肢之上，随着母羊的努责，羔羊可自然产出。产双羔时，间隔10～20min，个别间隔较长。当母羊产出第1只羔后，仍有努责、阵痛表现，是产双羔的征兆，此时接产人员要仔细观察和认真检查。用手掌在母羊腹部前方适当顶举、上推，如系双胎则可触动光滑的羔体，怀双胎母羊在分娩第1只羔羊后已感疲乏，这时需要助产。人在母羊体躯后侧，用膝盖轻压其肷部，等羔羊嘴端露出后，用一只手向前推动母羊会阴部，羔羊头部露出后，再用一手托住头部，一手握住前肢，随母羊的努责向后下方拉出胎儿。若属胎位异常（不正）时要做难产处理。羔羊出生后，先将羔羊口、鼻和耳内黏液掏出擦净，以免误吞羊水，引起窒息或异物性肺炎。羔羊身上的黏液，在接产人员的帮助下，要让母羊舔干，既可以促进新生羔羊的血液循环，又有助于母羊认羔。如果母羊不舔或天气较冷时，应用干草或纱布迅速将羔羊全身擦干，以免羔羊受凉感冒。

羔羊出生后，一般可自行扯断脐带，这时可用5%碘酊在扯断处消毒。如羔羊自己不能扯断脐带时，先把脐带内的血向羔羊脐部顺捋几次，在离羔羊腹部3～4cm的适当部位人工扯断，进行消毒处理。母羊分娩后1 h左右，胎盘即会自然排出，应及时取走胎衣，防止被母羊吞食养成恶习。若产后4～5h母羊胎衣仍未排出，应及时采取措施。

三、难产的处理

1. 难产处理 母羊的骨盆狭窄，阴道过小，胎儿过大，或因母羊身体虚弱，子宫收缩无力或胎位不正等均会造成难产。

羊膜破水后30min，如母羊努责无力，羔羊仍未产出时，应即助产。助产人员将手指甲剪短、磨光，消毒手臂，涂上润滑油，根据难产情况采用相应的处理方法。如胎位不正，先将胎儿露出部分送回阴道，将母羊后躯抬高，手入产道校正胎位，然后才能随母羊有节奏的努责将胎儿拉出；如胎儿过大，可将羔羊两前肢反复数次拉出和送入，然后一手拉前肢，一手扶头，随着母羊努责缓慢向下方拉出。切忌用力过猛，或不依据努责的节奏硬拉，以免拉伤阴道。

2. 假死羔羊的处理 羔羊出生后，如不呼吸，但发育正常，心脏仍跳动，称为假死。原因是羔羊吸入羊水，或分娩时间较长，子宫内缺氧等。处理方法：一是提起羔羊两后肢，悬空并不时拍击背和胸部；二是让羔羊平卧，用两手有节奏地推压胸部两侧，经过这些处理，短时假死羔羊多能复苏。因受凉而造成假死的羔羊，应立即移入暖室进行温水浴，水温由38℃开始逐渐升到45℃，浸浴20～30min，同时进行腰部按摩。水浴时应注意将羔羊头部露出水面，严防呛水。待羔羊苏醒后，要立即擦干全身。

四、产后母羊和初生羔羊的护理

1. 产后母羊的护理 母羊在分娩过程中失去很多水分，并且代谢机能下降，抵抗力减弱。如果护理不当，不仅影响身体健康，而且会导致产乳能力的下降，影响羔羊的哺育。因此，需要加强产后母羊的护理。

产后母羊应注意保暖、防潮，给母羊带上护腹带，避免贼风，预防感冒，并使母羊安静休息。产后1h左右，应给母羊饮水，第1次不宜过多，一般为1～1.5 L，水温在12～15℃，切忌给母羊饮冷水。为了避免引起乳腺炎，在母羊产羔期间可稍减饲料喂量，产后头几天内应给予质量好、容易消化的优质干草和多汁饲料，量不宜太多，产后3d以后，再逐渐增喂精料、多汁饲料和青贮饲料。

2. 初生羔羊的护理 羔羊出生后，体质较弱，适应能力差，抵抗力低，容易发病。因此，加强初生羔羊护理是保证其成活的关键。羔羊出生后，应使其尽快吃上初乳。瘦弱的羔羊或初产母羊，以及保姆性能差的母羊，需要人工辅助哺乳。多羔或母羊有病，奶不足时应找保姆羊代乳。

护理初生羔羊应做到"三防、四勤"，即防冻、防饿、防潮和勤检查、勤配乳、勤治疗、勤消毒。分娩栏要经常保持干燥，勤换干草，接羔室温度不宜过高，要求保持在0～5℃。

羔羊出生后，一般十多分钟即可站立，寻找母羊乳头。第1次哺乳应在接产人员护理下进行，使羔羊能尽快吃到初乳。

哺乳期羔羊体温调节机能很不完善，不能很好保持恒温，易受外界温度变化的影响，特别是生后几小时内更为明显。肠道的适应性较差，各种消化酶也不健全，易患消化不良和腹泻。所以要保暖、防潮，给羔羊带上护腹带。

哺乳期羔羊发育很快，若乳不够吃，不但影响羔羊的发育，而且易染病死亡。对缺乳的羔羊，应找保姆羊。保姆羊一般是死掉羔羊或有余乳的母羊。由于羊的嗅觉灵敏，应先将母羊胎液或羊奶涂在过哺羔羊的身上，使它难以辨认。对过哺的保姆羊与羔羊，须勤检查，最初几天需人工辅助，必要时强制授乳。

对弱羔、双羔、孤羔可采用人工哺乳。用新鲜消毒的牛乳，要求定温（38～39℃）、定量、定时、定质。可以用奶瓶哺乳，一般多采用少量多次的喂法。

羔羊一般生后4～6h即可排出黑褐色、黏稠的胎粪。若出生羔羊鸣叫、努责，可能是胎粪停滞，如24h后仍不见胎粪排出，应采取灌肠等措施。胎粪特别黏稠，易堵塞肛门，造成排粪困难，应注意擦拭干净。

对于初生的羔羊，要勤检查，发现病羔及时治疗，特殊护理。为了管理上的方便和避免哺乳上的混乱，可临时对母子编号。

任务6 提高羊繁殖力的措施

繁殖力是指羊维持正常生殖机能和繁衍后代的能力。对于母羊来讲，繁殖力主要包括性成熟的早晚、发情表现的强弱、排卵的多少、受精能力、妊娠和哺育羔羊的能力。繁殖力的高低直接影响到种群数量、质量、生产力水平以及企业的经济效益。通常在生产实践中，提高羊繁殖力的措施主要有以下几个方面：

1. 选留具有优良性状的种羊 即便同一品种内各个群体之间的繁殖力也会有较大的差异。选留具有优良性状的种羊进行繁育是利用羊自身的遗传性状来提高繁殖力的有效途径。比如常会将产双羔或多羔的母羊留作种用，因为在以后的生产中该母羊以及其后代母羊产双羔的概率会大大提高。需要特别指出的是生产中不能完全过分追求繁育指标，应对其所有性状进行综合考虑。

2. 生产优质精液 品质优良的精液是保证母羊受胎的重要条件。精液生产单位应该从种公羊的选留、饲养管理、采精、精液品质检查以及运输等环节严格把控，坚决杜绝将不合格的精液用于输精。

3. 及时淘汰低等母羊、提高优等适繁母羊比例 生产中及时淘汰老龄、不妊娠、患病以及繁殖力低的母羊。适繁母羊在群体中所占比例越大，养羊的经济效益越高。据了解养羊业发达的国家，适繁母羊在繁育群体中的比例平均在70%以上，而我国在50%左右。

4. 做好发情鉴定，适时输精 准确的发情鉴定是掌握适时输精的前提，是提高羊繁殖力的重要环节。生产中需要根据母羊发情时的精神表现、生殖器官黏膜颜色、黏液状态、宫颈口开张程度等进行综合判定，确定最佳的输精时机。

5. 繁殖新技术的推广与应用 目前常用的繁殖新技术有人工授精和冷冻精技术、发情控制技术（同期发情、超数排卵、诱导分娩）、性别控制技术、胚胎应用技术等。

6. 加强对种羊的管理 对种羊的繁殖管理主要体现在加强营养供给，特别是对配种期和妊娠期的种羊提供全面均衡的营养，并提供适时的饲养环境防止炎热寒冷。

7. 推行母羊的高频繁育体系 高频繁育体系是指人为打破母羊季节性繁殖特性，使母羊实现四季发情，全年不间断产羔，从而能够最大限度地发挥母羊的生产潜力。常用的高频繁育体系有两年三产体系、三年四产体系、三年五产体系等。

任务7 生产报表

生产实践中涉及羊繁殖方面的生产报表主要有配种与分娩记录报表（表4-3-5）、返情及流产报表（表4-3-6）、死亡及淘汰报表（表4-3-7）、存栏报表（表4-3-8）和羊群饲草饲料消耗记录表（表4-3-9）等。

表4-3-5 配种与分娩记录报表

序号	配种母羊			与配公羊			配种日期			分娩		产羔			备注
	品种	耳号	胎次	品种	耳号	等级	第1次	第2次	第3次	预产期	实产期	单双羔	耳号	性别	

记录员　　　配种员

表4-3-6 返情及流产报表

母羊耳号	返情或流产	发生日期	原因分析	同批次发生率

表4-3-7 死亡及淘汰报表

母羊耳号	死亡或淘汰	发生日期	同批次发生率	原因分析

表 4-3-8 存栏报表

日期	发情母羊数	配种母羊数	空怀母羊数	妊娠母羊数	哺乳母羊数

表 4-3-9 羊群饲草饲料消耗记录表

品种　　群别　　性别　　年龄

供应日期	精饲料（kg）		粗饲料（kg）		多汁饲料（kg）		矿物质饲料（kg）		备注
		总计		总计		总计		总计	

复 习 思 考 题

一、名词解释

1. 初情期　2. 性成熟　3. 初配年龄　4. 发情　5. 发情周期

二、填空题

1. 妊娠是从________开始，经由________阶段、________阶段、________阶段直至分娩的整个生理过程。

2. 妊娠期是从________至________的时期。

3. 各品种母羊妊娠期为________个月左右。

4. 羔羊出生后不呼吸，但发育正常且心脏跳动，称为________。

5. 在 2019 年 4 月 5 日配种的母羊，其预产期________。

三、简答题

1. 简述羊的发情征状有哪些？

2. 简述羊的发情鉴定方法有哪些？

3. 母羊分娩前有何征兆？

4. 如何进行羊的正常接产？

5. 假死羔羊怎样处理？

四、论述题

1. 谈一谈你对羊人工授精应用的优点的看法，并且阐述人工授精的各主要技术环节的关键要点。

2. 走访规模化羊场，结合实际案例，你认为究竟该如何提高羊的繁殖力。

（参考答案见 374 页）

羊的饲养管理

【学习目标】

1. 了解种公羊的饲养管理要点。
2. 初步掌握繁殖母羊的饲养管理。
3. 掌握羔羊培育技术。
4. 了解羊育肥的技术要点。
5. 学会生产报表的填写与分析。

【学习任务】

任务1 种公羊的饲养管理

一、种公羊优饲的实践意义

种公羊对羊群的改良和品质的提高有重要作用。俗话说："公羊好，好一坡；母羊好，好一窝"说明了种公羊质量的优劣，直接关系到一个羊群的好坏。要获得优良的种公羊，除选好种外，还要科学饲养，加强管理。种公羊的数量虽少，但种用价值高，对后代的影响大，故在饲养管理上要求很高。只有加强饲养管理，才能保持健壮的种用体况，使其营养良好而又不过于肥胖，全年保持均衡的营养状况，达到在配种期性欲旺盛，精力充沛，精液品质良好，提高种公羊利用率的目的。

饲喂种公羊的草料，应力求多样化，互相搭配，以使营养价值完全，容易消化，适口性好。要求富含蛋白质、维生素和矿物质，日粮营养要长期稳定。较理想的粗饲料有苜蓿干草、三叶草和青燕麦干草等优良青干草。精料以燕麦、大麦、玉米、高粱、豌豆、黑豆和豆饼为好。

二、种公羊的饲养管理要点

种公羊的饲养管理可分为配种期和非配种期两个阶段。

1. 配种期的饲养管理 配种开始前45d左右就应进入配种期的饲养管理。这个时期的任务是加强种公羊的营养和改善体质，以适应紧张繁重的配种任务。此期在做好放牧的同时，应给公羊补饲富含粗蛋白质、维生素、矿物质的混合精料和干草。蛋白质对提高公羊性欲、增加精子密度和射精量有决定性作用。维生素缺乏时，可引起公羊的睾丸萎缩，精子受精能力降低，畸形精子增加，射精量减少。钙、磷等矿物质也是保证精子品质和体力不可缺少的重要元素。据研究，一次射精需蛋白质25～37g。一只主配公羊每天被采精5～6次，需消耗大量的营养物质和体力。所以，配种期间应喂给种公羊充足的全价日粮。

种公羊的日粮应由种类多、品质好、公羊喜食的饲料组成。豆类、燕麦、青稞、黍、高粱米、大麦、麸皮都是公羊的好精料；干草以豆科青干草和燕麦青干草为佳。此外，胡萝卜、玉米青贮料等多汁饲料也是很好的维生素饲料。粉碎玉米容易消化，含能量也多，但喂量不宜过多，占精料量的1/4～1/3即可。

公羊的补饲定额，应根据公羊体重、膘情和采精次数来确定。一般在配种季节每头每日补饲混合精料1.0～1.5kg，青干草（冬配时）任意采食，骨粉10g，食盐15～20g，采精次数较多时可加喂鸡蛋2～3个（带皮揉碎，均匀拌在精料中）或脱脂乳1～2kg，种公羊的日粮体积不能过大。同时，配种前准备阶段的日粮水平应逐渐提高，到配种开始时达到标准。

在加强补饲的同时，还应加强公羊的运动。这是配种期种公羊管理的重要内容，关系到精液质量和体质。若运动不足，公羊会很快发胖，精子活力降低，严重时不射精。但运动量过大时，消耗能量多，不利于健康。每天驱赶运动2h左右，公羊运动时，应快步驱赶和自由行走相交替。快步驱赶的速度以使羊体皮肤发热而不致喘气为宜。

此外，在配种季节，要加强管理，防止混群、偷配。为使公羊在配种期养成良好的条件反射，使各项配种工作有条不紊地进行，必须拟定公羊的饲养管理日程。

2. 非配种期的饲养管理 配种季节快结束时，就应逐步减少精料的补饲量。转入非配种期后，除放牧外，冬季一般每日补混合精料500g，干草2.5kg，胡萝卜0.5kg，盐5～10g，骨粉5g。春、夏季节以放牧为主，另外补给混合精料500g，每日饮水1～2次。

种公羊要单独组群放牧和补饲。放牧时，要距母羊群远些。运动和放牧要求定时间、定距离、定速度。应尽量防止公羊互相抵架。种公羊舍宜宽敞、坚固，保持清洁、干燥，定期消毒。为了保证种公羊的健康，应贯彻预防为主的方针，定期进行检疫和预防接种，做好体内、外寄生虫病的防治工作。

任务2　繁殖母羊的饲养管理

母羊的饲养管理对羔羊的发育、生长、成活率影响很大。母羊的妊娠期为5个月，哺乳期为4个月，恢复期只有3个月。配种受胎后，为使胚胎能充分发育和产后母羊有充足的乳汁，就需要有充足的营养。因此，对母羊的饲养管理在全年都应加强，保持全年膘情良好具有十分重要的实践意义。

一、空怀母羊的饲养管理

由于各地产羔季节不同，母羊空怀季节也不同。产冬羔的母羊一般5—7月为空怀期；

产春羔的母羊一般8—10月为空怀期。空怀期的母羊主要是恢复体况，抓膘、贮备营养，促进排卵，提高受胎率。

二、妊娠母羊的饲养管理

1. 妊娠前期的饲养管理 在妊娠期的前3个月内，胎儿发育较慢，所需养分也不太多，除放牧外，可根据具体情况而进行少量补饲，在枯草季节则应大量补饲，要求母羊保持良好的膘情。管理上要避免母羊吃霜草或霉烂饲料，防止母羊受惊猛跑，不饮冰碴水，以防流产。

2. 妊娠后期的饲养管理 在妊娠后期的2个月中，胎儿生长很快，羔羊初生重的90%在此期间生长。此期间如母羊养分供应不足，会产生一系列不良后果，靠放牧一般难以满足母羊的营养需要，在母羊妊娠后期必须加强补饲，将优质干草和精料放在此时补饲，要注意蛋白质、钙、磷的补充。要注意保胎，出牧、归牧、饮水、补饲都要慢而稳，防止拥挤、滑跌，最好在较平坦的牧场上放牧。羊舍内要保持温暖、干燥和通风良好。

母羊妊娠2个月后的补饲，每只每天补喂青干草或青贮1.0～1.5kg，精料250～300g，骨粉15～20g，补饲草、料应放在架和槽内饲喂，以免浪费。

妊娠母羊饲养管理不当，容易引起流产和早产。要严禁喂发霉、变质、冰冻或其他异常饲料，禁忌饮冰碴水，防止惊吓、急跑、跳沟等剧烈动作的发生，禁止无故捕捉、惊扰羊群，特别是在出入圈门或补饲时，要防止互相拥挤，以防流产。母羊在妊娠后期不宜进行防疫注射。

临产前1周左右不得远牧。临近产羔时，将接羔棚舍、羊圈、饲草架、料槽等及时修整、清扫和消毒，羊舍、产羔暖棚要保持清洁干燥、通风良好、光照充足和保暖。

母羊在产羔后1～7d应加强管理，一般应舍饲或在较近的优质草场上放牧。1周内，母仔合群饲养，保证羔羊吃到充足初乳。应注意保暖、防潮，预防感冒。产羔1h左右应给母羊饮温水，第1次饮水不宜过多，切忌让产后母羊饮冷水。

三、哺乳母羊的饲养管理

母羊产后即开始哺乳羔羊。哺乳母羊饲养管理的主要任务是保证母羊有充足的奶水来哺乳羔羊。母羊泌乳量越多，羔羊发育越好，生长越快，抗病力越强，成活率越高。因此，为了促进母羊泌乳，除放牧外，应当按母羊的膘情和所带单、双羔的不同，补饲优质干草和多汁饲料。

哺乳前期每只（单羔）每天补喂混合精料0.5kg，产双羔母羊补喂0.7kg；哺乳中期补喂混合精料减少至0.3～0.45kg，干草3～3.5kg，多汁饲料单、双羔母羊均为1.5kg；哺乳后期除放牧外只补些干草即可。羔羊断乳前，应在几天前就要减少多汁饲料、青贮饲料与精料的补饲量，以防发生乳腺炎。

母羊产羔后泌乳量逐渐增加，产羔28～42d达到高峰，以后开始下降。到第3个月时，母羊泌乳量大幅度下降，母乳只能满足羔羊营养需要量的10%左右，即使给母羊补饲也不能保持前期的乳量。此时，羔羊已能采食和消化饲草、饲料。因此，当羔羊3月龄时应断乳补饲，母仔分群饲养，加强母羊放牧抓膘。

哺乳母羊的圈舍应经常打扫，保持清洁干燥。要及时清除胎衣、毛团等杂物，以防羔羊吞食引起疾病。应经常检查母羊的乳房，如果发现有乳孔闭塞、乳房发炎、化脓或乳汁过多等情况，要及时采取相应措施。

实训 4－11 羊的剪毛训练

【实训目的】 通过实训能够掌握剪毛的方法和步骤。

【材料用具】 电动剪毛机、剪毛剪、实习用羊、标记颜料、毛袋、台秤、常用防治药品。

【方法步骤】

羊的剪毛

1. 剪毛次数、时间的确定 细毛羊、半细毛羊及其生产同质毛的杂种羊，一般只在春季进行 1 次剪毛。粗毛羊和生产异质毛的杂种羊，可在春、秋季节各剪毛 1 次。剪毛的具体时间依据当地的气候变化而定。陕西 5 月中旬剪毛，新疆伊利地区 5 月底剪毛，甘肃河西及青海西部在 6 月中旬剪毛，甘南藏族自治州和青海南部 7 月中旬剪毛。秋季剪毛多在 9 月进行。

2. 剪毛前的准备工作

（1）羊群的准备。剪毛应从价值低的羊开始，同一品种，应按羯羊、试情羊、幼龄羊、母羊和种公羊的顺序。不同品种，应按粗毛羊、杂种羊、细毛羊或半细毛羊的顺序。这样，剪毛人员用价值较低的羊熟练剪毛技术，以保证能剪好高价值羊的毛。剪毛前 12h，停止放牧、饮水和喂料，以免剪毛时粪便污染羊毛。患皮肤病和外寄生虫病的羊最后剪毛。

（2）剪毛场地的准备。大型羊场有剪毛舍（包括羊毛分级、包装），内设剪毛台。小型羊场剪毛场地的布置，视羊群大小和具体条件而定。露天剪毛，场地应选在高燥的地方，打扫干净，并铺上席子或篷布，以免污染羊毛。有条件时可搭棚剪毛。

3. 剪毛方法 有手工剪毛和机械剪毛 2 种。

（1）机械剪毛。速度快，效率高，质量好。具体方法是：使羊蹲坐在地上，人站在羊后，用两膝牢固地夹住绵羊背部两侧，左臂把羊头和右前肢夹在腋下，使羊左臂部着地，左手拉紧皮肤，以保证剪毛顺利进行。先沿左侧腹部剪出一条线，依次向右，一直把腹毛剪完。剪公羊包皮附近的毛顺应横向推进。母羊乳房后部的毛也应在此时剪去。

用左手按住右肋部，同时把后腿内侧皮肤拉开。先从右后腿内侧向蹄部剪，然后再由蹄部往回剪，沿两后腿内侧剪至左后蹄。公羊阴囊上的毛，应在此时剪去。

剪毛员稍向后退，使羊呈半右卧姿势，把右前腿夹在剪毛者两腿之间，用左臂肘部压住羊头。为了使羊左后腿伸直，避免剪伤，可用左手按住羊的左肋部，从绵羊的左后蹄剪至肋部，依次向后，剪至尾根。

剪毛者左腿后移，使羊前躯靠在剪毛者左腿上，后躯保持平直，左手按住腰部，从后向前，依次剪去左臂部的毛。

剪毛者把右腿放在羊的两后腿之间，膝盖靠住羊的胸部，左手握住羊下颌并向后拉，使颈部皮肤平直。先在胸部剪几剪，然后从胸至下颌沿右缘剪开，依次剪完，然后再剪去左前肢内、外侧及颈部左侧的毛。

使羊向右转，前躯下移，成半右卧姿势。用左手按住羊头，开始剪左侧的毛。随着剪毛的进行，将右脚移出，放在羊两后腿之前，左脚放在羊两前肢之前，以便做长行程剪毛。

当剪至脊柱时，再将右侧移至羊两后腿之后，把羊的两后腿往前压，右腿应在羊右后腿股部下面，同时用左腿把羊的两前腿往后压，使背部皮肤平直，左手往后压羊头，做长行程的剪毛动作，剪到超过脊柱为止。

剪毛者右腿后移至绵羊背部，两腿成左右夹羊的姿势；左手握住羊下颌用力拉起，把羊头按在两膝上，然后按脸、颈的顺序剪毛。在剪毛进行中，应将羊头推到两腿之后，用两腿夹住羊脖子。当剪胸部毛时，将右前腿放开，并随即剪去右前腿的毛。

剪毛时后退，把羊拉起，使羊左臂部着地，成半坐姿势。左侧肩胛部靠在剪毛者的左腿上，左脚挡在羊的尾部，左手拉平剪毛部位的皮肤，依次剪去右侧腹、腰及右后腿外缘的毛。关闭电剪，帮助羊站立。

（2）手工剪毛。劳动强度大，而且速度慢，只用于羊只少的剪毛。一般采用卧倒剪毛法，方法如下：将羊左侧向下放倒，背部靠剪毛者，用两膝盖顶压肩部及臂部，从右侧后肋开剪至腋窝向前剪成一线，并向下剪去腹及胸部毛。剪毛者转向羊腹部，先剪掉右腹侧、臂部及腿部毛。使羊右侧向下，剪掉左腹侧、臂部及腿部毛。让羊立起成半坐姿势，剪毛者左腿支起，右腿半跪，使羊头置于右腿上，由肩部向耳根剪颈下部毛。剪毛者立起，站于羊的前面，两腿夹住羊肩部，开始剪取头、颈上部、背肋部及前肢毛。剪完后，帮助羊站立。

4. 剪毛应注意的事项

（1）剪毛时留毛茬高度 0.5cm 左右，严禁剪二刀毛。

（2）剪毛时一定按剪毛顺序进行，争取剪出套毛。

（3）剪毛时应手轻心细，端平电剪，遇到皮肤皱褶处，应轻轻将皮肤展开再剪，防止剪伤皮肤。

（4）剪毛时不慎损伤皮肤时，应立即涂以碘酊。

（5）剪毛后放牧要避免羊过食，以防引起消化不良。

（6）剪毛后 1 周内严防雨淋和日光暴晒。

（7）剪毛技术要多练习，多操作。

【实训报告】写出剪毛的过程及体会。

实训 4－12　羊的药浴训练

【实训目的】明确药浴的目的，掌握药浴药液的配制方法，熟练羊的药浴过程。

【材料用具】剪毛后的羊、药浴池、药浴用药。

【方法步骤】

1. 药浴的目的　药浴是为了防治羊的体外寄生虫病，特别是疥癣病。药浴一般在剪毛后 10d 左右进行。除 2 个月内羔羊、病羊和有外伤羊外，其余羊只一律进行药浴。每年进行 2 次。药浴应选在晴暖的天气进行。

2. 药浴的方式　有池浴、淋浴和盆浴 3 种。淋浴基建设备要求高，药浴效果欠佳，故采用较少。盆浴适用于羊只少的养羊户。目前，大多数采用池浴形式。

3. 药浴池的构造　药浴池入口深度不少于 1m，池长约 10m，从入口到出口逐渐形成向上的斜坡，最后做成台阶，便于羊走出。出口一端应设滴流台，使羊出浴后能短期停留，将身上药液流回池中（图 4－4－1）。

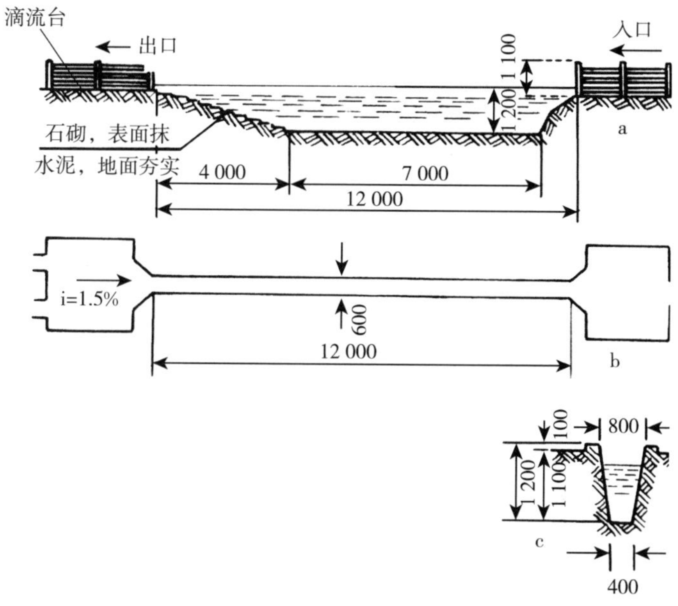

图 4－4－1 药浴池构造（单位：mm）（i 为滴流台的坡度）
a. 纵剖面图 b. 平面图 c. 横剖面图

4. 药浴药液的配制方法 见表 4－4－1。

表 4－4－1 药浴药液的配制

药浴用药	初次浸浴药液配制	补充药液配制
25%螨净	1 000 倍（250mg/kg）	330 倍
25%双甲脒	1 000 倍（250mg/kg）	330 倍
5%溴氰菊酯	1 000 倍（50mg/kg）	330 倍
16%除癞灵	500 倍（320mg/kg）	165 倍

说明：①初次浸浴 1L 25%螨净混于 1 000L 水中，即 1∶1 000 稀释。
②补充药液 1L 25%螨净混于 330L 水中，即 1∶330 稀释。
③双甲脒、溴氰菊酯、除癞灵等药液的配制与螨净的配制方法相同。
④药浴时，浴液的分量消耗如果超过总量的 10%，应随时加入，以维持药液的总量及浓度。

5. 药浴操作步骤 池浴时一人负责推引羊只入池，两个人手持压扶杆负责池边照护，遇有背部、头部没有浸透的羊，将其压入水中浸湿；遇有拥挤互压现象时，要及时拉开，以防药水呛入羊肺或淹死在池内。羊只入池 2～3min 后即可出池。出池后的羊只在广场停留 5～10min 后放出。

6. 羊药浴时应注意的事项

（1）羊只在药浴前半日应停止放牧，并令其饮足水。

（2）为了防止中毒，最初需让几只体质较差的羊试浴，确认安全后再让大群入浴。

（3）每浴完一群，应根据减少的药液量进行添补，以保持药量和浓度。

（4）成年羊与羔羊分别药浴。

(5) 要保持药浴池的清洁。及时清除污物，适时换水。

(6) 药浴后要进行观察，发现中毒，立即抢救。

(7) 药浴后，如遇阴雨天气，应将羊群及时赶到附近羊舍内躲避，以防感冒。

(8) 药浴完毕应彻底清洗手及脸。

(9) 药浴液应现配现用。

(10) 剩余的药液不要随意乱倒，应妥善处理。

【实训报告】

(1) 写出药液配制方法。

(2) 叙述药浴的操作过程及注意事项。

任务 3 羔羊的培育

一、羔羊生长发育规律

1. 生长发育快 出生 1 月以内的羔羊生长速度较快，2 周龄体重就可达到初生重的 1 倍以上，因此，羔羊需要的营养物资较多，确保母羊有足够的乳汁供应。

2. 对环境的适应性差 2 周龄的羔羊体温调节能力差，各组织器官功能不健全，特别是消化道黏膜易受到细菌等病原微生物的侵袭而发生消化道疾病。其次，瘤胃微生物区系尚未形成，对饲料的消化能力较差。

3. 可塑性强 外部环境变化会引起机体相应的变化，对羔羊定向培养具有重要意义。

实训 4-13 羔羊断尾及去势训练

【实训目的】 准确把握羔羊断尾、去势的方法和要点。

【材料用具】 需断尾的羔羊、断尾铲、火炉（电炉）、木板（或薄铁皮）、剪刀、5%碘酊、手术刀、方凳。

【方法步骤】

1. 羔羊断尾 细毛羊、半细毛羊及其杂种羊都有细长的尾巴，为了减少粪尿对后躯羊毛的污染，便于配种，应该对其进行断尾。羔羊生后 1～3 周龄即可断尾。

断尾的方法有烙断法、刀切法和结扎法 3 种。其中以烙断法应用比较普遍。做法是：

(1) 将断尾铲烧热，若无断尾铲时可改用火铲。

(2) 由一人将羔羊抱在怀里，头朝上、背向着保定人的腹部，保定人员用双手将羔羊前后肢分别固定住，使其坐在木板上，用木板（或薄铁皮）挡住羔羊的阴门或睾丸。

(3) 术者用左手拉直羔羊尾巴使其紧贴在木板上，右手持烧好的断尾铲，在距尾根 4～6cm 处（母羊以盖住外阴部为宜），将皮肤向根部稍拉一下，慢慢向下压切，边切边烙，这样做既能止血又能消毒。

(4) 将拉向尾根的皮肤复原，以包住创口，并用 5%碘酊消毒，有利于愈合。

(5) 将羔羊放回，并注意观察，若发现流血者，应进行烧烙或止血处理。

2. 羔羊去势 凡不留作种用的公羔或公羊一律去势，去势后的羊称羯羊。公羔去势一般与断尾同时进行，常用的是刀切法。方法是：

（1）一人保定羊只，使羔羊半蹲半仰，置于凳上。

（2）术者将羔羊阴囊上的毛剪掉，并用5%碘酊消毒。

（3）术者一只手捏住阴囊上方，不让睾丸缩回腹腔，另一只手用消毒过的手术刀在阴囊下方约1/3处横向切开一口，挤出睾丸，左手指紧夹睾丸根部，用右手将睾丸连同精索一起拧断，然后用5%碘酊充分消毒术部即可。

（4）将羔羊放回原处，加强护理，防止感染。

【实训报告】写出断尾与去势的操作过程及体会。

二、羔羊的培育

羔羊培育是指羔羊断乳（4月龄）以前的饲养管理。

1. 尽早吃足初乳 初乳中含有丰富的营养物质和抗体，具有抗病和轻泻作用，对增强其体质、抵抗疾病和排出胎粪都有好处。羔羊出生后数日宜留圈中，因此，母羊也应舍饲。

2. 尽早运动 为增强羔羊体质，随着羔羊日龄的增长，应尽早运动。10日龄左右的羔羊可以随母羊放牧。开始时应距羊舍近一些，以后可逐渐地增加距离。为了保证母羊和羔羊的正常营养，最好能留出一些较近的优质牧地。

3. 及早补饲 羔羊生后半个月，即可训练采食干草，以促进瘤胃功能。1月龄后可让其采食混合精料，补饲的食盐和骨粉可混入混合精料中喂给。羔羊补饲最好在补饲栏（一种仅供羔羊自由出入的围栏）中进行。

4. 做好断乳分群后的饲养管理工作 一般3.5～4月龄羔羊即和母羊分群管理，这是羔羊发育的危险期。此时如补饲不够，羔羊体重不但不增长，反而有下降的可能。因此，羔羊在断乳分群后应在较好的牧地上放牧，视需要适量补饲干草和精料。

任务4 羊的育肥

羊的育肥是在最短的时间内，选择适宜的育肥羊和育肥方式，增加羊的膘度，以最低的生产成本获得量多质优的羊肉，使其迅速达到上市的育肥状态。

肉羊育肥技术

一、育肥前的准备

1. 育肥羊的选择 育肥首先应挑选好羊只。一般来讲，凡不做种用的公、母羊和淘汰的老弱病残羊均可用来育肥，但为了提高育肥效益，要求用来育肥的羊体型大，增重快，健康无病，最好是肉用性能突出的品种，通常老龄羊育肥价值不高。

育肥羊经健康检查，无病者按品种、年龄、性别、体重及育肥方法分别组群。

2. 去势与修蹄 为了减少羊肉膻味并利于育肥，育肥的羊均应去势。放牧育肥前，应对羊蹄进行修整，以利放牧采食和抓膘。

3. 驱虫 羊在投入育肥前，要进行驱虫、药浴、防疫注射，以确保育肥工作的顺利进行。

4. 剪毛 被毛较长的肉毛兼用品种羊，在屠宰前2个月可进行1次剪毛，这样既不影响宰后皮革品质和售价，又可增加经济收入，同时也有利于育肥。

二、育肥方式

1. 放牧育肥 放牧育肥是最经济最普遍的一种育肥方法，它可以充分利用天然草场或秋茬地，生产成本低，是我国农区和牧区采用的传统育肥方式。放牧育肥的关键是水、草、盐，缺一不可，否则就会影响育肥效果，因此要抓紧夏秋季牧草茂密、营养价值高的大好时机，充分延长每天有效放牧时间，保证青草采食量，羔羊一般 4～5kg，成年羊达 7～8kg。北方地区一般在 5 月中、下旬至 10 月中旬期间进行放牧育肥。

2. 舍饲育肥 是按饲养标准配制日粮，并以较短的育肥期和适当的投入获取羊肉的一种育肥方式，适合于饲草饲料资源丰富的地区。舍饲育肥与放牧育肥相比，相同月龄屠宰的羔羊活重高出 10%，胴体重高出 20%，育肥期缩短。舍饲育肥应充分利用农作物秸秆、干草及农副产品，精料一般占 45%～60%。舍饲育肥通常为 60～70d，时间过短，育肥效果不显著；过长，饲料转化率低，效果不理想。

3. 混合育肥 是放牧与舍饲相结合的一种育肥方式。在放牧的基础上，同时补饲一些精料或进入枯草期后转入舍饲育肥。这种方式既能充分利用牧草旺盛季节，又可取得一定的育肥效果，还能有效控制草场载畜量，同时整个育肥期内的增重，比纯放牧育肥可提高 30%～60%。因此，在秋季末期牧草枯黄季节，还是采用放牧加补饲的育肥效果好。

三、羔羊育肥

羔羊育肥是利用早熟肉用品种及其杂种羔羊（4～10 月龄）进行育肥。现代羊肉生产的主流是羔羊肉，尤其是肥羔肉生产是羔羊育肥的重点。按照羔羊的生长发育规律，周岁以内尤其是 4～6 月龄以前的羔羊，生长速度很快，平均日增重一般可达 200～300g。如果从羔羊 2～4 月龄开始，采用强度育肥的方法，育肥期 50～60d，其育肥期内的平均日增重能达到或超过原有水平，这样羔羊长到 4～6 月龄时，体重可达成年羊体重的 50%以上。出栏早，屠宰率高，胴体重大，肉质好，深受市场欢迎。

1. 羔羊育肥的优点 羔羊肉鲜嫩多汁，精肉多，脂肪少，膻味小，易消化；羔羊生长快，饲料转化率高，成本低，经济效益好；羔羊肉的价格高，一般比成年羊高 1/3～1/2，甚至达 1 倍，经济效益好；羔羊当年屠宰，可减轻越冬度春人力和物力的消耗，避免冬春季的掉膘，并加快羊群周转，缩短生产周期，提高出栏率，获得最大收益；可大幅度增加繁殖母羊的比例，有利于扩大再生产，获得更高的经济效益。生产肥羔的同时，又可生产优质毛皮，因 6～9 月龄羔羊所产的毛皮价格高。

2. 羔羊育肥的措施 进行羔羊肉生产的育肥羔羊，适合采用能量较高、保持一定蛋白质水平和矿物质含量的混合精料来进行育肥。育肥期可分预饲期（10～15d）、正式育肥期和出栏 3 个阶段。育肥前应做好饲草（料）的收集、贮备和加工调制，圈舍场地的维修、清扫、消毒和设备的配置等工作。预饲期应完成对羊只的健康检查、防疫、驱虫、去势、称重、健胃、分群、饲料过渡等项目；正式育肥期主要是按饲养标准配合育肥日粮，进行投喂，定期称重，了解生长发育情况。合理安排饲喂、放牧、饮水、运动、消毒等生产环节。采用正确的饲喂方法，避免羊只拥挤和争食，尤其防止弱羊采食不到饲料，保证饮水充足，清洁卫生。出栏阶段主要是根据品种和育肥强度，视市场需要、价格、增重速度和饲养管理等综合因素确定出栏体重和出栏时间。羔羊育肥的措施如下：

（1）适当提前产羔期。牧区由于春季气温回升较晚，棚圈设备较差，草料贮备有限，应多安排产春羔。若要生产肥羔，就要考虑将产羔期适当提前，这样才能延长当年的生长期而增加屠宰体重。

（2）提高适龄繁殖母羊比例。生产肥羔的羊群，适龄繁殖母羊比例尽可能提高到65%～70%，并实行羊的密集产羔，使羊两年产3胎或1年产2胎。以扩大肥羔生产来源和加大年出栏率。

（3）加强母羊的饲养管理。母羊在妊娠后期和泌乳前期，应尽量延长放牧时间，合理补饲，以获得初生重大、断乳重大的羔羊，从而提高屠宰率。

（4）提前断乳，单独组群育肥。羔羊从3月龄起，母乳仅能满足其营养需要的10%左右，此时可考虑提前断乳，单独组群放牧育肥。要选水草条件较好的草场进行放牧，突击抓膘。

（5）适当延长育肥期。肥羔在草枯前后仍有较高的增重能力，此时如能实行短期补饲，适当延长育肥期，则可取得更大的胴体重和净肉重，特别是对体重较小的羔羊更应加强补饲，进行短期育肥。

实训 4－14　肉羊育肥方案设计（100只）

【实训目的】通过对肉羊场的实际观察，初步掌握肉羊育肥方案的设计方法。

【材料用具】教师需要提前联系好可供实训的肉羊场，或在校内基地进行实训。

【方法步骤】

（1）教师带领学生到肉羊场或校内基地，在专业技术人员指导下，现场观察肉用羊的饲养管理情况。

（2）通过教师对肉羊育肥的讲解以及实际观察肉羊育肥所需的各种设施、羊舍和用具，详细了解肉羊育肥过程中饲料、药品和技术人员配备等情况，以及肉羊场所采取的各种饲养管理措施。

【实训报告】

（1）借助所掌握的知识，将实训的结果写成书面报告，对该肉羊场的育肥效果做出评价。

（2）根据实训过程所观察到的情况，设计出一个较为完整的、能够满足100只肉羊育肥的方案。

任务5　生产报表

生产实践中涉及羊饲养管理方面的生产报表主要有种公羊发育记录表（表4－4－2）、后备母羊发育记录表（表4－4－3）、种羊（育成羊）生长记录表（表4－4－4）、产羔记录表（表4－4－5）、羊群变动月统计表（表4－4－6）和羊群饲草饲料消耗记录表（表4－4－7）等报表。

表 4-4-2 种公羊发育记录表

母羊耳号	品种	出生日龄	免疫情况	初配日龄

表 4-4-3 后备母羊发育记录表

母羊耳号	品种	出生日龄	免疫情况	初情期

表 4-4-4 种羊（育成羊）生长记录表

品种　耳号　出生日期　性别

指标	1月龄	2月龄	3月龄	4月龄	5月龄	6月龄	9月龄	12月龄
体重（kg）								
体高（cm）								
体长（cm）								
胸围（cm）								
尻宽（cm）								

表 4-4-5 产羔记录表

序号	品种	羔羊					母羊		公羊		羔羊鉴定				备注
		耳号	性别	单双羔	出生日期	出生重（kg）	品种	耳号	品种	耳号	活力	体型	被毛	等级	

表 4-4-6 羊群变动月统计表

饲养员姓名	群号	品种	上月底结存数	本月内增加				本月内减少					本月底结存数	备注
				调入	购入	繁殖	合计	死亡	调出	出售	宰杀	合计		

报出日期　　　　记录员

表 4-4-7 羊群饲草饲料消耗记录表

品种　群别　性别　年龄

供应日期	精饲料（kg）		粗饲料（kg）		多汁饲料（kg）		矿物质饲料（kg）		备注
		总计		总计		总计		总计	

复 习 思 考 题

一、名词解释

1. 羔羊育肥 2. 药浴 3. 混合育肥 4. 空怀母羊

二、填空题

1. 俗话说："公羊好，________；母羊好，________"。说明了质量的优劣，直接关系到一个羊群的好坏。

2. 种公羊的饲养管理可分为________和________两个阶段。

3. 产冬羔的母羊一般________月为空怀期；产春羔的母羊一般________月为空怀期。

4. 哺乳母羊饲养管理的主要任务是________。

5. 母羊产羔后泌乳量逐渐增加，通常在产羔________ d 后达到高峰。

6. 常用的剪毛方法主要有________和________ 2 种。

7. 药浴是为了防治羊的体外寄生虫病，尤其是________。

8. 常见的药浴方式主要有________、________和________ 3 种。

9. 羔羊断尾的方法主要有________、________和________ 3 种。

10. 生产实践中羔羊育肥的常见方式有________、________和________ 3 种。

三、简答题

1. 种公羊的饲养管理可分为哪两个阶段？每个阶段管理的要点是什么？

2. 如何对妊娠母羊的进行饲养管理？

3. 肉用羊的育肥方式有哪几种？

4. 羔羊育肥的优点是什么？羔羊育肥的措施有哪些？

5. 繁殖母羊饲养管理的实践意义有哪些？

四、论述题

1. 假如你是羊场厂长，谈一谈你提高羊场的整体经济效益，重点围绕种羊的饲养管理、羔羊的培育以及育肥等环节谈起。

2. 设计一个药浴池，标出主要相关的参数，并说明各参数的实际意义。

（参考答案见 381 页）

奶山羊的饲养管理

【学习目标】

1. 掌握奶山羊妊娠期的饲养管理要点。
2. 掌握奶山羊泌乳期的饲养管理要点。
3. 掌握奶山羊干乳期的饲养管理要点。
4. 学会生产报表的填写与分析。

【学习任务】

任务 1　妊娠期的饲养管理

当泌乳育成母羊体重达到成年母羊体重 70%以上时，即可考虑配种，进入妊娠阶段。泌乳母山羊在妊娠期，随着胚胎的生长发育与自身体重的增加，所需的营养物质也逐渐增加。因此，要加强饲养与营养，满足其所需的各种营养物质，否则，由于营养不良，母羊瘦弱，引起胎儿发育受阻，甚至造成流产。对妊娠母山羊的饲养要按日产 1～1.5kg 乳的饲养标准喂给，保证日粮中有充足的蛋白质、矿物质与维生素。（具体管理细节可以参照本单元项目四　任务 2　繁殖母羊饲养管理中妊娠母羊的饲养管理）

在母山羊妊娠后期，也是泌乳母山羊的干乳期，饲养管理上应十分注意营养的供给与胎儿的发育、干乳后乳腺的生理之间的协调处理。

泌乳母山羊妊娠期前 3 个月处于泌乳中后期，后 2 个月处于干乳期，所以妊娠期的饲养管理还要兼顾泌乳期和干乳期的特点。

任务 2　泌乳期的饲养管理

母羊产羔后，即可进入长达 10 个月的泌乳期和 2 个月的干乳期。泌乳母山羊的饲养大致可分为泌乳初期、泌乳盛期、泌乳后期与干乳期 4 个阶段。

一、泌乳初期

母山羊产后 15d 内，由于生理机能发生变化，食欲与消化机能都较弱，这时如给予大量精料，容易造成消化不良与食滞。合理的饲养应先喂优质青干草，每天饮麸皮盐水 3～4 次。根据羊的食欲与消化机能恢复的情况，逐渐增加饲喂量，15d 以后就可恢复正常喂量。

二、泌乳盛期

一般母山羊产羔后 30～45d（高产羊 60～70d），可达到泌乳高峰。母山羊进入泌乳盛期，体内贮存的营养物质因大量产乳而消耗很大，羊体逐渐消瘦，但此时母山羊的食欲与消化机能均已恢复正常。因此，这阶段必须按饲养标准来饲养，并增加饲喂次数，多喂青绿多汁饲料，优质干草的喂量约占体重的 1.5%。一般每产 1.5kg 乳给 0.5kg 混合精料。饲料日粮应注意多样化与适口性。另外，为提高产乳量，可采用提前增加饲料的办法，即抓好“催乳”。“催乳”可在产羔后 20d 左右进行。膘情好、食欲好的母山羊可早催；膘情差、食欲不佳的母山羊晚催。当产乳量上升到一定水平不再上升时，就要把超过饲养标准的精料减下来，并保持相对稳定，以便提高整个泌乳期的产乳量。

三、泌乳后期

母山羊产乳 6 个月左右产乳量逐渐减少。应视个体的营养状况逐渐减少精料的喂量，减料过急会加速泌乳量的降低，过慢可使羊体蓄积脂肪，同时也影响泌乳量。随着乳量下降，精料的喂量要适当减少；否则，母山羊会很快变肥，从而使产乳量下降更快。管理上仍要做到定时喂饮与搞好清洁卫生，并增加运动，还要经常观察发情征状，以便做到及时配种。这个时期，一方面控制体重的增加，一方面使泌乳量缓慢下降，以保证本胎次的泌乳量，也保证胎儿的正常发育，并为下一胎次打下泌乳基础，蓄积营养。精粗料比例以 65∶35 为好。

实训 4－15　羊的挤乳训练

【实训目的】准确掌握羊的挤乳方法和技术。

【材料用具】奶山羊、挤乳台、乳桶、热水、毛巾、桌凳、记录表、台秤。

【方法步骤】挤乳是奶山羊生产中的一项重要技术。挤乳方法有机器挤乳和手工挤乳两种。一般多采用手工挤乳。方法是：

1. 准备工作　将乳房周围的毛剪去；挤乳员剪短指甲，清洗手臂，放好乳桶。

2. 引导奶山羊上挤乳台　初调教时，挤乳台上的小槽内要添上精料，经数次训练后，每到挤乳时间，只要呼喊羊号，奶山羊会自动跑出来跳上挤乳台。

3. 擦洗和按摩乳房　羊上台后，先用 40～50℃的热湿毛巾擦洗乳房和乳头，再用干毛巾擦干，然后按摩乳房。方法是：两手托住乳房，先左右对揉，后由上而下按摩。动作要轻快柔和，每次按摩轻揉 3～4 次即可。这样可刺激乳房，促进泌乳。

4. 挤乳　按摩乳房后开始挤乳，最初挤出的几滴乳废弃不要。挤乳方法有滑挤法和拳握法（或称压挤法）两种。乳头短小的个体采用滑挤法（图 4－5－1），即用拇指和食指捏住乳头基部从上而下滑动，挤出乳汁。对大多数乳头长度适中的个体必须用拳握法（图 4－

5-2)，即一手把持乳头，用拇指和食指紧握乳头基部，防止乳头管里的乳汁倒流，然后依次将中指、无名指和小指向手心压挤，乳即挤出。这种方法的关键在于手指开合动作的巧妙配合。挤乳时两手同时握住左右两侧乳房，一上一下地挤或两手同时上下地挤，后者多用于挤乳结束时。挤乳动作要轻巧，两手握力均匀，速度一致，方向对称，以免乳房畸形。当大部分乳汁挤出后，再两手同时上下左右按摩乳房数次，直到乳房中的乳汁挤净为止。最后挤出的乳，乳脂含量较高。

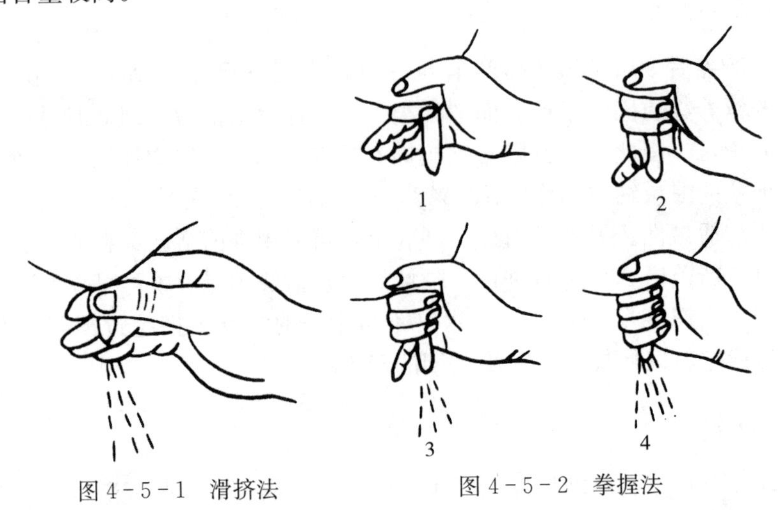

图 4-5-1 滑挤法　　图 4-5-2 拳握法

挤完乳后要将乳头上残留的乳汁擦净，以免乳头污染和蚊蝇骚扰。而后将奶羊放回圈舍。

5. 称重、过滤 每挤完一只羊，应将乳称重记录，然后用纱布过滤到存乳桶中，并进行消毒处理。

奶山羊每日挤乳的次数随产乳量而定。一般每日挤 2 次；日产乳量 5kg 左右的羊，每日 3 次；日产乳量 6～10kg 的羊，每日 4～5 次。各次挤乳的间隔以保持相等为宜。奶山羊产羔后，应将羔羊隔离，进行人工哺乳。

6. 挤乳应注意的事项

(1) 挤乳员要注意个人卫生，工作服等要常洗换，并定期进行健康检查。凡患有传染病、寄生虫病、皮肤病等疾病的人不得担任挤乳员。

(2) 挤乳必须定人、定时、定次、定顺序，不得随意更换挤乳员。

(3) 挤乳员对奶山羊要耐心、和善，并保持清洁、卫生，挤乳时要安静。

(4) 奶山羊产乳期间要经常观察乳房有无损伤或其他异常征状。若发现乳房皮肤干硬或有小裂纹时，应于挤乳后涂一层凡士林，有破损应涂以碘酊，如有炎症要及时治疗。

【实训报告】 描述挤乳的过程及操作体会。

任务 3 干乳期的饲养管理

一、干乳期的饲养

奶山羊妊娠后期，产乳逐渐减少，一般在产羔前 2 个月要停止挤乳，称干乳期。这时母羊已经过一个泌乳期的生产，膘情较差，加上这一时期又正值妊娠后期，为了使母羊恢复膘情贮备营养，保障胎儿发育的需要，应停止挤乳。据报道，母羊体重在产乳期比产前可下降27.3%，如果不能在产前将体重恢复起来，就影响到下一个泌乳期的产乳量。

干乳期母山羊的饲养标准，可按日产乳1.0～1.5kg、体重50kg的产乳羊为标准，每天给青干草1kg，青贮饲料2kg，混合精料0.25～0.3kg。这个时期的饲养水平应比维持饲养时期高20%～30%。

高产的奶山羊需人工停乳（或称人工干乳）。人工停乳时，首先降低饲养标准，特别是精料与青绿多汁饲料的给量；其次，要减少挤乳次数，打乱挤乳时间，这样就能很快干乳。干乳时，把乳房中的乳挤净。干乳后，要注意及时检查乳房，如发现乳房发硬时，应及时进行消炎处理。奶山羊的干乳期一般为60d左右。

二、干乳期的日常管理

奶山羊的管理要做到圈净、料净、饮水净、饲槽净和羊体净。形成有规律的工作日程。保持羊舍的清洁干燥，按时清扫圈舍，地面所铺的垫草要定期更换。保持羊体的干净卫生，每天要刷拭羊体，促进血液循环。同时保持圈舍安静，切忌惊扰羊群。

任务4 生产报表

奶山羊饲养管理中涉及的生产报表除与绵羊的相同部分外，还有奶山羊泌乳性能分析表（表4-5-1）和各泌乳月产乳量统计表（表4-5-2）两种：

表4-5-1 奶山羊泌乳性能分析表

群号	品种	耳号	年龄	岁
胎次	产羔日期	年 月 日	干乳日期	年 月 日
全期实际产乳天数	d	全期实际产乳量		kg
全期平均日产乳量	kg	全期最高日产乳量		kg

表4-5-2 各泌乳月产乳量统计表

泌乳月	1月	2月	3月	4月	5月	6月	7月	8月	9月	10月
月累计日平均										

复习思考题

一、名词解释

1. 干乳期 2. 泌乳盛期 3. 泌乳初期 4. 泌乳后期

二、填空

1. 泌乳母山羊的饲养大致可分为________、________、________和________4个阶段。

2. 泌乳母山羊常用得挤乳方法有________和________两种。
3. 母羊产羔后，即可进入长达________个月的泌乳期和________个月的干乳期。
4. 一般母山羊产羔后________ d，可达到泌乳高峰，预示母山羊进入泌乳盛期。
5. 高产的奶山羊通常需要经过________和________进行人工干乳。

三、简答题

1. 简述泌乳母羊妊娠期的管理要点。
2. 泌乳母山羊的饲养大致可分为哪几个阶段?
3. 简述泌乳期母羊各个阶段饲养要点。
4. 简述泌乳期母羊优饲的意义。

四、论述题

对于奶山羊，如何进行泌乳期和干乳期的有效管理，并对核心关键点进行详细论述。

【本项目参考答案】

一、名词解释

1. 一般在产羔前两个月要停止挤奶，称干奶期。
2. 一般指母山羊产羔后 30～45d（高产羊 60～70d），泌乳达到高峰的时期。
3. 母山羊产后 15d 内，由于生理机能发生变化，食欲与消化机能都较弱。
4. 母山羊泌乳高峰后至产奶 6 个月的时期，产奶量逐渐减少。

二、填空题

1. 泌乳初期、泌乳盛期、泌乳后期干奶期
2. 滑挤法、拳握法（或称压挤法）
3. 10、2
4. 30～45
5. 降低饲养标准、减少挤奶次数

【第四单元项目三参考答案】

一、名词解释

1. 动物初次表现出发情症状的阶段。
2. 动物具有繁殖产生后代的能力。
3. 动物初次配种的年龄。
4. 动物周期性的出现性行为的表现。
5. 动物从上一次发情结束到下一次发情开始的时间段。

二、填空题

1. 受精卵、胚胎发育、胎儿成熟、胎盘一起排出母体
2. 胚胎发育、胚胎排出母体
3. 5
4. 假死现象
5. 2019 年 9 月 3 日

项目六 羊场的后勤保障

【学习目标】

1. 掌握羊场饲料供应计划的制订。
2. 了解羊场常用生产设施与设备。
3. 了解羊场粪污处理的相关流程。
4. 了解羊舍的类型和羊场内常用设备，在此基础上能设计出适合当地实际的中小型肉羊育肥场。

【学习任务】

任务1 羊场饲料供应计划的制订

饲料供应计划的制订是保障羊场正常生产经营活动最重要的内容之一，主要是指饲料生产与供给计划。实际生产中，养羊场可以根据生产工艺、生产规模和资金状况的不同，制订不同生产周期的饲料供应计划，可以按月、按季度或按年制订计划。具体定制方法如下：

一、确定平均饲养只数

根据羊群周转计划，确定平均饲养只数。

$$\text{年平均饲养只数（公羊、繁殖母羊、育肥羊、羔羊）}=\frac{\text{年总饲养只数}}{365}$$

$$\text{月平均饲养只数（公羊、繁殖母羊、育肥羊、羔羊）}=\frac{\text{月总饲养只数}}{30}$$

二、计算各种饲料需要量（以年为例）

1. 混合精料

配种公羊年需要量（kg）＝年平均饲养只数×0.4（kg）×365

繁殖母羊年需要量（kg）＝年平均饲养只数×0.4（kg）×365

育成羊年需要量（kg）＝年平均饲养只数×0.35（kg）×365

羔羊年需要量（kg）＝年平均饲养只数×0.18（kg）×365

2. 青贮玉米

配种公羊年需要量（kg）＝年平均饲养只数×2（kg）×365

繁殖母羊年需要量（kg）＝年平均饲养只数×1.5（kg）×365

3. 干草

配种公羊年需要量（kg）＝年平均饲养只数×2.5（kg）×365

繁殖母羊年需要量（kg）＝年平均饲养只数×2（kg）×365

育成羊年需要量（kg）＝年平均饲养只数×1.5（kg）×365

羔羊对干草的需要量根据实际情况酌情考虑。

4. 胡萝卜、块根类饲料

配种公羊年需要量（kg）＝年平均饲养只数×0.5（kg）×365

繁殖母羊年需要量（kg）＝年平均饲养只数×0.4（kg）×365

5. 矿物质饲料 一般按混合精料量的3%供应。

三、填写年度饲料供应计划

调查各种饲料的规格与单价，填写某羊场的年度饲料供应计划。如表4－6－1所示。

表4－6－1 羊场全年饲料供应计划

项目		1月	2月	…	11月	12月	总计
公羊	平均饲养头数						
	各种饲料计划供应						
繁殖母羊	平均饲养头数						
	各种饲料计划供应						
育成羊	平均饲养头数						
	各种饲料计划供应						
羔羊	平均饲养头数						
	各种饲料计划供应						

任务2　羊场的常用生产设施与设备

一、羊栏设备

1. 母子栏　用于为产羔而搭设的分娩小圈和母仔小群圈。栅板最好用厚2.0cm、宽7.0cm的轻木料制成。每块高为90cm，长120cm。在每块栅板头，最好都能事先装有可供连接的装置。每块栅板隔条之间的距离，如为横隔者，从底面起，第1隔为15cm，第2隔为16cm，第3隔为19cm；如为直隔者，每隔之间的距离为8～10cm（图4-6-1）。

2. 羔羊补饲栏　用于哺乳羔羊的补饲。高约100cm，长120～150cm，隔条间距以能让羔羊自由出入采食，但大羊不能进去为宜（图4-6-2）。

图4-6-1　母子栏

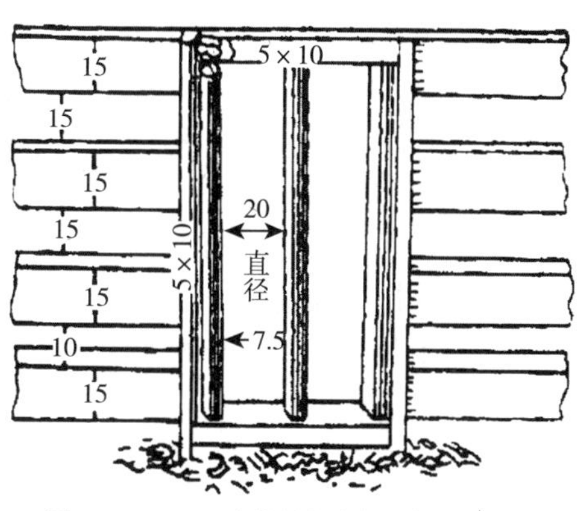

图4-6-2　羔羊补饲栏（单位：cm）

3. 分羊栏　用栅板或隔板围成一个一头为喇叭口，并接出一条长6～8m、比羊体稍宽的通道。使羊只能成单行沿通道前进，到出口处拨羊分群（图4-6-3）。

4. 活动围栏　用于随时分隔羊群使用，也可用它临时隔成母子栏（图4-6-4）。

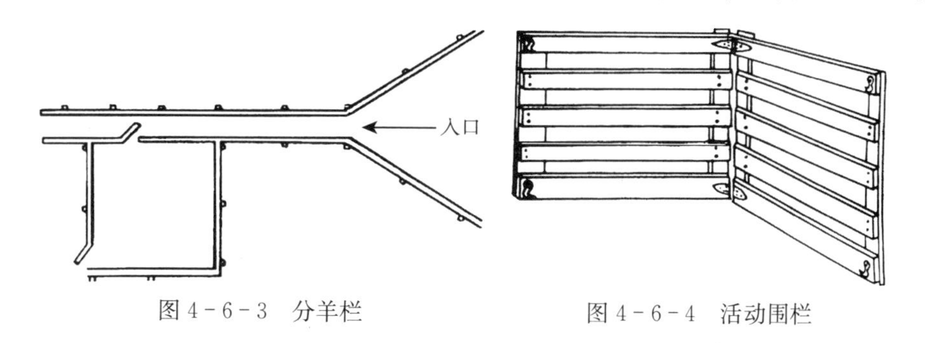

图4-6-3　分羊栏　　图4-6-4　活动围栏

二、饲喂设备

1. 草架　有单面式、双面式等（图4-6-5）。单面式是靠运动场围墙斜立，只能一面供羊采草。双面式一般设于运动场中间适当的位置，能使羊从两面采食。无论是单面式、双面式的草架，其每块栅板的高度均约为80cm，长度均约为300cm。安装时，底面距地约25cm，形成上口宽为70～80cm的15度的斜坡。各种草架栅栏每根隔条之间的距离有两种：

一种是羊头不能进入的为 9～10cm；另一种是使羊头可以自由通过的为 15～20cm。

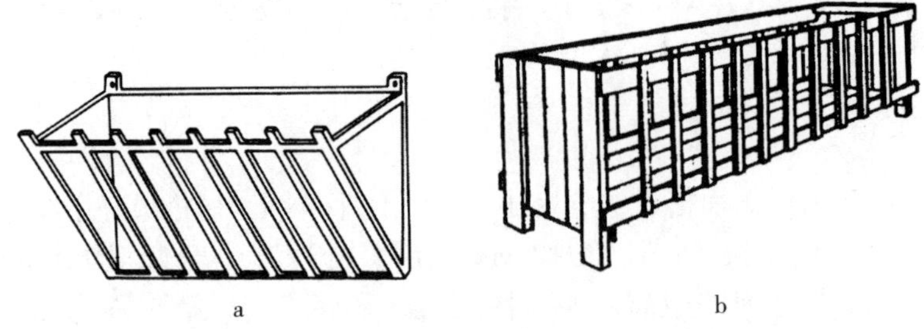

图 4－6－5 草 架

a. 靠墙固定单面草架 b. 长方形两面草架

2. 饲槽 供饲喂颗粒料、谷料、青贮和块根类饲料之用（图 4－6－6）。宽约 30cm，槽边缘高约 12.5cm，上部要稍向外倾斜，槽底要平。槽底距地面高度应在 30cm 左右。为防止羊进入槽内，应在距槽上部约 25cm 的上方安装一根长的横栏杆。设立草架和饲槽的数量，可按每只羊在其一面能占据的空间计算，一般羔羊为每只占 30cm 左右，成年羊为每只占 45cm 左右。

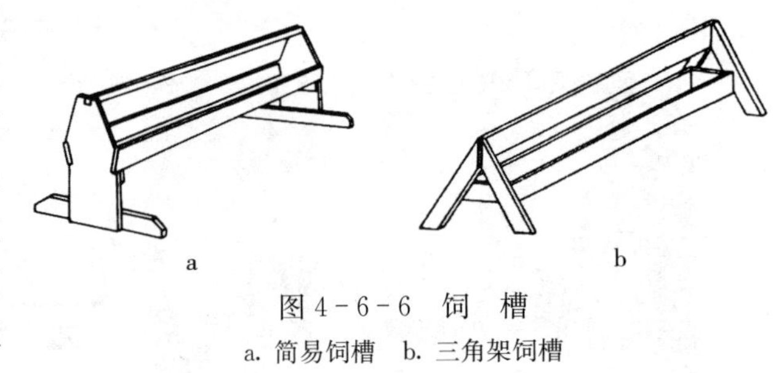

图 4－6－6 饲 槽

a. 简易饲槽 b. 三角架饲槽

3. 盐槽 用于喂盐或其他矿物质饲料。如果不是在室内或混在精料内喂给，为防止被雨水淋化，可设一有顶的盐槽，供羊随时舔食。盐槽的大小以可供 5～10 只羊同时舔食为宜。要求羊蹄不能踏入槽内，羊只不能把盐槽掀倒，雨水不能进入槽内。

4. 喂乳设备 用于人工哺乳。可用奶瓶、搪瓷碗、奶壶等进行喂乳，大型羊场可安装带有多个乳头的哺乳器。国外大型羊场，已有自动化的哺乳器，可自动供乳、自动调温，羔羊可自动哺乳。

三、饮水设备

1. 饮水井 在距羊舍约 100m 处设井，井口要高出地面 75～100cm，并加盖。井旁要有饮水槽，其一端设有放水孔，便于放水冲洗。

2. 水槽 如以井水或自来水为饮水源，应设水槽贮水。水槽用木料或混凝土制作。大型集约化羊场可用饮水器，以防止病原微生物污染水源。

四、挤乳设备

1. 手工挤乳设备 必须有挤乳架和带盖的挤乳桶。

2. 机械挤乳设备 可用能够移动的手推式挤乳器（图 4－6－7）或专用的挤乳间。

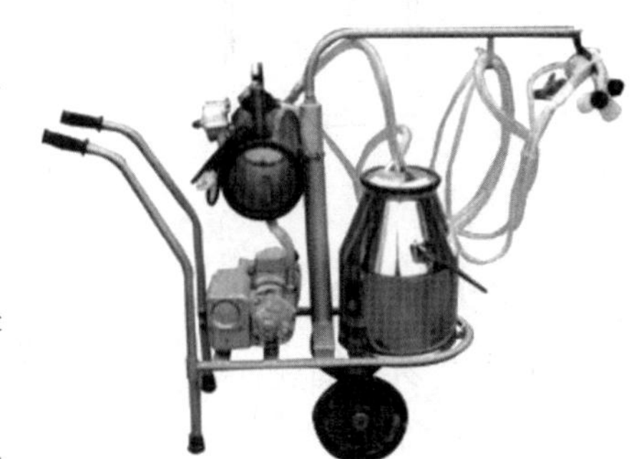

图 4－6－7 手推式挤乳器

五、其他常用设备

1. 药浴设备 为防治羊体外寄生虫，可设置专用的药浴池。用砖、石、混凝土等建造成狭长的水池，长10～12m，池顶宽60～80cm，池底宽40～60cm，深1～1.2m，以装入药液后羊不淹没头部为准。入口处设漏斗形围栏，羊群依次滑入池中洗浴，出口有一定倾斜坡度的小台阶，使羊缓慢地出池，让羊在出浴后短暂停留，让羊身上的药液流回池中。小型羊场可用浴槽、浴桶、浴盆或浴缸等药浴。

2. 青贮设备 青贮的方式有很多种，常用的青贮设备如下：

（1）青贮袋。用特制塑料大袋作为贮藏工具，国内外使用均较为普遍。这种塑料大袋长度可达数米，例如有一种厚0.2mm、直径2.4m、长60m的聚乙烯薄膜圆筒袋，可根据需要剪切成不同长度的袋子。青贮袋制作的青贮料损失少，成本低，很适合于农村专业户使用。

（2）青贮窖或青贮壕。选择地势高、干燥、地下水位低、土质坚实、离羊舍近的地方，挖圆形土窖。窖的大小可视情况而定，通常为直径2.5m、深3～4m。长方形青贮壕，宽3.0～3.5m、深10m左右，长度视需要而定，通常为15～20m。用青贮壕和青贮窖进行青贮，设备成本低，容易制作，尤其适合北方农牧区。缺点是地势选择不好时窖中容易积水，导致青贮霉烂，开窖后需要尽快用完。

3. 剪毛设备

（1）机械式剪毛机。由汽油机或拖拉机的动力输出动力，通过传动装置带动一定数量的剪毛机进行剪毛作业。我国生产有9MJ-4R型机动剪毛机组。

（2）电动式剪毛机。国内生产的电动式剪毛机主要有软轴电动式剪毛机、柄内驱动剪毛机和气动式剪毛机等。软轴电动式剪毛机（图4-6-8）有9MD-4R型电动式剪毛机组及9MDS-20型电动软轴剪毛机组。我国研制的柄内驱动剪毛机（图4-6-9）有9MZZ-16型中频直动式剪毛机组，由STF-6双频发电机组、9MZ-76中频剪毛机组成。近年来，澳大利亚、新西兰、瑞士、英国等还生产出较为先进的气动式剪毛机组。

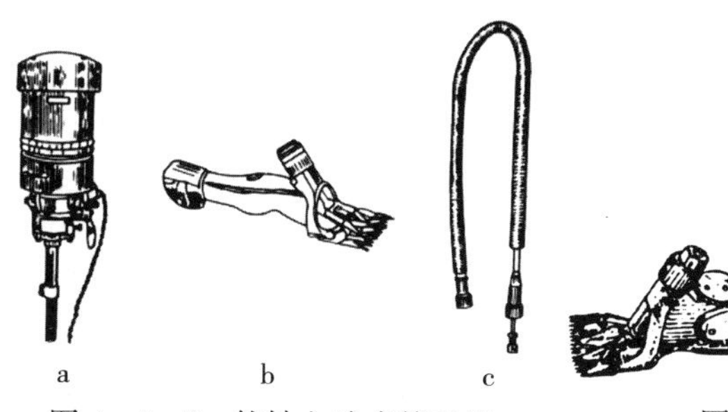

图4-6-8 软轴电动式剪毛机
a. 电动机 b. 机剪 c. 软轴

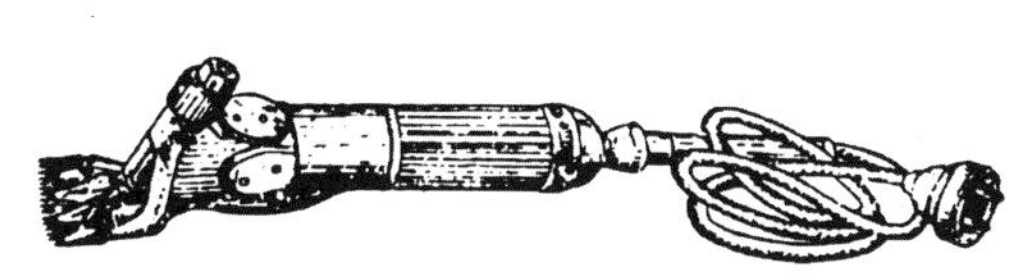

图4-6-9 柄内驱动剪毛机

4. 铡草机 主要有滚筒式铡草机和圆盘式铡草机等。小型铡草机多为滚筒式，我国生产有十余种。滚筒式铡草机传动机构简单，整机结构紧凑。大、中型铡草机一般为圆盘式铡草机，青贮料切碎机多用圆盘式（图4-6-10）。其中，ZC-6.0型铡草机，在农区和牧区都得到广泛应用。

5. 饲料粉碎机 常用饲料粉碎机为锤片式饲料粉碎机（图 4-6-11），该型粉碎机结构简单，适用性广，使用和维修方便。

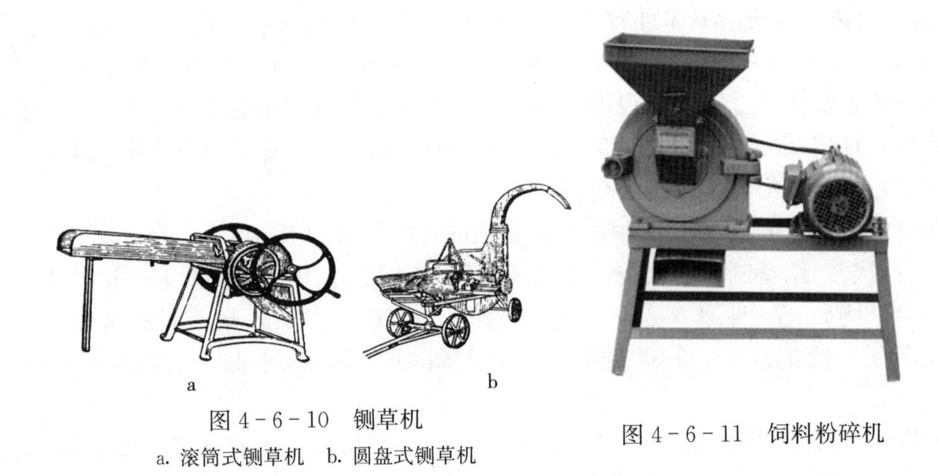

图 4-6-10 铡草机

a. 滚筒式铡草机 b. 圆盘式铡草机

图 4-6-11 饲料粉碎机

任务 3 羊场粪污的处理

羊粪尿中含有较多的有机成分，是优质的有机肥料。由于其肥效持续时间长，对生态破坏小，是目前较为普遍使用的肥料来源。因此，生产有机肥促进种养结合是当前羊场粪污处理的有效途径之一。具体有以下几种形式：

1. 羊粪尿作为肥料直接施入农田 将新鲜羊粪直接入田，并迅速翻耕施肥过的土壤，使粪便在土壤中进行分解发酵，抑制病原体的繁殖，减少臭味的产生。

2. 堆积腐熟后再施入田地 坑式堆肥是北方常用的堆肥方法。利用好氧性微生物发酵分解粪便中的有机固体废弃物，杀死细菌和寄生虫虫卵，并能使土壤直接得到腐殖质类肥料。其做法是：在自然条件下，收集混杂羊粪的垫料（含水量 60%左右），疏松地铺一层在发酵坑中，利用好氧性微生物发酵。过 3～5d 后再加一层。如此堆积到 1.5m 左右后，用泥浆或塑料膜密封，大约 2 个月后就可以将其充分腐熟，打开启用。

3. 加工生产复合肥料 羊粪经过堆放或人工发酵后，晒干或烘干、粉碎。根据不同作物对肥力的不同要求，添加相应的氮、磷、钾等成分，制成相应的专用复合肥。

4. 羊粪制沼气 选取新鲜羊粪进行粉碎（最好时间段是每年 5 月中旬到 10 月中旬），把羊粪加水拌湿，用塑料袋装好堆沤。在外界温度为 17～20℃时，可将发酵 5d 后的羊粪投入沼气池，并接种含有菌种的发酵沼液后封闭沼气池。

复 习 思 考 题

一、填空

1. 饲料供应计划的制订是保障羊场________最重要的内容之一。

2. 羊场饲料供应主要是指________、________、________、________和________ 5 种

饲料的供应。

3. 羊场常用生产设施设备中，羊栏设备主要包括______、______、______和______。

4. 在设立草架和饲槽的数量时，一般羔羊为每只占________ cm左右，大羊为每只占________ cm左右较为适宜。

5. ________促进种养结合是当前羊场粪污处理的有效途径之一。

二、简答

1. 简述母子栏的主要用途。
2. 羊舍内部主要包括哪些设施，以及每种设施的基本用途是什么?
3. 简述常见青贮设施的种类，以及各自特点。
4. 羊场粪污处理有哪些形式?
5. 简述羊粪制沼气的原理以及具体步骤。

三、论述

1. 走访当地羊场，根据该场的实际条件为其设计一个青贮窖，并表明具体参数以及各参数的具体意义。

2. 参观调查周边羊场粪污处理情况，谈谈你对羊场制订粪污处理综合措施的看法。

羊场建设

【学习目标】

1. 掌握羊场场地的选择依据。
2. 掌握羊场的规划和建筑物布局方案。

羊场建造与环境控制

【学习任务】

任务1　羊场场址的选择

当前规模化养羊生产中，羊场的建设是首先要考虑的核心问题之一。其目的就是为羊提供适宜的环境条件，充分发挥优良品种的生产潜力。场址的选择就是要兼顾经营方式和生产特点，综合考虑自然、交通、水源、饲料、防疫等因素。

1. 对当地及周边地区的疫情做详细调查　要求周围及附近无污染源，切忌在传染病疫区或曾经发生过传染病的地区建场。要避开公路、厂矿、城镇等容易传播疫病的区域，但交通、通讯要方便，便于饲草料、羊只的运输，有稳定的供电条件，保证动力电的供应。附近居民及其他畜群较少，且距交通主干线300m以上，以利于防疫。

2. 羊场场址要地势高燥　地下水位低于2m，有1%～3%的坡度，而且要通风、向阳、排水良好，离牧地较近。羊舍南面应有运动场，办公室和宿舍区应位于羊舍的上方，兽医室、贮粪池等位于羊舍的下方。各区之间最好有隔墙，以利于防疫。

3. 有丰富的水源，水质良好　能保证场内职工饮用水、羊饮用水和消毒用水的需要。水质必须符合畜禽饮用水的水质标准。同时，应注意保护水源不受污染。

4. 充分考虑放牧与饲草、饲料条件　要有足够的四季放牧草场、打草地和饲料基地。尽量不占或少占耕地，面积够大，要有发展的余地。

任务2　羊场的规划布局

在选定的场地上进行分区规划，确定各区建筑物的布局。场区面积要根据生产规模、饲养管理方式、饲料贮存和加工条件来定，要力求紧凑。一般以饲养每只羊约需 20m² （含管理区等）规划用地。

规模化羊场一般可划分为 4 个区，即职工生活区、生产管理区、生产区和隔离区。生活区是职工生活和居住的区域，包括食堂和宿舍等；生产管理区包括与经营管理有关的建筑物和相关设施；生产区包括羊舍、饲料贮存与加工调制等建筑物；隔离区包括病羊隔离舍、兽医室以及粪污处理场。小规模羊场以生产区为主，标准化羊场则应四区配套、功能齐全。

1. 总体规划 羊场的规划与布局应本着因地制宜和科学管理的原则，以整齐、紧凑、提高土地利用率和节约建设投资、经济耐用、便于生产管理和防疫安全为目标。保证羊的正常繁殖、生长，减少疾病发生和传播。

2. 生产区布局 羊场的生产管理区应与生产区分开，管理区可建在上风向、高坡度和靠近交通道路的位置；病羊隔离区、粪污区和兽医室也要与生产区分开，建在下风向、低坡度并和羊舍有一定距离的位置（图 4－7－1）。

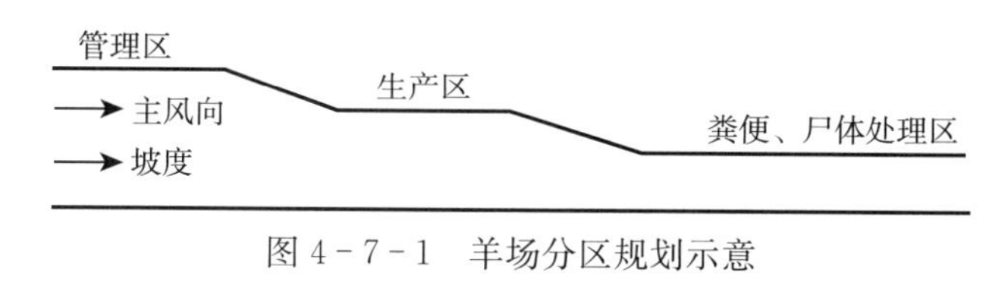

图 4－7－1 羊场分区规划示意

3. 建筑物布局 建筑物的布局既要考虑生产程序、卫生防疫等因素，又要考虑场区地形、地势情况。

（1）生产管理区和职工生活区。一般应设在上风向，靠近羊场大门口附近或羊场以外，便于生产管理和防止病原微生物的传播，以防人畜相互影响。

（2）羊舍。是羊场生产区的主要建筑物。当修建数栋羊舍时，应坐北朝南，采取长轴平行配置方式，前后对齐，以利于采光、防风和保温。包括各类羊的羊舍及产房等。羊舍应建造在场内生产区的中心，以便于饲养管理。羊舍内应有工具室、值班室、饲料室等。两栋羊舍的间距以 10～15m 为宜，或以羊舍高度的 3～5 倍为间距，有利于防疫。

产房应设在靠母羊舍的下风向，或者建在成年羊舍内。人工授精室可设在成年公、母羊舍之间或附近。

（3）饲料调制及贮藏室。饲料调制间应设在羊舍中央及水塔附近，离各栋羊舍较近。饲料库应靠近饲料调制间，便于运输饲料。草垛要设在下风向，距离建筑物 50m 以上。青贮窖、氨化池等可设在羊舍两侧或羊场附近，便于取用，但要防止羊舍和运动场的污水渗入，且不能影响羊场的整体布局。干草棚应建在离羊舍较远的地方，以便于防火防尘。

（4）其他设施。兽医室、病羊隔离舍和粪污区应设在羊场的下风向，与羊舍有 150m 距离的偏僻处，以防疾病的传播。在隔离室附近应设置掩埋处理病羊尸体的深坑（井）。

4. 运动场及场内道路设置

（1）运动场。羊舍前应设运动场，地面应微坡，以便排水和保持干燥。四周设置围栏或围墙，其高度为 0.8～1m。运动场一般设在羊舍南面，面积一般为羊舍面积的 2～2.5 倍。在运动场四周栽植落叶乔木，以调节小气候。场内设自动饮水槽、饲槽和凉棚等设施。

（2）场内道路设置。场内主干道应与场外运输干线连接，宽 5～6m；支线道路与羊舍、饲料库、贮粪场等连接，宽 3～4m。路面结实，排水良好，道路两侧应设排水沟，并植树。

5. 公共卫生设施

(1) 场界的防护设施。场区间应明确划界，设隔离设施（铁丝网、围墙或防疫沟等），以防外来人员及其他动物进入场区。

羊场大门及各羊舍的入口处要设消毒池。如车辆消毒池、人的脚踏消毒槽、喷雾消毒室、紫外线消毒室及更衣间等。

(2) 羊场供水设施。羊场内应有水井或自来水设施。人的生活用水每人每天 30～40L，羊每只每天用水量与每人每天的用水量差不多。

(3) 排水设施。场内排水系统，多设置在道路的两旁及运动场周围，采用大口径暗管埋在冻土层以下。如果流程超过 200m^3，则应增设沉淀井。

(4) 贮粪场（池）设置。贮粪场应设在生产区的下风向，与生活办公区保持 200m 以上，与羊舍保持 150m 以上的间距，设专门运输通道运往农田。

复习思考题

一、填空题

1. 规模化养羊生产中，________是首先要考虑的核心问题之一。

2. 羊场场址的选择就是要兼顾经营方式和生产特点，综合考虑________、________、________以及防疫等因素。

3. 规模化羊场一般可划分为 4 个区，即________、________、________和隔离区。

4. 从有利于防疫的角度考虑，两栋羊舍的间距应保持在________ m，或以羊舍高度的________倍为间距比较适宜。

5. 羊场的运动场应设在羊舍南面，面积一般为羊舍面积的________倍。

二、简答题

1. 羊场选址应遵循哪些原则？

2. 如何进行羊场的规划布局？

3. 运动场的设计应注意哪些因素？

4. 羊场的各种附属设施有哪些？并简要说出各自有哪些用途。

三、论述题

1. 根据当地实际自然地理条件，请你论述如何设计一个年出栏 1 000 头育肥羊的羊场，包括场址的选择以及场内的布局规划。

2. 参观当地规模化羊场，谈谈你对该羊场的设计是否合理，不合理之处提出改进建议。

【拓展学习】

NY/T 2835—2015 《奶山羊饲养管理技术规范》

NY/T 5151—2002 《无公害食品 肉羊饲养管理准则》

（参考答案见 381 页）

参　考　文　献

陈幼春，1999. 现代肉牛生产［M］. 北京：中国农业出版社.

程凌，郭秀山，2009. 羊的生产与经营［M］. 北京：中国农业出版社.

丁洪涛，2001. 畜禽生产［M］. 北京：中国农业出版社.

豆卫，2001. 禽类生产［M］. 北京：中国农业出版社.

鄂禄祥，吕丹娜，2016. 猪生产［M］. 北京：化学工业出版社.

冀一伦，2001. 实用养牛科学［M］. 北京：中国农业出版社.

李宝林，2001. 猪生产［M］. 北京：中国农业出版社.

李保明，2004. 家畜环境与设施［M］. 北京：中央广播电视大学出版社.

李和国，2001. 猪的生产与经营［M］. 北京：中国农业出版社.

李立山，张周，2006. 养猪与猪病防治［M］. 北京：中国农业出版社.

李青旺，胡建宏，2009. 畜禽繁殖与改良［M］. 2 版. 北京：高等教育出版社.

梁学武，邹霞青，2002. 现代奶牛生产［M］. 北京：中国农业出版社.

林建坤，2001. 禽生产与经营［M］. 北京：中国农业出版社.

孟和，2001. 羊的生产与经营［M］. 北京：中国农业出版社.

秦志锐，2000. 奶牛高效益饲养技术［M］. 北京：金盾出版社.

覃国森，2005. 养牛与牛病防治［M］. 南宁：广西科学技术出版社.

王根林，2014. 养牛学［M］. 3 版. 北京：中国农业出版社.

王国强，李玉冰，2018. 畜禽生产环境卫生与控制技术［M］. 北京：中国农业大学出版社.

王宗海，2017. 新编猪饲养员培训教程［M］. 北京：中国农业科学技术出版社.

杨和平，2001. 牛羊生产［M］. 北京：中国农业出版社.

杨宁，1994. 现代家禽生产［M］. 北京：北京农业大学出版社.

张登辉，2009. 畜禽生产［M］. 2 版. 北京：中国农业出版社.

张登辉，冯会中，2015. 畜禽生产［M］. 3 版. 北京：中国农业出版社.

张申贵，2010. 牛的生产与经营［M］. 2 版. 北京：中国农业出版社.

张孝和，2003. 特禽孵化与早期雌雄鉴别［M］. 北京：科技文献出版社.

郑丕留，1986. 中国家禽品种志［M］. 上海：上海科学技术出版社.

郑丕留，1986. 中国猪品种志［M］. 上海：上海科学技术出版社.

图书在版编目（CIP）数据

畜禽生产 / 董暾主编．—4 版．—北京：中国农业出版社，2021.4

中等职业教育国家规划教材　全国中等职业教育教材审定委员会审定　中等职业教育农业农村部“十三五”规划教材

ISBN 978-7-109-28147-9

Ⅰ.①畜…　Ⅱ.①董…　Ⅲ.①畜禽－饲养管理－中等专业学校－教材　Ⅳ.①S815

中国版本图书馆 CIP 数据核字（2021）第 068473 号

中国农业出版社出版

地址：北京市朝阳区麦子店街 18 号楼

邮编：100125

责任编辑：王宏宇　　文字编辑：闫　淳

版式设计：杜　然　　责任校对：周丽芳

印刷：北京印刷一厂

版次：2001 年 12 月第 1 版　　2021 年 4 月第 4 版

印次：2021 年 4 月第 4 版北京第 1 次印刷

发行：新华书店北京发行所

开本：787mm×1092mm　1/16

印张：25.25

字数：605 千字

定价：49.50 元
